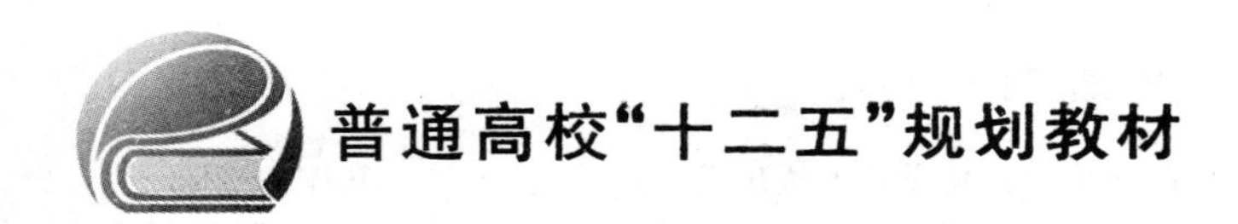

嵌入式 DSP 应用系统设计及实例剖析
——基于 TMS320C/DM64x 平台

郑 红 刘振强 李 振 编著

北京航空航天大学出版社

内容简介

本书从嵌入式DSP应用系统设计的性能评估及优化设计方法出发，提出了基于单元基体的嵌入式系统结构概念集合，并在此概念集合上建立了嵌入式系统的功能、功耗评估及系统优化设计框架，在此框架上提出了嵌入式系统设计优化方法。同时，本书针对TI公司TMS320C/DM64x系列DSP芯片的特点，利用15个实例，由浅入深、循序渐进地剖析了嵌入式DSP应用系统设计、评估、优化要点，使读者能够从实例的结构分析中逐渐领悟嵌入式DSP应用系统的设计精髓。

本书内容丰富、实用性强，对于大专院校DSP技术教学及实验、DSP应用系统开发的工程技术人员具有很好的助益。

本书适合从事嵌入式系统设计的工程技术人员，嵌入式系统相关专业的教师、学生及从事嵌入式理论研究的科研工作者阅读。

图书在版编目(CIP)数据

嵌入式DSP应用系统设计及实例剖析 ：基于TMS320C/DM64x平台 / 郑红，刘振强，李振编著. --北京 ：北京航空航天大学出版社，2012.1

ISBN 978-7-5124-0647-6

Ⅰ.①嵌… Ⅱ.①郑… ②刘… ③李… Ⅲ.①数字信号处理②数字信号—微处理器 Ⅳ.①TN911.72②TP332

中国版本图书馆CIP数据核字(2011)第243307号

嵌入式DSP应用系统设计及实例剖析
——基于TMS320C/DM64x平台

郑 红 刘振强 李 振 编著
责任编辑 杨 昕 刘爱萍 刘 工
*
北京航空航天大学出版社出版发行
北京市海淀区学院路37号(邮编100191) http://www.buaapress.com.cn
发行部电话：(010)82317024 传真：(010)82328026
读者信箱：emsbook@gmail.com 邮购电话：(010)82316936
北京市松源印刷有限公司印装 各地书店经销
*
开本：787×1 092 1/16 印张：23 字数：589千字
2012年1月第1版 2012年1月第1次印刷 印数：4 000册
ISBN 978-7-5124-0647-6 定价：49.00元(含光盘1张)

前　言

随着数字信号处理理论和微电子技术的发展，数字信号处理方法在不同的领域已经获得了广泛的应用。从复杂计算的科学研究，到具有智能信息处理功能的机器人系统、自动化系统，直至智能手机、掌上电脑等智能化消费电子产品的普及，使得数字信号处理系统的设计与研发成为推动当今技术革命的重要组成力量之一。

本书与我们早期出版的《DSP 应用系统设计实践》和《DSP 应用系统设计实例》两本书构成一套针对不同应用领域的 DSP 应用系统设计方法丛书。前两本书分别着重于低功耗、高性能的嵌入/便携式 DSP 系统(C54x 系列)与多输入、多输出的 DSP 控制系统(F24x 及 F28x 系列)，书中实例剖析及组织按照由简单到复杂循序渐进设计。

随着科研的积累，我们发现嵌入式 DSP 应用系统设计不仅仅是功能的实现，更重要的是系统的性能评估及优化设计方法的把握。所以，本书虽然在整体结构上与前两本书类似，但是，在系统设计理念上已经有了很大变化。根据嵌入式 DSP 应用系统的特点，定义了嵌入式系统设计的基本组成构架，提出了基于单元基体的嵌入式系统结构概念集合，并在此概念集合上建立了嵌入式 DSP 应用系统的功能和功耗评估及系统优化设计方法。每一个实例都基于单元基体，从软硬件结构、功能、功耗、优化等方面进行剖析，以使读者能够掌握嵌入式 DSP 系统的设计精髓。

本书中所有实例都经过实际验证，实例的选择延续丛书要求，主要是针对图像和语音等高性能计算要求的 DSP 应用系统，使用 TI 公司的 TMS320C/DM64x 系列器件。

全书分为 6 章。第 1 章绪论，主要是 DSP 应用系统概述，提出了单元基体概念集合；第 2 章 DSP 集成开发环境 CCS3.1 应用详解，使读者掌握 DSP 应用系统开发工具；第 3 章是 64x 硬件基本结构与软件优化原则，包括硬件设计和软件设计的基本原则；第 4 章是基础应用实例，共 11 个实例，每个实例都从设计角度进行软硬件剖析，并与单元基体概念对应一一解析，建立系统设计基本构架；第 5 章是简单应用系统实例，共 2 个实例，一个是图像采集处理系统，另一个是语音采集处理系统，每个实例都基于第 4 章的单元基体概念，给出了简单应用系统评估及优化设计方法；第 6 章是复杂应用系统实例，共 2 个实例，一个是双目视觉测距系统，另一个是多源信息智能感知系统，每个实例都是在第 5 章简单应用系统的基础上，构建基于单元基体组合子功能的复杂智能系统，并给出了相应的系统评估及优化设计方法。

参与本书编写及相关实验工作的研究生有：王鹏、郑晨、谯睿智、安文菊、王赟、张锴、曾文达、隋强强、赵振华、杜家颖、李文庆等，他们对于本书的完成做出了积极的贡献，在这里对他们表示深深的谢意。

作　者

2011 年秋于北京航空航天大学

目　录

第1章 绪论

1.1 概　述

数字信号处理技术包括硬件电路和软件算法两部分，数字信号处理器(DSP)是数字信号处理技术得以实现的重要工具。由于数字信号处理器(DSP)具有高精度和高速度处理特性，利用这一特点可以实现以前许多难以实时处理的复杂算法，同时，通过用硬件电路软件化的方法，许多以前只能用硬件电路完成的滤波、微分、积分等功能都可以用软件实现。因此，DSP为信号处理技术的发展提供了广阔的应用空间。

DSP虽然是集成了CPU及其外设的单一芯片，但是它与普通的单片机相比有许多不同之处，最主要的是它具有超强的处理速度和精度，便于图像及多媒体处理的实时实现，而普通单片机由于处理速度及精度的限制难以完成这些工作。此外，由于DSP追求计算速度和运算精度，所以它的指令系统中包括了许多单周期复杂运算指令。而对于某些管理程序，如键盘程序、显示程序等普通单片机也擅长的处理程序，DSP并没有特别的优势。不过为了节省硬件资源及制造成本，在运算时间和空间允许的情况下，也可使用单片DSP同时完成信号处理和系统管理等功能。

DSP技术属于应用技术，除了学习之外，实践是掌握此类应用技术的必经途径。人们常常通过理论假设，然后实践验证，或直接归纳各种实验结果等途径来发现客观规律，再通过设计实验来验证这些规律，这也是人们进行科学研究的基本方法。因此，本书通过应用实例开发过程的剖析，引导读者掌握DSP应用系统设计的基本方法，培养大学生、研究生、工程技术人员的工程设计素养。

1.2 DSP应用系统设计要素

每一个DSP应用系统都是由硬件平台和软件系统相互协调组成有机整体，共同实现设计要求的有序组织结构。按照功能方式不同，这个结构可以分为电路结构和软件算法两个独立的子功能体，这些子功能体可以按照同样的独立性假设再分为下一层子功能体，依此类推，直至在同样假设前提下不能再分的子功能体，就称其为单元基体。所有的DSP应用系统均建立在这些单元基体的不同组合构架之上，因此，可以利用数学方法建立基于单元基体的DSP应用系统分层优化设计模型。

本书从 DSP 应用设计系统优化角度出发，提出基于单元基体的分层 DSP 应用系统设计模型。定义用于 DSP 应用系统设计的单元基体及其分层功能体的若干基本概念如下。

硬基体：单纯硬件电路组成的单元基体，其功能的实现不依赖于软件控制。例如，运算放大器、抗混淆滤波器、某些传感器等，其性能指标完全靠硬件电路设计完成，在 DSP 应用系统中这些功能体主要集中在系统输入端（模拟电路、信号变换电路）或输出端（数/模转换、模拟输出）。

软基体：单纯软件程序构成的单元基体，其功能的实现不依赖于硬件的逻辑性能。例如，大多数应用算法，像 FFT、FIR、积分器、图像处理算法等，其性能指标中算法的运算速度和精度仅依赖于硬件的存储及时钟资源，而算法的功能却与硬件没有直接的关联。

混合基体：只有在软件控制下才能够正常工作的单元基体，其功能的实现必须依赖软、硬件协同工作。例如，DSP 片上外设模块，如视频模块、LCD 模块、串口通信模块等。

子功能体：由各类单元基体构成的具有某种简单应用功能的组合体，亦称为简单系统。例如，图像处理系统、语音处理系统等。

功能体：由各种子功能体、子功能体与单元基体构成的具有复杂功能的组合体，亦称为复杂系统。例如，双目立体视觉系统、仿人智能感知系统等。

基体耦合模式：各类单元基体的合理连接方式。例如，电气参数的一致性、信号类型的一致性、变量范围的一致性、时序特征的一致性等属于硬基体耦合模式；调用参数的一致性、传递参数的一致性、运行时间的合理性等属于软基体耦合模式；参数设置的规范性、工作状态的规范性、工作配合的一致性等属于混合基体的耦合模式。不同耦合模式的约束集合构成了系统性能优化及评估的标准，也为系统的分层故障诊断提供了捷径。

信号传递模式：维持系统工作的不同信号传递通路。例如，电源信号传递模式建立了系统电源体系的控制通道，为系统功耗优化提供了模型；控制信号传递模式建立了系统控制体系的顺序工作模型；处理信号传输模式建立了系统功能实现过程模型；时钟传输通道建立了系统不同工作状态下的时钟工作模式。这些信号传递模式构成了系统有机结合的途径，其相互的耦合使得系统分析更为复杂。

上述概念构成了 DSP 应用系统设计的基本要素，如果设计一个优化的 DSP 应用系统，首先应该对 DSP 系统所涉及的硬基体、软基体、混合基体进行充分的了解，包括它们的电气特性、功能特征、基体之间的耦合方式等，才能对构建简单系统（子功能体）有一个比较准确的理解。照此逻辑推论，复杂系统（功能体）的性能优劣不仅包含了单元基体、子功能体，而且，包括了它们的耦合模式、信号传输模式等，使得应用系统的性能优化更为复杂。

因此，本书的实例设计依照这个设计思路，由第 4 章、第 5 章和第 6 章这三章共 15 个实例，讲解 64x DSP 应用系统的设计方法。

1.3 DSP 应用系统开发平台

由于本书的应用实例强调的是将理论知识应用于实践，所以它包括设计原理、设计方法、设计过程和设计评估等方方面面。根据 DSP 技术原理和设计特性，兼顾理论技术的统一性和实践创造个性化的特点，开发了一套完整的模块化 DSP 应用系统设计开发平台（以下简称：平台），其系统框架如图 1－1 所示。

平台具有模块化、积木式、可扩展、易更新和多构架的设计特点。首先,给定设计任务;然后,让读者对任务进行分析,将任务分解为若干个易于解决的子任务。每一个子任务对应不同的模块,再分别按照信息获取和信息处理类别将任务划分为基础实验模块(单元基体);然后,读者根据学过的理论知识,选择所需实验模块,完成硬件和软件的设计。完成所有任务后,即整个设计任务便全部完成。

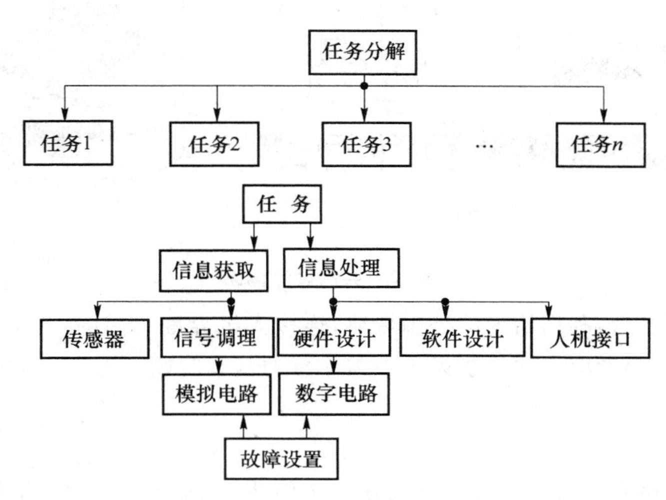

图 1-1 DSP应用系统设计过程

本书实例按照一般DSP应用系统的功能特点,先将复杂系统分解为简单系统,再将简单系统分解为单元基体。对于单元基体强调其设计重点,读者需要利用所学理论知识,理解问题并分析解决问题,从而达到理论与实践结合的目的。同时,在剖析单元基体的基础上,读者可以根据应用要求,构建不同的DSP应用系统。对此,读者还要充分了解不同单元基体连接中需要特别注意的问题。

DSP设计通常包括硬件设计与软件设计两大部分。

第一,硬件设计部分,包括从围绕核心板的最小应用系统构建,到外围电路扩展,直至整个应用系统的设计等各个环节,涵盖了DSP应用系统硬件设计(硬基体)的各种关键技术,并且在书中的应用实例中充分体现,构成了常用硬件库。

第二,软件设计部分,包括设计思路、代码编写、C语言、汇编语言、混合编程、程序调试、程序的时间效率及代码效率评估,以及DSP软件技术(软基体)所涉及的特殊应用问题等。因此,实例内容涉及驱动程序和信号处理程序的设计、编写、调试,并给出常用软件库。本书中给出的所有实例程序都经过了实践验证。

TMS320C(DM)64x(简称:64x)应用系统实例主要针对64x DSP芯片的特点进行设计指导,包括基础实例、简单系统实例和复杂系统实例。实例设计体系如图1-2所示。

64x系列芯片主要用于大数据量运算,如图像处理、语音处理等,以C6416为例,它由内核、DARAM、SARAM、时钟锁相环PLL、EDMA、McBSP、PCI、HPI、GPIO、JTAG端口等多部分组成,适合用作大数据量高速运算,如实时图像处理系统等。针对64x的这些特性,本书设计开发了基于C6416的最小应用系统作为这个系列实例的核心模块,还包括了其他部分软硬件设计及测试。系统实例的内容是在充分理解硬件功能、原理和DSP软硬件之间的关系等主要概念的基

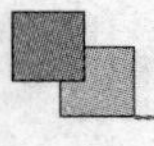

础上编写系统工作程序。

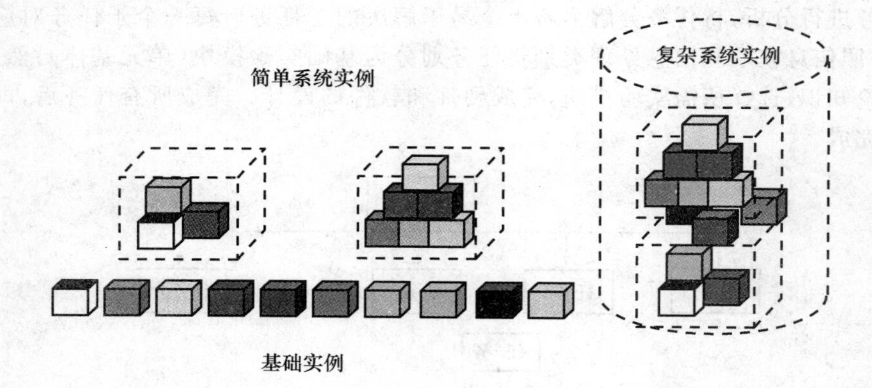

图 1-2 实例设计体系

在掌握基础实例之后，利用给定的外围模块，连接人机界面，设计基于 64x 芯片的简单应用系统和复杂应用系统，读者应掌握系统设计中需注意的基本问题。

1.3.1 核心模块

本书应用系统的核心模块都是以 64x 为核心的模块，包括 64x 芯片、电源、时钟、晶振、复位电路、外扩存储器芯片以及主要接口，它是 64x 的最小应用系统。

1.3.2 外围模块

外围模块包括 64x 可以连接的各种外设。根据核心模块的特点及构成常用应用系统的要求，书中设计了 3 个信息获取模块，分别为图像采集、语音采集和二氧化碳采集。

这些模块可以作为核心模块的外设，构成不同的 64x 应用系统。在基于模块设计的实例中，专门强调了初学者在信息获取及信息处理的整个过程中，设计实际系统必须注意的知识点。这些部分的内容与 64x 应用都有着直接的关联性，是读者学以致用的有效途径。

1.4 DSP 应用实例选择

1.4.1 基础实例

基础实例主要分为硬基体、软基体、混合基体三大类。硬基体分为核心模块的最小应用系统设计，最小应用系统又包括电源、晶振、复位、片外存储器扩展等部分的元器件选择及电路调试方法，以及解决芯片特殊问题等 64x 电路中单元基体设计需注意的问题。基础应用实例的硬基体设计实验流程如图 1-3 所示。

首先，给出最小系统设计原理图；其次，根据最小系统工作的先后顺序，分步测试系统主要部分的工作状态，例如，电源调试需要了解选择电源芯片的基本要求以及它可能出现的故障问题，或者根据所设定故障点检测模型并判断电路故障；再次，依次调试晶振和复位电路，工作正常后，通过仿真器和核心板的 JTAG 端口测试系统的存储空间；最后，系统全面测试。

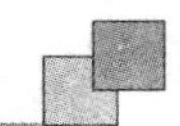

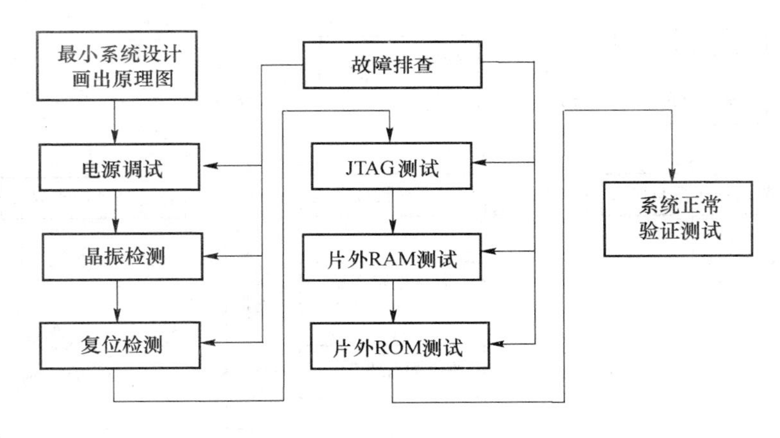

图 1-3 硬基体基础实例流程

软基体基础实例设计包括掌握 DSP 的集成编译环境 CCS 的使用方法以及 64x 的程序设计与调试方法。64x 的程序设计与调试包括汇编语言和 C 语言以及两种语言的混合编程与调试，读者必须了解 64x 的 C 语言函数库调用规范。具体来讲，软基体实例设计主要涉及核心模块主要功能的驱动程序编写及调试，最小系统硬件功能测试程序的编写及调试。软基体基础实例设计流程如图 1-4 所示。

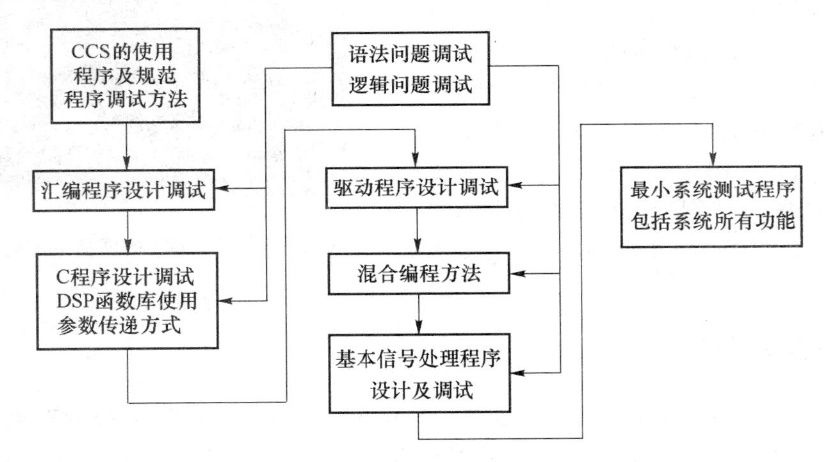

图 1-4 软基体基础实例流程

读者完成基础应用实例后，应该掌握 64x 硬件及软件设计的基本步骤和方法。

混合基体基础实例设计包括掌握所涉及单元基体的功能，硬件部分的电路连接，软件寄存器配置，以及驱动程序编写等。具体来讲，混合基体实例主要涉及类似片上外设、片外外设等核心模块与外部设备之间的数据传输方式，其设计过程与所选择混合基体的功能关系密切，除了结合硬基体、软基体设计要点之外，还需要对寄存器配置等软硬件协同部分进行详细研究。混合基体基础实例设计流程如图 1-5 所示。

1.4.2 简单系统实例

信息获取模块可以将图像、声音、气味等非电物理量，通过相应的外围信息获取模块转换为适合 64x 处理的电信号。这些模块涉及将不同性质的物理量转换为电信号的基本调理电路设

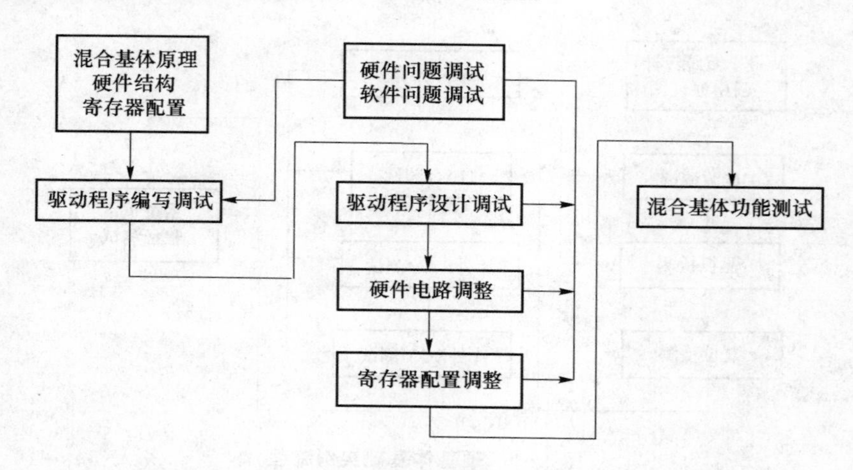

图1-5 混合基体基础实例流程

计，也是简单应用系统实例的前端检测模块。

简单系统实例主要是针对以64x核心为主要器件的简单系统。例如，用64x核心模块构建一个图像采集处理系统，可以利用任意外围检测模块获取需要的信息，通过DSP对所采集的信号进行数字信号处理（如滤波、边缘提取等）得到需要的结果，可以将结果传送到PC机，或者自带人机界面（如液晶显示等）直接将检测结果显示出来。图1-6所示是一个由核心模块、CCD摄像头、LCD模块构成的简单图像处理系统，它是基于64x DSP的应用系统基本框架。

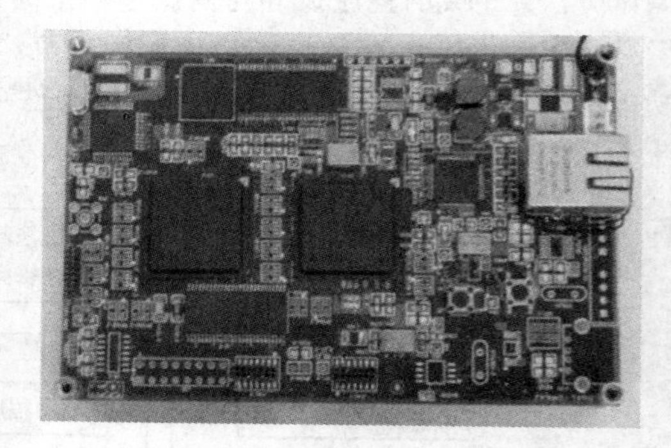

图1-6 基于64x的图像采集处理系统

1.4.3 复杂系统实例

复杂应用系统实例主要是针对多检测源、多CPU实时处理要求、多控制对象的需要，由若干个CPU同时处理输入信息的系统。这种系统或者是DSP与单片机的组合，或者是相同型号的若干DSP组合，或者是不同型号的若干DSP组合，或者是单DSP和多单片机的组合。这类系统除了各个DSP各自的运行管理外，还必须考虑DSP和单片机之间的协调通信和统一管理，它所涉及的是大系统的模块化管理。

复杂系统应用给出了两个实例，一个是双目视觉测距实例，包括视频采集、图像处理、距离计算等部分。系统需要通过64x和2个CMOS图像采集模块协同工作，各模块并行工作，给出视觉测量结果。另一个实例是智能感知系统实例，是一个仿人的智能感知系统，系统包括双目视觉、双耳听觉和二氧化碳嗅觉综合感知模块，可以实时融合各种输入信号获得环境信息。智能感知系统结构如图1-7所示。

学习从单元基体的简单实例开始，到单元基体组合的多模块连接直至整个系统连调的实例，有利于读者充分了解64x DSP在不同系统运行中可能出现的特殊问题，更好地掌握所学知识以及更灵活地运用所学规则，有助于在实际的设计工作中发挥出自己的创造能力。

图 1－7 基于 64x 的智能感知系统

1.5 本章小结

本章介绍了本书的写作宗旨，包括实例选择、实验平台构成、实验设计要点。提出了基于单元基体的 DSP 应用系统设计方法的基本概念集合，包括单元基体、硬基体、软基体、混合基体、基体耦合模式、信号传递模式等，后续各实例中的设计、评估、优化都建立在这个概念体系的框架之上。摆脱了传统嵌入式 DSP 应用系统设计仅仅处于功能实现的状况，使得 DSP 应用系统设计可以从理论上获得评估和优化的支持，保证系统的最优性，同时，对于系统的故障诊断，以及其他基于 CPU 的智能系统设计提供了一种新的评估及优化方法。

第 2 章

DSP 集成开发环境 CCS3.1 应用详解

2.1 概 述

TI 公司的 DSP 集成开发环境 CCS 提供了系统环境配置、源文件编辑、源程序调试、运行过程跟踪、运行结果分析等用户系统调试工具。它可以帮助用户在同一软件环境下完成源程序编辑、编译链接、调试和数据分析等工作。CCS 可以在两种模式下工作,其一是软件仿真;其二是结合硬件开发板的硬件仿真。前者可以脱离 DSP 应用板,在 PC 机的软环境下模拟 DSP 的指令集工作机制,仿真用户程序的运行过程,可以不使用仿真器和 DSP 应用板,对于前期算法设计、实现、调试,以及算法性能评估是一个方便的工具;后者必须要求 PC 机与仿真器和应用系统连接,用户程序在仿真器的监控程序控制下实时运行在用户的 DSP 应用板上,这种工作模式可以实现在线编程和应用程序调试。不管工作于哪一种模式,用户都需要在 CCS 配置程序中设定 DSP 的类型和开发平台类型。另外,CCS 有不同版本,各版本使用功能向下兼容,但是,各版本所集成的应用程序库不能兼容,因此,当在不同版本下开发的应用程序库函数移植时,需要重新在新的版本下生成新的库函数,否则,会出现预料不到的错误。本书以 CCS3.1 及 64x 为例介绍如何利用 CCS 开发应用程序,文中未详细说明的部分可以通过查阅 CCS3.1 主菜单中 Help 在线帮助获得。更高版本的 CCS 使用和操作方法与本书讲解内容可能有出入,请读者自行查阅其在线帮助。

2.2 CCS3.1 的安装与配置

CCS3.1 的安装过程包括两个部分:第一部分是 CCS3.1 的软件安装,需要计算机配置满足 CCS3.1 的内存及操作系统要求;第二部分是仿真器安装,需要根据用户所使用的仿真器型号进行软件配置。

2.2.1 安装 CCS3.1

① 双击安装文件,进入安装界面,如图 2-1 所示。

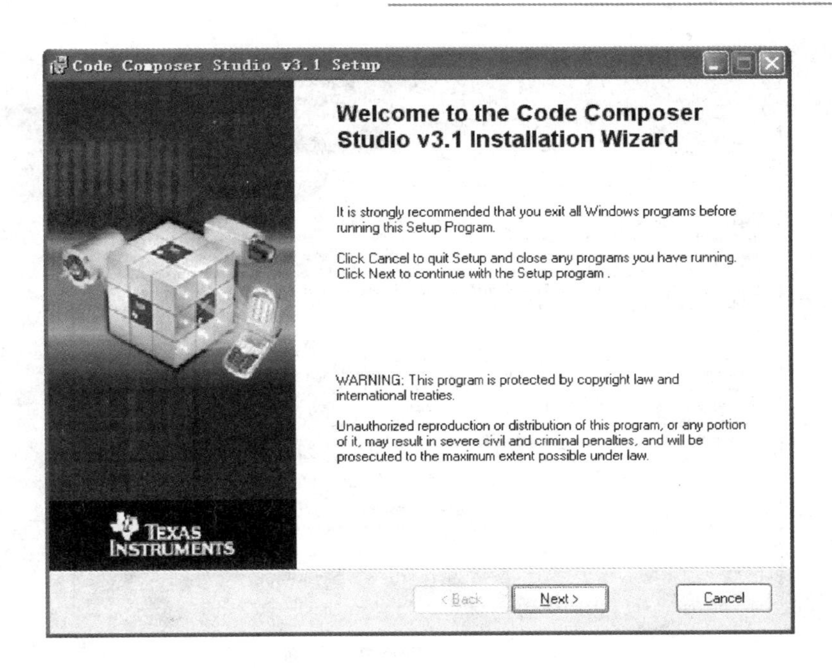

图 2－1　CC3.1 的安装界面

② 单击图 2－1 中的 Next 按钮，进入系统配置校验界面，如图 2－2 所示。操作系统版本，如图 2－2 中第 1 行显示，所用操作系统为 Windows 2000；网络浏览器为 IE5.5 以上版本；系统内存 1 016 MB；系统显示分辨率 1 280×1 024，32 Bit；OK 表示满足软件对系统的要求。

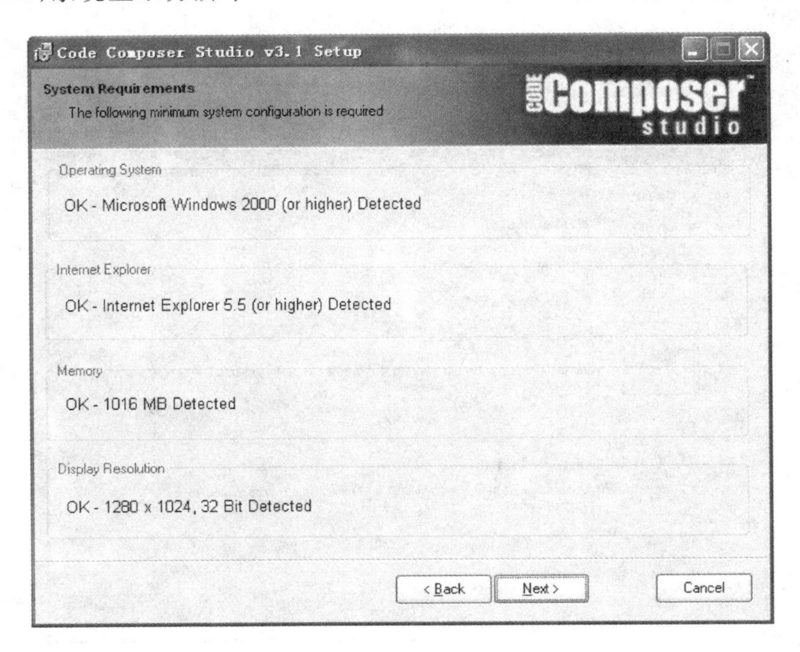

图 2－2　系统配置校验界面

③ 单击图 2－2 中的 Next 按钮，出现软件安装授权提示界面，如图 2－3 所示。

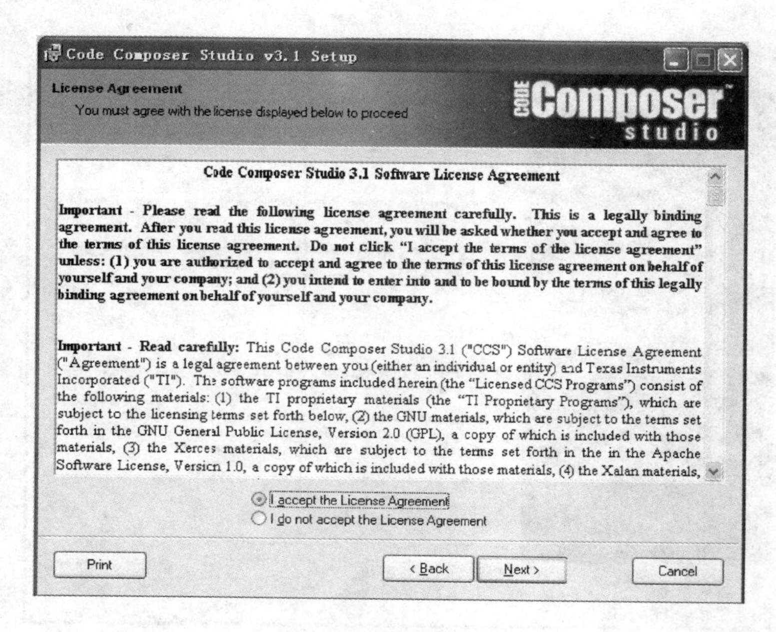

图 2-3　软件安装授权界面

④ 选择图 2-3 中的 I accept the License Agreement 选项，然后，单击 Next 按钮，出现安装类型选择界面，如图 2-4 所示。它包括 3 个选项：第 1 个选项是典型安装(Typical Install)，对于初学者来说最好选择这个选项；第 2 个选项是调试安装(Debugger-Only Install)，这个安装仅用于调试，对于熟练用户可选择这个安装；第 3 个选项是用户选择安装(Custom Install)，这个安装类型是用户根据自己的需要选择安装内容，对于初学者来说不适用。

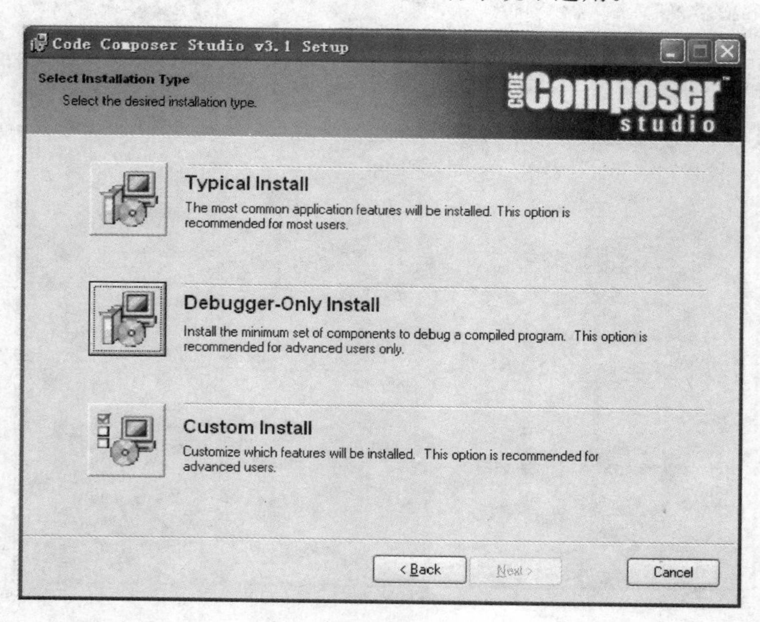

图 2-4　安装类型选择界面

⑤ 安装路径选择如图 2-5 所示，选择默认安装路径 C:\CCStidio_v3.1，单击 Next 按钮。

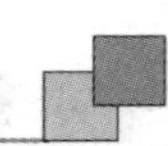

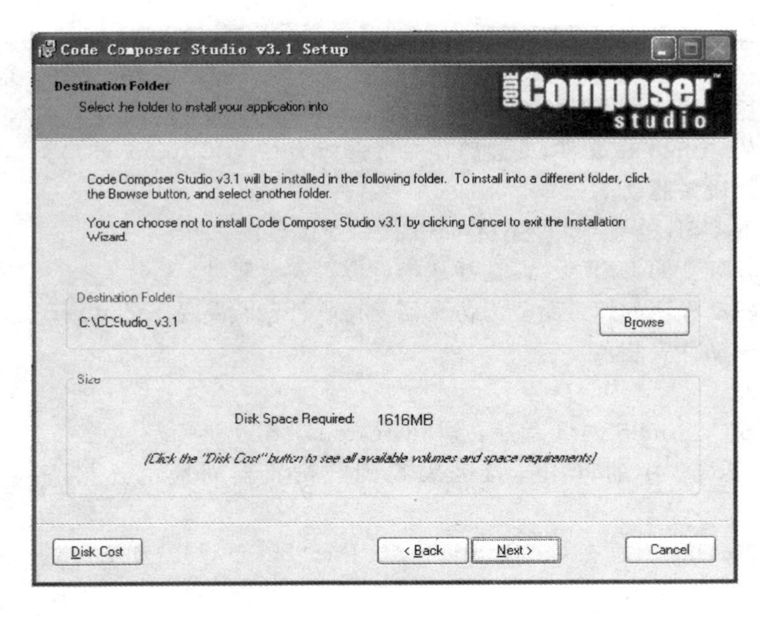

图 2-5　默认安装路径选择

⑥ 开始安装，如图 2-6 所示，图中给出了已经选择的安装配置，包括产品 CCS V3.1 版本；安装类型为典型安装；安装所需空间 1 616 MB；安装路径 C:\CCStudio_v3.1。提示，如果认为上述配置正确，选择 Install Now 进行软件安装。

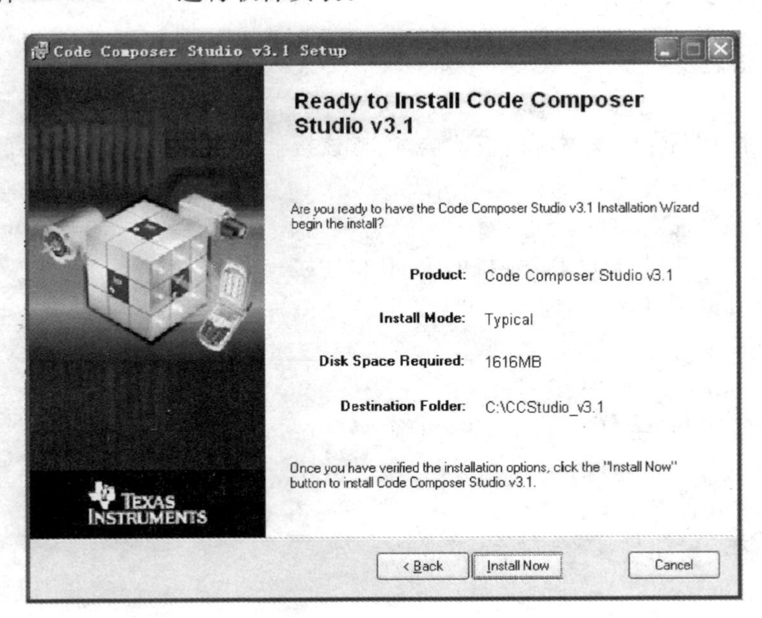

图 2-6　开始安装界面

⑦ 根据系统提示，连续单击 Next 按钮即可。

CCS3.1 安装完毕后，需要进行仿真器配置。

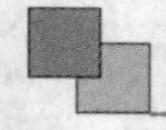

2.2.2 仿真器安装

1. 安装仿真器支持软件

安装光盘里的 setup.exe 文件，安装路径一般选择为 C:\CCStidio_v3.1。

2. 安装仿真器设备驱动

① 将仿真器的 USB 电缆与 PC 主机 USB 接口连接。

② 系统提示找到新的 USB 设备，选择从指定位置安装驱动。

③ 指定设备驱动程序的搜索路径为仿真器支持软件安装路径下的 diver 文件夹。

④ 找到设备驱动并安装。

3. 配置 CCS3.1

① 启动 Setup CCStudio v3.1 程序，选择 Create Board。

② 从 Create Board 中的可用连接列表找到与仿真器对应的连接，并将其拖动到 My System 中。

③ 选择正确的.cfg 文件(在 C:\CCStidio_v3.1\cc\bin 下寻找)和 I/O 端口地址(USB 仿真器的端口地址一般为 0x240)。

④ 为已选连接选择处理器型号，选择的型号应与目标系统的 DSP 型号一致。

⑤ 选择正确的 gel 文件(在 C:\CCStidio_v3.1\cc\gel 下寻找)。

⑥ 保存退出。

2.2.3 硬件仿真系统搭建与拆卸

1. 仿真系统搭建

① 关闭 DSP 应用板电源，确保操作者接地并且不带静电。

② 将仿真器的 JTAG 电缆与应用板连接，注意该接插件的连接方向，错误的连接会导致仿真器或目标系统的损坏。

③ 打开 DSP 应用板的电源。

④ 将仿真器的 USB 电缆与 PC 主机的 USB 口连接。

⑤ 启动 CCStudio 3.1 程序，连接，进行仿真。

2. 仿真系统拆卸

① 退出 CCStudio 3.1 程序。

② 断开仿真器与 PC 主机连接的 USB 电缆。

③ 关闭 DSP 应用板的电源。

④ 确保操作者接地并且不带静电。

⑤ 断开仿真器与应用板连接的 JTAG 电缆。

2.3 软件工程管理

2.3.1 工程文件建立与相关操作

一个 CCS 下的工程是以树状结构组织的程序软件结构体，包括源程序、库文件、链接命令文件和头文件等，它们按照目录树的结构组织在工程文件中。工程构建（编译链接）完成后，生成可执行文件。工程视窗显示了工程的整个内容，如图 2-7 所示，图中显示了工程 codec_eg.mak 所包含的内容。其中 Include 文件夹包含源文件中以.include 声明的文件，Libraies 文件夹包含了所有后缀为.lib 的库文件，Source 文件夹包含了所有后缀为.c(C 语言编写的源文件）和.asm 的源文件（汇编语言编写的源文件）。文件夹上的“＋”符号表示该文件夹被折叠，“－”表示该文件夹被展开。

1. 创建、打开和关闭工程

单击标题栏中的 Project→New，创建一个新的工程文件（后缀为.PJT 或 .MAK），此后就可以编辑源程序、链接命令文件和头文件，然后加入到工程中。工程编译链接后产生的可执行程序后缀为.out。

单击 Project→Open 打一个已存在的工程文件。

单击 Project→Close 关闭当前工程文件。

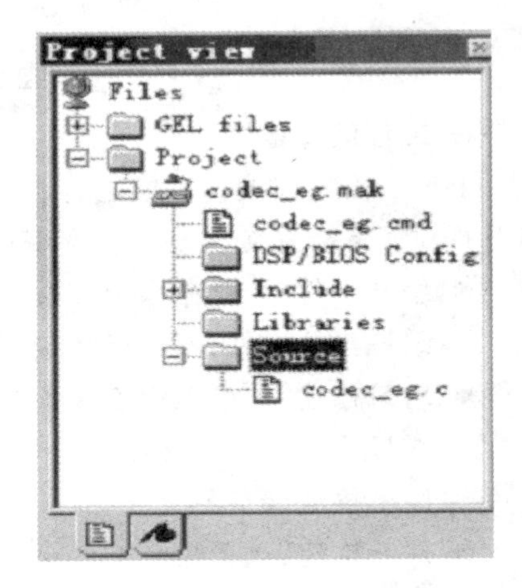

图 2-7　工程窗口示例

2. 在工程中添加/删除文件

工程中的源文件、链接命令文件及库文件（Libraries)需要用户指定加入；头文件（Include 文件）通过扫描相关性（Scan All Dependencies）自动加入到工程中。CCS 的工程中保存了一个相关性列表，它指明每个源程序和哪些包含文件相关。构建工程时，CCS 使用命令 Project→Show Dependencies 或 Project→Scan All Dependencies 创建相关树。在源文件中以 #include、.include 和.copy 指示的文件被自动加入到工程文件中。以下任一操作都可以添加文件到工程中：

① 选择命令 Project→Add File to Project。

② 在工程视图中右击调出关联菜单，选择 Add File。

在工程视图中右击某文件，从关联菜单中选择 Remove from project 可以从工程中删除此文件。

2.3.2　工程的编译链接与相关操作

1. 源程序编辑与相关操作

CCS 可以编辑任何文本文件（对 C 程序和汇编程序），可以打开多个窗口或对同一文件打开多个窗口，进行多窗口显示。选择主菜单命令 File→New→Source File 弹出编辑窗口，可以进行编辑。

除了具有与一般编辑器相同的查找、替换功能外，CCS 还提供了一种“在多个文件中查找”的功能。这对在多个文件中追踪、修改变量、函数特别有用。其操作方式为：选择命令 Edit→FindinFiles 或单击标准工具条的“多个文件中查找”按钮，弹出对话框如图 2-8 所示。分别在 Find what、In files of 和 In folder 中键入需要查找的字符串、搜寻目标类型以及文件所在目录，然后单击 Find 按钮即可。查找的结果显示在输出窗口中，按照文件名、字符串所在行号、匹配文字行依次显示。

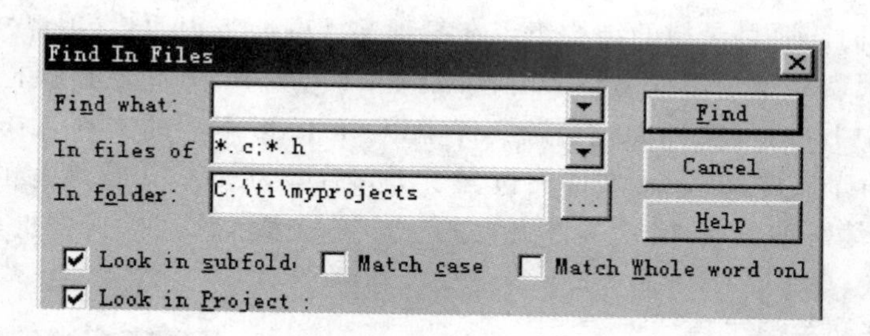

图 2-8　多个文件中查找字符串

2. 工程编译连接

工程所需文件编辑完成之后，可以对该工程进行编译链接，产生可执行文件，为调试做准备。CCS 提供了 4 条命令实现工程的编译链接。

- 编译文件：选择命令 Project→Compile File 或单击工程工具条“编译当前文件”按钮，仅编译当前文件，不进行链接。
- 增量构建：单击工程工具条“增量构建”按钮则只编译那些自上次构建后修改过的文件。增量构建(incremental build)只对修改过的源程序进行编译，先前编译过、没有修改的程序不再编译。
- 重新构建：选择命令 Project→Rebuild 或单击工程工具条“重新构建”按钮重新编译链接当前工程。
- 停止构建：选择命令 Project→Stop Build 或单击工程工具条“停止构建”按钮停止当前的构建进程。

CCS 集成开发环境本身并不包含编译器和链接器，而是通过调用软件开发工具(C 编译器、汇编器和链接器)来编译链接用户程序。编译器所用参数可以通过工程选项设置。选择命令 Project→Options 或从工程窗口的关联莱单中选择 Options。在弹出的对话框中用户可以设置编译器，汇编器和链接器选项。有关选项的具体含义可以查阅在线帮助(Help)。

2.3.3　程序调试与相关操作

CCS 提供了非常丰富的调试手段。从程序执行控制方面，CCS 提供了 4 种单步执行方式。从数据流方面，CCS 提供了载入/输出外部数据、设置探针等方法，可以查看和编辑内存单元和寄存器。

一般的程序调试步骤为：调入编译后的可执行程序(.out 文件)，先在感兴趣的程序段设置断点，然后，运行程序，使其执行程序过程停留在断点处，查看相关寄存器的值或内存单元的值，对中间数据进行在线(或输出)分析。反复这个过程直到程序完成预期的功能。调试的关键问题就是通过程序执行过程的控制，有步骤地检查所写程序功能的实现情况，因此，程序执行控制成为程序调试的主要方法。

1. 程序执行控制

载入可执行程序：选择命令 File→Load Program 载入编译链接好的可执行程序。也可以修改 Program Load 属性，使得在编译链接工程后自动装入可执行程序。设置方法为选择命令 Options→Program Load。在调试程序时，经常会用到复位、执行、单步执行等控制命令。下面依次介绍CCS应用系统(包括仿真器)复位、执行和单步操作方法。

(1) CCS软件复位应用系统操作

CCS复位应用系统必须通过如下3个步骤。

① Reset DSP：Debug→Reset DSP命令初始化所有的寄存器内容并暂停运行中的程序。如果应用板不响应命令，需要重新装代码。对仿真器，CCS复位所有寄存器到其上电状态。

② Restart：Debug→Restart命令将PC恢复到当前载入程序的入口地址，此命令重新开始执行当前程序。

③ Go Main：Debug→Go Main命令在主程序入口处设置临时断点，然后开始执行。当程序被暂停或遇到一个断点时，临时断点被删除。此命令提供了一种快速方法来运行应用程序。

(2) CCS程序执行操作

在CCS下程序的执行可以分成如下4种模式。

① 执行程序：命令为Debug→ Run或单击调试工具条上的“执行程序”按钮。程序运行直到遇见断点为止。

② 暂停执行：命令为Debug→Halt或单击调试工具条上的“暂停执行”按钮。

③ 动画执行：命令为Debug→ Animate或单击调试工具条上的“动画执行”按钮。用户可以反复运行执行程序，直到遇见断点为止。

④ 自由运行：命令为Debug→ Run Free。此命令禁止所有断点，包括探针断点和Profile断点，然后运行程序。在自由运行中对目标处理器的任何访问都将恢复断点。若用户在基于JTAG设备上使用模拟时，此命令将断开与目标处理器的连接，用户可以拆卸JTAG或MPSD电缆。在自由运行状态下用户也可以对目标处理器进行硬件复位。注意在仿真器中Run Free无效。

(3) CCS单步执行操作

CCS提供的单步执行操作有4种类型，它们在调试工具条上分别有对应的快捷按钮。

① 单步进入(快捷键F8)。命令为Debug→Step Into或单击调试工具条上的“单步进入”按钮。当调试语句不是最基本的汇编指令时，此操作将进入语句内部(如子程序或软件中断)调试。

② 单步执行(快捷键F10)。命令为Debug→Step Over或单击调试工具条上的“单步执行”按钮。此命令将函数或子程序当作一条语句执行，不进行其内部调试。

③ 单步跳出(快捷键Shift＋F7)。命令为Debug→Step Out或单击调试工具条上的“单步跳出”按钮。此命令将从子程序中跳出。

④ 执行到当前光标处(快捷键Ctrl＋F10)。命令为Debug→Run to Cursor或单击调试工具条上的“执行到当前光标处”按钮。此命令使程序运行到光标所在的语句处。

(4) 断点操作

断点的作用在于暂停程序的运行，以便观察/修改中间变量或寄存器数值。CCS提供了两类断点：软件断点和硬件断点，可以在断点属性中设置。设置断点应当避免以下两种情形：①将断点设置在属于分支或调用的语句上；②将断点设置在块重复操作的倒数第一或第二条语句上。只有当断点被设置而且被允许时，断点才能发挥作用。下面分别介绍断点的设置、断点的删除和断点的使能。CCS下断点设置有3种方式：软件断点、硬件断点、探针断点，其操作方法分别叙述如下。

1）软件断点

软件断点设置，有两种方法可以增加一个软断点，表述如下：

- 断点对话框，选择命令 Debug→Breakpoints 将弹出对话框如图 2－9 所示。在 Breakpoint 栏中可以选择“无条件断点”（Break at Location）或“有条件断点”（Break at Location if expression is TRUE）。在 Location 栏中填写需要中断的指令地址。可以观察反汇编窗口，确定指令所处地址。对 C 代码，由于一条 C 语句可能对应若干条汇编指令，难以用唯一地址确定位置。为此可以采用 filename/lineNumber 的形式定位源程序中的一条 C 语句。断点类型和位置设置完成后，依次单击 Add 和 OK 按钮即可。断点设置成功后，该语句条用彩色光条显示。
- 工程工具条，将光标移到需要设置断点的语句上，单击工程工具条上的“设置断点”按钮。则该语句位置为一断点，默认情况下为“无条件断点”。用户也可以使用断点对话框修改断点属性，例如将“无条件断点”改为“有条件断点”。

软件断点的删除，在图 2－9 所示断点对话框中，选择 Breakpoint 列表中的一个断点，然后单击 Delete 按钮即可删除此断点。单击 Delete All 按钮或工程工具条上的“取消所有断点”按钮，将删除所有断点。

软件断点允许和禁止，在图 2－9 所示断点对话框中，单击 Enable All 或 Disable All 按钮将允许或禁止所有断点。“允许”状态下，断点位置前的复选框有“√”符号。注意只有当设一断点，并使其“允许”时，断点才发挥作用。

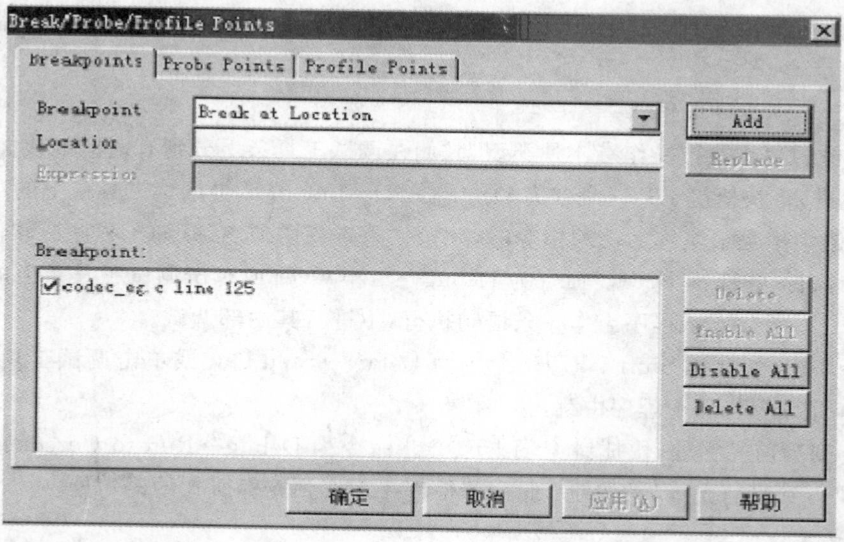

图 2－9　设置断点对话框

2）硬件断点

硬件断点与软件断点相比，它并不修改目标程序，因此适用于在程序存储器中设置断点或在内存读/写中产生中断两种情况。注意在仿真器中不能设置硬件断点，其操作方式如下。

硬件断点设置，硬件断点的命令为 Debug→Breakpoint。对两种不同的应用目的，其设置方法为：

- 指令拦截（ROM 程序中设置断点），在断点类型（Breakpoint Type）栏中选择 H/W Breakpoint at location。Location 栏中填入设置语句的地址，其方法与前面所述软件断点地址设置一样。Count 栏中填入触发计数，即此指令执行多少次后断点才发生作用。依次单击 Add 和 OK 按钮即可。
- 内存读/写的中断，在断点类型（Breakpoint Type）栏中选择＜Read/Write/R/W＞。Location 栏中填入内存地址。Count 栏中填入触发计数 N。则当读/写此内存单元 N 次后，硬件断点发生作用。

硬件断点删除，与软件断点的相同，不再赘述。

硬件断点的允许/禁止，与软件断点的相同，不再赘述。

3）探针断点

CCS 的探针断点提供了一种手段允许在特定的时刻从外部文件中读入数据或写出数据到外部文件中，相关操作详见 2.3.5 小节。

2．内存、寄存器和变量操作

在调试过程中，用户可能需要不断观察和修改寄存器、内存单元和数据变量。下面将依次介绍如何修改内存块，如何查看和编辑内存单元、寄存器和数据变量。

（1）内存块操作

CCS 提供的内存块操作包括复制数据块和填充数据块，这在数据初始化时较为有用。

复制数据块，功能：复制某段内存到一新位置；命令：Edit→Memory→ Copy，在对话框中填入源数据块首地址、长度和内存空间类型以及目标数据块首地址和内存空间类型即可。

填充数据块，功能：用特定数据填充某段内存；命令：Edit→ Memory→Fill，在对话框中填入内存首地址、长度、填充数据和内存空间类型即可。

查看、编辑内存，CCS 允许显示特定区域的内存单元数据。方法为选择 View→Memory 或单击调试工具条上的“显示内存数据”按钮。在弹出的对话框中输入内存变量名（或对应地址）、显示方式即可显示指定地址的内存单元。为改变内存窗口显示属性（如数据显示格式，是否对照显示等），可以在内存显示窗口中右击，从关联菜单中选择 Properties 即弹出选项对话框，如图2－10 所示。

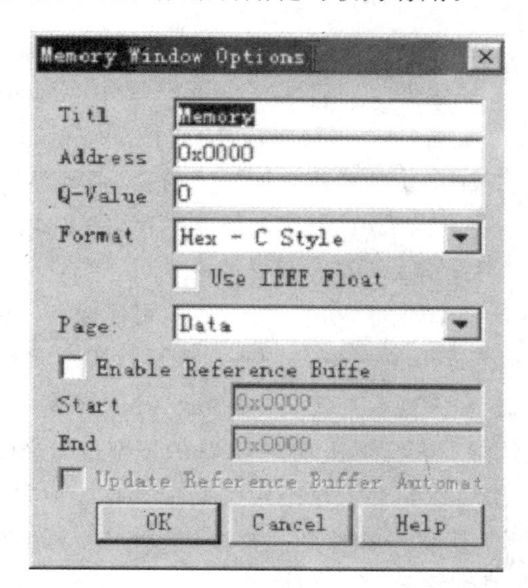

图 2－10　内存窗口选项对话框

内存窗口选项包括以下内容：

- Address 输入需要显示内存区域的起始地址。
- Value 显示整数时使用的 Q 值（定点位置），新的整数值＝整数/2Q。
- Format 从下拉菜单中选取数据显示的格式。

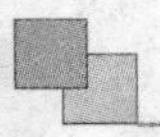

- Use IEEE Float 是否使用 IEEE 浮点格式。
- Page 选择显示的内存空间类型包含程序、数据或 I/O。
- Enable Reference Buffer 选择此检查框将保存一特定区域的内存快照以便用于比较。
- Start Address 保存数据到参考缓冲区(Reference Buffer)的内存段的起始地址，只有选中“Enable Reference Buffer”检查框时此区域才被激活。
- End Address 保存数据到参考缓冲区的内存段的终止地址，只有选中 Enable Reference Buffer 检查框时此区域才被激活。
- Update Reference Buffer Automatically 若选择此检查框，则参考缓冲区的内容将自动被内存段(由定义参考缓冲区的起始/终止地址所规定的区域)的当前内容覆盖。

(2) 寄存器操作

显示寄存器，选择命令 View→CPU Register 或单击调试工具条上的“显示寄存器”按钮，CCS 将在 CCS 窗口下方弹出寄存器查看窗口。

编辑寄存器，有 3 种方法可以修改寄存器的值：

- 命令 Edit→Edit Register。
- 在寄存器窗口双击需要修改的寄存器。
- 在寄存器窗口右击，从弹出的菜单中选择需要修改的寄存器。

3 种方法都将弹出编辑对话框，在对话框中指定寄存器(如果在 Register 栏中不是所期望的寄存器)和新的数值即可。

(3) 变量操作

编辑变量，选择命令 Edit→Edit Variable 可以直接编辑用户定义的数据变量，在对话框中填入变量名(Variable)和新的数值(Value)即可。输入变量名后，CCS 会自动在 Value 栏显示原值。注意变量名前应加“*”前缀，否则显示的是变量地址。在变量名输入栏，可以输入 C 表达式，也可以采用“偏移地址@内存页”方式来指定某内存单元。例如：*0x1000@prog，*0x2000@io 和 *0x1000@data 等。

查看变量，在程序运行中，可能需要不间断地观察某个变量的变化情况，CCS 提供了观察窗口(Watch Window)用于在调试过程中实时查看和修改变量值。

加入观察变量，选择命令 View→Watch Window 或单击调试工具条上钓“打开观察窗口”按钮，则观察窗口出现在 CCS 的下部位置。CCS 最多提供 4 个观察窗口，在每一个观察窗口中用户都可以定义若干个观察变量。有 3 种方法可以定义观察变量：

① 将光标移到观察窗口中按 Insert 键，弹出表达式加入对话框，在对话框中填入变量符号即可。

② 将光标移到观察窗口中右击，从弹出菜单中选择 Insert New Expression，在表达式加入对话框中填入变量符号即可。

③ 在源文件窗口或反汇编窗口中双击变量，则该变量反白显示，右击选择 Add to Watch Window。则该变量直接进入当前观察窗口列表。

表达式中的变量符号当作地址还是变量处理，取决于目标文件是否包含有符号调试信息。若在编译链接时有-g 选项(意味着包含符号调试信息)，则变量符号当作真实变量值处理，否则

作为地址。对于后一种情况，为显示该内存单元的值，应当在其前面加上前缀星号“ * ”。

删除某观察变量，有两种方法可以从观察窗口中删去某变量：

① 双击观察窗口中某变量，选中后该变量以彩色亮条显示。按 Delete 键，则从列表中删除此变量。

② 选中某变量，右击，然后选择 Remove Current Expression。

观察数组或结构变量，某些变量可能包含多个单元，如数组、结构或指针等。这些变量加入到观察窗口中时，会有“＋”或“－”的前缀。“－”表示此变量的组成单元已展开显示，“＋”表示此变量被折叠，组成单元内容不显示。用户可以通过选中变量，然后按回车键来切换这两种状态。

变量显示格式，可以在变量名后边跟上格式后缀以显示不同数据格式。例如：MyVar，x 或 MyVar，d 等。允许的数据格式如表 2－1 所列。

表 2－1　变量显示格式表

后　缀	格　式	后　缀	格　式
d	十进制	u	无符号整数
e	科学浮点计数法	c	ASCII 字符(字节)
f	小数浮点数	p	大印度格式(Big Endian)打包 ASCII 字符：即第 1 字符在高位字节(MSB byte)
x	十六进制	p	小印度格式(Little Endian)打包 ASCII 字符：即第 1 字符在低位字节(LSB byte)
o	八进制		

另外，也可以用“快速观察”按钮来观察某变量，其操作方法有以下两种：

① 在调试窗口中双击选中需要观察的变量，使其反白。单击调试工具条上的“快速观察”按钮。

② 选中需要观察的变量后，右击，从关联菜单中选择 Quick Watch 菜单。

操作完成后，在弹出的对话框中单击 Add Watch 按钮，即可将变量加入到观察窗口变量列表中。

2.3.4　汇编工具

在某些时候(例如，调试 C 语言关键代码)，可能需要深入到汇编指令一级。此时，可以利用 CCS 的反汇编工具。执行程序(不论是 C 程序或是汇编程序) 载入到目标板或仿真器时，CCS 调试器自动打开一个反汇编界面。如图 2－11 所示。

```
0000:00F2 7762      STM    1ch,_trap
0000:00F4 F273      BD     18deh
0000:00F6 7762      STM    1dh,_trap
0000:00F8 7718      STM    9032h,SP
0000:00FA 6BF8      ADDM   3ffh,*(SP)
0000:00FD 68F8      ANDM   0fffeh,*(SP)
0000:0100 F7B8      SSBX   SXM
0000:0101 F7BE      SSBX   CPL
0000:0102 F6B9      RSBX   OVM
0000:0103 F4A0      LD     #0h,ARP
0000:0104 F6B7      RSBX   C16
```

图 2－11　反汇编界面

对每一条可反汇编的语句，反汇编界面显示对应的反汇编指令（某些 C 语句，一条可能对应几条反汇编指令），语句所处地址和操作码（即二进制机器指令）。当前程序指针 PC（Program Point）所在语句用彩色高亮表示。当源程序是 C 代码时，用户可以选择使用混合 C 源程序（C 源代码和反汇编指令显示在同一窗口）或汇编代码（只有反汇编指令）模式显示。

除在反汇编界面中可以显示反汇编代码外，CCS 还允许在调试窗口中混合显示 C 和汇编语句。可以选择命令 View→Mixed Source/Asm，则在其前面出现一对选中标志。选择 Debug→Go Main，调试器开始执行程序并停留在 main()处。C 源程序显示在编辑窗口中，与 C 语句对应的汇编代码以暗色显示在 C 语句下面。

2.3.5 外部文件输入/输出

CCS 提供了一种"探针（Prob）"断点来自动读/写外部文件。所谓探针是指 CCS 在源程序某条语句上设置的一种断点。每个探针断点都有相应的属性用来与一个文件的读/写相关联。程序运行到探针断点所在语句时，自动读入数据或将计算结果输出到某文件中（依此断点属性而定）。由于文件的读/写实际上调用的是操作系统功能，因此不能保证这种数据交换的实时性。

外部文件输入/输出操作步骤如下：

① 设置探针断点，将光标移到需要设置探针的语句上，单击工程工具条上的"设置探针"按钮。光标所在语句被彩色光条高亮显示。

② 探针与输入/输出文件关联，选择命令 File→File I/O，显示对话框如图 2-12 所示。在此对话框中选择文件输入/输出功能（对应 File Input 和 File Output 标签）。假定需要读入一批数据，则在 File Input 标签窗口中单击 Add File 按钮，在对话框指定输入的数据文件，假定输入文件为 sine.dat，数据文件格式遵循规定。注意此时该数据文件并未和探针关联起来，Probe 栏中显示的是 Not Connected。单击 Add Probepoint 按钮，弹出 Break/Probe/Profile Point 对话框。在 Probe Point 列表中，单击选中需要关联的探针。在本例中只定义了一个探针，故列表中只有一行。从 Connect 一栏中选择刚才加入的数据文件。单击 Replace 按钮。注意在 Probe Point 列表中显示探针所在的行已与文件对应起来，如图 2-13 所示。

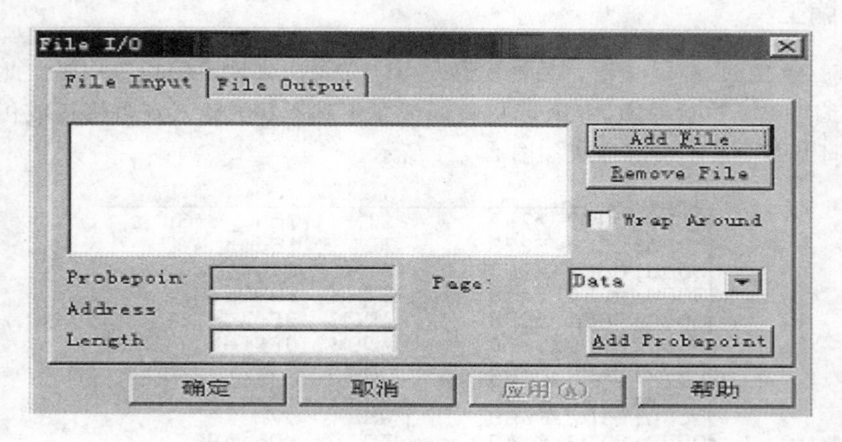

图 2-12　File I/O 对话框

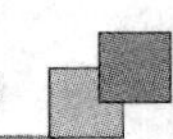

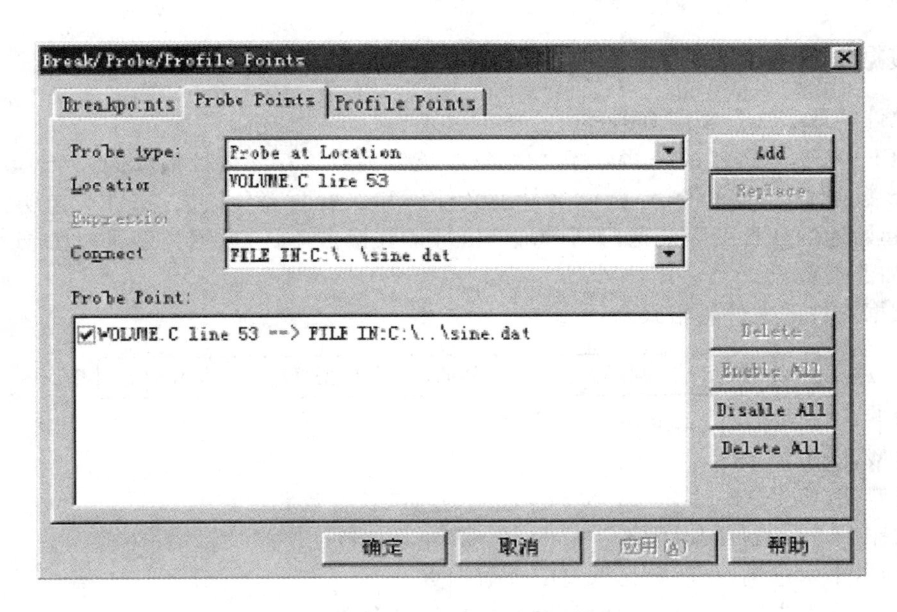

图 2-13 探针断点设置

③ 关联文件的输入/输出操作,探针与输入/输出文件断开:Break→Probe→Profile Point 对话框设置完成后,回到图 2-12 所示 File I/O 对话框。与探针关联的数据文件出现在 File Input 栏中。在此对话框中,指定数据读入存放的起始地址(对于文件输出为输出数据块的起始地址)和长度。起始地址可以用事先已定义的缓冲区符号代替。数据的长度以 WORD 为单位。对话框中的 Wrap Around 选项是指当读指针到达文件末尾时,是否回到件头部位置重新读入,这在用输入数据产生周期信号的场合较为有用。

④ 文件检查 File I/O 对话框完成后,单击"确定"按钮,CCS 自动检查输入是否正确。将探针与文件关联后,CCS 弹出 File I/O 控制窗口,如图 2-14 所示。程序执行到探针断点位置调入数据时,其进度会显示在控制窗口内。控制窗口同时给出了若干按钮来控制文件的输入/输出进程。各按钮的作用如下所述:

- 运行按钮,在暂停后恢复数据传输。
- 停止按钮,中止所有的数据传输进程。
- 回退按钮,对文件输入,下一采入数据来自文件头位置;对数据输出,新的数据写入文件首部。
- 快进按钮,仿真探针被执行(程序执行探针所在语句)情形。

⑤ 取消探针,在选定探针处单击按钮,探针取消。

图 2-14 控制窗口

2.3.6 数据文件格式

CCS 允许的数据文件格式有两种。

① COFF 格式,二进制的公共目标文件格式,能够高效地存储大批量数据。

② CCS 数据文件,字符格式文件,文件由文件头和数据两部分构成,文件头指明文件类型、数据类型、起始地址和长度等信息,其后为数据,每个数据占一行,数据类型可以为十六进制、整数、长整数和浮点数。

CCS 数据文件的文件头格式为:

文件类型	数据类型	起始地址	数据页号	数据长度

解释如下:

文件类型,固定为 1651。

数据类型,取值 1~4,对应类型为十六进制、整数、长整数和浮点数。

起始地址,十六进制,表示数据存放的内存缓冲区首地址。

数据页码,十六进制,指明数据取自哪个数据页。

数据长度,十六进制,指明数据块长度,以 WORD 为单位。

下面的例子给出了某 CCS 数据文件的头几行内容。

```
1651 2 0 1 200   ;数据类型为整数,起始地址 0,数据页码 1,数据长度为 200 字。
366
- 1479
……
```

2.4 图形窗口分析工具

CCS 提供特殊的图形分析工具,可以将运算结果以一定的模式显示出来。CCS 提供的图形显示模式包括时频分析、星座图、眼图、图像,如表 2-2 所列。当准备好需要显示的数据后,选择命令 View→Graph,设置相应的参数,即可按所选图形类型显示数据。

表 2-2 CCS 图形显示类型

显示类型		描 述
时域图	单曲线图(Single Time)	对数据不加处理,直接画出显示缓冲区数据的幅度-时间
	双曲线图(Dual Time)	在一幅图形上显示两条信号曲线
	FFT 幅度(FFT Magnitude)	对显示缓冲区数据进行 FFT 变换,画出幅度-频率曲线
	复数 FFT(Complex FFT)	对复数数据的实部和虚部分别作 FFT 变换,在一个图形窗口画出两条幅度-频率曲线
	FFT 幅度和相位(FFT Magnitude and Phase)	在一个图形窗口画出幅度-频率曲线和相位-频率曲线
	FFT 多帧显示(FFT Waterfall)	对显示缓冲区数据(实数)进行 FFT 变换,其幅度-频率曲线构成一帧,这些帧按时间顺序构成 FFT 多帧显示图
星座图(Constellation)		显示信号的相位分布
眼图(Eye Diagram)		显示信号码间干扰情况
图像显示(Image)		显示 YUV 或 RGB 图像

各种图形显示所采用的工作原理基本相同，即采用双缓冲区（采集缓冲区和显示缓冲区）分别存储和显示图形。采集缓冲区存在于实际或仿真目标板，包含需要显示的数据区。显示缓冲区存在于主机内存中，内容为采集缓冲区的复制。定义显示参数，CCS 从采集缓冲区中读取规定长度的数据，按照显示类型要求进行显示。显示缓冲区尺寸可以和采集缓冲区不同，如果允许左移数据显示（Left - Shifted Data Display），则采样数据从显示区的右端向左端循环显示，“左移数据显示”特性对显示串行数据特别有用。

CCS 提供的图形显示类型共有 9 种，每种显示所需的设置参数各不相同。限于篇幅，这里仅列举时频图单曲线显示设置方法，其他图形的设置参数说明请查阅连机在线帮助 Help → General Help→How to …→Display Results Graphically?。

选择命令 View →Graph→Time/Frequency，在 Display Type 中选择 Signal Time（单曲线显示），则弹出图形显示参数设置如图 2 - 15 所示。

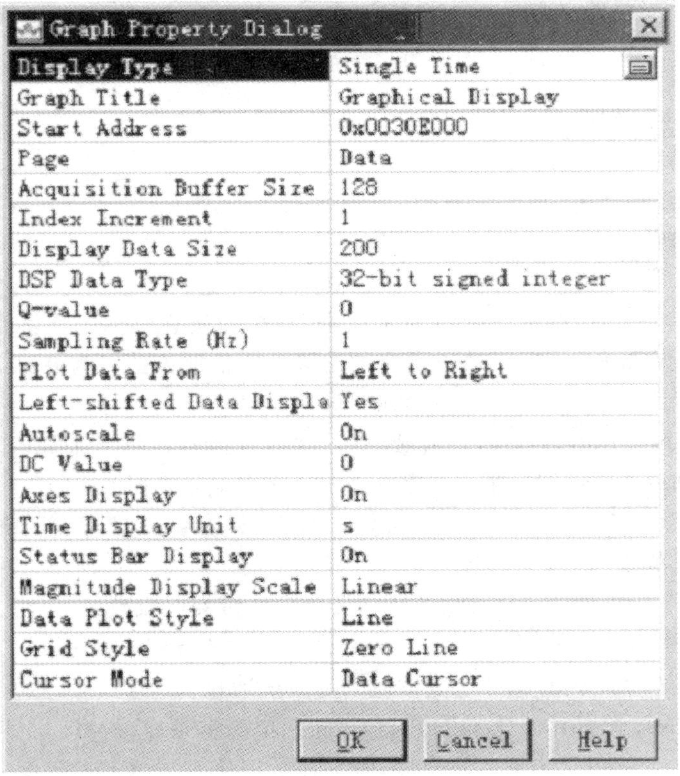

Graph Property Dialog

Display Type	Single Time
Graph Title	Graphical Display
Start Address	0x0030E000
Page	Data
Acquisition Buffer Size	128
Index Increment	1
Display Data Size	200
DSP Data Type	32-bit signed integer
Q-value	0
Sampling Rate (Hz)	1
Plot Data From	Left to Right
Left-shifted Data Disple	Yes
Autoscale	On
DC Value	0
Axes Display	On
Time Display Unit	s
Status Bar Display	On
Magnitude Display Scale	Linear
Data Plot Style	Line
Grid Style	Zero Line
Cursor Mode	Data Cursor

OK　Cancel　Help

图 2 - 15　单曲线显示属性设置参数

设置参数定义及操作如下：

显示类型（Display Type），单击 Display Type 栏区域，则出现显示类型下拉菜单，内容如表 2 - 2 所列，单击所需的显示类型，则 Time/Frequency 对话框（参数设置）相应随之变化。

视图标题（Graph Title），定义图形视图标题。

起始地址（Start Address），定义采样缓冲区的起始地址。当图形被更新时，采样缓冲区内容亦更新显示缓冲区内容。此对话栏允许输入符号和 C 表达式。当显示类型为 Dual Time 时，需

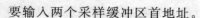

要输入两个采样缓冲区首地址。

数据页(Page),指明选择的采样缓冲区来自程序、数据还是 I/O 空间。

缓冲区尺寸(Acquisition Buffer Size),可以根据所需定义采样缓冲区的尺寸。例如当一次显示一帧数据时,则缓冲区尺寸为帧的大小。若希望观察串行数据,则定义缓冲区尺寸为 1,同时允许左移数据显示。

索引递增(Index Increment),定义在显示缓冲区中每隔几个数据取一个采样点。

显示数据尺寸(Display Data Size),此参数用来定义显示缓冲区大小。一般地,显示缓冲区的尺寸取决于"显示类型"选项。对时域图形,显示缓冲区尺寸等于要显示的采样点数目,并且大于等于采样缓冲区尺寸。若显示缓冲区尺寸大于采样缓冲区尺寸,则采样数据可以左移到显示缓存显示。对频域图形,显示缓冲区尺寸等于 FFT 帧尺寸,取整为 2 的幂次。

DSP 数据类型(DSP Data Type),DSP 数据类型可以分为以下几种。

- 32 位有符号整数;
- 32 位无符号整数;
- 32 位浮点数;
- 32 位 IEEE 浮点数;
- 16 位有符号整数;
- 16 位无符号整数;
- 8 位有符号整数;
- 8 位无符号整数。

Q 值(Q - value),采样缓冲区中的数为十六进制数,但是它表示的实际数取值范围由 Q 值确定。Q 值为定点数定标值,指明小数点所在的位置。Q 值取值范围为 0~15,假定 Q 值为 xx,则小数点所在的位置为从最低有效位向左数的 xx 位。

采样频率(Sampling Rate(Hz)),对时域图形,此参数指明在每个采样时刻定义同一数据的采样数。假定采样频率为 xx,则一个采样数据对应 xx 个显示缓冲区单元。由于显示缓冲区尺寸固定,因此时间轴取值范围为 0~显示缓冲区尺寸/采样频率。对时域图形,此参数定义频率分析的样点数。频率范围为 0~采样率/2。

数据绘出顺序(Plot Data From),此参数定义从采样缓冲区取数的顺序。

- 从左到右,采样缓冲区的第一个数被认为是最新或最近到来数据;
- 从右到左,采样缓冲区的第一个数被认为是最旧数据。

左移数据显示(Left - Shifted Data Display),此选项确定采样缓冲区与显示缓冲区的哪一边对齐。可以选择此特性允许或禁止。若允许,则采样数据从右端填入显示缓冲区,每更新一次图形,则显示缓存数据左移,留出空间填入新的采样数据,注意显示缓冲区初始化为 0;若此特性被禁止,则采样数据简单覆盖显示缓存。

自动定标(Autoscale),此选项允许 Y 轴最大值自动调整。若此选项设置为允许,则视图被显示缓冲区数据最大值归一化显示;若此选项设置为禁止,则对话框中出现一新的设置项 Maximum Y-Value,设置 Y 轴显示最大值。

直流量(DC Value),此参数设置 Y 轴中点的值,即零点对应的数值。对 FFT 幅值显示,此区域不显示。

坐标显示(Axes Display),此选项设置 X、Y 坐标轴是否显示。

时间显示单位(Time Display Unit),定义时间轴单位,可以为秒(s)、毫秒(ms)、微秒(μs)或采样点。

状态条显示(Status Bar Display),此选项设置图形窗口的状态条是否显示。

幅度显示比例(Magnitude Display Scale),有两类幅度显示类型,线性或对数显示(公式为 20lg x)。

数据标绘风格(Data Plot Style),此选项设置数据如何显示在图形窗口中。

- Line 数据点之间用直线相连;
- Bar 每个数据点用竖直线显示。

栅格类型(Grid Style),此选项设置水平或垂直方向底线显示,有 3 个选项。

- No Grid 无栅格;
- Zero Line 仅显示 0 轴;
- Full Grid 显示水平和垂直栅格。

光标模式(Cursor Mode),此选项设置光标显示类型,有 3 个选项。

- No Cursor 无光标;
- Data Cursor 在视图状态栏显示数据和光标坐标;
- Zoom Cursor 允许放大显示图形。方法,按住鼠标左键,拖动,则定义的矩形框被放大。

图 2-16 为一正弦波数据显示图形的例子。

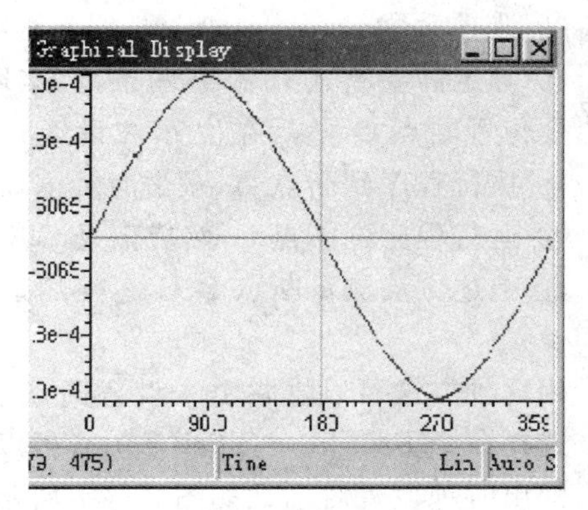

图 2-16　正弦波图形显示举例

2.5　代码性能评估工具

完成一个算法设计和编程后,一般需要测试程序效率以便进一步优化代码。CCS 提供了“代码性能评估”工具评估代码性能。其基本方法为:在适当的语句位置设置断点(软断点或硬断点),当程序执行过程通过断点时,有关代码执行的信息被收集并统计,这些统计信息可以评估代码性能。

1. 代码的执行速度

可以通过统计 CPU 执行的指令周期数完成。假定 CPU 的主频为 f(Hz),平均每执行一条指令需要 n 个时钟周期。经统计某段程序需要花费 M 条指令,并且此段程序必须在时间 T 内完成,则此算法花费的时间公式为

$$T=\frac{M}{f/n} \tag{2-1}$$

式中:T——算法执行时间;

M——算法需要的指令数;

f——CPU 主频;

n——平均指令执行周期数。

所需要的 MIPS 为

$$P=M/T \tag{2-2}$$

式中：P——平均每秒钟指令执行时间。

如果算法花费时间 T 小于限定时间，或者 P 小于 CPU 的 MIPS(f/n)，则表明此算法可行。

2. 测量时钟

测量时钟用来统计一段指令的执行时间。指令周期的测量随使用设备驱动不同而变化。假若设备驱动采用 JTAG 扫描通道，则指令周期采用片内分析(on-chip analysis)计数。

使用测量时钟的步骤如下：

① 允许时钟计数，选择命令 Profiler→Enable Clock，选中符号出现在菜单项 Enable clock 前。

② 选择命令 Profiler→View Clock，则时钟窗口出现在 CCS 主窗口下部位置。

③ 确定需要测试 A 和 B 两条指令(B 在 A 之后)之间程序段执行时间，在 B 之后至少隔 4 个指令位置断点 C，然后在位置 A 设置断点 A，注意先不要在位置 B 设置断点。

④ 执行程序到断点 A，双击时钟窗口，使其归零，然后清除断点 A。

⑤ 运行程序到断点 C，然后记录 Clock 的值。其为 A，C 之间程序运行时间 T1。

⑥ 上述方法测量断点 B、C 之间的运行时间 T2。则(T1－T2)即为断点 A、B 之间的执行时间。

用这种方法可以排除由于设置断点引入的时间测量误差。注意上述方法中设置的是软断点。选择命令 Profiler→Clock Setup 可以设置时针属性。

弹出时钟设置对话框如图 2－17 所示。

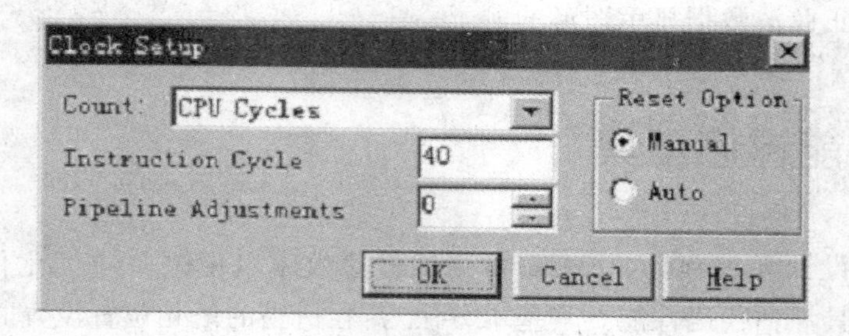

图 2－17　时钟属性设置

对话框中各输入栏解释如下：

Count，计数单位，对 simulator，只有 CPU 执行周期(CPU Cycle)选项。

Instruction Cycle，执行一条指令所花费的时间，单位为 ns，此设置将周期数转化为绝对时间。

Pipeline Adjustments，流水线调整花费周期数，当遇到断点或暂停 CPU 执行，CPU 必须重新刷新流水线，耗费一定周期数。为了获得较好精度的时钟周期计数，需要设置此参数。值得注意的是，CPU 的停止方式不同，其调整流水线的周期数亦不同。此参数设置只能提高一定程度的精度。

Reset Option，可以选择手工(Manual)或自动(Auto)选项，此参数设置指令周期计数值是否自动复位(清除为 0)。若选择“自动”则 CLK 在运行目标板之前自动清零；否则其值不断累加。

3. 性能测试点

性能测试点(Profiler Point)是专门用来在特定位置获取性能信息的断点。在每个性能测试点上，CCS 记录本测试点命中次数以及距上次测试点之间的指令周期数等信息。与软断点不同

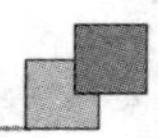

的是，CPU 在通过性能测试点时并不暂停。

① 设置性能测试点：将光标置在某特定(需要测试位置)源代码行或反汇编代码行上，单击工程条上的“设置性能断点”图标，完成后此代码行以彩色光条显示。

② 删除某性能测试点：选择命令 Profiler→Profile Points，则弹出性能测试点对话框。从 Profile Points 列表中选择需要删除的测量点，单击 Delete 按钮即可。注意单击对话框中的 Delete All 按钮或工程条上的“取消性能断点”图标将删除所有测试点。

③ 允许和禁止测试点：测试点设置后，可以赋予它“允许”或“禁止”属性。只有当测试点被“允许”后，CCS 才在此点统计相关的性能信息。若测试点不被删除，则它随工程文件保存，在下次调入时依然有效。操作方法为，在上述对话框中单击测试点前面的复选框，有“√”符号表示允许，否则表示禁止。单击 Enable All 或 Disable All 按钮，将允许或禁止所有测试点。

4. 显示执行信息

为观察某特定代码段的执行性能，可以在代码段的首尾位置设置性能断点，然后执行程序，估计特定代码段执行完后(或者在代码段尾部设置一软件断点)，终止运行。在统计界面中出现统计信息，如图 2-18 所示，统计数据的含义如表 2-3 所列。

右击显示窗，选择菜单 Properties→Display Options 可以设置显示方式，不再赘述。

Location	Count	Average	Total	Maximum	Minimum
VOLUME.C line 74	114	0.0	0	0	0
VOLUME.C line 53	2	0.0	0	0	0

ED　For Help, press F1　Ln 73, Col 19　NUM

图 2-18　程序执行统计信息

表 2-3　统计信息栏含义

栏　目	描　述	栏　目	描　述
Location	测量点所在代码行位置	Total	总统计值
Count	测量点命中计数	Maximum	最大统计值
Average	平均统计值	Minimum	最小统计值

2.6　本章小结

本章介绍了 DSP 集成开发工具 CCS3.1 的安装及使用方法，尤其是如何充分利用 CC3.1 的编程和调试工具分析代码性能，优化代码效率是 DSP 系统开发的必备手段。因此，在后续章节中本章所介绍的方法会经常用到，读者应熟练掌握这个开发工具。

第 3 章

64x 硬件基本结构与软件设计原则

3.1 概 述

64x 系列 DSP 是 C6000 系列 DSP 平台中具有最高性能的一代定点 DSP。64x 系列 DSP 基于第二代高性能，增强型 VelociTI 超长指令字结构，可以实现高效的指令集并行效率。64x 系列 DSP 的最高性能可以达到 8 000 百万条指令每秒（MIPS），最高时钟频率可以达到 1 GHz。64x 系列 DSP 采用了两级缓存结构，一级程序缓存（L1P）为 128 Kbit，一级数据缓存（L1D）为 128 Kbit；二级缓存（L2）有 8 Mbit，为数据和程序空间共享，L2 存储器可以部分或全部映射到 DSP 的存储空间上。64x 系列 DSP 还拥有一组强大而多样的片上外设，包括：3 个多通道缓冲串口（McBSP），3 个通用定时器，1 个 32 bit/16 bit 主机接口（HPI32/HPI16），1 个 PCI 接口，1 个通用输入/输出接口（GPIO），2 个外部存储器接口（EMIFA 与 EMIFB）、千兆网口、RipdIO 等，使得其不仅在高速数据处理方面的应用得心应手，而且，在与各种外部设备的数据交换方面也灵活方便。

仅有超强的硬件功能，没有软件的配合，高性能系统的设计是难以想象的，因此，本章在介绍 64x DSP 硬件结构的基础上，进一步阐述了基于 64x 的软件设计原则，包括 64x 汇编语言特点、C 语言优化方法、混合编程效率平衡等，为后续章节的实例分析奠定基础。

3.2 64x 硬件结构

3.2.1 中央处理单元 CPU

64x 的 CPU 结构如图 3－1 所示。CPU 通过位宽 256 bit 的超长指令字（VLIW），支持每个时钟周期在 8 个功能单元同时执行 32 bit 指令。64x 的 VLIW 结构具有这样的特点：某个时钟周期，不必为 8 个功能单元中没有运算任务的模块提供指令。每个 32 bit 指令的第一位决定下一个 32 bit 指令是否跟当前的指令属于同一个执行包，或者属于下一个时钟周期的执行包。CPU 每次获取一个 256 bit 的指令包，但是每个执行包的长度是变化的。这种长度可变的执行包结构是一个关键的节省存储空间的特性，使得 64x 的 CPU 区别于其他 VLIW 体系结构。

64x 的 CPU 功能单元可以分为两组，每组包含 4 个功能单元和 1 个寄存器组。一组包含功

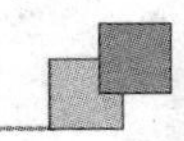

能单元.L1,.S1,.M1 和.D1;另外一组包含功能单元.L2,.S2,.M2 和.D2。每个寄存器组包含 32 个 32 bit 寄存器,2 个寄存器组共 64 个通用寄存器。64x 的寄存器组支持的数据类型包括:8 bit、16 bit、32/40 bit 和 64 bit。这两组功能单元和两个寄存器组,分别构成了 64x CPU 的 A 功能区域和 B 功能区域。在同一功能区域的 4 个功能单元可以自由地共享相同区域的 32 个寄存器。另外,每个区域还拥有一个"数据交叉通路",一条数据总线,可以连接到另一个区域的所有寄存器。通过这条数据交叉通路,每个功能单元都可以访问到所有的寄存器。64x 的 CPU"数据交叉通路"操作为流水线式,分为在多个时钟周期内完成。这样允许同一个执行包中的多个功能单元通过数据交叉通路访问同一个寄存器。64x CPU 中所有的功能单元都可以通过数据交叉通路访问操作数。在同一功能区域内,所有功能单元对寄存器的访问可以在一个时钟周期内完成。在 64x CPU 上,当一条指令试图通过数据交叉通路读取一个被上一个时钟周期更新的寄存器时,硬件会自动引入一个延时时钟周期。

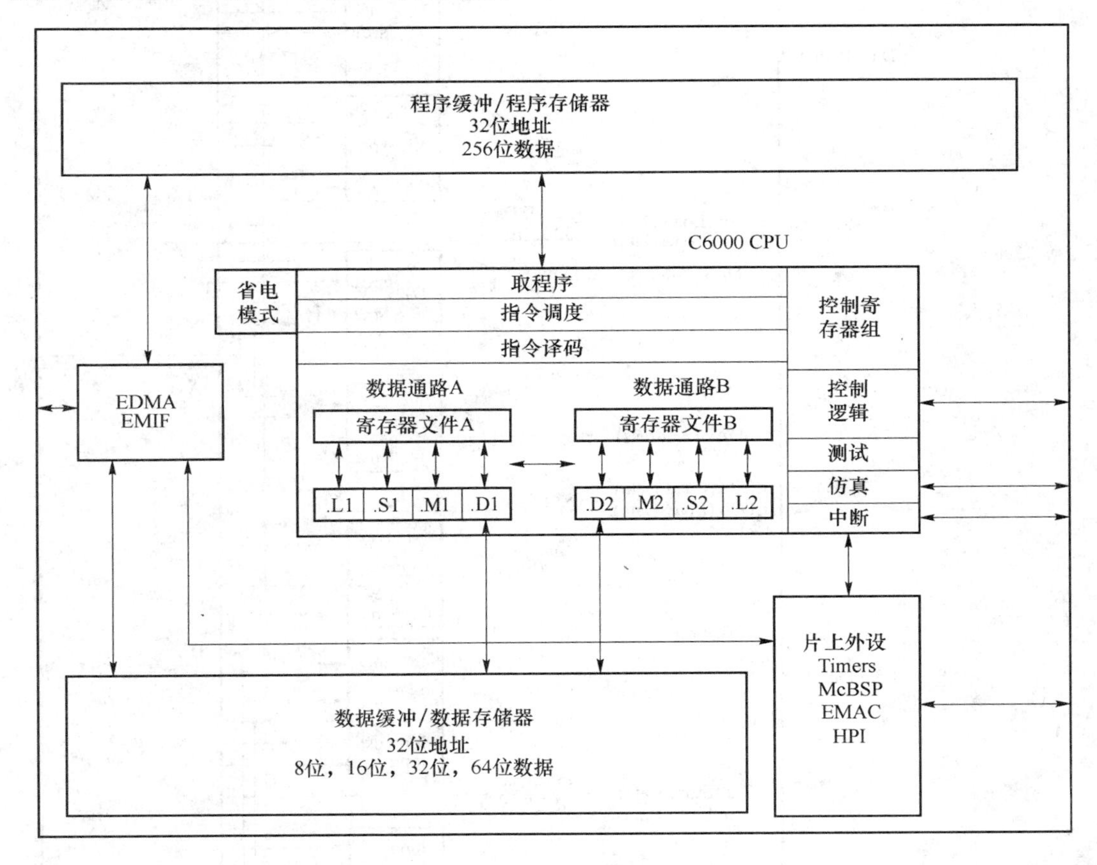

图 3-1　64x CPU 结构

另外,64x CPU 的另一个关键特性是加载/存储体系结构,如图 3-2 所示,通过这个结构,所有的指令都对寄存器操作(与在存储器中存储数据相反)。两组数据寻址功能单元(.D1 和.D2)负责所有在寄存器组和存储器之间的数据传输。.D 单元寻址允许从一个寄存器产生地址,用于将数据加载或存储到另一个寄存器。64x 的.D 单元可以在一个指令周期内加载或存储字节(8 bit)、半字(16 bit)、字(32 bit)和双字(64 bit)。另外,非对齐的加载和存储指令允许.D 单元

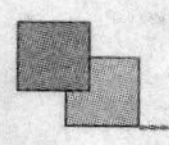

在任何字节边界访问字和双字。64x CPU 支持多种直接寻址模式,包括带有 5 bit 或 15 bit 偏移量的线性寻址或循环寻址。所有的指令都是有条件的,而且其中大多数可以访问 64 个寄存器中的任意一个。但是,有些寄存器被孤立出来用于支持特殊的寻址模式或用来保存条件指令的条件(如果该条件不是自动为"真")。

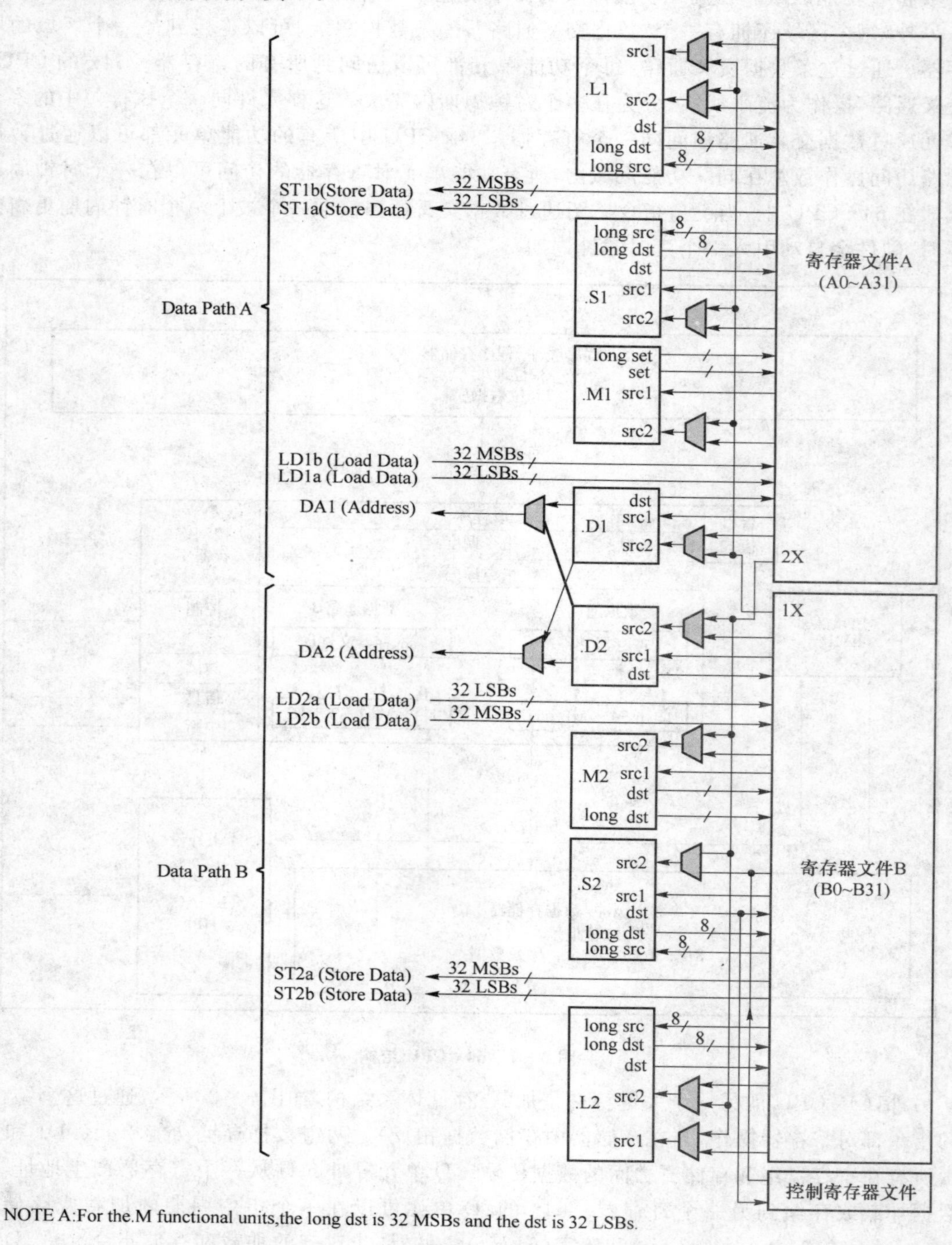

图 3-2　64x 加载/存储体系结构

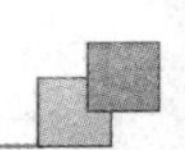

2个.M功能单元用于执行所有的乘法操作。每个64x的.M单元可以在每个时钟周期内完成2个16×16 bit乘法或4个8×8 bit乘法。.M功能单元也可以执行16×32 bit乘法操作，2个带有加/减运算的16×16 bit乘法操作，和4个带有加法运算的8×8 bit乘法操作。除了标准的乘法运算之外，64x的.M单元还包含了位计数、旋转、Galois域乘法和双向可变移位操作。

2个.S和.L功能单元执行一系列算术、逻辑和跳转操作并返回结果。64x的CPU算术和逻辑功能包括单32 bit，双16 bit和四8 bit操作。

下面说明64x CPU的处理流程。首先，CPU从程序存储器中获取一个256 bit宽的指令包。一组同时在不同功能单元(最多8个)执行的32 bit指令通过最低位(LSB)的"1"链接在一起，组成一个执行包。一个在32 bit指令最低位(LSB)的"0"用于分开不同的执行包。64x的CPU允许一个执行包跨越指令包的边界(256 bit)。在C62x/C67x DSP中，如果一个执行包跨越了指令包的边界(256 bit)，汇编器会把该执行包放到下一个指令包中，然后把当前指令包中剩下的内容用NOP指令填补。在64x DSP中，这种执行包边界的限制被去掉了，从而消除了所有用于填补空位的NOP指令，最后减少了整体代码长度。一个指令包中的执行包的个数从1～8个不等。每个时钟周期内，单个执行包中的32 bit指令被拆解分派到各自的功能单元中。直到当前指令包中的所有执行包都被拆解分派完毕后，下个256 bit的指令包才会被读取。在对执行包解码后，同个执行包中的指令同时在各自的功能单元中执行，使得最大执行效率达到每个时钟周期8条指令。虽然多数指令的运算结果存放在32 bit寄存器中，但是他们可以以字节、半字、字或双字的形式转移到存储器中。所有的加载和存储指令都可以以字节、半字、字或双字的形式寻址。

3.2.2 存储空间

表3-1所列为64x存储器映射地址。内部存储器总是从地址0开始，并且可用作程序或数据存储器。对于64x的外部存储空间，EMIFA从地址0x80000000开始，EMIFB从地址0x60000000开始。

表3-1 64x存储器映射地址

存储器块描述	块长度/字节	十六进制地址范围
内部RAM(L2)	1M	0000 0000～000F FFFF
保留	23M	0010 0000～017F FFFF
扩展存储器接口A、(EMIFA)寄存器	256K	0180 0000～0183 FFFF
L2寄存器	256K	0184 0000～0187 FFFF
HPI寄存器	256K	0188 0000～018B FFFF
McBSP 0寄存器	256K	018C 0000～018F FFFF
McBSP 1寄存器	256K	0190 0000～0193 FFFF
Timer 0寄存器	256K	0194 0000～0197 FFFF
Timer 1寄存器	256K	0198 0000～019B FFFF
中断选择寄存器	256K	019C 0000～019F FFFF
EDMA RAM and EDMA寄存器	256K	01A0 0000～01A3 FFFF
McBSP 2寄存器	256K	01A4 0000～01A7 FFFF
EMIFB寄存器	256K	01A8 0000～01AB FFFF

续表 3-1

存储器块描述	块长度/字节	十六进制地址范围
Timer 2 寄存器	256K	01AC 0000～01AF FFFF
GPIO 寄存器	256K	01B0 0000～01B3 FFFF
UTOPIA 寄存器	256K	01B4 0000～01B7 FFFF
TCP/VCP 寄存器	256K	01B8 0000～01BB FFFF
保留	256K	01BC 0000～01BF FFFF
PCI 寄存器	256K	01C0 000～01C3 FFFF
保留	256K～4M	01B4 000～01FF FFFF
QDMA 寄存器	52	01C4 000～0200 FFFF
保留	52～736M	0200 000～2FFF FFFF
McBSP 0 数据	64M	3000 0000～33FF FFFF
McBSP 1 数据	64M	3400 0000～37FF FFFF
McBSP 2 数据	64M	3800 0000～3BFF FFFF
UTOPIA 队列	64M	3C00 0000～3FFF FFFF
保留	256M	4000 0000～4FFF FFFF
TCP/VCP(C6416 only)	256M	5000 0000～5FFF FFFF
EMIFB CE0	64M	6000 0000～63FF FFFF
EMIFB CE1	64M	6400 000～67FF FFFF
EMIFB CE2	64M	6800 000～68FF FFFF
EMIFB CE3	64M	6C00 000～6FFF FFFF
保留	256M	7000 000～7FFF FFFF
EMIFA CE0	256M	8000 000～8FFF FFFF
EMIFA CE1	256M	9000 000～9FFF FFFF
EMIFA CE2	256M	A000 000～AFFF FFFF
EMIFA CE3	256M	B000 000～BFFF FFFF
保留	1G	C000 000～FFFF FFFF

3.2.3 中断系统

64x DSP 支持 16 个优先级中断，如表 3-2 所列。最高优先级中断是 INT_00(RESET 专用)，最低优先级中断是 INT_15。最高优先级的 4 个中断(INT_00～INT_03)是不可屏蔽中断，而且中断源固定。剩下的中断 INT_04～INT_15 是可屏蔽中断。中断 INT_04～INT_15 的中断源可以通过修改“中断选择器控制寄存器”MUXH(地址：0x019C0000)和 MUXL(地址：0x019C0004)的相应二进制位来更改。

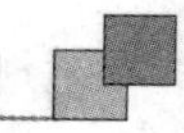

表3-2 64x中断优先级分配

CPU 中断序号	中断选择控制寄存器	选择值（二进制）	中断事件	中断源
INT_00†	—	—	RESET	
INT_01†	—	—	NMI	
INT_02†	—	—	保留	保留，不使用
INT_03†	—	—	保留	保留，不使用
INT_04‡	MUXL[4:0]	00100	GPINT4/EXT_INT4	GPIO中断4/外部中断引脚4
INT_05‡	MUXL[9:5]	00101	GPINT5/EXT_INT5	GPIO中断5/外部中断引脚5
INT_06‡	MUXL[14:10]	00110	GPINT6/EXT_INT6	GPIO中断6/外部中断引脚6
INT_07‡	MUXL[20:16]	00111	GPINT7/EXT_INT7	GPIO中断7/外部中断引脚7
INT_08‡	MUXL[25:21]	01000	EDMA_INT	EDMA通道(0～63)中断
INT_09‡	MUXL[30:26]	01001	EMU_DTDMA	EMU DTDMA
INT_10‡	MUXL[4:0]	00011	SD_INTA	EMIFA SDRAM1定时中断
INT_11‡	MUXH[9:5]	01010	EMU_RTDXRX	EMU实时数据交换(RTDX)接收
INT_12‡	MUXH[14:10]	01011	EMU_RTDXTX	EMU RTDX发送
INT_13‡	MUXH[20:16]	00000	DSP_INT	HPI/PC-to-DSP中断 (PCI supported on C6415 and C6416 only)
INT_14‡	MUXH[25:21]	00001	TINT0	Timer 0中断
INT_15‡	MUXH[30:26]	00010	TINT1	Timer 1中断
—	—	01100	XINT0	McBSP0发送中断
—	—	01101	RINT0	McBSP0接收中断
—	—	01110	XINT1	McBSP1发送中断
—	—	01111	RINT1	McBSP1接收中断
—	—	10000	GPINT0	GPIO中断0
—	—	10001	XINT2	McBSP2发送中断
—	—	10010	RINT2	McBSP2接收中断
—	—	10011	TINT2	Timer 2中断
—	—	10100	SD_INTB	EMIFB SDRAM定时中断
—	—	10101	保留	保留，不使用
—	—	10110	保留	保留，不使用
—	—	10111	UINT	UTOPIA中断
—	—	11000～11101	保留	保留，不使用
—	—	11110	VCPINT	VCP中断
—	—	11111	TCPINT	TCP中断

3.2.4 片上外设

64x 片上外设主要分为 7 个部分，它们增强了 64x 与外部信息交互的能力。

- 增强型直接存储器存取 EDMA；
- 外部存储器接口 EMIF；
- 通用输入/输出 GPIO；
- 主机接口 HPI；
- 多通道缓冲串口 McBSP；
- 定时器 Timer；
- 二级内部存储器。

在第 4 章基础应用实例中将逐一介绍这些片上外设的功能及其实现方法。

3.3 64x 软件优化原则

3.3.1 高性能代码开发

传统的 DSP 代码开发方式为：首先，在 PC 上验证一个 C 代码算法的正确性，然后，再把 C 代码手动转换成 DSP 汇编代码。这样的做法既浪费时间又容易出错，并且这种开发流程常常面临在多个工程中维护代码的困难。

推荐的 DSP 代码开发方式为：利用 C6000 代码生成工具辅助优化 C 代码，不必手动编写汇编代码。这种代码开发方式将费力的工作交给编译器来完成，包括指令选择、并行化、流水化和寄存器分配，使得开发者关注于如何实现算法功能。由于所有代码都放在 C 框架下，这种开发方式简化了代码的维护、支持和升级。该代码开发方式可以分成三个阶段，如图 3-3 所示。

阶段 1：利用 C6000 剖析工具识别 C 代码中的低效代码区域，可在没有 C6000 相关知识的情况下开发 C 代码。

阶段 2：利用 C6000 剖析工具检查代码性能，然后，利用 C6000 相关知识提高 C 代码的效率。

阶段 3：从 C 代码中提取影响执行效率的关键程序段，用线性汇编重写这段代码，可利用汇编优化器来优化汇编代码。

在这种开发方式下，非常重要的一点是要为编译器提供足够的信息以充分发挥编译器的潜力。另一个优点是，编译器提供直接的反馈，用来反映整个程序的平均执行时间(MIPS)。基于这个反馈，可以采用一些简单的步骤来最大程度地发挥编译器的性能。

因为在 DSP 应用中，大多数指令周期都消耗在循环中，所以 C6000 的代码生成工具要最大限度地利用硬件资源来优化重要的循环。幸运的是，因为循环代码处理的数据流的相关性不强，循环比非循环代码更容易并行化。通过软件流水线技术，C6000 代码生成工具有效地利用 VelociTI 体系结构的多重资源，获得很高的性能。表 3-3 描述了针对循环的代码开发优化流程。

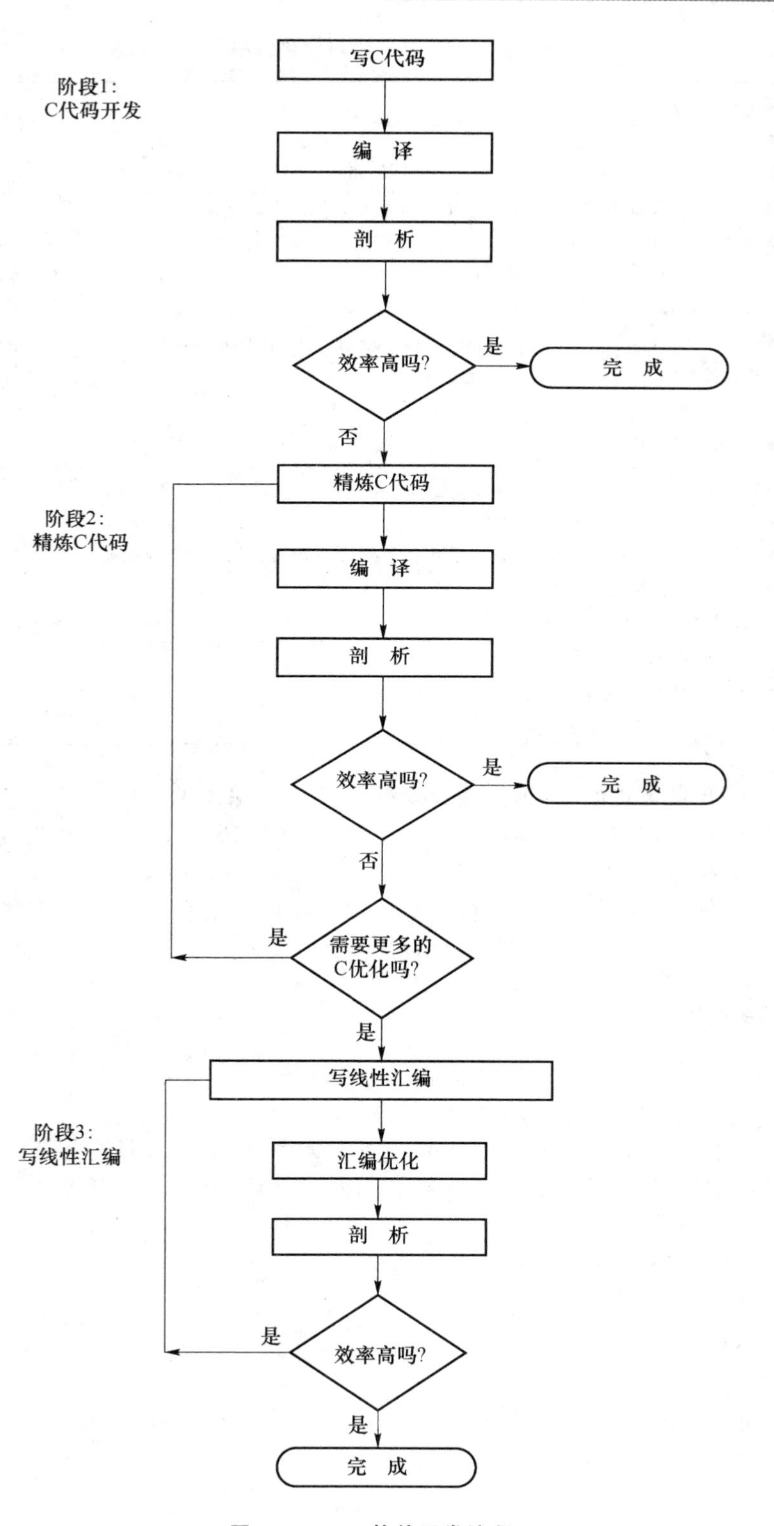

图 3-3　64x 软件开发流程

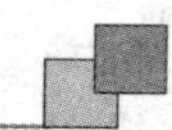

表 3-3　循环代码优化流程

阶段	步骤	内容
阶段 1	1	编译和剖析原始 C 代码： ● 验证原始 C 代码； ● 确定最重要的循环，即消耗了最多 MIPS 的循环
阶段 2	2	增加 restrict 关键字、循环迭代计数、存储库和数据对齐等信息： ● 减少潜在的指针对齐问题； ● 允许迭代计数不确定的循环； ● 利用 pragma 关键字传递循环计数信息给编译器； ● 利用存储器组 memory bank pragma 和_nassert 关键字传递存储库和对齐信息给编译器
	3	利用其他 C6000 关键字和方法优化 C 代码： ● 充分利用难以用 C 语言表示的 C6000 指令； ● 优化数据流带宽(利用字访问半字，利用双字访问字)
阶段 3	4a	线性汇编： ● 可以利用确定的 C6000 代码段； ● 不用考虑流水线、并行度或者寄存器分配，为手动编写汇编程序提供便利； ● 传递存储库信息给编译工具； ● 利用. trip 指令表达循环计数信息
	4b	为线性汇编增加分配信息： ● 必要时可以改善循环的分配； ● 避免某些硬件资源的瓶颈

对于上述代码开发优化流程，每推进一步都向 C6000 编译工具提供了更多的信息。即使优化流程进行到最后一步，其开发时间还是比手动编写汇编代码大大缩短，并且其代码性能接近手动编写能达到的最高性能。

为了辅助开发进程，代码生成工具自动提供了一些反馈信息。对于确定哪一种优化方法更能进一步改善代码性能，这些反馈信息十分有效。

3.3.2　C 代码优化

1. 编写 C 代码

(1) 数据类型

为了编写 C 代码，首先需要定义 C 代码的数据类型，由于 64x 具有超长字运算结构，因此，其可使用的数据类型与常规的 C 语言表达有所不同，下面列出了 64x 可用的数据类型。

- char 8 bits：字符型；
- short 16 bits：16 位短整型；
- int 32 bits：32 位整型；
- float 32 bits：32 位浮点；
- long 40 bits：40 位长整型；
- long long 64 bits：64 位超长整型；
- double 64 bits：64 位双精度浮点。

(2) C 代码性能分析

C 代码程序性能分析是实现 C 代码优化的必要过程，利用下列技术可以分析特定 C 代码段的性能：

- 代码性能度量通常是指代码运行所消耗的时间，可以利用 C 语言中的 clock()来记录特定代码段运行时间，并用 printf()函数显示，此时，CCS 选择软件仿真状态（simulator 模式），需要注意的是所得运算时间应该减去调用 clock()函数的时间开销。
- 利用 CCS 的 C 代码剖析工具，剖析算法性能，剖析结果保存在一个.vaa 文件中。
- 操作流程，使能时钟→设置剖析点→运行代码→跟踪特定代码段消耗的时钟周期。
- C 代码中循环段优化，C 代码的关键部分往往是循环段，优化循环方法是将循环代码提取到一个单独的文件中，重新编译该文件，在 CCS 的 simulator 模式下运行。

上述过程所需要的剖析工具详见 2.5 节。

2. 编译 C 代码

（1）编译器选项

C6000 编译器提供高级语言支持，可以将 C/C＋＋代码转换成更有效的汇编语言代码，编译器选项控制编译器的操作，因此，在 C 代码编译过程中可以通过设置编译器选项，控制编译器的操作过程，以实现代码编译的优化。表 3-4～表 3-7 给出了编译器选项的控制功能。

表 3-4 中的选项主要用于调试，非调试状态下这些选项会降低代码性能，并增加代码长度，因此，应避免在关键代码段使用这些选项。

表 3-4 编译器选项

选 项	描 述
-g/-s/-ss	这些选项限制了 C 语言段的优化程度，会导致代码长度增加、执行速度减慢
-mu	为了调试禁止软件流水，使用-ms2/-ms3 替代以减少代码长度，这会禁止其他代码长度优化中的软件流水
-o1/-o0	通常使用-o2/-o3 最大化编译器的分析和优化功能，使用代码长度标志(-msn)平衡性能和代码长度
-mz	已过时选项，在早期的 3.00 版本中，这个选项或许会改善代码性能，但是，3.00 的升级版编译器，这个选项会减弱性能、增加代码长度

表 3-5 中的选项可以提高代码性能，但是需要满足某些特性。

表 3-5 代码性能优化选项

选 项	描 述
-mh<n> ** /-mhh	允许推测执行，数据存储器空间的适当补齐必须有效，以保证正确的执行。这通常不是问题，但必须遵循
-mi<n> ** /-mii	描述编译器的中断次数。如果已知代码中没有中断，编译器可以在软件流水循环前后避免使能和禁止中断，以便于代码长度和代码性能的改进。另外，当高速寄存器循环中使用中断寄存器时，这个选项也具有性能改善的潜力
-mt **	使能编译器使用某些与特定优化紧密关联的约束，当编译器用于线性汇编文件时，这些约束的作用就像已定义在这些文件中的主框架指令一样进行代码优化
-o3＋	代表优化的最高层次，完成各种循环优化，如软件流水、卷积、单指令多数据流等，同时，也利用各种文件层特征改进代码性能
-pm＋＋	结合源文件完成程序级优化

注：＋ 尽管-o3 选项功能很强，但是，还要尽量减少使用-o 选项；

＋＋ 程序中尽可能多地使用-pm 选项；

** 这些选项隐含了代码应用的情况。

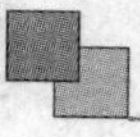

表 3-6 中的选项会轻微地降低代码效率并增加代码长度。

表 3-6 优化选项 1

选 项	描 述
-ms0/-ms1	先优化性能，再优化代码长度
-oi0	禁止所有自动长度控制内联函数，它由-o3 使能，用户指定的内联函数不被禁止

表 3-7 中的选项推荐用于控制代码，这些选项可以在减小代码长度的同时最小限度地降低代码性能。

表 3-7 优化选项 2

选 项	描 述
-mw	使用这个选项产生附加的编译器反馈，它不影响代码性能和长度
-k	保留汇编文件以便于观察和分析编译器反馈，它不影响代码性能和长度
-s/-ss	在汇编中列出 C/C++源程序或优化器注释，-s 选项可以显示最小性能劣化情况，-ss 选项可以显示更严重的性能劣化

(2) 存储器依赖

为了获得代码的高效率，C6000 编译器会将尽可能多的指令并行化。为了将指令并行编排，编译器必须确定指令之间的关系度或依赖性。依赖性是指一条指令必须在另一条指令之前执行。例如，一个变量必须在被使用之前从内存中加载。因为只有独立的指令可以并行执行，依赖性抑制并行度。

- 如果编译器不能确定两个指令是互相独立的，它就假设这两个指令有依赖性，并且将这两个指令编排成顺序执行，当第一个指令执行完成后，才会执行第二个指令。
- 如果可以确定两个指令是互相独立的，编译器就会把他们编排成并行执行的。对编译器来讲，确定指令是否独立是一项很困难的任务。

下面的技术帮助编译器确定哪些指令是独立的：

- 利用 restrict 关键词指出，在某个指针的定义域内，该指针是唯一一个指向某特定对象的指针，被指向的对象只能通过该指针访问，注意保证声明的正确性。
- 利用-pm 程序级优化选项，这样编译器可以访问整个程序或模块，更能排除有依赖关系的指令。
- 利用-mt 选项，允许编译器假定排除依赖关系。注意，在线性汇编中利用-mt 选项等效于在线性汇编源文件中使用. no_mdep 指令。具体的存储依赖关系可以通过. mdep 指令指出，必须保证假定的正确性。

(3) 程序级优化

可以利用-pst 选项和-o3 选项指定程序级优化。在程序级优化编译过程中，所有源文件首先被编译到一个中间文件中，为编译器提供一个程序的整体视角。由于可以访问整个程序，编译器可以执行一些文件级优化不能实现的优化方法，主要体现在以下几个方面：

- 如果某个特定的函数参数始终为同一个值，编译器可以用常数代替传递给函数。
- 如果某个函数的返回值始终没有被利用，编译器可以删除该函数中的相应代码。
- 如果某个函数始终没有被直接或间接的调用过，编译器会删除该函数的代码。

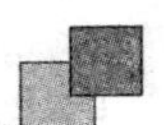

3. 剖析C代码

在大型应用中，首先应该优化最重要的代码段，可以利用 simulator(load6x)的剖析选项来分析代码。下面分析两种剖析的方式。

(1) 利用 load6x 中的-g 选项

如果想获得所有函数的剖析结果，应该采用这种方法，剖析结果存放在.vaa 文件中。

下面是一个.vaa 文件的例子：

```
程序名:example.out
起始地址:00007980 main , at  line 1, "demo1.c"
停止地址:00007860 exit
运行周期:3 339
剖析周期:3 339
BP Hits : 11
```

example.out 程序剖析结果如表3-8所列。

表3-8 example 程序剖析结果

名　称	调用次数	函数调用花费的全部时钟周期数	函数单次调用最长时间	函数自身调用花费的全部时钟周期数	函数自身单次调用花费的最长时间
CF iir1()	1	236	236	236	236
CF vec_mpy1()	1	248	248	248	248
CF mscl()	1	168	168	168	168
CF main()	1	3 333	3 333	40	40

其中 Count 表示每个函数被调用和进入的次数。Inclusive 表示在整个程序执行过程中，该函数消耗的所有时钟周期(包括函数体中调用其他函数的时间)。Incl - Max(Inclusive Max)表示单次调用中时间最长的一次所消耗的时钟周期(包括函数体中调用其他函数的时间)。Exclusive 和 Excl - Max 与 Inclusive 和 Incl - Max 类似，不包含函数体中调用其他函数的时间。

(2) 利用 clock()函数

如果想剖析一两个函数的代码执行时钟周期，或者想分析某个函数内部的一段代码时，可以利用 clock()函数(load6x 支持)嵌入特定的函数或代码段进行计时。

4. 精炼C代码

(1) Intrinsic

Intrinsic 是一种特殊的函数，在函数体内直接内联汇编指令，可以迅速优化 C/C++代码。所有用C语言无法简单表达的汇编指令都支持 Intrinsic。Intrinsic 函数名以下划线("_")开始，这些函数可以像一般C函数一样调用。

(2) 长位宽寻址访问短位宽数据

为了最大化 C6000 的数据吞吐量，可以利用单个 load/store 指令访问在内存中连续存储的多个数据单元。例如，当对一组 16 bit 数据流操作时，可以利用字(32 bit)寻址一次访问 2 个16 bit 数据；或者可以利用 64 bit 寻址一次访问 2 个 32 bit 数据、4 个 16 bit 数据或者 8 个 8 bit 数据。

(3) 软件流水线

软件流水线是一种将循环中的指令并行化的技术，可以选择-o2 或者-o3 编译器选项，编译器会根据从程序中搜集的信息，尝试将代码软件流水线化。

3.3.3 线性汇编

对于 C6000 来讲，有 3 种代码类型：

- C/C++代码，使用 C/C++编译器；
- 汇编代码，使用汇编器；
- 线性汇编，使用汇编优化器。

线性汇编类似于汇编语言，但是，线性汇编不包括并行指令、指令延时或寄存器利用等方面的信息。汇编优化器负责将线性汇编代码进行进一步优化，采取的措施主要包括：

- 搜索可以并行执行的指令；
- 处理软件流水线的流水线延时；
- 分配寄存器；
- 确定使用哪个功能单元。

1. 汇编优化器

如果对编写的 C/C++代码进行了充分优化后，其性能尚未达到满意的程度，程序员可以通过汇编优化器编写线性汇编，这将比直接编写汇编语言更加容易。

汇编优化器执行下列任务：

- 对指令和寄存器进行分区；
- 编排指令，最大程度地发挥 C6000 的指令级并行能力；
- 确保指令满足 C6000 的延时要求；
- 为程序员的代码分配寄存器。

如同 C/C++编译器一样，汇编优化器支持软件流水线，代码生成工具根据程序员的输入和工具本身从程序中收集的信息，对程序员的代码进行软件流水化。

(1) 汇编优化器选项

汇编器优化选项与 C 语言优化选项的内容有些相同，有些不同，全部列于表 3-9 中。表 3-9 中左列为汇编器优化时选择的优化方式，也就是优化选项；右列是选择这些选项后，汇编优化器的优化效果。可以根据所编写程序的特点选择表中列出的相应选项，以提高所编程序的执行效率。

表 3-9 汇编器优化选项及其执行效果

选 项	执行效果
-el	改变汇编优化器源文件的默认扩展项
-fl	改变识别汇编优化器源文件的原因
-k	保留汇编语言文件(.asm)
-mi=n	指定中断数
-msn	在四个层次上控制代码长度：-ms0，-ms1，-ms2，-ms3
-mt	假定没有内存重叠
-mu	关闭软件流水线
-mv*n*	选择目标版本
-mw	产生详细的软件流水线信息
-n	只进行编译或汇编优化(不进行汇编操作)
-o*n*	增加优化层(-o0,-o1,-o2,-o3)
-q	抑制进程信息
—speculate_loads=*n*	允许边界地址范围的装载推测执行

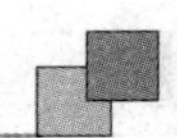

(2) 汇编器优化指令

使用汇编器优化时，除了编译器优化选项之外，程序编写中还必须遵循汇编器优化指令。表 3－10 列出了汇编优化器指令集，从左到右分别为第 1 列、第 2 列、第 3 列、第 4 列。第 1 列为汇编优化器语法，根据编程时的优化项目，按照表中所列方式书写；左边第 2 列为对应于语法项的操作功能描述，说明函数的作用；左边第 3 列为所用语法的限定范围及其使用条件；第 4 列为语法中使用的参数说明。

表 3－10　汇编优化器指令

语　法	操作描述	限　制	说　明
.call[ret_reg =]func_name(argument1，argument1，……..)	调用一个函数	仅在程序内有效	argument——参数；func_name——函数名
.circ $symbol_1/register_1$[$symbol_2/register_2$]	声明循环寻址	循环寻址必须手动插入/拆开代码，仅在程序内有效	Symbol——符号；Register——寄存器
label. **cproc**[$argument_1$[$argument_2$……]	开始一段 C/C＋＋调用程序	必须与.endproc 同时使用	Label——标号
.endproc	结束一段 C/C＋＋调用程序	必须与.cproc 同时使用	
endproc[$variable_1$[，$variable_2$，……]]	结束一个程序	必须与.proc 同时使用	Variable——变量
.map $symbol_1/register_1$[$symbol_2/register_2$]	给寄存器定义一个符号	必须使用实际寄存器	
.mdep[$memref_1$[，$memref_2$]]	指出一个内存依赖	仅在程序内有效	
.mptr{ variable / memref }，base[＋offset][，stride]	避免存储器组冲突	仅在程序内有效	base——基地址；offset——偏移量；stride——步长
.no_mdep	函数中无内存混淆	仅在程序内有效	
.pref $symbol_1/register_1$[$symbol_2/register_2$]	在设置中给一个寄存器定义一个符号	必须使用实际寄存器	
label. **proc**[$variable_1$[，$variable_2$，……]]	开始一段程序	必须与.endproc 同时使用	
.reg $symbol_1$[$symbol_2$，……]	声明变量	仅在程序内有效	
.rega $symbol_1$[$symbol_2$，……]	分配符号给 A 边寄存器	仅在程序内有效	
.regb $symbol_1$[$symbol_2$，……]	分配符号给 B 边寄存器	仅在程序内有效	
.reserve [$register_1$[，$register_2$，……]]	防止编译器分配这些寄存器	仅在程序内有效	
.return[argument]	返回一个值给程序	仅在.cproc 程序内有效	
label. **trip** min	指定运行计数值	仅在程序内有效	
.volatile [$memref_1$[，$memref_2$……]]	声明内存参考变量易变	如果中断时参考变量改变，使用－mi1 选项	

2. 编写线性汇编

通过 C6000 剖析工具，程序员可以找到代码中对执行时间有关键作用的段落，这些代码段需要用线性汇编重新编写。汇编优化器的线性汇编代码与汇编代码类似。但是，线性汇编代码不需要分区、编排或者分配寄存器，程序员不需要指明流水线延时、寄存器分配、功能单元分配。

线性汇编代码可以和常规的汇编代码混合使用。程序员可以利用汇编优化器指令完成两个任务：区分线性汇编代码与常规汇编代码；为汇编优化器提供更多的关于代码的信息。

(1) 线性汇编语句格式

一条线性汇编语句包含 5 个按顺序排列的域：

标号 助记符 功能单元 操作数 注释

- 标号 label[:]，标号对于所有汇编语言指令和大多数汇编优化器指令可选。使用标号时，标号必须位于源文件的第一列，一个标号后面可以跟一个冒号。
- 寄存器[register]，机器指令助记符基于方括号中的寄存器的值来执行，有效的寄存器名为 A0、A2、A3、B0、B1、B2。
- 助记符，助记符是一个机器代码或者是一个汇编优化器指令。
- 功能单元，可以通过该字段指定操作的功能单元，但是只能指定是用哪一边的功能单元。
- 操作数，不是所有的指令都需要操作数，操作数可以是标号、常量或者表达式，中间用逗号区分。
- 注释，注释可选，用以进行程序注释。

(2) 线性汇编寄存器分配

C6000 只有两条交叉数据路径，这限制了 C6000 在每个时钟周期中，在每条交叉数据路径上，从相对功能区域中的寄存器组中读取一个功能单元。编译器必须为每个功能单元选择一个功能区域(A 或 B)，这被称为“分区”。

最好不要对线性汇编源代码进行手动分区，以便允许编译器自动代码分区和优化。如果编译器不能为一个软件流水线循环找到最优的分区方案，可以选择手动分区以使结果最优。

通过两条编译优化器指令，可以直接对寄存器进行分区。.rega 指令将符号限制在 A 组寄存器中，.regb 指令将符号限制在 B 组寄存器中。

3.4 本章小结

本章主要介绍了 64x 的硬件结构及其软件优化原则，尤其是 64x 中央处理器的构成，对于理解 64x 的软件编程优化提供了硬件基础；阐述了 64x 存储空间的特点，内存组织结构，以说明 64x 高性能数据存储与交换的硬件支持程度；中断系统作为程序结构的重要部分，其机制对于复杂程序编写及编译器优化都有一定的影响，本章也进行了概念性介绍。由于 64x 系统工作是在软件驱动下完成，因此，本章同时介绍了针对 64x 的软件优化规则，包括 C 语言和线性汇编语言高性能程序开发中的编译器优化方法，以及相关选项及说明，为系统的软硬件协同设计提供知识基础。

需要说明的是本章内容主要是概念性介绍，使读者对于 64x 应用系统开发有一个基本概念轮廓。某些具体细节，例如，硬件部分的片上外设和软件部分的具体程序优化方法，以及软硬件协同设计等内容，都将在后续章节实例剖析中详细介绍。

第4章 基础应用实例

4.1 概 述

基础应用实例主要分析64x的硬基体、软基体、混合基体的基本功能及其设计要点，使读者掌握利用CCS集成开发环境、仿真器、信号发生器、示波器、逻辑分析仪等工具，对硬基体、软基体、混合基体进行调试、仿真、开发的方法，以及64x应用系统中单元基体的可调整范围及其应用约束。同时，从基于CPU的智能系统设计理念出发，本章实例所提供的研究方法，对于其他DSP、MCU、ARM等应用系统的设计与开发同样具有指导意义。另外，完成基础应用实例将为后续简单系统实例和复杂系统实例提供知识储备。

本章共包括11个实例，可分成四个部分：第一部分是初步认识，包括4.2节的实例(软基体)和4.3节的实例(硬基体)；第二部分是片上外设，包括4.4节至4.9节的实例(混合基体)；第三部分是片外外设，为4.10节的实例(混合基体)；第四部分是算法编程及优化，包括4.11节和4.12节的实例(软基体)。

4.2 正弦函数编程实例

本实例通过一个正弦函数编程实现过程，剖析64x软基体在软件仿真环境下用C语言和汇编语言进行程序设计的方法及其实现步骤，包括CCS3.1集成开发环境的界面、设置、初始化和各种调试控制的操作，64x的编译/链接工具的使用方法。同时，研究C语言编程与汇编语言编程的优缺点、操作步骤、实现方法、性能比较及其编程模式实现要点。

4.2.1 正弦函数编程方法

作为64x软基体实现的实例，正弦函数编程不需要外部硬件配合，只需要在CCS3.1仿真模式下工作，通过在CCS3.1中配置软件仿真模式即可进行相应的功能开发。本实例配置的仿真模式为64x CPU Cycle Accurate Simulator。为了比较64x软基体设计中不同语言编程方法的优劣，本实例分别用C语言和汇编语言进行程序设计，并比较两种代码的运行效率，利用CCS3.1代码剖析工具AT对算法效能进行定量评估。

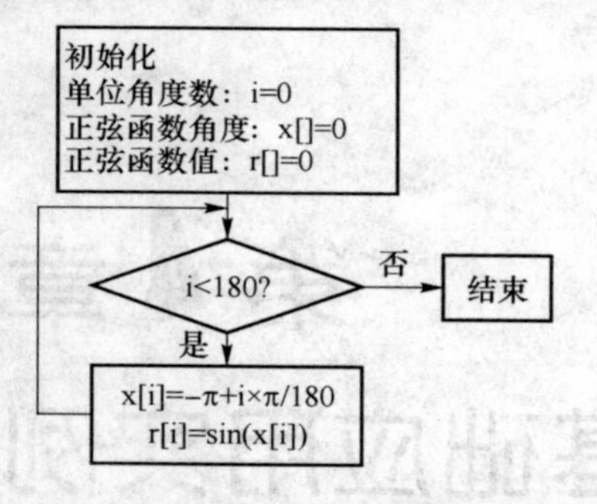

图4-1　正弦函数C语言程序流程图

1. C语言正弦函数编程

用C语言编程生成正弦函数，只需直接调用C语言的数学函数库math.h中的sin()函数即可。

由于正弦函数具有周期性，因此，只需计算一个周期内函数的值，然后，通过周期重复的方法就可以得到任意正弦函数的值。所以，本实例计算从－180°～180°为一个周期内的正弦值，每个值间隔1°，编程思路如图4－1所示。

参考程序如下：

```
/////////////C语言正弦函数程序/////////////////////////////////////////
#include <math.h>                   //包含数学函数库
#define NX 360                      //定义正弦波数字化采样点数为1°,一周期360个采样点
#define PI 3.1415926                //定义π的取值精度10^-7
short i;                            //定义循环变量i
float x[NX], r[NX];                 //定义数组x[NX]为输入正弦波角度,r[NX]为输出正弦波数值
void main()                         //主函数
{
   for(i = 0; i<NX; i++)            //循环360次,
   {
       x[i] = - PI + PI * i/180;    //将角度转换为弧度
       r[i] = sin(x[i]);            //调用C函数库中的sin()函数,计算每个点的正弦值
   }
   return;
}
////////////////////////////////////////////////////////////////////////
```

2. 汇编语言正弦函数编程

为了比较C程序与汇编程序的代码性能，本实例使用线性汇编编写正弦函数程序。线性汇编的功能和结构与汇编语言一样，但不必指定在常规C6000汇编代码中必须指定的全部信息，例如并行指令、潜在流水线、寄存器和功能单元的使用等，降低了汇编编程的难度。线性汇编以.sa为文件扩展名。

由于正弦函数是一个超越函数，无法直接用加、减、乘、除等64x运算单元具有的计算功能进行计算，因此，用汇编语言计算正弦值，必须用泰勒级数将其展开为可计算的算术表达式。只要展开阶数足够大，就可以满足一定的计算精度要求，一个角度x(弧度)正弦值的9阶展开如式(4－1)。

$$\sin(x) \approx x\left\{1-\frac{x^2}{2\times 3}\left\{1-\frac{x^2}{4\times 5}\left[1-\frac{x^2}{6\times 7}\left(1-\frac{x^2}{8\times 9}\right)\right]\right\}\right\} \tag{4-1}$$

因此，用线性汇编计算正弦函数值就必须对式(4－1)编程。正弦函数汇编程序流程图如图4－2所示，图4－2中d_x为正弦函数输入角度，d_sinx为正弦函数值，D_X为正弦函数输入角度增量。需要特别注意的是当输入d_x≥1时，程序进行了缩放处理，这是考虑定点运算的Q15格式的归一化影响而采取的措施。

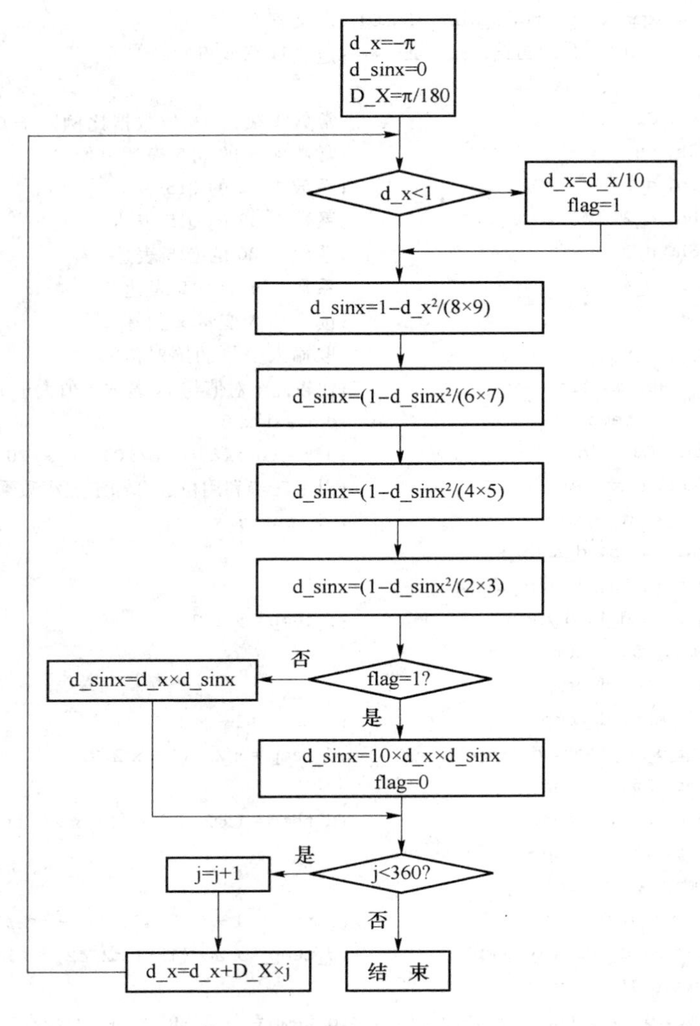

图4－2　正弦函数汇编程序流程图

汇编语言编程需要注意如下几点：

- 定点小数计算，由于64x为定点计算模式，因此，不能直接处理小数，必须使用由整数/归一化小数表示的定点小数，需要掌握定点小数四则运算和Q格式的知识见本小节的定点小数表达方法部分的内容。
- 程序文件中所有标号要顶格写，不是标号的不能顶格写。
- 条件操作，[ ]之后的指令只有在[ ]中的变量非零时才能执行。
- 需要编写一个C程序的接口来观察输入、输出值，最后把它们加到同一个工程中。

根据图4－2，用线性汇编编写的正弦函数程序sin2.sa的参考程序如下：

```
;//////////////////////////////////////////////////////////////////////
;基于线性汇编的正弦函数程序
;//////////////////////////////////////////////////////////////////////
        .global _sin2                           ;定义实现正弦运算的模块sin2
        _sin2: .cproc x                         ;标号sin2开始，以x为输入变量
```

```
      .reg d_x, d_squr_x, d_temp, d_sinx, C1, C8 ;定义寄存器变量
      .reg d_1, d_2, d_3, d_4, flag, quo, abs_x  ;定义计算变量

       MVK 7fffh, C1                   ;常数 1 赋给 16 位数据比例因子 C1,Q15 格式
       MVK 6666h, C8                   ;常数 4/5 的 Q15 表达赋给 C8
       MVK 01c7h, d_1                  ;系数 1/72 的 Q15 表达
       MVK 030bh, d_2                  ;系数 1/42 的 Q15 表达
       MVK 0666h, d_3                  ;系数 1/20 的 Q15 表达
       MVK 1556h, d_4                  ;系数 1/6 的 Q15 表达
       MV x, d_x                       ;读入输入变量 x 到 d_x 中
       ABS d_x, abs_x                  ;取输入变量的绝对值
       CMPLT C1, abs_x, flag           ;比较此绝对值与 1，若输入值大于 1,则 flag 置 1,否则置 0
[flag] SHR d_x, 3, d_temp              ;d_x = d_x/8
[flag] MPY d_temp, C8, quo             ;d_x = (d_x/8) * (8/10) = d_x/10
[flag] SHR quo, 15, d_x                ;以上三步利用位运算和定点小数乘法实现除以 10 的运算
       MPY d_x, d_x, d_squr_x          ; d_squr_x = x^2
       SHR d_squr_x, 15, d_squr_x
[flag] MPY d_squr_x, 10, d_squr_x
       MPY d_squr_x, d_1, d_temp       ;d_temp = x^2/72
       SHR d_temp, 15, d_temp
[flag] MPY d_temp, 10, d_temp
       SUB C1, d_temp, d_temp          ;d_temp = 1 - x^2/72
       MPY d_squr_x, d_temp, d_temp    ;d_temp = x^2 * (1 - x^2/72)
       SHR d_temp, 15, d_temp
       MPY d_temp, d_2, d_temp         ;d_temp = (x^2/42) * (1 - x^2/72)
       SHR d_temp, 15, d_temp
[flag] MPY d_temp, 10, d_temp
       SUB C1, d_temp, d_temp          ;d_temp = 1 - (x^2/42) * (1 - x^2/72)
       MPY d_squr_x, d_temp, d_temp    ;d_temp = x^2 * (1 - (x^2/42) * (1 - x^2/72))
       SHR  d_temp, 15, d_temp
       MPY d_temp, d_3, d_temp         ;d_temp = (x^2/20) * (1 - (x^2/42) * (1 - x^2/72)
       SHR  d_temp, 15, d_temp
[flag] MPY d_temp, 10, d_temp
       SUB C1, d_temp, d_temp          ;d_temp = 1 - (x^2/20) * (1 - (x^2/42) * (1 - x^2/72))
       MPY d_squr_x, d_temp, d_temp    ;d_temp = (x^2) * (1 - (x^2/20) * (1 - (x^2/42) *
                                       ;(1 - x^2/72)))
       SHR  d_temp, 15, d_temp
       MPY d_temp, d_4, d_temp         ;d_temp = (x^2/6) * (1 - (x^2/20) * (1 - (x^2/42) *
                                       ;(1 - x^2/72)))
       SHR  d_temp,15, d_temp
[flag] MPY d_temp, 10, d_temp
       SUB C1, d_temp, d_temp          ;d_temp = 1 - ((x^2/6) * (1 - (x^2/20) * (1 - (x^2/42) *
                                       ;(1 - x^2/72))))
       MPY d_x, d_temp, d_sinx         ;d_sinx = x * (1 - ((x^2/6) * (1 - (x^2/20) *
                                       ;(1 - x^2/42) * (1 - x^2/72)))))
       SHR  d_sinx,15, d_sinx
[flag] MPY d_sinx, 10, d_sinx
```

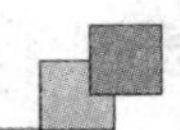

```
        .return d_sinx                        ;返回值 d_sinx = sin(x)
        .endproc                              ;sin2 结束
;//////////////////////////////////////////////////////////////////
```

要观察此程序得出的结果，还需要编写一个 C 程序作为数据的输入、输出接口。具体写法和之前的 C 程序一样，只是<math.h>中的库函数 sin()变成了由线性汇编编写的 sin2()函数，参考程序如下：

```
;//////////////////////////////////////////////////////////////////
;C 程序调用线性汇编程序
;//////////////////////////////////////////////////////////////////
#include <stdio.h>
#define NX 360
#define PI 0x1921f                          //32 位的 π 在 Q 值等于 15 下的表示
int sin2(int x);                            //声明线性汇编编写的 sin2
int x[NX], r[NX];                           //x 为输入,r 为输出
short i;
void main()
{
  for(i = 0; i<NX; i++ )
    {
      x[i] = -PI + PI * i/180;              //将角度转换为弧度
      r[i] = sin2(x[i]);                    //调用线性汇编计算的正弦值
      printf("r = %d \n", r[i]);            //显示输出结果
    }
    printf("finished\n");
}
//////////////////////////////////////////////////////////////////
```

3. 定点小数表达方法

64x 只支持定点整数运算，如果要在其上进行小数运算，需要将小数乘以一个比例因子并取整转换为整数后才能处理，即用整数来表示小数。所谓定点小数，就是小数点的位置是固定的，如果储存了小数点的位置，那就是浮点数了。既然没有储存小数点的位置，那么计算机当然就不知道小数点的位置，所以这个小数点的位置是由用户自己确定的，在定点指令程序中无法反映。

以十进制来说明。如果能够计算 12＋34＝46，当然也就能够计算 1.2＋3.4 或 0.12＋0.34。所以定点小数的加减法和整数的相同，并且和小数点的位置无关。但乘法就不同了。12×34＝408，而 1.2×3.4＝4.08。这里 1.2 的小数点在第 1 位之前，而 4.08 的小数点在第 2 位之前，小数点的位置发生了移动。所以在做乘法的时候，需要对小数点的位置进行调整。可是既然是做定点小数运算，那就说小数点的位置不能动。为了解决这个矛盾，必须舍弃最低位。也就说 1.2×3.4＝4.1，这样就得到正确的定点运算的结果了。所以在做定点小数运算的时候不仅需要用户确定小数点的位置，还需要确定表达定点小数的有效位数。上面这个例子中，有效位数为 2，小数点之后有一位。

在二进制中，通常用 Q 格式来表示小数的有效位数。以 16 位定点数为例：最高位为符号位，那么有效位就是 15 位，即小数点之后可以有 0～15 位。把小数点之后有 n 位叫做 Qn 格式。如果规定符号位后就是小数点位置，则称其为 Q15 格式数，其表示的小数动态范围是[－1，

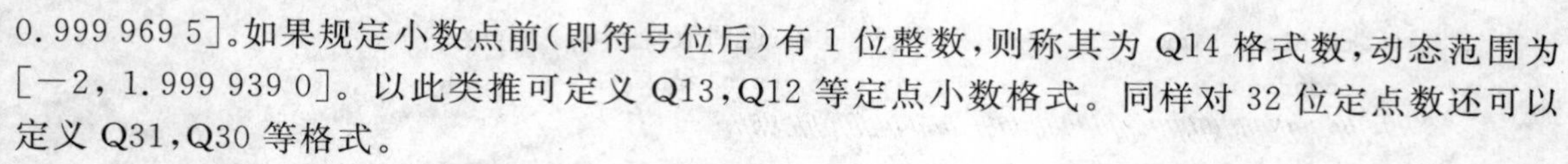

0.999 969 5]。如果规定小数点前(即符号位后)有 1 位整数,则称其为 Q14 格式数,动态范围为[−2, 1.999 939 0]。以此类推可定义 Q13,Q12 等定点小数格式。同样对 32 位定点数还可以定义 Q31,Q30 等格式。

设 n 代表定义的 Q 格式值,则定点数 q 和实际小数 x 之间的转换关系为

$$\left.\begin{aligned} q &= \mathrm{int}(x \times 2^n) \\ x &= q \times 2^{-n} \end{aligned}\right\} \tag{4-2}$$

由以上公式可以很快得出定点小数的四则运算算法:假设定点数 q_1,q_2,q_3 表达的值分别为实际小数 x_1,x_2,x_3,则

$$\left.\begin{aligned} &\text{如果 } x_3 = x_1 + x_2, \text{那么 } q_3 = q_1 + q_2 \\ &\text{如果 } x_3 = x_1 - x_2, \text{那么 } q_3 = q_1 - q_2 \\ &\text{如果 } x_3 = x_1 \times x_2, \text{那么 } q_3 = (q_1 \times q_2)/2^n \\ &\text{如果 } x_3 = x_1 / x_2, \text{那么 } q_3 = (q_1 \times 2^n)/q_2 \end{aligned}\right\} \tag{4-3}$$

可见加减法和一般的整数运算相同。而做乘除法的时候,为了使得结果的小数点位不移动,则对数值进行了缩放。而这个过程可以通过位运算实现,即两个 Q_n 数相乘后立即右移 n 位可以得到正确的结果。

4.2.2 正弦函数程序剖析

软基体的程序实现主要是在 CCS3.1 下完成,包括程序的编辑、编译、调试等,必须掌握 CCS3.1 下的操作步骤。同时,程序的时间效率和代码效率都可以通过 CCS3.1 集成的 AT 工具进行剖析,以便于程序的优化。本节针对正弦函数 C 语言程序和汇编程序进行编译调试,然后,利用 AT 进行程序的代码性能剖析。

1. 正弦函数程序编译与调试

(1) 创建正弦函数工程

在安装了 CCS3.1 的 PC 机上,双击 CCS3.1 图标,出现如图 4-3 所示的 CCS 主界面;在菜单栏上选择 Project→New,出现图 4-4 所示界面,在 Project 栏中填写建立的工程名称,图 4-4 中填写了 sine,在 Location 栏中选择工程路径,单击"完成"按钮,创建工程 sine.pjt。

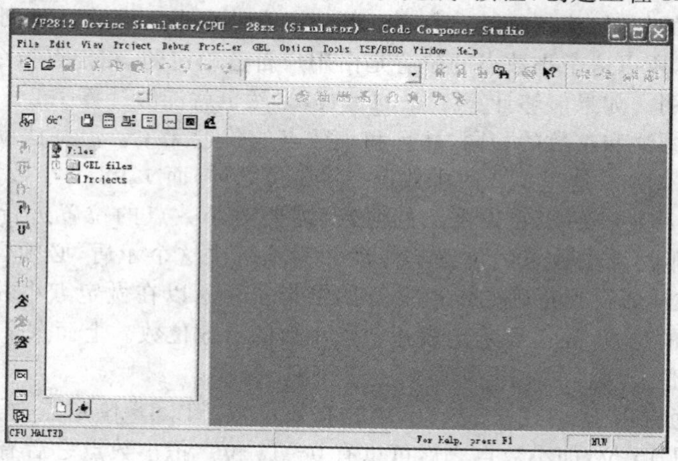

图 4-3 CCS 主界面

图 4－4　创建工程

(2) 编写链接器命令文件

根据程序设计的空间要求，编写链接器命令文件(sine. cmd)。给出参考. cmd 文件示例如下：

```
/////////////////////////////////////////////////////////////
-c
-heap 0x4000                                      //定义堆的大小
-stack 0x800                                      //定义栈的大小
-lrts6400.lib                                     //选择 64x 库
-m  main.map                                      //输出主函数映射文件.map
MEMORY                                            //定义存储空间分配
{
    vecs:    o = 0x00000000    l = 0x00000200     //中断向量空间
    PMEM:    o = 0x00000200    l = 0x0007FE00     //运行程序空间
    DMEM:    o = 0x00080000    l = 0x00080000     //数据空间
    FLASH:   o = 0x64000000    l = 0x00100000     //装载程序空间
}
SECTIONS                   ;定义段空间分配
{
   /* 初始化段存储空间 */
   .text       >PMEM
   .cinit      > PMEM
   .const      >PMEM
   .pinit      >PMEM
   .switch     >PMEM
   /* 未初始化段存储空间 */
   .data       >DMEM
   .stack      >DMEM
   .bss        >DMEM
   .far        >DMEM
   .sysmem     >DMEM
```

```
    .cio        >DMEM
}
////////////////////////////////////////////////////////////////
```

(3) 编辑程序

按照上节内容编写程序，在 CCS3.1 编辑器下，使用 C 语言或汇编语言编写程序。

(4) 程序调试

- 在如图 4-3 所示的 CCS3.1 主界面中，选择 File→Load Program，弹出对话框，打开 debug 目录，选择 sine.out。
- 在反汇编窗口中可以看到程序代码，可在其上设置断点，打开内存显示窗口。
- 打开寄存器窗口和 CPU 窗口，运行程序，程序会在断点处暂停，观察寄存器窗口和 CPU 窗口中各寄存器和控制寄存器中的值。
- 在内存显示窗口中可以观察相关变量单元的值。
- 以单步方式执行程序，可以观察程序中各条指令的执行结果。

2. 正弦函数程序剖析

(1) C 程序剖析

1) C 程序图形观察

程序编译链接通过后，在工程路径的 debug 文件夹下自动生成 sine.out 文件；单击 CCS3.1 主界面下 program load 选项，加载(load)生成的 sine.out 文件；加载完成后，单击 CCS3.1 界面上的 run 图标运行程序。程序运行过程中，可以在主界面中选择 View→Watch Window，在打开的 Watch 窗口中可以观察到输出的正弦值数组 r[i]，注意要选择正确的数据类型。如图 4-5 所示，从左到右数，第 1 列为生成正弦函数数组的元素名：r[0]，r[2]，…，r[179]；第 2 列为对应元素的计算数值结果，-1.509 58，…；第 3 列为数组的数据类型，图 4-5 中为浮点 float 型；第 4 列为数据单位的数据类型，图 4-5 中单位为弧度，数据类型为浮点 float 型。

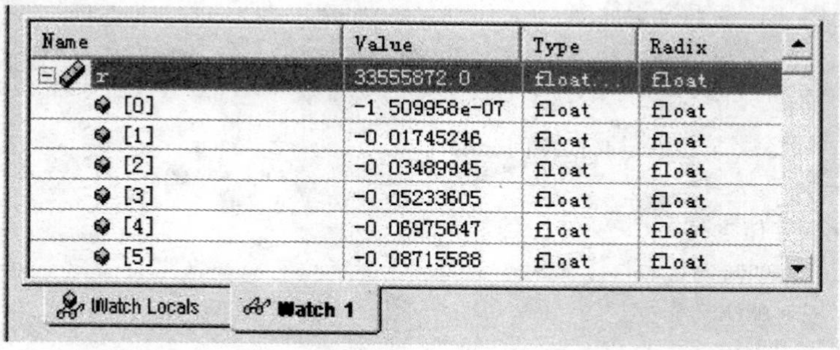

Name	Value	Type	Radix
r	33555872.0	float...	float
[0]	-1.509958e-07	float	float
[1]	-0.01745246	float	float
[2]	-0.03489945	float	float
[3]	-0.05233605	float	float
[4]	-0.06975647	float	float
[5]	-0.08715588	float	float

Watch Locals　Watch 1

图 4-5　通过 Watch 窗口观察数组变量的值

利用 CCS3.1 图形工具中的探针可以观察这段数据生成的波形，此时，需要设置探针属性，如图 4-6 所示。注意图形显示参数设置中，需要正确填写数据的起始地址、数据长度和数据类型，设置的数据缓冲区长度不能小于实际生成的数据长度，本实例中因为计算一个周期的正弦函数值，每度计算一个数值，一个周期 360°，所以，数据长度为 360。

根据图 4-6 设置的探针，得到 C 程序计算的正弦函数波形如图 4-7 所示。

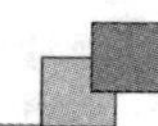

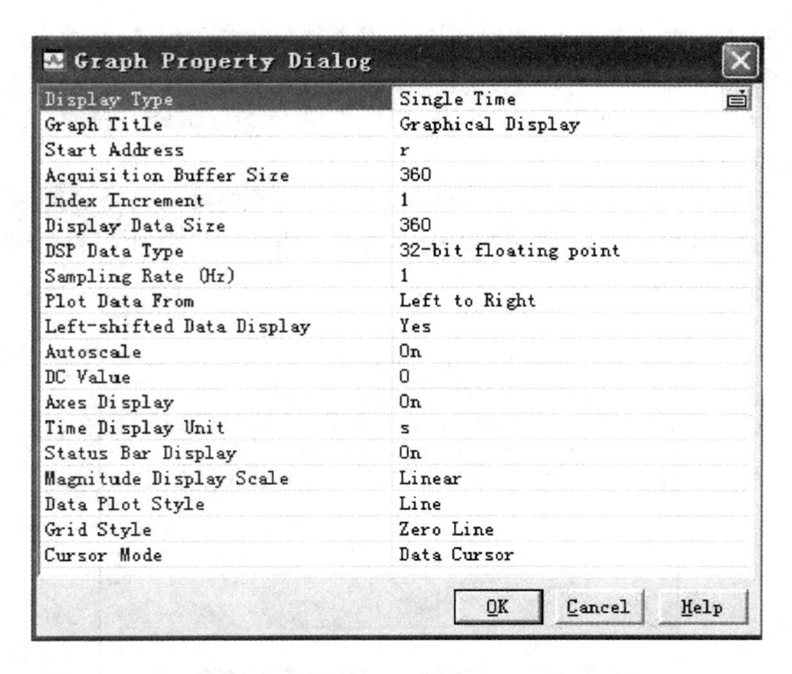

图4-6　显示波形的具体参数配置

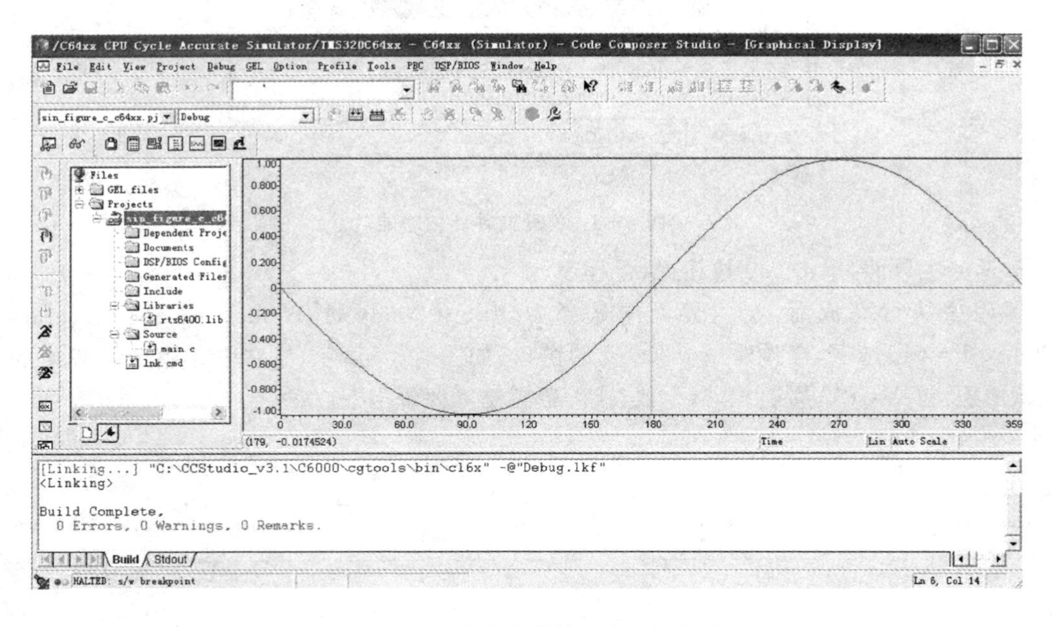

图4-7　C程序生成的正弦函数波形

2) C程序剖析

前面用C语言实现了正弦函数的计算和显示，还可以利用CCS3.1提供的代码性能评估工具AT(Analysis Toolkit)来了解这些代码使用了多少时钟周期和执行了多少指令。打开和使用AT的方法如下：

① 打开需要评估代码所在的工程。

② 选择 Project→Build Option 选项，确认打开窗口编译命令包含-g 参数，即包含完整的符号调试信息。

③ 单击工具条中的 Rebuild All 按钮，编译工程，选择 File 编译工程，并选择调试信息。载入编译完成的.out 文件。

④ 选择 Profile→Setup 选项，在打开的图 4-8 所示的窗口中选择 Collect Code Coverage and Exclusive Profile Data in the Profile Setup，并单击表示 Enable/Disable Profiling 的小时钟图标，使得评估功能被启用。

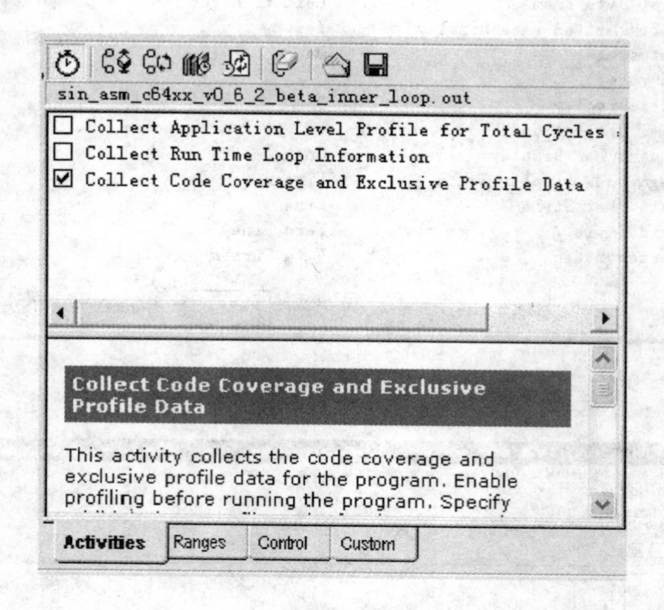

图 4-8　打开文件评估功能

⑤ 返回主界面，单击 run 按钮，执行程序。

⑥ 程序执行完成后，在主界面中选择 Profile→Analysis Toolkit→Code Coverage and Exclusive Profile 选项，会弹出一个 Excel 的窗口，如图 4-9 所示，它包含了整个工程中的代码性能评估项，包括 CPU 周期、总指令数、代码覆盖率等评价指标。

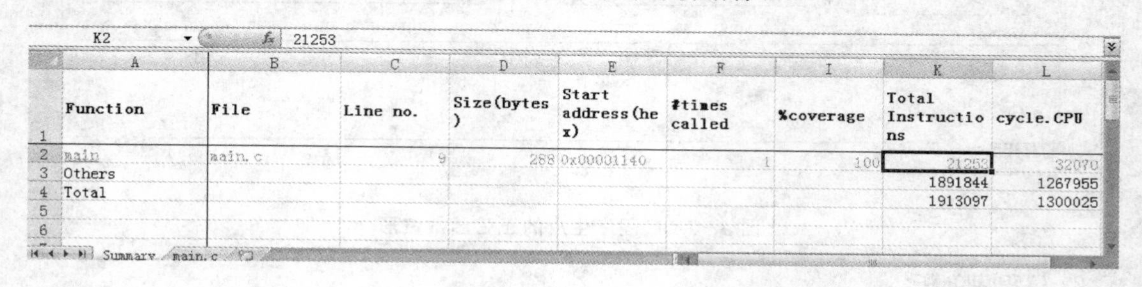

Function	File	Line no.	Size(bytes)	Start address(hex)	#times called	%coverage	Total Instructions	cycle.CPU
main	main.c	9	288	0x00001140	1	100	21253	32070
Others							1891844	1267955
Total							1913097	1300025

图 4-9　对 C 语言编写的正弦代码评估

⑦ 单击图 4-9 左下角 main.c 文件页，出现如图 4-10 所示的 main.c 程序代码剖析细节统计，包括程序中每一行的代码长度、时钟周期、指令数等。

图 4-9 和 4-10 代码剖析内容分别整理在表 4-1 和 4-2 中。

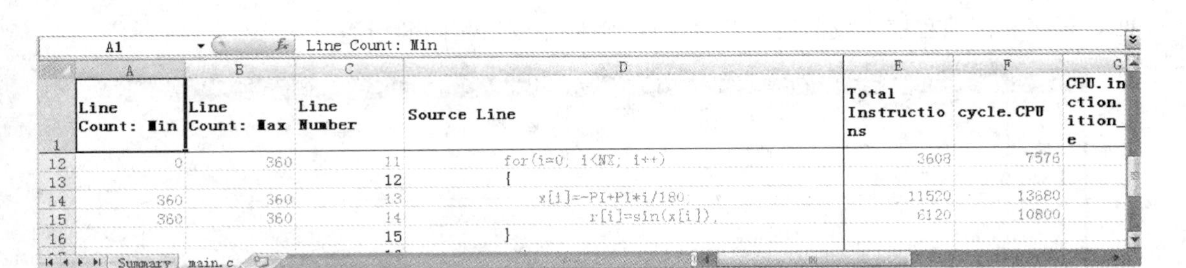

	A	B	C	D	E	F	G
1	Line Count: Min	Line Count: Max	Line Number	Source Line	Total Instructions	cycle.CPU	CPU.inction.ition_e
12	0	360	11	for(i=0; i<NX; i++)	3608	7576	
13			12	{			
14	360	360	13	x[i]=-PI+PI*i/180	11520	13680	
15	360	360	14	r[i]=sin(x[i])	6120	10800	
16			15	}			

图 4-10　main.c 程序细节剖析

表 4-1　C 程序剖析数据

行　数 Min	行　数 Max	行　号	源程序行代码	总指令数	CPU 周期数	条件指令假的次数
		1	#include ＜math. h＞			
		2	#include ＜stdio. h＞			
		3	#define NX 360			
		4	#define PI 3. 1415926			
		6	short i;			
		7	float x[NX], r[NX];			
		8	void main()			
1	1	9	{	2	3	0
0	360	11	for(i=0; i<NX; i++)	3 608	7 576	2
		12	{			
360	360	13	x[i]=－PI+PI * i/180;	11 520	13 680	0
360	360	14	r[i]=sin(x[i]);	6 120	10 800	0
		15	}			
		16	return;			
1	1	17	}	3	11	0

表 4-2　C 程序剖析结果

函数名称	文件名称	行　号	代码长度/字节	开始地址(Hex)	调用次数	覆盖率/%	总指令数	CPU 周期数	条件指令假的次数
main	main. c	9	288	0x00001140	1	100	21 253	32 070	2
其他							1 891 844	1 267 955	272 056
合计							1 913 097	1 300 025	272 058

(2) 汇编程序剖析

1) 汇编程序图形观察

与观察 C 程序运行相同，设置探针，观察汇编程序生成的数据和波形。需注意的是正弦函数的汇编程序采用了 32 位有符号整数作为输入/输出，所以，在设置探针参数时，应将参数配置中的 DSP data type 选为 32 bit signed integer，Q - value 选为 15。得出的波形如图 4-11 所示，可见 C 程序和汇编程序生成的波形几乎一样，它们完成了相同的功能。

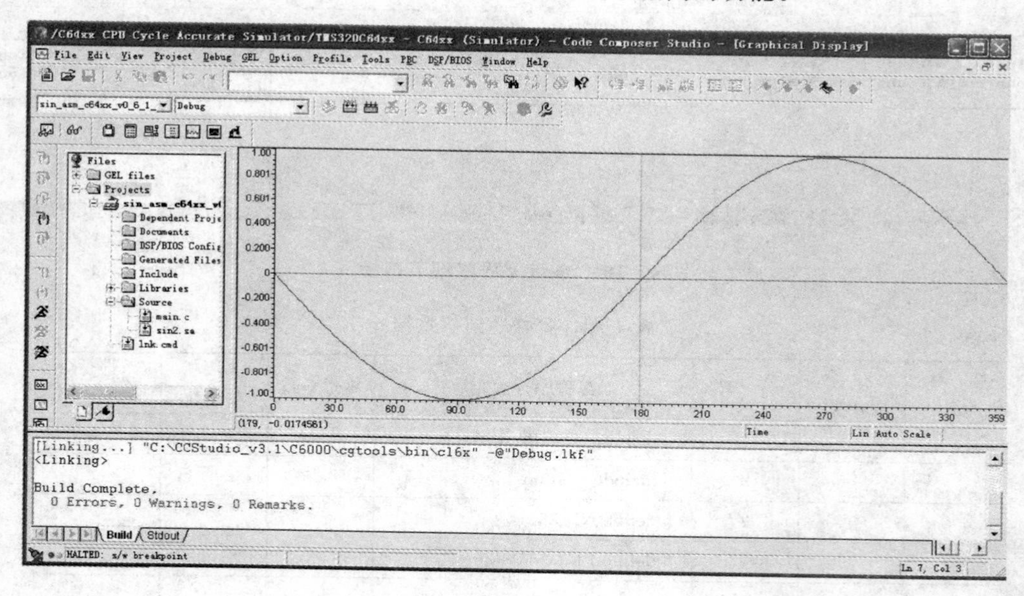

图 4-11　汇编程序生成的正弦函数波形

2）汇编程序剖析

与 C 程序剖析设置相同，如图 4-8 所示。运行基于汇编的正弦函数程序，得到与图 4-9 和图 4-10 类似的程序总代码性能分析结果和程序细节剖析表分别整理在表 4-3～表 4-5 中。由于汇编程序通过 C 语言接口进行显示，因此，本程序中有 C 语言接口部分和汇编语言正弦函数生成部分。

表 4-3　程序中 C 程序剖析

行数 Min	行数 Max	行　号	源程序行代码	总指令数	CPU 周期数	条件指令假的次数
		1	#includ<stidio. h>			
		2	#define NX 360			
		3	#define PI 0x1921f			
		5	void sin2(int * x, int * r);			
		7	int x[NX], r[NX];			
		8	void main()			
1	1	9	{	2	3	0
		10	short i;			
0	360	11	for(i=0; i<NX; i++)	3 608	7 576	2
		12	{			
360	360	13	x[i]=-PI+PI * i/180;	6 480	6 840	0
		14	}			
1	1	16	sin2(x, r);	8	6	0

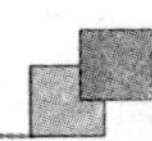

表 4-4　程序中汇编代码剖析

最小执行次数	最大执行次数	行号	源程序行代码	总指令数	CPU 周期数	条件指令假的次数
360	360	35	MPY d_squr_x, d_temp, d_temp; d_temp=x^2 * (1−(x^2/42) * (1−x^2/72))	720	720	0
360	360	36	SHR　d_temp, 15, d_temp	360	360	0
360	360	37	MPY d_temp, d_3, d_temp; d_temp=(x^2/20) * (1−(x^2/42) * (1−x^2/72)	720	720	0
360	360	38	SHR　d_temp, 15, d_temp	360	360	0
245	360	39	[flag] MPY d_temp, 10, d_temp	720	720	115
360	360	40	SUB C1, d_temp, d_temp; d_temp=1−(x^2/20) * (1−(x^2/42) * (1−x^2/72))	360	360	0
360	360	41	MPY d_squr_x, d_temp, d_temp; d_temp=(x^2) * (1−(x^2/20) * (1−(x^2/42) * (1−x^2/72)))	720	720	0
360	360	42	SHR　d_temp, 15, d_temp	360	360	0
360	360	43	MPY d_temp, d_4, d_temp; d_temp=(x^2/6) * (1−(x^2/20) * (1−(x^2/42) * (1−x^2/72)))	720	720	0
360	360	44	SHR　d_temp,15, d_temp	360	360	0
245	360	45	[flag] MPY d_temp, 10, d_temp	720	720	115
360	360	46	SUB C1, d_temp, d_temp; d_temp=1−((x^2/6) * (1−(x^2/20) * (1−(x^2/42) * (1−x^2/72))))	360	360	0
360	360	47	MPY d_x, d_temp, d_sinx; d_temp=x * (1−((x^2/6) * (1−(x^2/20) * (1−(x^2/42) * (1−x^2/72)))))	720	720	0
360	360	48	SHR　d_sinx,15, d_sinx	360	360	0
245	360	49	[flag] MPY d_sinx, 10, d_sinx	720	720	115
360	360	50	STW d_sinx, * r++	720	1 080	0
		51				
360	360	52	[cntr] SUB cntr, 1, cntr	360	360	0

表 4-5　程序剖析结果

函数名称	文件名称	行号	代码长度/字节	开始地址(Hex)	调用次数	覆盖率/%	总指令数	CPU 周期数	条件指令假的次数
main	main. c	9	196	0x00000500	1	100	10 101	14 436	2
sin2	sin2. sa	2	256	0x00000220	1	100	19 809	23 055	1 036
其他							43 088	12 225	8 017
合计							72 998	49 716	9 055

4.2.3 运行结果与分析

根据上一节对 C 语言和汇编语言编写的正弦函数程序剖析，比较两种语言编写程序的时间效率和代码长度，如表 4-6 所列。

表 4-6 C 语言与汇编语言正弦函数程序性能比较

代码效率比较			时间效率比较		
C 程序	汇编程序	代码长度比	C 程序	汇编程序	CPU 周期比
288	256	1.125	1 300 025	49 716	26.149

表 4-6 中代码效率是指 C 程序代码长度(字节)与汇编程序代码长度(字节)之比，这个比例是 1.125，说明完成同样的正弦函数功能情况下，C 代码比汇编代码需要占用更多的程序空间。

表 4-6 中时间效率是指 C 程序 CPU 指令周期数与汇编程序 CPU 指令周期数之比，这个比例是 26.149，说明完成同样的正弦函数情况下，C 程序需要的时间是汇编程序需要时间的 26.149倍，汇编程序具有明显的时间效率。

另外，比较表 4-1 C 程序详细剖析和表 4-3 汇编程序详细剖析，可以发现 C 程序因为调用库函数 sin()，即使其时间效率比汇编程序低很多，也没有办法进一步优化。而汇编程序则可以从循环指令和并行指令选择方面进一步挖掘其时间效率。这说明 C 代码优化的可控性不如汇编代码，但是，汇编代码的编写比 C 代码复杂许多，如果编程技术不熟练，就必须借助程序剖析工具进行分析，然后，通过深入理解 64x 的指令集，才能编写出汇编高效程序代码。C 语言只能在有限的情况下，实现优化。

因此，对于 64x 软基体来说，如果算法运算时间要求不高，不妨使用 C 程序，不仅编程简单，而且具有更好的可移植性。如果算法运算时间要求苛刻，则必须采用汇编程序。但是，通常一个大的软件往往包含不同的软基体，各自对于时间要求不同，此时，可以采用混合编程，以满足整体性能需要前提下，具有更好的可读性和可移植性。

4.3 最小系统硬件构建实例

64x 最小系统是指以 64x 为核心完成基本信号处理功能的独立电路，属于硬基体设计。由于 64x 上集成了 1 级程序和数据缓存 16 KWord～32 Kword，以及 256 Kword～1 MWord 的 2 级缓存，可用于 RAM 或 CACHE，其缓存容量根据所选用 64x 型号不同而不同，因此，64x 的最小系统也具有较强的信号处理能力。其系统构建只需要基本的外部配置，如电源、复位、时钟、JTAG、FLASH 等即可实现。本实例以 C6416 为例，剖析 64x 最小系统硬件构建的技术要点。

4.3.1 最小系统基本结构

64x 最小系统构建中，对于其主要技术指标及性能把握是设计成功的关键。一般 DSP 的硬件技术指标包括运算性能(运算速度、运算精度)、数据传输能力、系统功耗、可扩展外设四方面，因为这些性能决定了整个系统的性能，对于最小系统来说，其他方面可以根据具体问题另行考量。下面以 C6416 为蓝本，分析 64x 最小系统设计要点，主要是硬基体设计问题。

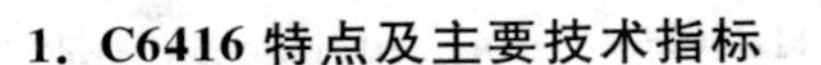

1. C6416 特点及主要技术指标

(1) 运算能力

一般 DSP 的运算性能主要是指三个技术指标，即运算精度、运算速度、运算空间，64x 的运算能力如下：

运算精度，浮点运算 DSP 和定点运算 DSP 的运算精度考量角度完全不同，定点运算 DSP 的运算精度是指 DSP 运算单元的基本运算位宽及存储数据位宽，运算过程中这个位数越宽，则在不改变运算速度的前提下，DSP 的运算精度越高。C6416 是高性能定点运算 DSP，其运算精度与其存储字长有关，C6416 存储字长是 16 bit，在无符号小数模式下，不做扩展的最大数据运算精度为 2^{-16}。为了在不影响运算速度的情况下，提高运算精度，64x 具有超长字运算指令，利用 8 个并行的运算单元，其中 6 个 ALU，2 个乘法器，每个乘法器可在一个时钟周期内执行两个 16 bit×16 bit 或者 4 个 8 bit×8 bit 的运算。

运算速度，DSP 的运算速度有不同描述量来表示，如指令周期、CPU 时钟频率、单字长定点指令平均执行速度 MIPS(百万条指令/秒)、指令的并行执行能力。由于 64x 的流水线深度是 8 层，因此，其指令周期是指 8 条指令同时在流水线上执行时，平均每条指令的执行时间，所以，它不是每条指令的绝对执行时间，它与 CPU 主频之间是直接的倒数关系。另外，由于 8 层流水线并行工作，所以，每个时钟周期执行的指令数是 8 条，因此，每秒钟的百万条指令数应该是 8 倍的 CPU 主频，这个指标反映了 DSP 的并行执行能力。根据芯片的尾缀不同，C6416 的指令周期分别是：2 ns，1.67 ns，1.39 ns；对应的 CPU 主频分别是 500 MHz，600 MHz，720 MHz，对应的每秒百万条指令数分别是 4 000 MIPS，4 800 MIPS，5 760 MIPS。同时，为了进一步提高 DSP 的运算速度，64x 的指令系统还包括一些特殊的针对特定信号算法的直接硬件实现的高速指令，C6416 中有 8 条 32 位指令/周期及 28 次操作/周期的特殊指令。

运算空间，数字信号处理算法中常常需要大数量的循环运算，因此，运算空间的大小对于运算速度及精度的影响至关重要。另外，数据空间的大小通过缓存方式也影响到数据传输速度和传输方式。因此，64x 具有两级内部缓存结构 L1 和 L2，可以灵活分配数据的运算和传输所需内存空间。C6416 的 1 级程序和数据缓存各 16 KB，可用于 RAM 或 CACHE 的 2 级缓存 1 MB。

(2) 数据传输能力

DSP 的数据传输能力是指 DSP 内部数据通过某种方式可以实现高速数据输入/输出，以及与不同外部设备传输协议兼容的能力。64x 集成了两个扩展存储器接口 EMIF(External Memory Interface)，一个是 64 bit 的 EMIFA，另一个是 16 bit 的 EMIFB，可用于连接各种异步存储器，如 SRAM、E^2PROM 等，以及同步存储器，如 SDRAM、SBSRAM、FIFO。64 个独立通道扩展直接存储器存取模块 EDMA(Enhanced Direct Memory Access)，其总线时钟频率为 133 MHz。EMIFA 的最大数据吞吐量可达 1 064 Mbit/s，EMIFB 的最大数据吞吐量可达 266 Mbit/s，因此，C6416 具有较强的并行数据传输能力。同时，EDMA 以中断方式与外部设备直接进行数据传输，可以不干预 CPU 的工作，因此，提供了丰富的数据传输与外部协议兼容的资源，但是，EDMA 的使用需要特别考量其通道设置与对应外部设备的序号，以及所涉及中断之间的优先级设定。这些内容将在相应实例中有详细分析。

(3) 片上外设

64x 的片上外设主要是用于不同通信方式的数据传输功能，以便于 64x 系统具有更方便灵活的外部数据传输的扩展功能。C6416 具有 1 个主机接口 HPI(Host Port Interface),它是并口传输模式。64x 可以作为主器件,也可以作为从器件,其传输方式主要是主器件读/写从器件,其总线宽度可配置为 32 bit/16 bit。1 个 PCI 高速并口主/从模块,位宽 32 bit,传输时钟频率 33 MHz,电气参数 3.3 V。3 个多通道缓冲串行接口 McBSP,可以设置成同步串口传输、异步串口传输。3 个 32 位通用定时器,可以用于程序控制。16 个通用 I/O 引脚 GPIO,可用于程序状态监测及输入中断控制,以及外部设备接口。可变 PLL 时钟发生器,用于 64x 主频调整。实时 JTAG 仿真模块,遵循 IEEE1149.1 标准,用于应用系统功能调试。

2. 最小应用系统结构

本实例的 64x 最小系统由 C6416 芯片、程序存储器 FLASH、电源电路、时钟电路、复位电路、JTAG 接口组成,如图 4-12 所示。

(1) 电　源

64x 电源部分主要根据所选芯片型号及其外围器件要求的输入电源等级数、等级、功耗等选择电源管理芯片组。C6416 有两个电源等级,一个是用于 CPU 工作的核电压,另一个是用于片上外设工作的 I/O 电压。C6416 不要求特定的核电压和 I/O 电压的上电时序(64x 有些型号要求严格的上电顺序,如 C6455),但需要保证:如果其中一个电源电压低于正常值时,另一个电源电压不允许长时间供电(<1 s),否则芯片有可能损坏。同时供电可以采用双路电源管理芯片,两路电压输出端连接肖特基二极管,如图 4-13 所示,可用来消除核电压和 I/O 电压之间的上电时间差。为了减弱系统噪音对电源的影响,C6416 的电源与地之间需要连接高频退耦电容。

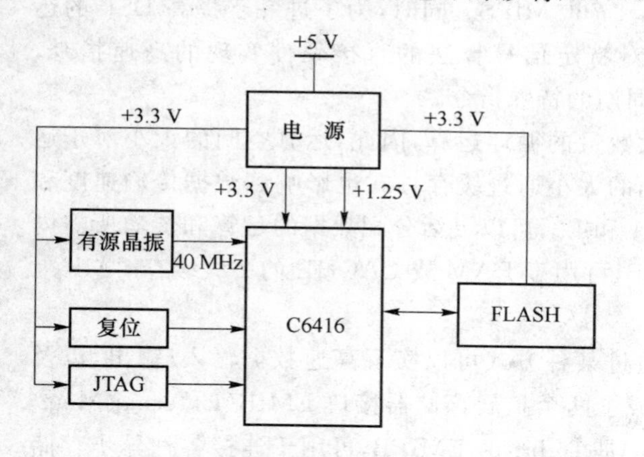

图 4-12　C6416 最小应用系统结构

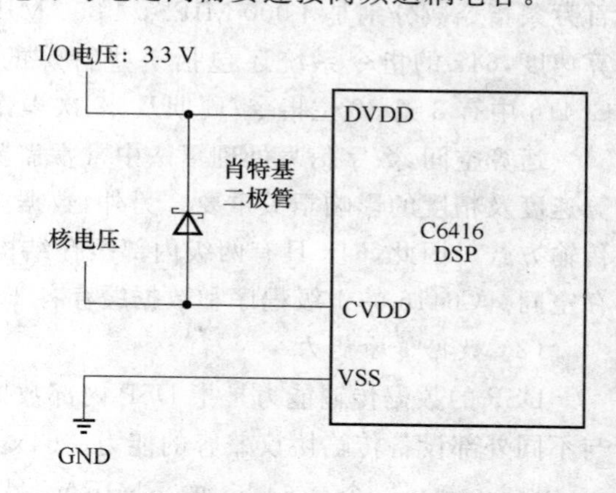

图 4-13　肖特基二极管消除上电时间差

不同序号的 C6416 核电压值不同,表 4-7 列出了 C6416 核电压和 I/O 电压的要求。

表 4-7　C6416 核电压、I/O 电压供电电压要求

电压名称与功能		最小	典型	最大	单　位
CVDD	核电压(-5E0 器件)	1.14	1.2	1.26	V
CVDD	核电压(A-5E0 器件)	1.19	1.25	1.31	V
CVDD	核电压(-6E3,A-6E3,-7E3 器件)	1.36	1.4	1.44	V
DVDD	I/O 电压	3.14	3.3	3.46	V

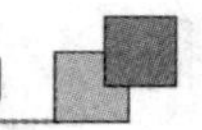

C6416 电源设计须遵循上述要求。通常选择不同电源管理及 DC－DC 电压转换芯片组成 64x 电源电路。本实例 C6416 的电源电路选择了 TPS6204x 系列电源管理芯片，可提供 18 μA 极低静态电流，转换效率 95%，负荷电流 1.2 A。由于 64x 不是低功耗设计，所以，选择电源管理芯片时，功耗是重要考量指标。图 4－14 为 TPS6204x 的典型连接方法，具体引脚定义可参见该芯片数据文件。

本实例中，电源电路输入为直流＋5 V，经电源管理芯片 TPS62046，将＋5 V 电压转换为＋3.3 V，为 C6416 的 I/O 及其他外围电路提供电源电压；经电源管理芯片 TPS62040（输出电压＋2.5 V～＋6.0 V 可调），将＋5 V 电压转换为 1.25 V，给 C6416 提供核电压。对 TPS62040 而言，其可调输出电压

$$V_o = 0.5\ \text{V} \times \left(1 + \frac{R1}{R2}\right) \tag{4-4}$$

这里选 R1 为 249 kΩ，R2 为 165 kΩ，以使可调输出电压为 1.25 V。同时需令：

$$C4 = 1/(2\pi \times 10\ \text{kHz} \times R1) \tag{4-5}$$

$$C5 = \frac{R1}{R2} \times C4 \tag{4-6}$$

最小化反馈回路上的噪声。

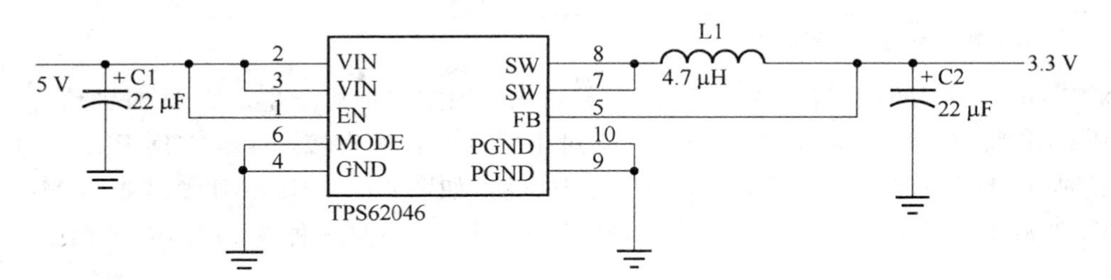

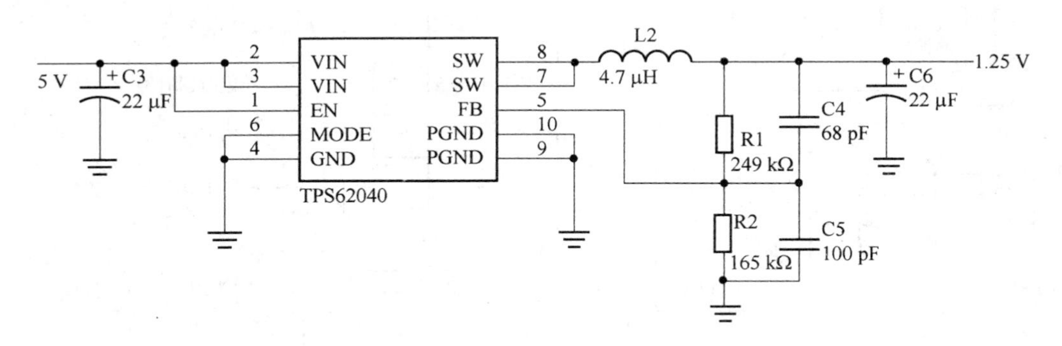

图 4－14 TPS6204x 系列电源管理芯片

(2) 时钟与晶振

C6416 时钟信号对于时钟频率、时钟的上升沿和下降沿时间都有一定的要求。图 4－15 为 C6416 中尾缀为-6E3 器件的时钟波形，图中标出了波形上升沿、下降沿陡度，以及上升时间、下降时间的波动范围，具体技术指标见表 4－8。

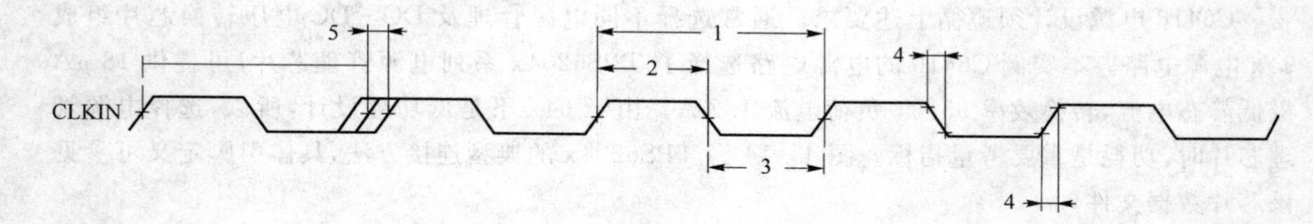

图 4-15 时钟波形参数

表 4-8 器件输入时钟要求

NO	输入时钟 CLKIN 参数		-6E3, A-6E3									单位
			PLL 模式 x12			PLL 模式 x6			x1（旁路）			
			MIN	TYP	MAX	MIN	TYP	MAX	MIN	TYP	MAX	
1	tc(CLKIN)	CLKIN 时钟周期	20		33.3	13.3		33.3	13.3		33.3	ns
2	tw(CLKINH)	CLKIN 高电平持续时间	0.4 C			0.4 C			0.45 C			ns
3	tw(CLKINL)	CLKIN 低电平持续时间	0.4 C			0.4 C			0.45 C			ns
4	tt(CLKIN)	CLKIN 电平转换时间			5			5			1	ns
5	tJ(CLKIN)	CLKIN 周期抖动		0.02 C			0.02 C			0.02 C		ns

注：C = CLKIN 纳秒(ns)表示的周期时间。

64x 内部的大部分时钟信号由 CLKIN 引脚输入的独立时钟源产生。CPU 时钟信号可由片内锁相环 PLL 将输入驱动时钟源倍频产生，也可由输入时钟源直接产生。在用 PLL 产生 CPU 时钟信号时，需要合理设计外置 PLL 锁相环滤波电路，如图 4-16 中 EMI 滤波器(EMI filer)。通常 EMI 滤波器选择集成滤波器，本实例选择 ACF451832，它是一种 T 型 EMC 滤波器。

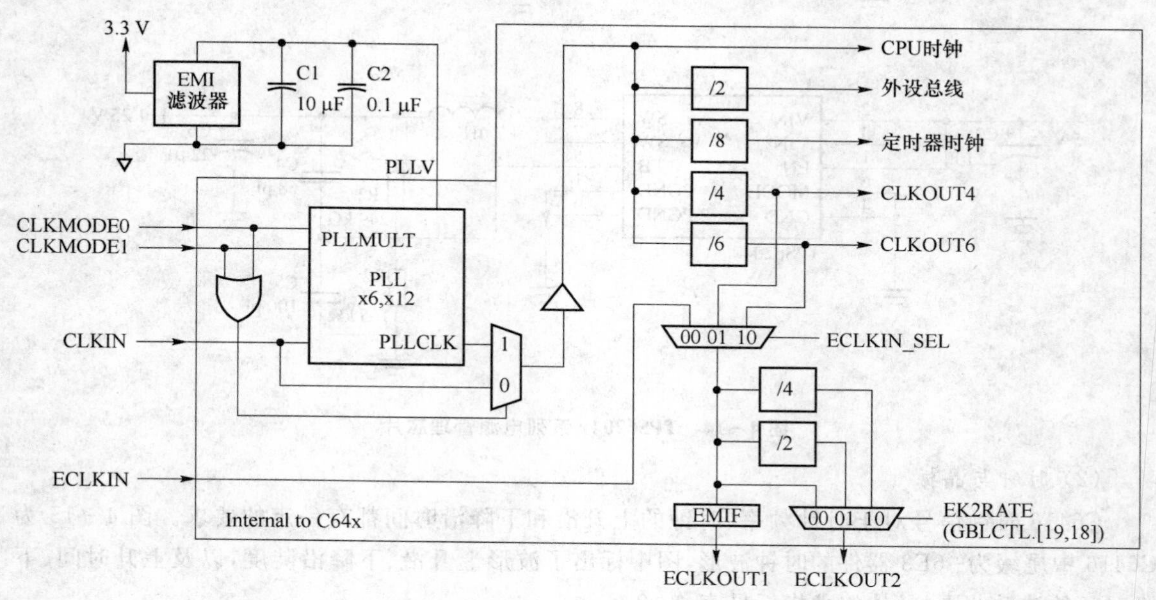

图 4-16 C6416 时钟及滤波电路

为了减小时钟信号的抖动，64x 与外部时钟产生电路都需要尽量小纹波的供电电源。

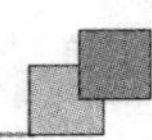

PLL 乘积因子的选择可以改变 C6416 的工作时钟频率，这样可以在给定较低外部晶振输入的情况下，C6416 仍然具有较高的工作频率，从而使电路设计的电磁兼容性要求降低，更容易实现高性能设计。表 4－9 列出了不同的 PLL 设置所对应的时钟频率，表中 CLKMODE1，CLKMODE0 是 C6416 的外部引脚，PLL 是 CPU 寄存器中的字段。

表 4－9　64x PLL 乘积因子选项，时钟频率范围

CLKMODE1	CLKMODE0	PLL	CLKIN RANGE/MHz	CPU CLK RANGE/MHz	CLKOUT4/MHz	CLKOUT6/MHz
0	0	×1	30～75	30～75	7.5～18.8	5～12.5
0	1	×6	30～75	180～450	45～112.5	30～75
1	0	×12	30～50	360～600	90～150	60～100
1	1	保留	-	-	-	-

晶振电路如图 4－17 所示，采用 40 MHz 有源晶振产生 C6416 所需要的时钟输入。

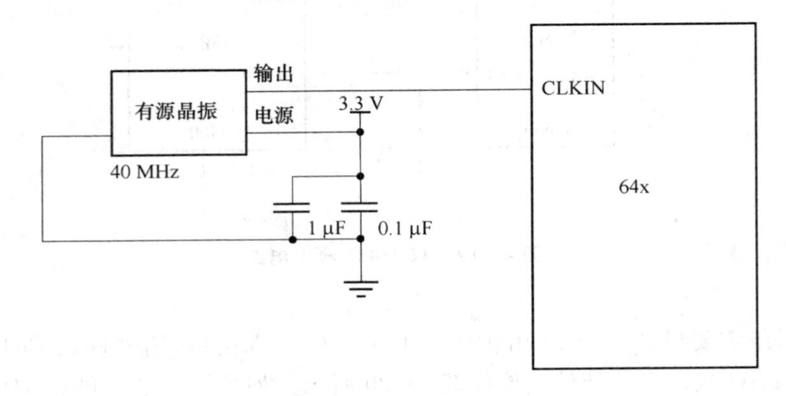

图 4－17　晶振电路示意图

（3）复　位

上电后 C6416 需要一个硬件复位信号才能进入正常的工作状态。复位信号的拉低可以在核电压和 I/O 电压上升之前，也可以在核电压和 I/O 电压上升到正常工作电压之后。最佳做法是复位信号在上电过程中保持低电平。在复位信号变高之前，核电压和 I/O 电压必须在它们的正常工作状态，并且时钟输入也处在正确的频率。

复位信号的要求：如图 4－18 所示，表 4－10 所列。

情况 1：当 CLKIN 稳定时，应用于 CLKMODE x1，当 CLKIN 和 PLL 都稳定时，应用于 CLKMODE x6、x12。

情况 2：这种情况只能应用于 CLKMODE x6、x12，不能应用于 CLKMODE x1。复位信号在内部没有连接到 PLL 电路。然而在系统上电后或 PLL 配置改变后，PLL 需要 250 μs 的时间来达到稳定，在这段时间，复位信号必须保持不变。

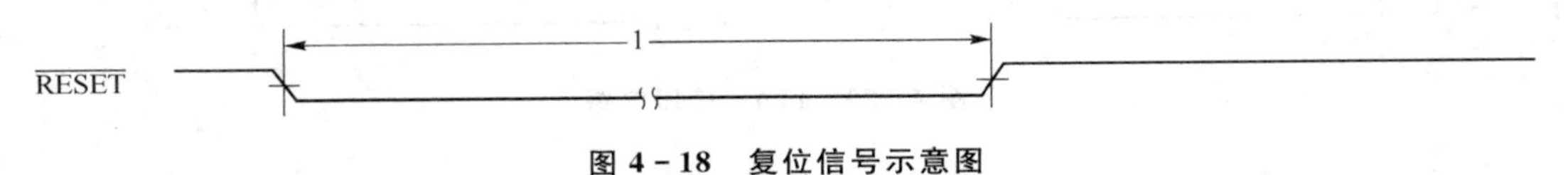

图 4－18　复位信号示意图

表 4-10　复位信号要求

NO	复位时间及要求		-5E0，A-5E0，-6E3，A-6E3，-7E3			单 位
			MIN	TYP	MAX	
1	tw(RST)	复位脉冲 RESET 宽度（PLL 稳定）	10			ns
		复位脉冲 RESET 宽度(PLL 需要同步)	250			μs

TPS382x 系列器件不需要外围电路即可组成复位监控电路，同时具有看门狗、手动复位、低电平复位等功能。其典型电路如图 4-19 所示。

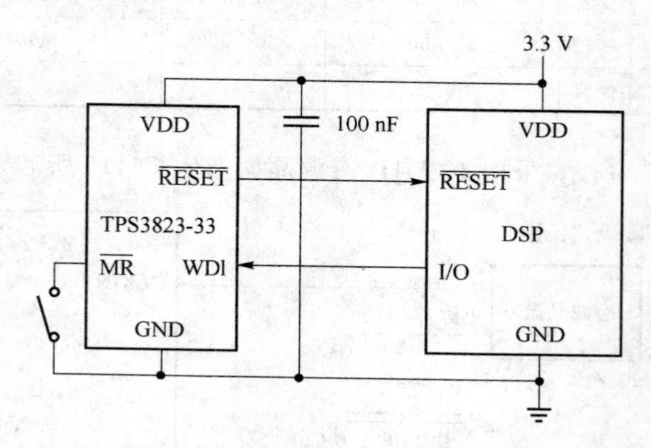

图 4-19　TPS382x 典型电路

(4) JTAG

一般应用系统需要设计一个 14 引脚的标准 JTAG 仿真接口，用来调试 C6416 应用系统的硬件和软件。JTAG 接口电路硬件连接如图 4-20 所示。如果仿真接口和 C6416 之间的距离超过 6 英寸，仿真信号需要加总线缓冲器；距离小于 6 英寸则不需要。为了保证信号上升时间小于 10 μs，EMU0、EMU1 需要上拉。TMS 和 TDI 的输入缓冲器需要上拉以保证这些信号在仿真器没有连接的情况下保持固定电平。

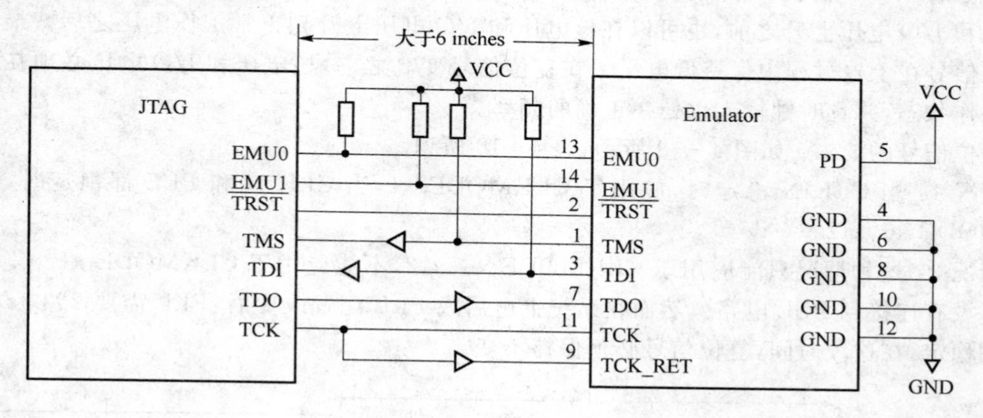

图 4-20　JTAG 接口电路

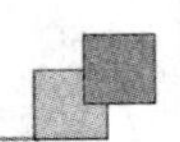

(5) 程序存储器 FLASH

由于 C6416 没有自带程序固化存储器,因此,必须扩展外部的只读存储器进行程序固化,一般只读存储器采用 FLASH 器件。由于本实例只是最小系统搭建,因此,只关注最小系统的基本组成。关于 FLASH 与 C6416 的连接与操作方式详见 4.4 节。

4.3.2 最小系统剖析

64x 最小系统由电源、时钟、复位、JTAG、FLASH 五部分组成,每一部份都是单纯的硬基体,硬基体之间连接的主要技术指标受 64x 与其相关电路连接的电气特性限制,只要满足这些要求,整个系统就可以正常工作。

1. 最小系统构建

最小系统是指 64x 可以正常工作的最小配置,因此,上述五部分对于最小系统构建缺一不可。系统构建时往往从最基本的情况考量,分别组建各个部分,如图 4-12 所示。图 4-12 中每一个方框是一个硬基体,每一个硬基体的输入、输出、电源、地连接时,其电气特性必须一致。例如,电源的 3.3 V 电压提供给 C6416 片上外设、有源晶振、复位、FLASH、JTAG,电源 1.4 V 提供给 C6416 内核,不能混淆,且考虑系统所需功率与电源输出功率的匹配,尤其是,复杂系统构建时,电源功耗要高于系统实际工作功耗 2 倍以上。

2. 最小系统调试

在整个系统联调之前,首先需要对各个硬基体分别进行调试,调试步骤如下。

(1) 电源调试

电源调试时,先将电源的输出端与 C6416 的电源输入端断开。通常硬件设计时,为了调试及故障定位方便,在电源的输出端留出一个 0 Ω 电阻焊盘。分块调试时,这个电阻断开。然后,将+5 V 电压加到电源输入端,测量各电源输出值和纹波,核电压应在(+1.4±0.5) V、I/O 电压应在(+3.3±0.8) V 要求的范围内。

另外,考虑 64x 的 I/O 电压与核电压的上电顺序要求,需要对两路电压的上电顺序进行测试,观察其是否满足设计要求。用 60 MHz 示波器的两个通道分别观察 I/O 电压与核电压,测试系统电源的上电顺序是否满足设计要求。由于 C6416 对于两个电源的上电顺序没有严格要求,因此,本实例不再测试其顺序。

测试完毕,如果电源满足要求,则将 0 Ω 电阻焊上,电源可以为 C6416 提供能量。如果电源不满足要求,例如,输出电压不准,可以调试电源硬基体中的电阻、电容、电感配置,直至满足要求为止。

(2) 复位调试

复位信号与电源电压之间有一个延时,用以保证 C6416 的内部电路在电源稳定之后再开始工作。如果复位延时太短,C6416 硬件上电过程还没有稳定,仓促复位会使得 C6416 中的电路不能正常工作。用 60 MHz 示波器的两个通道分别观察核电压与复位信号,观察信号如图 4-21 所示。

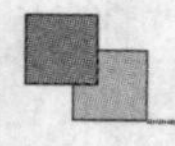

图 4-21 中横轴为时间,单位是 ms;纵轴为电压,单位是 V;虚线表示核电压;实线表示复位信号,正常情况下核电压和复位信号至少应该有 200 ms 左右的时间差。

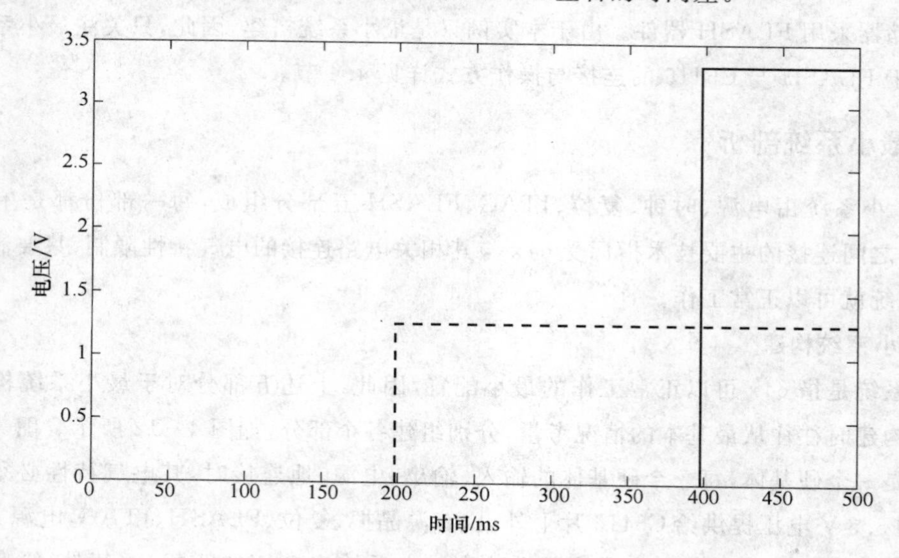

图 4-21　上电时系统电压和复位信号的变化

判断 C6416 是否正常复位,可用示波器观察 C6416 的时钟 CLKMODE1、CLKMODE0 引脚的电平,以及引脚 GP01/CLKOUT4, GP02/CLKOUT6 的输出电平。若这些引脚没有输出,说明 C6416 没有正常上电复位,因为这些引脚直接通过内部硬件电路转出,只要电源、晶振、复位过程没有错误,这些信号会自动产生。因此,如果出现无输出的问题,就需要再检查电源输出连接是否正常,直至这些信号正常工作。

(3) JTAG 调试

将仿真器通过 JTAG 接口与目标板连接,按照 4.2 节的方法,打开 PC 机上的 CCS3.1,将 CCS3.1 与目标板连接。如果没有连接上,可能的问题及解决方法如下:

- 仿真器与目标板没有连接好,需要重新检查连接部分;
- 目标板核心电路工作不正常,重新测试电路板核心电路的电压、电流波形,分析原因。

按照上述步骤,CCS3.1 与目标板连接后,就说明整个系统的基本功能没有问题,C6416 可以完成基本功能,例如编写简单程序等。

(4) 程序存储器 FLASH 调试

程序存储器 FLASH 调试 详见 4.4 节。

4.3.3　运行结果与分析

1. 最小系统运行

按照第 2 章所述将仿真器的 JTAG 接口与所设计的最小系统 JTAG 接口相连,仿真器的 USB 连线与 PC 机的 USB 口相连,将所设计的最小系统目标板的电源接+5 V 电源,注意极性不要接反。

双击 PC 机界面上 Setup 图标,弹出如图 4-22 所示界面。在 Family 下拉菜单下,选择所设计系统的 DSP 型号,本实例选 C64xx,在 Platform 下拉菜单下,选择所使用的仿真器型号,本实例选 ADT - XD560U，得到结果如图 4 - 22 所示，单击 Save & Quit 按钮，保存设置。

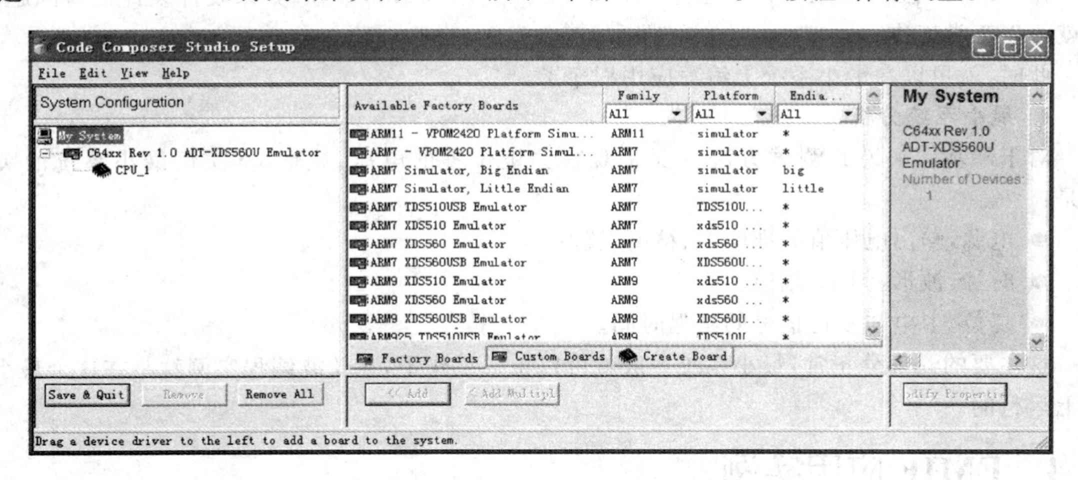

图 4 - 22　工作模式与仿真器配置界面

注意： 如果在 Platform 下拉菜单中选择 Simulator，则系统工作于仿真状态，无需外部硬件系统连接。

双击 PC 机界面上 CCS3.1 图标，弹出系统连接请求界面，如图 4 - 23 所示。将仿真器 USB 接口与 PC 机 USB 接口连接，再单击图 4 - 23 中 Retry 按钮。如果仿真器连接没有问题，系统进入 CCS3.1 主界面，如图 4 - 24 所示。

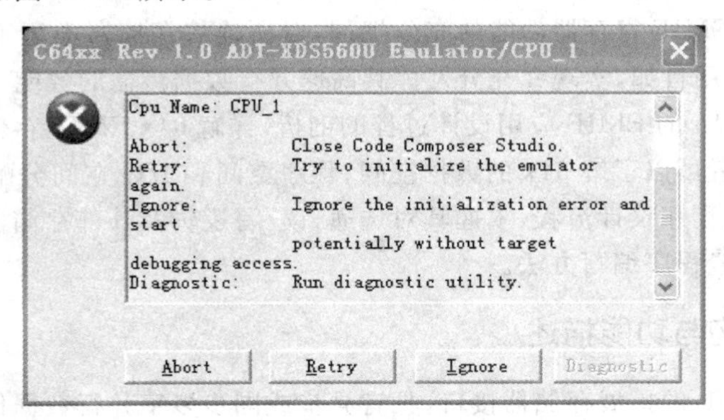

图 4 - 23　系统连接请求界面

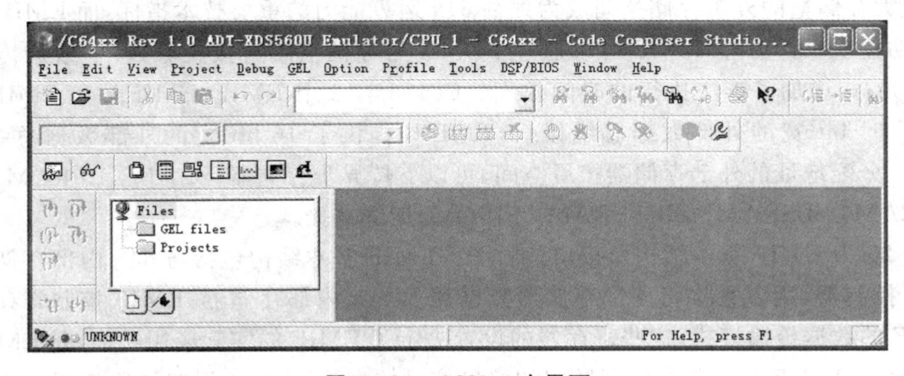

图 4 - 24　CCS3.1 主界面

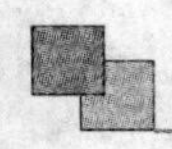

在 CCS3.1 主界面菜单栏中选择 debug 下拉菜单中 Connect 项，如果硬件设计没有问题，系统就可以正常工作。

此时，就可以在最小系统上编写应用程序了。

2. 最小系统分析

对于硬基体来说其测试方法主要是观察关键位置的电压、波形，本实例最小系统的关键点是：

- 电源，输出电压值的准确度、精度、纹波。
- 时钟，波形、频率、幅值。
- 复位，上电与复位信号的延迟时间。

这主要的几部分正常，最小系统一般就可以正常工作了，正弦波编程实例就是在这个最小系统上运行的。

4.4 EMIF 应用实例

64x 的 EMIF 是用于片外存储器扩展和外部数据接口的一种并行数据传输片上外设。由于其功能的多样性，使得其实现过程需要通过软件编写配置程序，使片上外设的硬件电路实现特定的时序逻辑功能，构成与外部存储器或外部设备之间的无缝高速数据传输通道，因此，EMIF 工作需要软硬件相互配合，属于混合基体。EMIF 混合基体的设计需要对 EMIF 硬件接口和时序的正确理解，对 64x EMIF 寄存器功能的充分把握，对所连接存储器类型工作模式的详细了解，才能对 64x EMIF 运用自如，实现并充分发挥其高速并行数据传输的效能。

本实例通过 C6416 的 EMIF 应用设计过程的剖析，详解 64x EMIF 存储器扩展和应用方法。通过本实例学习，读者可以了解 64x 的数据空间、程序空间和 I/O 空间分配机制，理解 EMIF 控制信号的时序要求及程序设计流程，掌握其对选通，读/写逻辑及外部存储器扩展的要点，包括硬件连接要点，以及配置程序编写方法。

4.4.1 EMIF 结构与功能描述

64x EMIF 是 DSP 的扩展存储器接口，具有异步或同步多字并行数据传输能力，它可以用于 64x 的大数据量传输和存储。例如，图像处理和目标识别等算法，往往需要多帧图像处理能力，因此，高速大存储量的外扩存储空间成为评估 64x 运算能力的重要技术指标，而 EMIF 恰恰可以满足这类功能要求。另外，EMIF 可以通过 EDMA 与存储空间直接关联，整个数据传输可以与 CPU 工作并行，增加了算法执行的时间效率。C6416 有 2 个 EMIF，EMIFA 和 EMIFB。EMIFA 提供了 64 bit 宽的外部数据总线接口，EMIFB 提供了 16 bit 宽的外部数据总线接口，共 1 280 MB可分配地址的外部存储器扩展空间，可以支持异步存储器(SRAM，EPROM)和同步存储器(SDRAM，SBSRAM，ZBT SRAM，FIFO)的无缝链接。

图 4-25 为 EMIF 基本结构及接口信号图。EMIF 基本结构包括与 64x 内部存储空间链接的 EDMA 控制器，用以直接将外部存储器数据存入 64x 内部存储器；EMIF 控制寄存器组用以设置 EMIF 的数据传输模式，这些寄存器的设置决定了 EMIF 的实际应用功能，是 EMIF 设计的关键环节之一；EMIF 与外部存储器链接的接口信号较多，以适应不同存储器类型。

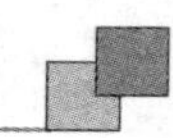

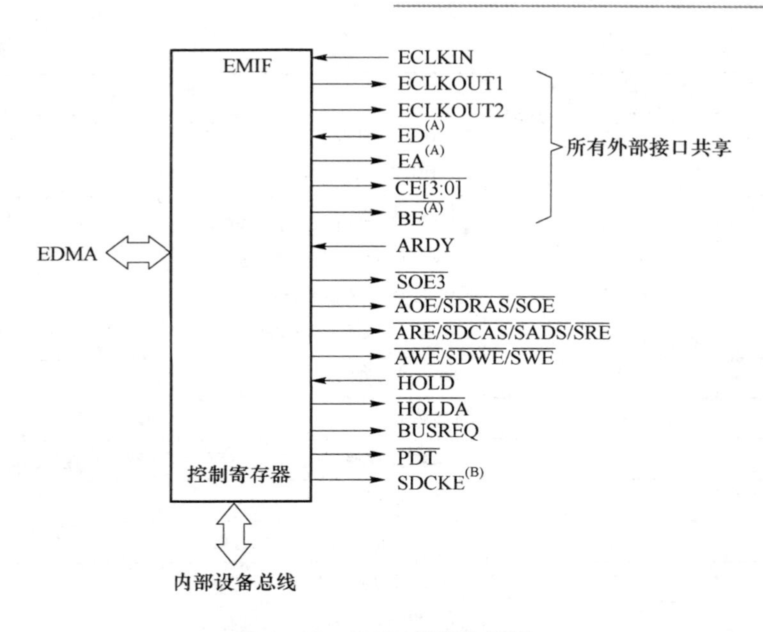

图 4－25 EMIF 接口信号图

EMIF 的接口信号主要包括 4 类：

① 时钟信号，图 4－25 中 ECLKIN 为总线输入时钟，用以控制 EMIF 数据传输的总线频率，C6416 的最大时钟频率为 133 MHz，其实际 EMIF 频率可以通过 PLL 寄存器设置其数值；ECLKOUT1 和 ECLKOUT2 分别输出 EMIF 的实际总线时钟信号，用来与外部存储器读/写同步。

② 数据/地址信号，图 4－25 中 ED 为数据线，随着实际传输使用模式不同，可以是 16 bit，32 bit，64 bit，对于 C6416 来说，只有 EMIFA 具有这个数据长度选择模式，EMIFB 只能选择 16 bit 模式。

③ 控制信号，图 4－25 中控制信号包括存储器读/写信号，如同步或异步存储器读/写控制信号 SOE3、SDRAS、SADS/SRE、SDWE、SWE 、AOE、AWE；总线与 EDMA 存储速度协调控制信号，如总线忙、保持、准备好等信号 ARDY、HOLD、HOLDA、BUSREQ、PDT，信号定义见表 4－11。

④ 片选信号，EMIF 有 4 组片选信号，每一组选择一个确定的地址空间，C6416 的 EMIFA 和 EMIFB 分别有不同的地址空间。

表 4－11 EMIF 引脚说明

引 脚	输入/输出/高阻(I/O/Z)	描 述
ECLKIN	I	EMIF 时钟输入
ECLKOUT1	O/Z	EMIF 时钟输出，频率跟 EMIF 输入频率相同
ECLKOUT2	O/Z	EMIF 时钟输出，频率为 EMIF 输入频率 1，2 或 4 分频
ED[63：0] ED[15：0]	I/O/Z I/O/Z	EMIFA64 位数据线 EMIFB16 位数据线

续表 4-11

引 脚	输入/输出/高阻(I/O/Z)	描 述
EA[22:3]	O/Z	EMIFA 地址线
EA[20:1]	O/Z	EMIFB 地址线
CE0	O/Z	CE0 空间片选信号,低有效
CE1	O/Z	CE1 空间片选信号,低有效
CE2	O/Z	CE2 空间片选信号,低有效
CE3	O/Z	CE3 空间片选信号,低有效
BE	O/Z	字节使能,低有效
ARDY	I	准备好信号,高有效
SOE3	O/Z	CE3 同步存储器输出使能(可用于 FIFO 无缝连接)
AOE	O/Z	异步存储器输出使能,低有效
SDRAS	O/Z	SDRAM 行地址选通,低有效
SDCRS	O/Z	SDRAM 列地址选通,低有效
SADS/SRE	O/Z	同步存储器地址选通或读使能
AWE	O/Z	异步存储器写选通,低有效
SDWE	O/Z	SDRAM 写使能,低有效
SWE	O/Z	同步存储器写使能
HOLD	I	外部总线保持请求,低有效
HOLDA	O	外部总线保持应答,低有效
BUSREQ	O	总线请求信号,指示等待刷新操作或内存访问,高有效
PDT	O/Z	外设数据传输,在 PDT 数据传输时有效
SDCKE	O/Z	自刷新模式下 SDRAM 时钟使能

图 4-26 和图 4-27 分别是 C6416 的 EMIFA 和 EMIFB 的基本结构及接口信号图,其地址空间选择、工作时钟配置、控制寄存器定义分别见表 4-12、4-13、4-14。

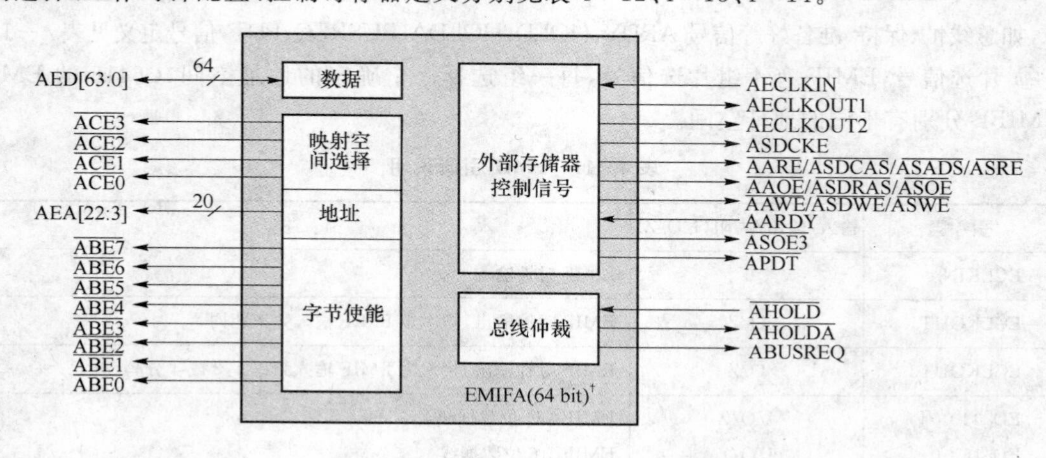

图 4-26 C6416 的 EMIFA 接口信号图

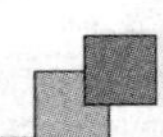

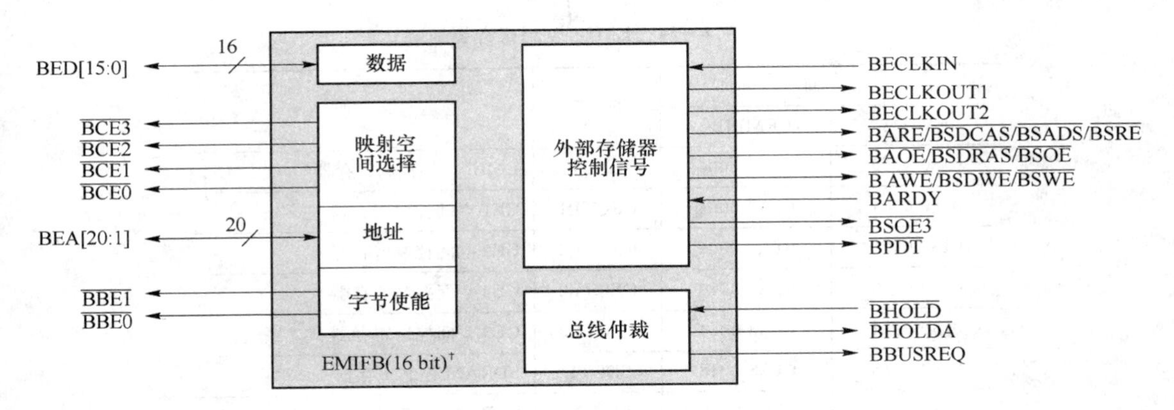

图 4-27　C6416 的 EMIFB 接口信号图

表 4-12　EMIF 的 CE 地址空间

存储器块描述	块大小/MB	地址空间(HEX)
EMIFB CE0	64	6000 0000～63FF FFFF
EMIFB CE1	64	6400 0000～67FF FFFF
EMIFB CE2	64	6800 0000～6BFF FFFF
EMIFB CE3	64	6C00 0000～6FFF FFFF
EMIFA CE0	256	8000 0000～8FFF FFFF
EMIFA CE1	256	9000 0000～9FFF FFFF
EMIFA CE2	256	A000 0000～AFFF FFFF
EMIFA CE3	256	B000 0000～BFFF FFFF

表 4-13　EMIF 时钟输入配置

配置引脚	引脚号	功能描述
BEA[17∶16]	[B18,A18]	EMIFA 输入时钟选择 EMIFA 时钟输入模式选择 (AECLKIN_SEL[1∶0]) 00——AECLKIN (默认模式) 01——CPU/4 (时钟速率) 10——CPU/6 (时钟速率) 11——保留
BEA[15∶14]	[D17,C17]	EMIFB 输入时钟选择 EMIFB 时钟输入模式选择 (BECLKIN_SEL[1∶0]) 00——BECLKIN (默认模式) 01——CPU/4 (时钟速率) 10——CPU/6 (时钟速率) 11——保留

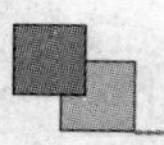

表 4-14 EMIF 控制寄存器

地址		缩写	说明
EMIFA	EMIFB		
0180 0000	01A8 0000	GBLCTL	EMIF 全局控制寄存器
0180 0004	01A8 0004	CECTL1	CE1 空间控制寄存器
0180 0008	01A8 0008	CECTL0	CE0 空间控制寄存器
0180 0010	01A8 0010	CECTL2	CE2 空间控制寄存器
0180 0014	01A8 0014	CECTL3	CE3 空间控制寄存器
0180 0018	01A8 0018	SDCTL	SDRAM 控制寄存器
0180 001C	01A8 001C	SDTIM	SDRAM 时序控制寄存器
0180 0020	01A8 0020	SDEXT	SDRAM 扩展控制寄存器
0180 0040	01A8 0040	PDTCTL	PDT 控制寄存器
0180 0044	01A8 0044	CESEC1	CE1 空间第 2 控制寄存器
0180 0048	01A8 0048	CESEC0	CE0 空间第 2 控制寄存器
0180 0050	01A8 0050	CESEC2	CE2 空间第 2 控制寄存器
0180 0054	01A8 0054	CESEC3	CE3 空间第 2 控制寄存器

4.4.2 EMIF 应用实例剖析

本实例分别从 C6416 的同步动态存储器 SDRAM 扩展和异步存储器 FLASH 扩展两个应用实例，剖析 64x EMIF 混合基体扩展设计要点。

1. EMIF_SDRAM 同步存储器扩展

以 EMIF 同步接口与 SDRAM 连接为例说明 EMIF 的同步接口扩展方法，包括硬件连接的电气要求和软件应用的配置程序编写，以及软硬件结合的 EMIF 调试过程注意事项。

(1) SDRAM 特点及接口信号描述

SDRAM 是一种同步动态随机存储器。其主要特点为：与外部时钟同步访问存储器，读/写操作需要与外部时钟同步；动态存储，芯片需要定时刷新。动态存储中同步技术的出现使得芯片的读/写速度从以往的 60～70 ns 减少到现在的 6～7 ns，提高了将近 10 倍。在图像处理等需要高速大容量存储器的应用场合，SDRAM 可以提供较高的性价比。

C6416 的 EMIF 支持对 SDRAM 的无缝连接，其接口电路如图 4-28 所示。C6416 EMIF 允许对 SDRAM 的寻址特性进行编程，包括列地址位数（页大小），行地址位数（每个存储体中的页数）以及存储体的数量（打开的页数）。EMIF 地址位宽限制了可以打开的最大页数，C6416 可以同时激活 SDRAM 中 4 个不同的页。这些页可以集中在一个 CE（片选）空间中，也可以跨越多个 CE 空间，一个存储体一次只能打开一页。C6416 的 EMIF 还支持 SDRAM 的自刷新模式，并采用 LRU(Least Recently Used)的页面设置策略取代置换策略以获得更好的接口性能。

图 4-28(a)左边为 C6416 的 EMIF 接口信号，右边为 SDRAM 的接口信号，显然，SDRAM 的地址选择、时钟输出、信号控制都可以进行无缝链接。由于 SDRAM 芯片通过输入命令进行数据存储的读/写控制，所以，EMIF 的命令编写需要遵循 SDRAM 的要求，EMIF 的读/写指令

及 SDRAM 的读/写要求分别见表 4－15 和表 4－16。

图 4－28(a)中，片选信号 CE，如表 4－12 所列，它决定了 SDRAM 处于 EMIFA 寻址的地址空间，可以通过寄存器进行设置；BE[1：10]决定了 SDRAM 的数据读写模式，由于 EMIFA 有 64 bit 数据总线，因此，对 SDRAM 的操作可以直接进行 64 bit 读/写。但是，实际操作中可能只需要字节、字等读/写，此时，EMIF 根据指令的数据地址与数据类型自动设置 BE 的选择，实现不同数据类型的操作。还有 EMIF 与 SDRAM 的时序配合，通过设置 EMIF 寄存器均可实现，如图 4－28(b)所示。

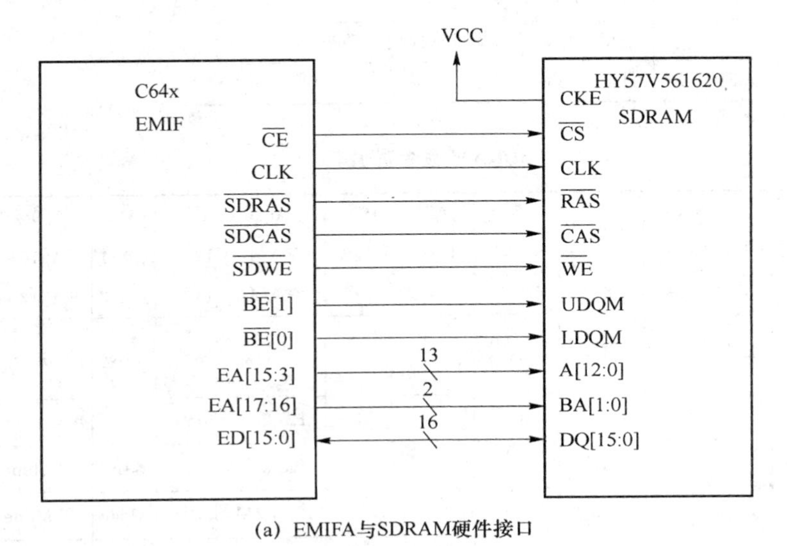

(a) EMIFA与SDRAM硬件接口

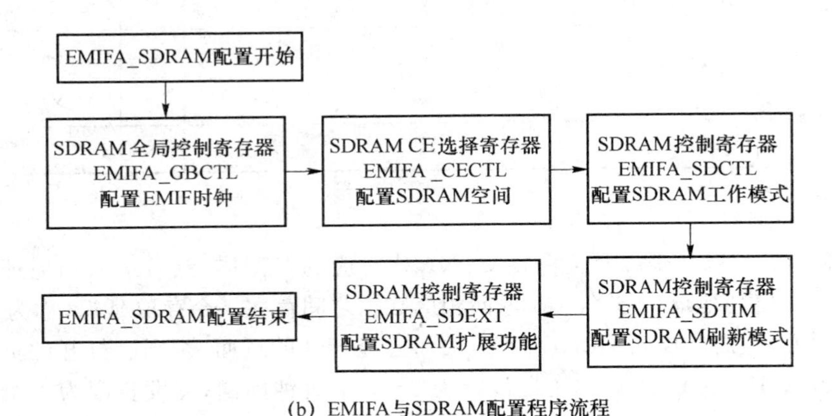

(b) EMIFA与SDRAM配置程序流程

图 4－28　EMIFA 与 64 Mbit SDRAM 配置模式(混合基体)

表 4－15 是 EMIF 的 SDRAM 控制指令，这些控制主要是满足 SDRAM 读/写的时序要求，只要按照需要设置 EMIF 的 SDRAM 控制寄存器，EMIF 就会通过其片上外设的内部逻辑实现这些操作。表 4－16 为 SDRAM 操作的真值表，反映了 SDRAM 读/写过程的逻辑关系与 SDRAM 控制指令之间的关系，当调试时发现 SDRAM 读/写不正常时，可以通过相应连接处波形的观察，检测硬件是否存在问题。

表 4-15 C6416EMIF SDRAM 控制命令

命令	功能
DCAB	关闭所有存储体
ACTV	激活所选的存储体，并选择存储器的某一行
READ	输入起始列地址，开始读操作
WRT	输入起始列地址，开始写操作
MRS	设置 SDRAM 模式寄存器
REFR	使用内部地址自动进行周期性刷新
SLFREFR	自刷新模式

表 4-16 SDRAM 命令真值表

SDRAM:	CKE	CS	RAS	CAS	W	A[19:16]	A[15:11]	A10	A[9:0]
16-bitEMIF:	SDCKE	CE	SDRAS	SDCAS	SDWE	EA[20:17]	EA[16:12]	EA11	EA[10:1]
64-bitEMIF:	SDCKE	CE	SDRAS	SDCAS	SDWE	EA[22:19]	EA[18:14]	EA13	EA[12:3]
ACTV	H	L	L	H	H	0001b 0000b	Bank/Row	Row	Row
READ	H	L	H	L	H	×	Bank/ Column	L	Column
WRT	H	L	H	L	L	×	Bank/ Column	L	Column
MRS	H	L	L	L	L	L	L/Mode	Mode	Mode
DCAB	H	L	L	H	L	×	×	H	×
DEAC	H	L	L	H	L	×	Bank/X	L	×
REFR	H	L	L	L	H	×	×	×	×
SLFREFR	L	L	L	L	H	×	×	×	×

(2) SDRAM 读/写和刷新

在读操作之前，必须由 ACTV 命令预先激活 SDRAM 对应的存储体，然后送入列地址读取需要的数据。从 EMIF 输出列地址到 SDRAM 返回相应数据之间存在一个存取延迟，称为 CAS 延迟。如果访问新的页面，则需要插入 DEAB 命令，关闭已经打开的页面，否则已打开的页面将一直有效。对于 C6416 EMIF 的 CAS 延迟可以设置为 2～3 个时钟周期，突发长度为 4 个时钟周期。每次读命令 SDRAM 将返回 4 个数据，如果没有新的读命令，读突发结束，不需要的数据将被丢弃。读突发也可以被新的命令中断(由 SDEXT 寄存器控制)。

SDRAM 的读操作时序如图 4-29 所示。第一行为 EMIF 的 CLKOUT1 时钟信号，也是 SDRAM 的同步工作信号。读指令发出后，第 1 个时钟的上升沿，片选信号 CEn 和地址线 EA[12:3]，EA[14:22]有效，EA[13]为低电平。第 2 个时钟周期的上升沿读延时开始，延时 4 个时钟周期后，第 5 个时钟周期的上升沿 SDRAM 的数据出现在数据总线 ED 上，然后，每个时钟周期的上升沿 EMIF 读一次数据。这个过程中，写始终为高电平。**注意**：片选信号在第 2 个时钟周期后变高。

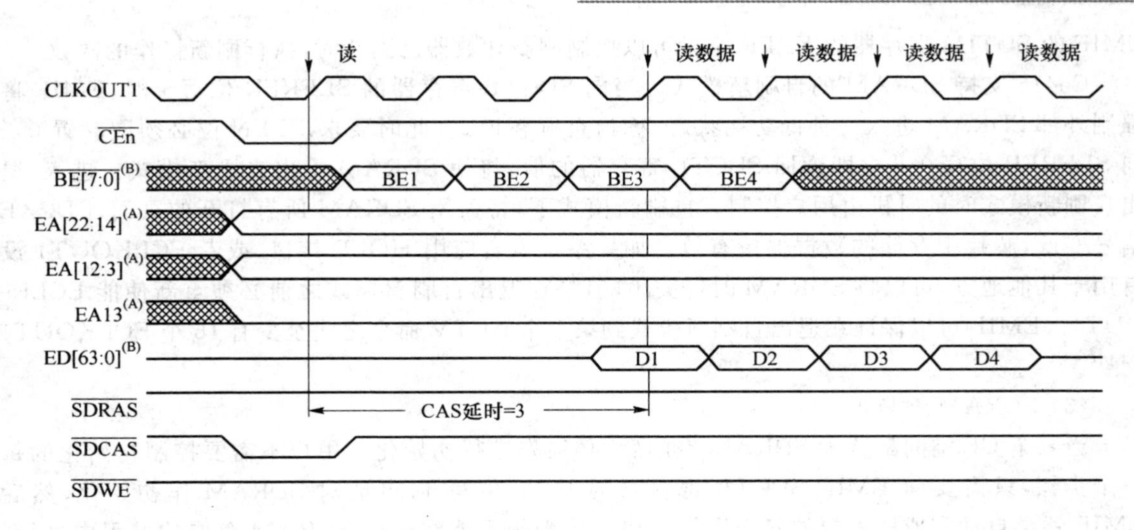

图 4－29　SDRAM 读时序

图 4－30 是 SDRAM 的写时序图。在写操作之前，首先由 ACTV 命令激活有关的行地址，写指令的第 1 个时钟周期地址选通 CEn 有效，地址线 EA[24：3]有效，EMIF 输出列地址；第 2 个时钟周期，发出激活命令 ACTV；第 3 个时钟周期 ACTV 命令字出现在 ED[63：0]数据总线上，没有延迟；第 4 个时钟周期的上升沿，写命令执行；每次写命令完成后，EMIF 会插入一个空闲周期(idle)，以满足 SDRAM 的时序需要。同样，写命令之后页面会保持激活状态，除非需要访问新的页，才会插入 DEAC 周期关闭该页面。

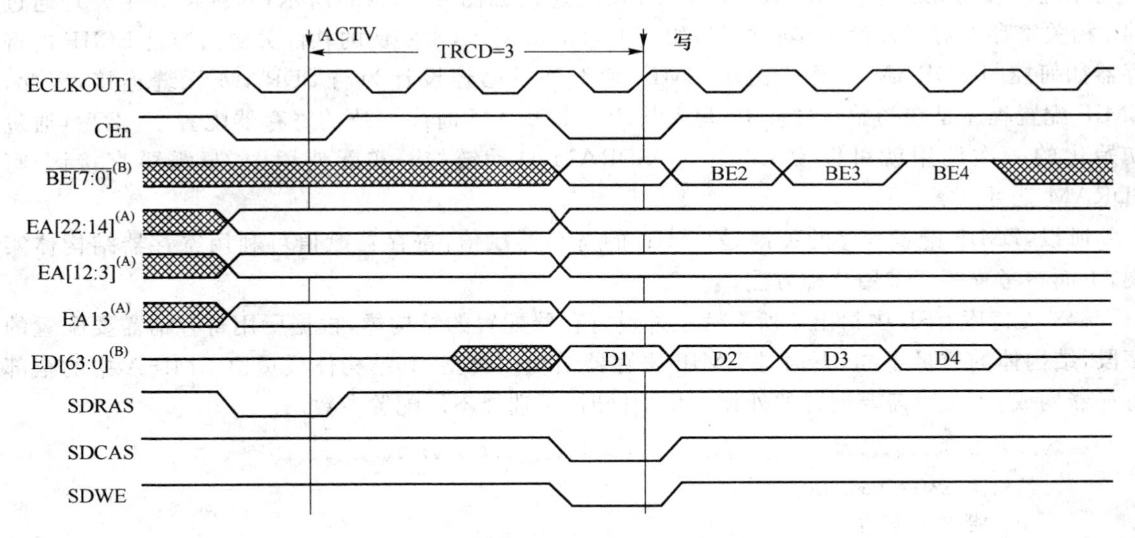

图 4－30　SDRAM 写时序

SDCTL 寄存器中的 RFEN 位控制 EMIF 完成对 SDRAM 的刷新。如果 RFEN＝1，EMIF 会控制向所有的 SDRAM 空间发出刷新命令(REFR)。在 REFR 命令之前，会自动插入一个 DCBA 命令，以保证刷新过程中所有的 SDRAM 页面都处于未激活状态。DCAB 命令之后，EMIF 开始按照 SDTIM 寄存器中的 PERIOD 字段设置的值进行定时刷新。刷新前后，页面信息会变为无效。对于 C6416，刷新请求按照高优先级进行处理，对紧急刷新不做特殊处理。

EMIF 的 SDTIM 寄存器的 XRFR 字段可以控制刷新计数器已到 0 时，执行刷新操作的次数。

C6416 支持 SDRAM 的自刷新模式。当向 SDCTL 寄存器的 SLFRFR 位写 1 时，EMIF 将强制外部 SDRAM 进入一种低功耗状态，称为自刷新模式（此时要求 RFEN 位必须同时置 0）。向 SLFRFR 位写 0 并立即读回 SDCTL 寄存器的值，将使 SDRAM 推出自刷新模式。进入/退出自刷新模式时的时机由用户控制。自刷新模式下，将关闭 SDRAM 所有打开的页面，CDCKE 信号变低，芯片中存储的数据保持有效。如果系统没有应用 HOLD 接口，或者 ECLKOUT1 没有用于其他地方，可以将 SDRAM 时钟关闭，但是在退出自刷新模式之前必须重新使能 ECLKOUT1。EMIF 可以保证在退出自刷新模式到第 1 个 ACTV 命令之间至少有 16 个 ECLKOUT1 周期。

（3）SDRAM 初始化

当某个 CE 空间配置为 SDRAM 空间后，必须先进行初始化。用户不需要控制初始化的每一个步骤，只需要向 EMIF SDCTL 寄存器的 INIT 位写 1，申请对 SDRAM 作初始化，然后 EMIF 就会自动完成所需要的各步操作。初始化操作不能在进行 SDRAM 存取的过程中进行。整个初始化过程包括以下几个步骤：

① 对所有的 SDRAM 空间发出 DCAB 命令。

② 执行 3 个 REFR 命令。

③ 对所有的 SDRAM 空间发出 MRS 命令。

（4）EMIFA_SDRAM 配置

64x 片上外设的设计属于混合基体，包括硬件和软件两部分，硬件主要是 64x 集成的硬件接口与相应外设的无缝连接，EMIF 与 SDRAM 的连接如图 4－28(a)所示；软件部分主要是通过 64x 相关寄存器对于外设工作的控制，如图 4－28(b)所示，本实例的软件关键内容是 EMIF 的寄存器如何控制 SDRAM 工作。由于 EMIF 片上外设已经设计为与 SDRAM 无缝连接，因此，EMIF 配置程序是在初始化过程中，写入与所选 SDRAM 时序一致的寄存器配置字，然后，通过初始化的一次调用就可以使 C6416 与 SDRAM 自动链接。实际使用中，只需要直接读/写 SDRAM 就可以了。

所以，EMIF 配置程序的关键是 EMIF 的寄存器赋值，寄存器赋值可利用寄存器结构体实现，下面参考程序即采用这种方法。

64x 支持库 CSL 中给出了所有片上外设寄存器配置的结构体，根据所用寄存器需要配置的字段，结构体的成员不同，下面是 EMIF 寄存器结构体类型，其结构体成员由 EMIFA 中的全部寄存器构成，当实际需要配置的外设类型不同时，可选择不同配置参数。

```
/******************************************************************************/
    结构体:EMIFA_Config{}
    功  能:EMIF 配置
typedef struct {
        Uint32 gblctl;          //GBLCTL——全局控制寄存器
        Uint32 cectl0 ;         //CECTL0——CE0 空间控制寄存器
        Uint32 cectl1;          //CECTL1——CE1 空间控制寄存器
        Uint32 cectl2;          //CECTL2——CE2 空间控制寄存器
        Uint32 cectl3;          //CECTL3——CE3 空间控制寄存器
        Uint32 sdctl;           //SDCTL——SDRAM 控制寄存器
```

```
    Uint32 sdtim;          //SDTIM——SDRAM 时序寄存器
    Uint32 sdext;          //SDEXT——SDRAM 扩展寄存器
    Uint32 cesec0;         //CESEC0——EMIFA CE0 二级控制寄存器
    Uint32 cesec1;         //CESEC1——EMIFA CE1 二级控制寄存器
    Uint32 cesec2;         //CESEC2——EMIFA CE2 二级控制寄存器
    Uint32 cesec3;         //CESEC3——EMIFA CE3 二级控制寄存器
  } EMIFA_Config;
/*****************************************************************/
```

注意：CSL 给定了 EMIFA 相关配置函数如下：

```
EMIFA_Config  EMIFA_DVECE = {
                                    EMIFA_GBLCTL_RMK(xxxxh),
                                    EMIFA_CECTL0_ RMK(xxxxh),
                                    EMIFA_CECTL1_ RMK(xxxxh),
                                    EMIFA_CECTL2_ RMK(xxxxh),
                                    EMIFA_CECTL3_ RMK(xxxxh),
                                    EMIFA_SDCTL_ RMK(xxxxh),
                                    EMIFA_SDTIM_ RMK(xxxxh),
                                    EMIFA_SDEXT_ RMK(xxxxh),
                                    EMIFA_CESEC0_ RMK(xxxxh),
                                    EMIFA_CESEC1_ RMK(xxxxh),
                                    EMIFA_CESEC2_ RMK(xxxxh),
                                    EMIFA_CESEC3_ DEFAULT          //忽略不用配置
                                    }
```

由于 EMIFA 有 4 个外设空间 CE0、CE1、CE2、CE3，除了 CE0 和 CE3 可以配置成 SDRAM 之外，其他空间可以与不同的外设器件无缝连接，因此，不同的应用配置不同的寄存器，不需要每一次都配置 EMIFA_Config　EMIFA_DVECE{}结构中的所有成员。所以，配置过程中，不需要配置的寄存器可以直接用 DEFAULT 选项代替，如上面结构中的最后一个成员。上述结构中的成员将寄存器的值用带变量的宏结构代替，以上述结构的第一个成员为例，其宏可以通过如下方式给 EMIFA 全局寄存器的字段赋值：

```
EMIFA_GBLCTL_RMK(
EMIFA_GBLCTL_EK2RATE_DEFAULT,      //忽略
EMIFA_GBLCTL_EK2HZ_OF(0),          //HOLD 期间,如果 EK2EN = 1,ECLKOUT2 继续时钟输出
EMIFA_GBLCTL_EK2EN_DISABLE         //禁止 ECLKOUT2,输出低电平
EMIFA_GBLCTL_BRMODE_DEFAULT        //忽略
EMIFA_GBLCTL_NOHOLD_ENABLE         //使能 HOLD 位,外设通过 HOLDA 构成 EMIF 应答
EMIFA_GBLCTL_EK1HZ_DEFAULT         //忽略
EMIFA_GBLCTL_EK1EN_ENABLE          //ENABLE  = 1,ECLKOUT1 时钟输出
EMIFA_GBLCTL_CLK4EN_DEFAULT        //忽略
EMIFA_GBLCTL_CLK6EN_DEFAULT        //忽略
)
```

另外，配置过程中对于需要配置的寄存器，必须认真解读其寄存器中各个字段对于控制所使用器件工作的物理意义，同时，硬件无缝连接的位置也应与配置一一对应。

本实例中，将 EMIFA 的 CE0 空间配置成 SDRAM，EMIFA 配置寄存器中与 SDRAM 相关的寄存器包括：全局寄存器 GBLCTL，CE0 空间控制寄存器 CECTL，SDRAM 控制寄存器 SDCTL，SDRAM 时序寄存器 SDTIM，SDRAM 扩展寄存器 SDEXT。相关寄存器的功能及字段定义分别叙述如下。

1）EMIF_GBLCTL 全局寄存器

EMIF_GBLCTL 是一个 32 位寄存器，共 10 个字段，各字段域及功能定义如下：

EMIF_GBLCTL 寄存器字段域

保留	EK2RATE	EK2HZ	EK2EN	保留	BRMODE	保留	BUSREQ
31～20	19～18	17	16	15～14	13	12	11

ARDY	HOLD	HOLDA	NOHOLD	EK1HN	EK1EN	CLK4EN	CLK6EN	保留
10	9	8	7	6	5	4	3	2～0

EMIF_GBLCTL 寄存器字段功能表

名 称	功 能	选 项
EK2RATE	ECLKOUT2 速率选择	0：ECLKOUT2＝1×EMIF 输入时钟（ECLKIN，CPU/4，CPU/6）； 1h：ECLKOUT2＝1/2×EMIF 输入时钟（ECLKIN，CPU/4，CPU/6）； 2h：ECLKOUT2＝1/4×EMIF 输入时钟（ECLKIN，CPU/4，CPU/6）； 3h：保留
EK2HZ	ECLKOUT2 高阻控制位	0：CPU 保持期间，如果 EK2EN＝1，ECLKOUT2 继续时钟输出； 1：CPU 保持期间，ECLKOUT2 高阻
EK2EN	ECLKOUT2 使能位	0：禁止 ECLKOUT2，输出低电平； 1：使能 ECLKOUT2，输出时钟
BRMODE	总线请求模式位	0：BUSREQ 表示存储器存取挂起、或使用中； 1：BUSREQ 表示存储器存取、更新挂起、或使用中
BUSREQ	总线请求输出位	0：BUSREQ 输出低，表示没有存取/刷新挂起； 1：BUSREQ 输出高，表示有存取/刷新挂起
ARDY	存储准备好位，仅用于异步存储器	0：ARDY 输出低，表示存储器没有准备好，不能进行读/写操作； 1：ARDY 输出高，表示存储器准备好，可以进行读/写操作
HOLD	EMIF 请求输入位	0：HOLD 输入低，外设请求 EMIF； 1：HOLD 输入高，外设挂起
HOLDA	EMIF 应答输出位	0：HOLD 输出低，应答外设 EMIF 请求； 1：HOLD 输出高，没有应答外设 EMIF 请求
NOHOLD	HOLD 禁止位	0：使能 HOLD 位，外设通过 HOLDA 构成 EMIF 应答； 1：禁止 HOLD 位
EK1HZ	ECLKOUT1 高阻控制位	0：HOLD 期间，ECLKOUT1 输出连续时钟； 1：HOLD 期间，ECLKOUT1 为高阻态
EK1EN	ECLKOUT1 使能位	0：ECLKOUT1 输出低； 1：ECLKOUT1 时钟输出
CLK4EN	CLKOUT4 使能位	0：CLKOUT4 输出高电平； 1：CLKOUT4 时钟输出
CLK6EN	CLKOUT6 使能位	0：CLKOUT6 输出高电平； 1：CLKOUT6 时钟输出

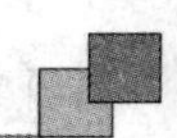

这里所配置的 GBLCTL 与 SDAM 要求一致。芯片支持库 CSL 定义 EMIFA_GBLCTL 宏结构体，直接通过结构体成员对字段赋值。

2) EMIFA_CECTL CE0 空间控制寄存器

配置 EMIFA_CECTL CE0 空间时序控制寄存器，它配置 EMIFA 与 SDRAM 的读/写时序与存储器类型选择，EMIFA_CECTL 是一个 32 位寄存器，共 9 个字段，各字段域及功能如下：

EMIFA_CECTL 寄存器字段域

WRSETUP	WRSTRB	WRHLD	RDSETUP	TA	RDSTRB	MTYPE	WRHLDMSB	RDHLD
31～28	27～22	21～20	19～16	15	13～8	7～4	3	2～0

EMIFA_CECTL 字段功能表

名　称	功　能	符　号	值	描　述
WRSETUP	写建立宽度	OF(值)	0～Fh	写触发下降沿之前，地址 EA、片选 CE、字节使能 BE 建立所需要的时钟周期数
WRSTRB	写触发宽度	OF(值)	0～3Fh	用时钟周期数描述
WRHLD	写保持宽度	OF(值)	0～3h	写触发脉冲上升沿之后，地址 EA、字节使能 BE 建立所需要的时钟周期数
RDSETUP	读建立宽度	OF(值)	0～Fh	读触发下降沿之前，地址 EA、片选 CE、字节使能 BE 建立所需要的时钟周期数
TA	最小读/写转换时间	OF(值)	0～3h	控制读/写转换(相同或不同 CE 空间)、不同 CE 空间读所需要的 ECLOUT 周期数，仅用于异步存储器类型
RDSTRB	读触发宽度	OF(值)	0～3Fh	用时钟周期数描述
MTYPE	存储器类型	ASYNC8	0	8 bits 异步接口
		ASYNC16	1h	16 bits 异步接口
		ASYNC32	2h	32 bits 异步接口
		SDRAM32	3h	32 bits SDRAM
		SYNC32	4h	32 bits 可编程同步存储器
		—	5h～7h	保留
		SDRAM8	8h	8 bits SDRAM
		SDRAM16	9h	16 bits SDRAM
		SYNC8	Ah	8 bits 可编程同步存储器
		SYNC16	Bh	16 bits 可编程同步存储器
		ASYNC64	Ch	64 bits 异步接口
		SDRAM64	Dh	64 bits SDRAM
		SYNC64	Eh	64 bits 可编程同步存储器
		—	Fh	保留
WRHLDMSB	写保持宽度最高位 MSB	OF(值)	0～1	写保持宽度最高位 MSB
RDHLD	写保持宽度	OF(值)	0～7h	读触发脉冲上升沿之后，地址 EA、字节使能 BE 建立所需要的时钟周期数

3）EMIFA_SDCTL SDRAM 控制寄存器

配置 EMIFA_ SDCTL SDRAM 控制寄存器，它配置 EMIFA 与 SDRAM 的工作模式，包括刷新、时序、页特征，EMIFA_CECTL 是一个 32 位寄存器，共 9 个字段，各字段域及功能如下：

EMIFA_ SDCTL 寄存器字段域

保留	SDBSZ	SDRSZ	SDCSZ	RFEN	INIT	TRCD	TRP	TRC	保留	SLFRFR
31	30	29～28	27～26	25	24	23～20	19～16	15～12	11～2	1～0

EMIFA_SDCTL 字段功能表

名 称	功 能	符 号	值	描 述
SDBSZ	SDRAM 存储体个数选择	2 BANKS 4 BANKS	0 1	0：连接 1 个存储体 BANK 选择引脚(可选 2)； 1：连接 2 个存储体 BANK 选择引脚(可选 4)
SDRSZ	SDRAM 存储体行长度选择	11 ROW 12 ROW 13 ROW	0 1h 2h 3h	0：11 个行地址引脚(2 048 行/存储体)； 1：12 个行地址引脚(4 096 行/存储体)； 2：13 个行地址引脚(8 192 行/存储体)； 3：保留
SDCSZ	SDRAM 存储体列长度选择	9 COL 8 COL 10 COL	0 1h 2h 3h	0：9 个列地址引脚(512 个数据单元/行)； 1：8 个列地址引脚(256 个数据单元/行)； 2：10 个列地址引脚(8 192 行/存储体)； 3：保留
RFEN	刷新使能	DISABLE ENABLE	0 1	0：禁止 SDRAM 刷新； 1：使能 SDRAM 刷新。 注意：不使用 SDRAM 时，RFEN=0
INIT	初始化使能	NO YES	0 1	0：无效； 1：初始化 CE 空间中所有 SDRAM，在 INIT=1 之前，CPU 必须初始化所有的 CE 空间控制寄存器及 SDRAM 扩展寄存器
TRCD	指定 t_{RCD}	OF(值)	0～Fh	用 EMIF 时钟周期表示的指令延迟时间 t_{RCD}： $TRCD=t_{RCD}/t_{cyc}-1$
TRP	指定 t_{RP}	OF(值)	0～Fh	用 EMIF 时钟周期表示的指令延迟时间 t_{RP}： $TRP=t_{RP}/t_{cyc}-1$
TRC	指定 t_{RC}	OF(值)	0～Fh	用 EMIF 时钟周期表示的指令延迟时间 t_{RP}： $TRC=t_{RC}/t_{cyc}-1$
SLFRFR	自刷新模式	 DISABLE ENABLE DISABLE ENABLE	有 SDRAM 0 1 无 SDRAM 0 1	使用 SDRAM； 禁止自刷新； 使能自刷新。 不使用 SDRAM； 通用输出，SDCKE=1； 通用输出，SDCKE=0

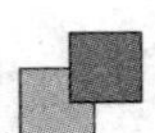

4) EMIFA_SDTIM SDRAM 刷新控制寄存器

配置 EMIFA_ SDTIM SDRAM 时序控制寄存器，它配置 EMIFA 与 SDRAM 的刷新时序，EMIFA_ SDTIM 是一个 32 位寄存器，共 3 个字段，各字段域及功能如下：

EMIFA_ SDTIM 寄存器字段域

保留	XRFR	CNTR	PERIOD
31～26	25～24	23～12	11～0

EMIFA_ SDTIM 字段功能表

名　称	功　能	符　号	值	描　述
XRFR	额外刷新控制	OF(值)	0～3h 0 1h 2h 3h	额外刷新次数，当刷新计数器停止时，额外刷新控制所完成的刷新次数。 0：1 次刷新； 1：2 次刷新； 2：3 次刷新； 3：4 次刷新
CNTR	刷新计数器当前值	OF(值)	0～FFFFh	刷新计数器当前值
PERIOD	刷新周期	OF(值)	0～FFFFh	用 EMIF 时钟周期表示的刷新周期

5) EMIFA_SDEXT SDRAM 扩展寄存器

配置 EMIFA_ SDEXT SDRAM 扩展参数可编程寄存器，它配置 EMIFA 与 SDRAM 的多种参数，EMIFA_ SDEXT 是一个 32 位寄存器，共 12 个字段，各字段域及功能如下：

EMIFA_ SDEXT 寄存器字段域

保留	WR2RD	WR2DEAC	WR2WR	R2WDQM	RD2WR	RD2DEAC	RD2RD	THZP
31～21	20	19～18	17	16～15	14～12	11～10	9	8～7

TWR	TRRD	TRAS	TCL
6～5	4	3～1	0

EMIFA_ SDEXT 字段功能表

名　称	功　能	符　号	值	描　述
WR2RD	写-读转换时间	OF(值)	0～1	SDRAM 的写-读指令转换所需要的 ECLKOUT 时钟的最少周期数
WR2DEAC	写-页边界转换(DEAC)时间	OF(值)	0～3h	SDRAM 的写- DEAC/DCAB 指令转换所需要的 ECLKOUT 时钟的最少周期数
WR2WR	写-写转换时间	OF(值)	0～1	SDRAM 的写-写指令转换所需要的 ECLKOUT 时钟的最少周期数
R2WDQM	BEx 高有效时间	OF(值)	0～3h	写中断读操作时，BEx 高有效的时间 ECLKOUT 时钟的最少周期数

续 表

名 称	功 能	符 号	值	描 述
RD2WR	读-写转换时间	OF(值)	0～1	SDRAM 的读-写指令转换所需要的 ECLKOUT 时钟的最少周期数
RD2DEAC	读-页边界转换(DEAC)时间	OF(值)	0～3h	SDRAM 的读- DEAC/DCAB 指令转换所需要的 ECLKOUT 时钟的最少周期数
RD2RD	读-读转换时间	OF(值)	 0 1	SDRAM 的读-读指令转换所需要的 ECLKOUT 时钟的最少周期数。 0:读-读=1 个 ECLKOUT 周期; 1:读-读=2 个 ECLKOUT 周期
THZP	t_{HZP}	OF(值)	0～3h	t_{HZP}的 ECLKOUT 时钟周期数,THZP=$t_{HZP}/t_{cyc}-1$
TWR	t_{WR}	OF(值)	0～3h	t_{WR}的 ECLKOUT 时钟周期数,TWR=$t_{WR}/t_{cyc}-1$
TRRD	t_{RRD}	OF(值)	 0 1	t_{RRD}的 ECLKOUT 时钟周期数; 0:TRRD=1 个 ECLKOUT 周期; 1:TRRD =2 个 ECLKOUT 周期
TRAS	t_{RAS}	OF(值)	0～7h	t_{RAS}的 ECLKOUT 时钟周期数,TRAS=$t_{RAS}/t_{cyc}-1$
TCL	CAS 延时	OF(值)	 0 1	CAS 的 ECLKOUT 时钟周期数。 0:CAS 延时=2 ECLKOUT 周期; 1:CAS 延时=3 ECLKOUT 周期

(5) EMIFA_SDRAM 配置参考程序

```
/////////////////////////////////////////////////////////////////////////////
//本例程主要通过 C6416 的 EMIFA 扩展 SDRAM 存储空间                    */
//扩展地址为:0x80010000                                              */
//数据总线为 16 位                                                   */
/////////////////////////////////////////////////////////////////////////////
///配置 EMIFA //////////////////
void Config_EmifA()
{
EMIFA_config(&EMIFA_SDRAM)          //EMIFA 的 CE0 空间配置为 SDRAM
}
    EMIFA_Config  EMIFA_SDRAM = {
    //////配置 GBLCTL///////////////////////////////////////////

   EMIFA_GBLCTL_RMK(
   EMIFA_GBLCTL_EK2RATE_DEFAULT,
   EMIFA_GBLCTL_EK2HZ_OF(0),
   EMIFA_GBLCTL_EK2EN_DISABLE,
   EMIFA_GBLCTL_BRMODE_DEFAULT,
   EMIFA_GBLCTL_NOHOLD_ENABLE,
   EMIFA_GBLCTL_EK1HZ_DEFAULT,
   EMIFA_GBLCTL_EK1EN_ENABLE,
   EMIFA_GBLCTL_CLK4EN_DEFAULT,
```

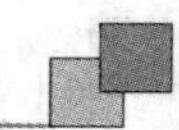

```
    EMIFA_GBLCTL_CLK6EN_DEFAULT
    ),
    //////配置 CECTL0////////////////////////////////////////
    EMIFA_CECTL_RMK(
    EMIFA_CECTL_WRSETUP_OF(1),
    EMIFA_CECTL_WRSTRB_OF(5),
    EMIFA_CECTL_WRHLD_OF(1),
    EMIFA_CECTL_RDSETUP_OF(1),
    EMIFA_CECTL_TA_OF(1),
    EMIFA_CECTL_RDSTRB_OF(5),
    EMIFA_CECTL_MTYPE_SDRAM16,            //选择 16 bits SDRAM
    EMIFA_CECTL_WRHLDMSB_OF(1),
    EMIFA_CECTL_RDHLD_OF(1)
),

//////忽略 CECTL1 ////////////////////////////////////////
    EMIFA_CECTL_ DEFAULT,
//////忽略 CECTL 2 ////////////////////////////////////////
    EMIFA_CECTL_DEFAULT,
//////忽略 CECTL 3 ////////////////////////////////////////
    EMIFA_CECTL_DEFAULT,

//////配置 SDCTL ////////////////////////////////////////
    EMIFA_SDCTL_RMK(
    EMIFA_SDCTL_SDBSZ_OF(1),              //SDRAM 分块数量标志位,选择为 4 个
    EMIFA_SDCTL_SDRSZ_OF(1),              //SDRAM 行数选择,选为 13 行地址引脚(8 192 行/组)
    EMIFA_SDCTL_SDCSZ_OF(0),              //SDRAM 列数选择,选为 9 列地址引脚(512 元素/行)
    EMIFA_SDCTL_RFEN_OF(1),               //刷新使能位,使能
    EMIFA_SDCTL_INIT_OF(1),               //初始化位,有效
    EMIFA_SDCTL_TRCD_OF(3),               //设置时钟参数 TRCD 值
    EMIFA_SDCTL_TRP_OF(2),                //设置时钟参数 TRP 值
    EMIFA_SDCTL_TRC_OF(6),                //设置时钟参数 TRC 值
    EMIFA_SDCTL_SLFRFR_OF(0)              //自刷新模式使用 SDRAM
    ),

    //////配置 SDTIM ////////////////////////////////////////
    EMIFA_SDTIM_RMK(
    EMIFA_SDTIM_XRFR_OF(0),
    EMIFA_SDTIM_PERIOD_OF(0x5DC)
    ),

    //////配置 SDEXT////////////////////////////////////////
    EMIFA_SDEXT_RMK(
    EMIFA_SDEXT_WR2RD_OF(0),
    EMIFA_SDEXT_WR2DEAC_OF(1),
```

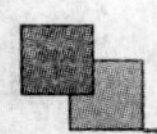


```
EMIFA_SDEXT_WR2WR_OF(0),
EMIFA_SDEXT_R2WDQM_OF(2),
EMIFA_SDEXT_RD2WR_OF(4),
EMIFA_SDEXT_RD2DEAC_OF(1),
EMIFA_SDEXT_RD2RD_OF(0),
EMIFA_SDEXT_THZP_OF(2),
EMIFA_SDEXT_TWR_OF(1),
EMIFA_SDEXT_TRRD_OF(0),
EMIFA_SDEXT_TRAS_OF(7),
EMIFA_SDEXT_TCL_OF(1)
),

//////忽略 CESEC0 //////////////////////////////////////
EMIFA_CESEC_DEFAULT,
//////忽略 CESEC1 //////////////////////////////////////
EMIFA_CESEC_DEFAULT,
//////忽略 CESEC2 //////////////////////////////////////
EMIFA_CESEC_DEFAULT,
//////忽略 CESEC3 //////////////////////////////////////
EMIFA_CESEC_DEFAULT,
    }
```

2. EMIF_FLASH 异步存储器扩展

(1) EMIF 异步接口信号及时序

EMIF 异步扩展的主要特点是其读/写时钟不必与外部存储器的时钟同步，因此，其时钟选择及连接与同步扩展有所不同。异步接口提供了可与各种不同存储器和外设相接的类型可配置存储器接口，包括 SRAM、EPROM、FLASH 以及 FPGA 等，其接口引脚如表 4-17 所列。

表 4-17　异步接口信号描述

EMIF 异步接口信号	功　能
AOE	输出允许，在整个读过程中有效
AWE	写允许，在写周期中触发阶段保持有效
ARE	读允许，在读周期中触发阶段保持有效
ARDY	Ready 信号，插入等待

EMIF 异步读/写时序如图 4-31、图 4-32 所示，显然，与同步读/写时序有明显不同。图 4-31 读时序，第 1 个时钟上升沿后，片选信号 CE 和读使能 AOE 同时变为低，处于有效状态，地址和数据也同时送出到相应总线上；第 2 个时钟周期到来后，读信号变为低有效状态；第 4 个时钟周期，读数据送出到数据总线上；第 5 个时钟周期的上升沿，产生读操作；第 6 个时钟周期，保持数据稳定；整个读数据需要 6 个时钟周期，其中，第 1～2 个时钟周期为读信号建立过程，第 3～5 个时钟周期为读数据触发过程，第 6 个时钟周期为数据保持过程。

图 4-32 写时序，第 1 个时钟上升沿后，片选信号 CE 和写地址 EA、BE 和数据 ED 同时处于有效状态，地址和数据也同时送出到相应总线上；第 3 个时钟周期到来后，写信号变为低有效状

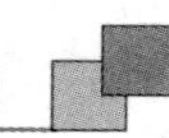

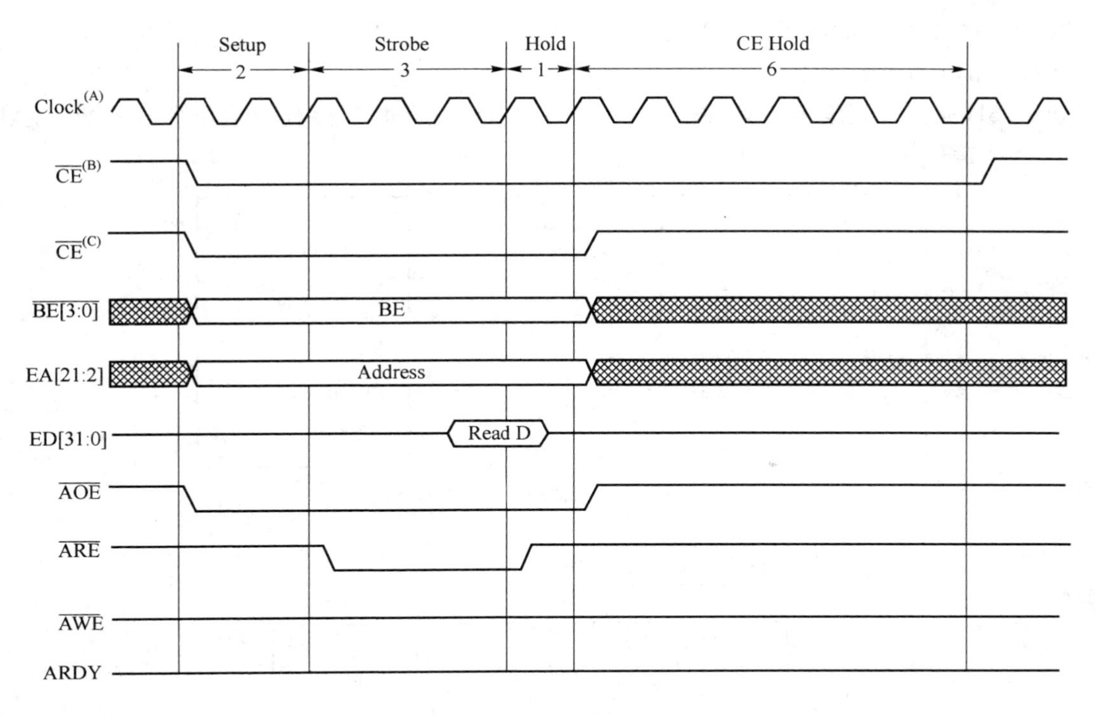

图 4-31　异步读时序

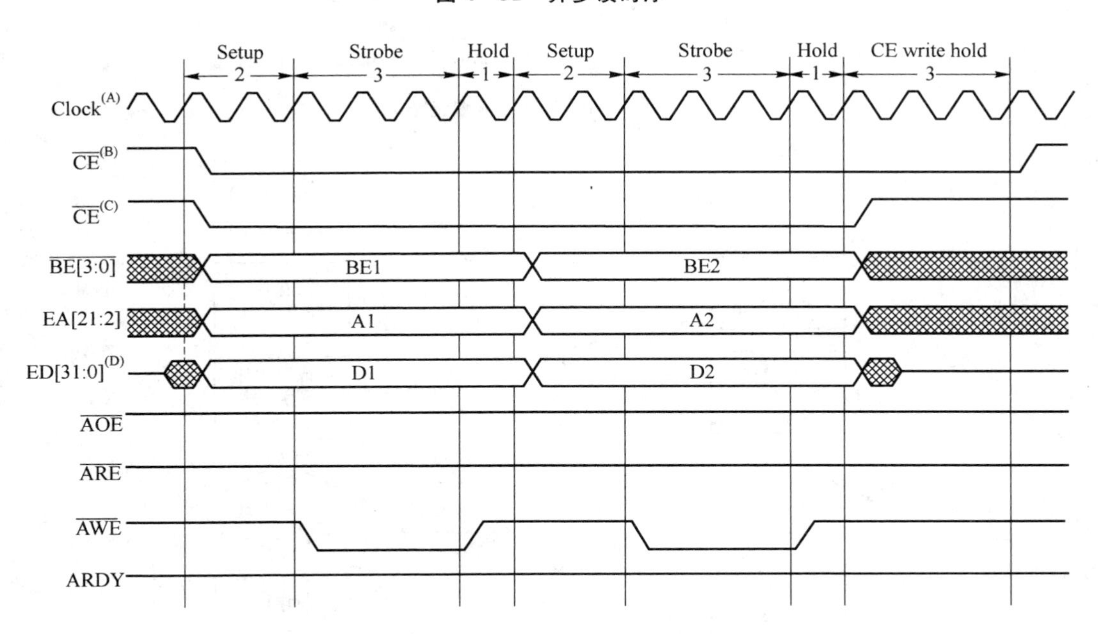

图 4-32　异步写时序

态；第 3 个时钟周期，写有效；第 5 个时钟周期产生第 1 次写操作，将低位数据写入；第 6 个时钟周期，保持数据稳定，同时，写信号 AWE 变为高电平无效；然后，重复上述过程，写入第 2 个字节。整个写数据需要 15 个时钟周期，其中，第 1、2 和第 7、8 个时钟周期为写信号建立过程，第 3～5 和第 8～11 个时钟周期为写数据触发过程，第 6 和第 12 个时钟周期为数据保持过程，最

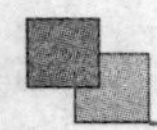

后，第 13～15 个时钟周期位，写保持。

(2) EMIF 与 FLASH 接口

FLASH 是可重复编程的只读存储器，主要用于存放用户程序代码或一些常数表。EMIF 与 FLASH 接口如图 4-33 所示。

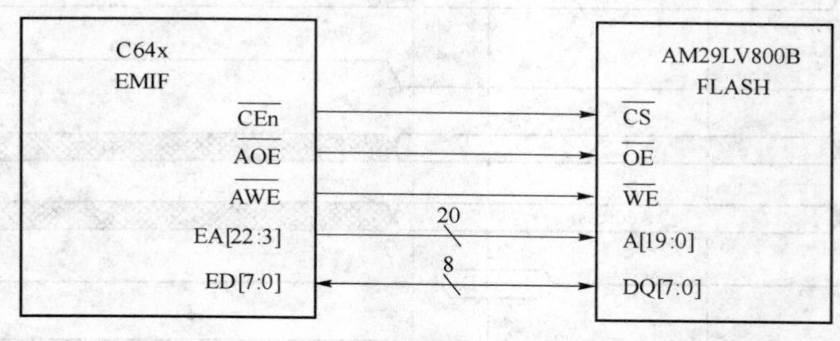

(a) EMIF与FLASH接口硬件连接

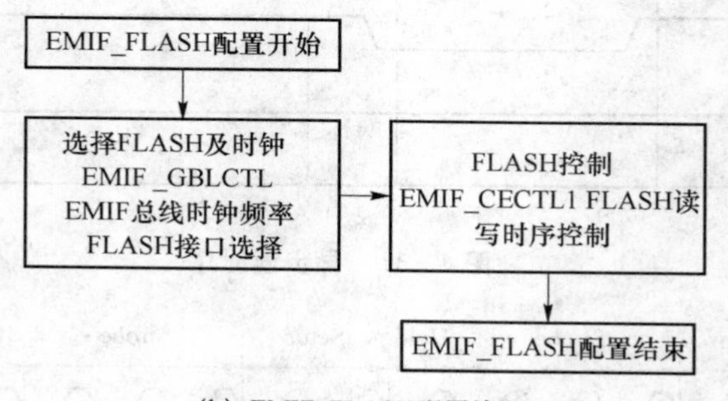

(b) EMIF_FLASH配置流程

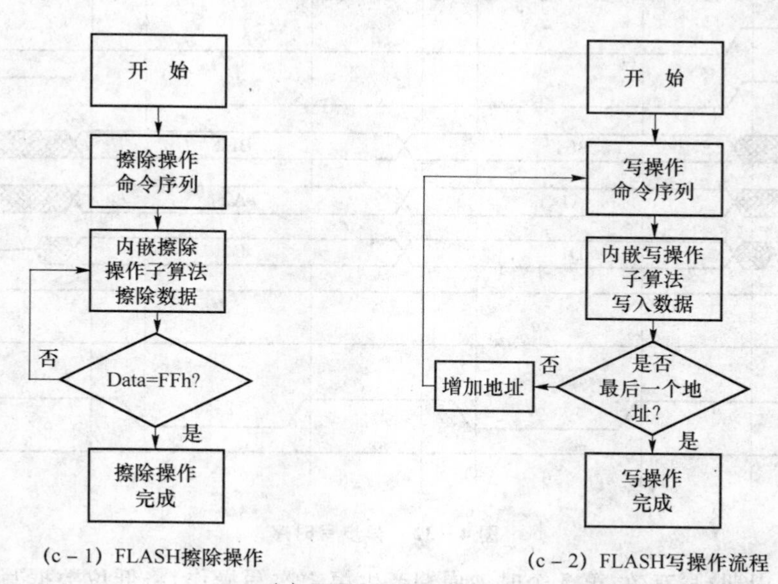

(c-1) FLASH擦除操作

(c-2) FLASH写操作流程

(c) EMIF_FLASH操作流程

图 4-33 EMIF_FLASH 工作模式(混合基体)

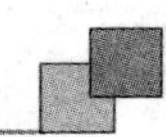

EMIF 寄存器配置如图 4-33(b)所示，FLASH 读/写时序与 C6416 的 EMIF 提供的异步时序兼容。FLASH 编程写数据是较为复杂的一个过程，需要对命令寄存器进行一系列写操作命令，实现编程过程。

FLASH 的操作命令主要包括：复位、擦除、读、写四种情况。以 AMD 公司的 8M FLASH AM29LV800B 为例说明 FLASH 的操作方法。AM29LV800B 支持 Byte (8 bit)和 Word (16 bit)两种类型的命令操作，内嵌擦除操作算法和写操作算法，支持芯片级和扇区级两种擦除操作，访问时间为 70 ns。AM29LV800B 主要操作的命令序列如表 4-18 所列。

表 4-18 AM29LV800B 命令序列一览表

命 令	周 期	第一		第二		第三		第四		第五		第六	
		地址	数据	地址	数据	地址	数据	地址	数据	地址	数据	地址	数据
读	1	RA	RD										
复位	1	XXX	F0										
芯片擦除(Byte)	6	AAA	AA	555	55	AAA	80	AAA	AA	55	55	AAA	10
芯片擦除(Word)	6	555	AA	2AA	55	555	80	555	AA	2AA	55	555	10
扇区擦除(Byte)	6	AAA	AA	555	55	AAA	80	AAA	AA	55	55	SA	30
扇区擦除(Word)	6	555	AA	2AA	55	555	80	555	AA	2AA	55	SA	30
写(Byte)	4	AAA	AA	555	55	AAA	A0	PA	PD				
写(Word)	4	555	AA	2AA	55	555	A0	PA	PD				

注意： RA = 读地址；RD = 读数据；PA = 写地址；PD = 写数据；SA = 扇区编号。

FLASH 操作方法如下：

① 读，FLASH 的读操作与其他存储器的读操作类似，不需要额外的命令序列，芯片在上电后，就进入读操作状态。

② 复位，FLASH 的复位操作一般不单独使用，常和其他操作一起使用，例如，在擦除操作中，在实际擦除前可以执行复位操作；在写操作中，实际写操作前可以执行复位操作。

③ 擦除，FLASH 与其他存储器不同，针对同一地址，每次执行写操作前，必须执行擦除操作。FLASH 初始状态下，所有的存储空间值均为 1；在一次写操作后，已经为 0 的 bit 不能再被第二次写操作写为 1，从而造成第二次写操作失败；只有进行擦除操作才能把 0 还原成为 1。所以，同一地址每次写操作前必须进行擦除操作。AM29LV800B 支持芯片级和扇区级擦除。根据程序代码的大小，可以选择不同的操作。以芯片级擦除为例，如果需要按照 Byte 为单位擦除整个芯片，需要执行的命令序列如下：第 1 个时钟周期在 AAA 地址写入 0xAA 命令；第 2 个时钟周期在 555 地址写入 0x 55 命令；第 3 个时钟周期在 AAA 地址写入 0x 80 命令；第 4 个时钟周期在 AAA 地址写入 0xAA 命令；第 5 个时钟周期在 555 地址写入 0x 55 命令；第 6 个时钟周期在 AAA 地址写入 0x 10 命令。整个命令序列需要 6 个连续的时钟周期完成。在接收到命令序列后，FLASH 调用内嵌的擦除算法进行自动擦除。值得注意的是，配置命令序列的地址并不是专门的配置寄存器，而是普通的存储空间，在不接收命令时，这些空间仍正常存储数据。扇区级擦除操作与芯片级类似，不同之处是第 6 个时钟周期写入需擦除的扇区编号和 0x 30 命令。图 4-33(c-1) 为擦除操作流程图。

④ 写操作，FLASH 写操作需要 4 个时钟周期，根据执行单位的不同，写操作的命令序列不同。以 Byte 写为例，命令序列为：第 1 个时钟周期在 AAA 地址写入 0xAA 命令；第 2 个时钟周

期在 555 地址写入 0x 55 命令；第 3 个时钟周期在 AAA 地址写入 0x A0 命令；第 4 个时钟周期在需进行写操作的地址写入相应的数据。Word 写操作与此类似，只是命令序列的内容不同。值得注意的是，配置命令序列的地址同样不是专门的配置寄存器。如果需要对多个地址进行写操作，每一次进行写数据均需要输入命令序列。图 4－33(c－2)为 FLASH 写操作流程图。

AM29LV800B 写操作的时序如图 4－34 所示，通过 EMIF 配置实现。

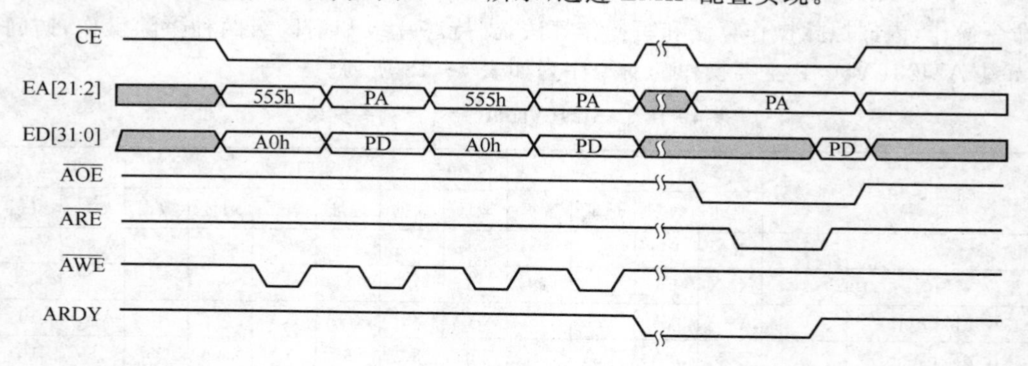

图 4－34　写命令时序图

(3) EMIFA_FLASH 寄存器配置

本实例的软件关键内容是 EMIF 的寄存器如何控制 FLASH 工作。由于 EMIF 硬件已经设计为与 FLASH 无缝连接，因此，EMIF 配置程序是在初始化过程中，写入与所选 FLASH 时序一致的寄存器字段，然后，通过初始化的一次调用就可以使 C6416 与 FLASH 自动链接，此时，FLASH 功能配置完毕。

EMIFA 与 FLASH 无缝连接的寄存器配置，主要是 EMIFA 时钟控制 GBCTL、CE 空间选择 CECTL 两个寄存器，这两个寄存器的字段域与功能已在 SDRAM 实例中列出，这里不再详述。

(4) FLASH 读/写参考例程

本例程主要功能是将一段已经生成的程序代码写入到 FLASH 中。首先，将已经生成的程序代码用数组 bootfile 命名，并在程序的头文件中包含"Drive_BootFile_DSP1. h"，然后，进行 FLASH 的初始配置，芯片擦除、程序代码写入。编程思路如图 4－35 所示。

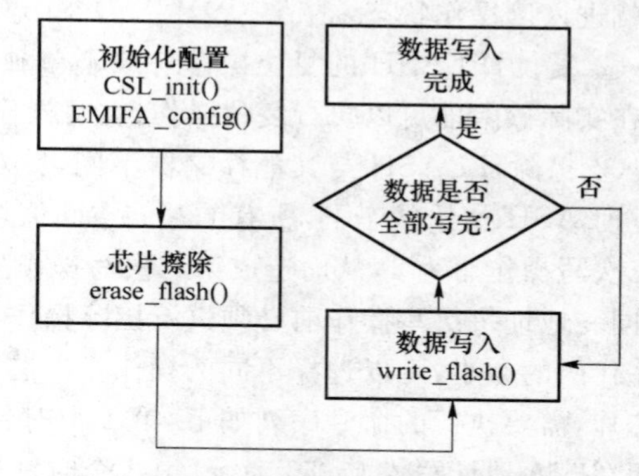

图 4－35　FLASH 擦除及写入操作流程

下面是 FLASH 操作参考程序：

```
////////////////////////////////////////////////////////////////////////
//ProgramFLASH.c
//这个程序将一段生成的程序用数组 bootfile 表示，编程写入 AM29LV800B 中指定地址空间；
//FLASH 具有 1 Mbit×8 或 512 bit×16 存储空间；
//使用 ARDY 信号查询擦除或编程操作的结束。
////////////////////////////////////////////////////////////////////////
#define FLASH_ADR1      0x900002aa              //FLASH 命令序列中的地址 1
```

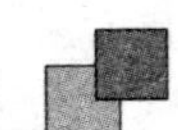

```
#define FLASH_ADR2      0x90000555              //FLASH命令序列中的地址2
#define FLASH_BEGIN     0x90000000              //FLASH存储空间的起始位置
#define DATA_SIZE       0x0000a000              //要写入FLASH的数据大小

#include <csl.h>                                //芯片支持库头文件
#include <csl_emif.h>                           //芯片支持库中EMIF函数的头文件
#include "Drive_BootFile_DSP1.h"                //需要写入的程序bootfile所在的头文件

void erase_FLASH();
void write_FLASH(unsigned char DATA_write, unsigned  char * ADDR_write);

EMIFA_Config EMIFA_FLASH = {
    //////配置GBLCTL/////////////////////////////////////////////////////////
    EMIFA_GBLCTL_RMK(
    EMIFA_GBLCTL_EK2RATE_DEFAULT,           //DEFAULT = 0,ECLKOUT2 = ECLKIN
    EMIFA_GBLCTL_EK2HZ_OF(0),               //HOLD期间,如果EK2EN = 1,ECLKOUT2继续时钟输出
    EMIFA_GBLCTL_EK2EN_DISABLE              //禁止ECLKOUT2,输出低电平
    EMIFA_GBLCTL_BRMODE_DEFAULT             //BUSREQ表示存储器存取挂起,或使用中
    EMIFA_GBLCTL_NOHOLD_ENABLE              //使能HOLD位,外设通过HOLDA构成EMIF应答
    EMIFA_GBLCTL_EK1HZ_DEFAULT              //DEFAULT = 0,HOLD期间,ECLKOUT1输出连续时钟
    EMIFA_GBLCTL_EK1EN_ENABLE               //ENABLE  = 1,ECLKOUT1时钟输出
    EMIFA_GBLCTL_CLK4EN_DEFAULT             //DEFAULT  = 0,CLKOUT4输出高电平
    EMIFA_GBLCTL_CLK6EN_DEFAULT             //DEFAULT = 0,CLKOUT6输出高电平
    ),

    //////忽略CECTL 0/////////////////////////////////////////
    EMIFA_CECTL_ DEFAULT,

    //////配置CECTL 1/////////////////////////////////////////
    EMIFA_ CECTL _RMK(
    EMIFA_CECTL_WRSETUP_OF(3)               //写建立宽度,3个时钟周期
    EMIFA_CECTL_WRSTRB_OF(10),              //写选通宽度,10个时钟周期
    EMIFA_CECTL_WRHLD_OF(1),                //写保持宽度,1个时钟周期
    EMIFA_CECTL_RDSETUP_OF(3),              //读建立宽度,3个时钟周期
    EMIFA_CECTL_TA_OF(0),                   //读/写转换宽度,0个时钟周期
    EMIFA_CECTL_RDSTRB_OF(10),              //读触发宽度,10个时钟周期
    EMIFA_CECTL_MTYPE_ ASYNC16,             //异步接口,16 bits
    EMIFA_CECTL_WRHLDMSB_OF(0),             //写保持最高位宽度,0个时钟周期
    EMIFA_CECTL_RDHLD_OF(1)                 //读保持宽度,1个时钟周期,
    ),

    //////忽略CECTL 2/////////////////////////////////////////
    EMIFA_CECTL_DEFAULT,
    /*忽略CECTL 3/////////////////////////////////////////////
    EMIFA_CECTL_ DEFAULT,
```

```
//////忽略 SDRAM//////////////////////////////////////////

    EMIFA_SDCTL_ DEFAULT,
    EMIFA_SDTIM_ DEFAULT,
    EMIFA_SDEXT_ DEFAULT,
    //////忽略 CESEC 0//////////////////////////////////////
    EMIFA_CESEC_DEFAULT,
    //////忽略 CESEC1//////////////////////////////////////
    EMIFA_CESEC_DEFAULT,
    //////忽略 CESEC2//////////////////////////////////////
    EMIFA_CESEC_DEFAULT,
    //////忽略 CESEC3//////////////////////////////////////
    EMIFA_CESEC_DEFAULT
      };

//////////////////////////////////////////////////////////////////////////
//函数名:main
//功  能:主函数,完成 FLASH 的配置,擦除和写入
//说  明:首先使用 CSL_init()和 EMIFA_config(&EMIFA_FLASH)对 FLASH 进行配置,
//       接着使用 erase_FLASH()函数对 FLASH 进行芯片级擦除,然后将要写入的数据
//       bootfile,从 FLASH 的 FLASH_BEGIN 地址写入,长度为 DATA_SIZE
//////////////////////////////////////////////////////////////////////////
void main()
{
  unsigned char * FLASH_ptr;                      //指针变量 FLASH_ptr 表示需写入的地址
  unsigned int i;                                 //变量 i 用来记录循环次数
  CSR = 0x00000100;                               //禁止所有中断
  IER = 0x00000001;                               //禁止所有中断除 NMI 之外
  ICR = 0x0000ffff;                               //清除所有中断
  CSL_init();                                     //芯片支持库初始化
  EMIFA_config(&EMIFA_FLASH);                     //配置 EMIF 与 FLASH 连接的时钟和读/写时序
    printf(" * erase_FLASH start * \n");          //打印擦除开始标记
    erase_FLASH();                                //擦除 FLASH
    printf(" * erase_FLASH end * \n");            //打印擦除结束标记
    printf(" * write_FLASH start * \n");          //打印写入开始标记
    FLASH_ptr = (unsigned  char * ) FLASH_BEGIN;  //flasth_ptr 获取需要写入的初始地址
    for(i = 0;i<DATA_SIZE;i ++)                   //通过循环写入数据
    {                                             //写入 FLASH,其中 bootfile 是 Drive_BootFile_
      write_FLASH(bootfile[i], FLASH_ptr ++ );    //DSP1.h 中的数组存储着需要写入的数据
    }
      printf(" * write_FLASH end * \n");          //打印写入结束标记
}

//////////////////////////////////////////////////////////////////////////
//函数名:erase_FLASH
//功  能:执行擦除操作
//说  明:发送擦除操作命令序列,执行芯片级擦除操作
```

```
///////////////////////////////////////////////////////////////////////////
void erase_FLASH()
{
    *(unsigned volatile char *)FLASH_ADR2 = 0xaa;  //擦除操作命令序列
    *(unsigned volatile char *)FLASH_ADR1 = 0x55;
    *(unsigned volatile char *)FLASH_ADR2 = 0x80;
    *(unsigned volatile char *)FLASH_ADR2 = 0xaa;
    *(unsigned volatile char *)FLASH_ADR1 = 0x55;
    *(unsigned volatile char *)FLASH_ADR2 = 0x10;
}
///////////////////////////////////////////////////////////////////////////
//函数名:write_FLASH
//功  能:执行写操作
//说  明:发送写操作命令序列,向*ADDR_write地址写入DATA_write内容
///////////////////////////////////////////////////////////////////////////
void write_FLASH(unsigned char DATA_write, unsigned  char * ADDR_write)
{
    *(unsigned  char *)FLASH_ADR2 = 0xaa;          //写操作命令序列
    *(unsigned  char *)FLASH_ADR1 = 0x55;
    *(unsigned  char *)FLASH_ADR2 = 0xa0;
    *ADDR_write = DATA_write;
}
```

头文件"Drive_BootFile_DSP1.h"的内容主要包括一个bootfile数组,其中存储了程序编译后的机器码数据。由于数据较多这里只列出一小部分:

```
#pragma DATA_ALIGN (bootfile, 0x100);
const Uint8 bootfile[] = { 0x5a, 0xa3, 0x80, 0x0, 0x0, 0x80,
                           0x0, 0x0, 0x0, 0x0, 0x0,
                           0x0, 0x29, 0x0, 0x0, 0x2,
                           0x2a, 0x3c, 0x0, 0x2, 0x69,
                           0xc0, 0x0, 0x2, 0x6a, 0x0,
                           0x0, 0x2, 0x76, 0x2, 0x10,
                           0x2, 0x29, 0x4, 0x0, 0x2,
                           0xaa, 0xcc, 0x22, 0x2, 0x69,
                           …………}
```

4.4.3　运行结果与分析

1. EMIFA_SDRAM读/写操作

将SDRAM配置程序源代码存为EMIF.c源文件,在CCS3.1环境下编译上述代码,装载运行程序,查看数据通过EMIF读/写SDRAM过程。首先,通过高频示波器观察控制硬件控制时序是否正确,如果不正确,检查硬件连接是否有误,如果有误进行相应调整;如果硬件连接时序正确,通过CCS界面比较内存数据与通过EMIF读/写SDRAM数据是否一致,如果不一致,检查配置寄存器写入顺序,直至结果正确为止。

存储空间观察操作方法如下：

① 存储范围设置，在主界面中选择 View→Memory，可以观察到内存数据的地址和内容，如图 4-36 所示。图中左列为设置的内存范围，顺序从上到下分别是 Titl——存储器；Address——存储器开始地址；Track Expression——选择跟踪表示（画钩），对照显示源地址与目标地址的内容；Q-Value——Q 值定点整数表达方式选择，如果为 0，则表达方式为纯整数（小数点后为 0），其他情况参见本章 4.2 节实例；Format——数据格式选择，图中为 32 位十六进制数，C 语言风格表示，例如，0F123AB11H 表示为 0xF123AB11。单击 OK 按钮，设置完成，弹出存储空间数据窗口，如图 4-37 所示下部 Memory 界面。

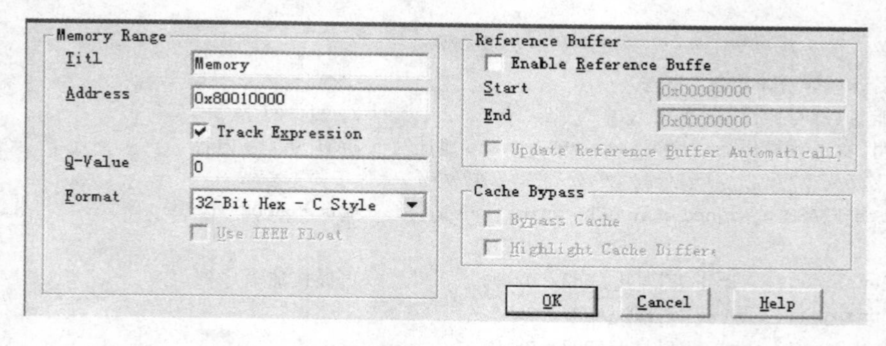

图 4-36 观察内存数据和地址的设置界面

② 存储空间观察比较，为了观察比较 EMIFA 数据搬移的正确性，再按照上述步骤，只需将 Address——存储器开始地址修改为 0x00010000 即可打开源数据存储空间，如图 4-37 所示的上部 0x00010000 存储空间界面。比较两个存储空间的内容，确定 EMIFA 数据搬移的正确性。图 4-37 是数据搬移之前，源地址指向的存储空间已有数据存在，由于尚未进行数据搬移，目标地址指向的存储空间数据为 0；运行上述程序，通过 EMIF 将源地址指向的存储空间数据搬移到目的地址指向的 SDRAM，如图 4-38 所示。

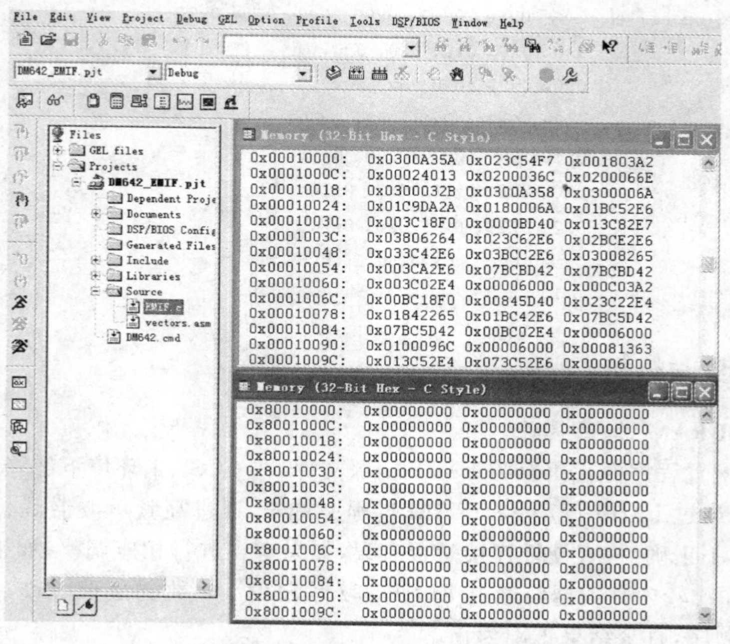

图 4-37 数据传输之前 0x80010000 上的内容全为零

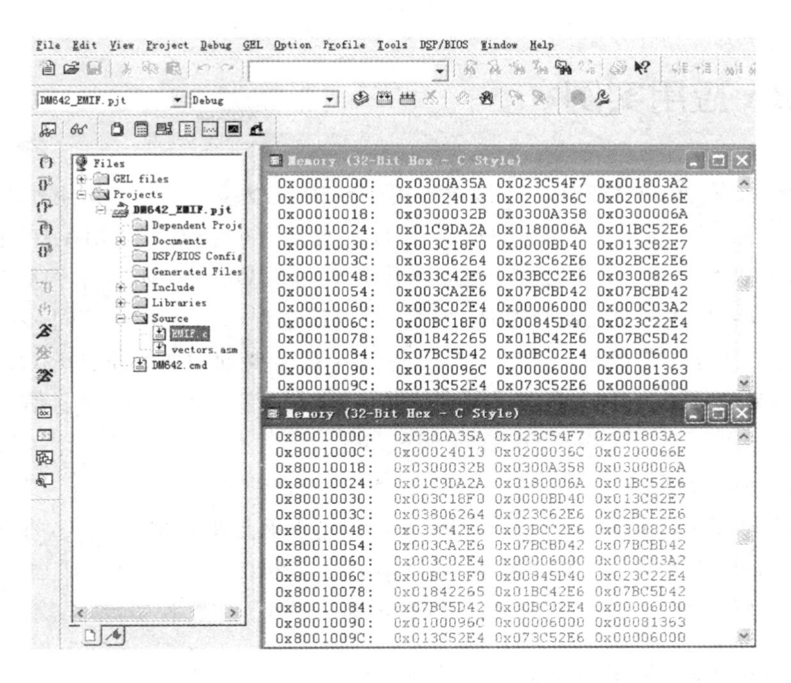

图 4-38　数据传输之后 0x80010000 上的内容和 0x00010000 的一样

2. EMIFA _FLASH 操作

将 FLASH 配置程序源代码存为 EMIFA.c 源文件，添加在 CCS 工程选项 project 之下，编译生成 .out 文件，加载并运行程序。程序运行结果与同步存储器扩展结果类似，可参考图 4-37 和图 4-38 的操作方法。

EMIFA 读/写 FLASH 存储器调试的关键问题是，读/写信号的时序以及 FLASH 读/写命令操作顺序的正确。前者，可以利用高频示波器(300 MHz 以上)或逻辑分析仪观察信号的时序是否与图 4-35 一致，如果有出入可检查硬件连接是否正确。后者，通过直接写入和读出给定的数据，通常是“5555”或“AAAA”过程判断所编写程序是否正确，如果不正确，检查驱动程序中相应的指令顺序是否正确。重复上述过程，直到结果与预想一致。

3. EMIF 存储器扩展要点

作为 64x 系统中的典型混合基体，由于硬件无缝连接的规范性，使得其工作的正确性主要依赖于软件配置程序的编写。而此类配置程序编写的难点是 EMIF 寄存器功能的理解，包括各寄存器不同字段的赋值，会影响配置操作结果。另外，配置程序编写之前，需要对配置对象的工作过程进行深入理解，才能保证配置程序工作正常。一般片上配置程序编写流程如图 4-39 所示。

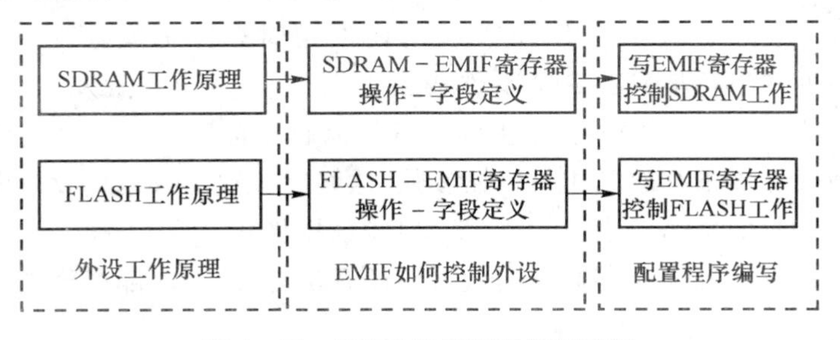

图 4-39　EMIF 配置程序编写流程

4.5 EDMA 应用实例

EDMA 是增强直接存储器存取方式，主要用于片内二级缓存 L2 与其他外设之间的数据传输，以节省 CPU 的工作时间。64x 的 EDMA 和常用直接存储控制器 DMA 在结构上有很大的不同，主要增加了如下功能：64 个通道、通道间优先级可设置、支持不同结构数据传输的链接。作为片上外设，EDMA 是典型的混合基体，但是，其设计过程却与 EMIF 不同，因为 EDMA 主要是嵌入在 64x 内的独立工作模块，它与外部设备的连接需要通过 EMIF、GPIO、McBSP 等直接外设驱动模块的接口，它与 CPU 之间虽然是并行工作，但是，也需要建立通信通道，以便 CPU 了解整个系统的工作状态。因此，EDMA 实例虽然是混合基体，但是，其设计过程基本是软基体操作配置 EDMA 的工作模式。

本实例通过 C6416 的 EDMA 应用，剖析 64x EDMA 通过事件触发方式，将 EMIF 扩展的外部 FIFO 存储器与内存建立直接数据传输，并与 CPU 之间建立中断通信通道。通过本实例学习，读者可以了解 64x 的 EDMA 事件触发机制，理解 EDMA 配置程序设计流程。

4.5.1 EDMA 结构与功能描述

1. EDMA 结构

EDMA 是一种数据传输模式，用 EDMA 建立无需 CPU 干预的外部设备与 64x 内存之间的直接数据传输通道，这些主要由 EDMA 片上外设的内部逻辑通过不同的片上外设数据通道接口与外部设备相连。因此，EDMA 的操作主要包括三大部分：一是与 CPU 的中断通信方式的建立；二是内存与外设之间的数据传输通道的建立；三是数据传输模式的控制。

EDMA 主要由以下几部分组成：

- 事件和中断处理寄存器，用以建立外部事件发生获取渠道，以及与 CPU 之间的通信联系。
- 事件编码器，用以将不同的外设事件，按照优先级编码，以便 EDMA 处理时分出轻重缓急。
- 参数配置寄存器，通过参数配置使得 EDMA 可以规划数据传输模式。
- 硬件地址产生模块，用以产生数据传输地址。

64x 的 EDMA 结构如图 4-40 所示，它由事件使能、事件通道设置、事件设置构成事件捕获通道；由参数配置寄存器配置数据的内存模式，并发出传输中断请求；通道设置根据事件属性发出相应的中断申请，这三个部分构成 EDMA 的内部逻辑控制框架。其中，事件寄存器控制 EDMA对所定义的事件进行捕获。一个事件相当于一个信号，由它触发一个 EDMA 通道开始数据传输。如果有多个事件同时发生，则由同步事件编码器按照优先级对它们的触发顺序进行编码。EDMA 参数存储器中存放了相关传输参数，这些参数被送入地址发生器中，产生读/写所需要的地址。C6416 的 EDMA 支持 16 bit 和 32 bit 数据格式。

EDMA 通道可以配置到 64x 存储空间映射的任意位置，包括内部存储空间、外部存储空间、片上外设、外部模拟前端电路(AFE)等。

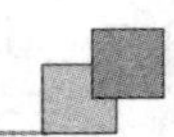

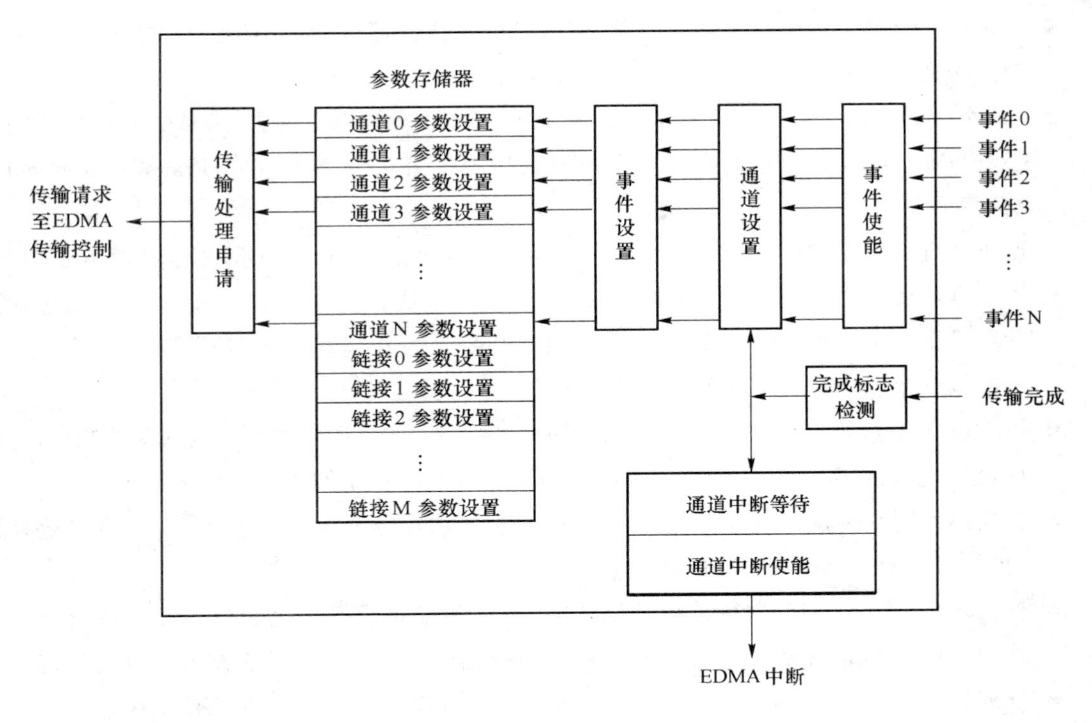

图4-40 EDMA结构

2. EDMA 功能

- 存储空间之间的数据块搬移。
- McBSP 或 AFE 通信传输的数据缓存。
- 外部数据空间到内部 L2 SRAM 的程序/数据搬移，如程序的二次引导等。

所有外部存储空间的存取操作必须通过 EMIF 接口执行。64x 支持的外部存储器类型包括：同步 SDRAM、SBSRAM，以及异步 FLASH、FIFO 等存储器。内部存储器分成两层：L1 层和 L2 层。L1 层由分开的程序和高速数据缓存组成，这些存储空间 EDMA 不能存取。L2 是一个统一的程序或数据存储空间，它可以配置为内存映射 SRAM 或缓存，或者两者结合。如果所有的 L2 配置为 SRAM，EDMA 可以存取程序或数据。

3. EDMA 的若干传输概念

- 数据单元(element)传输：单个数据单元从源地址向目的地址传输，如果需要，每 1 个数据单元都可以由同步事件触发传输。
- 帧(frame)：1 组数据单元组成 1 帧，1 帧中的数据单元可以是相邻连续存放的，也可以是间隔存放的，帧传输可以选择是否受同步事件控制，“帧”一般用于一维传输。
- 阵列(array)：1 组连续数据单元组成 1 个阵列，阵列中的数据单元不允许间隔存放，1 个阵列的传输可以选择是否受同步事件控制，“阵列”一般用于二维传输。
- 块(block)：多个帧或者多个阵列的数据组成 1 个数据块。
- 一维(1D)传输：多个数据帧组成 1 个 1D 数据传输，block 中帧的个数可以是 1～65 536。

- 二维(2D)传输：多个数据阵列组成 1 个 2D 数据传输，第一维是阵列中的数据单元，第二维是阵列的个数，block 中阵列的个数可以是 1～65 536。
- EDMA 传输控制器 EDMATC(EDMA Transfer Controller)：是 EDMA 的数据传输核心，EDMA 立即响应传输控制器优先级队列中排第 1 的请求 TR(Transfer Request)，TR 序号与外设相关。
- EDMA 通道控制器 EDMACC(EDMA Channel Controller)：EDMA 由参数 RAM(PaRAM)以及辅助的使能(enable)/禁止(disnable)组成，这个 PaRAM 空间可以通过通道参数设置及重载进行赋值配置，参数组可以初始化为外部事件、片上外设、CPU 触发，通道链接参数组序号与出发事件的设备相关。
- 传输请求 TR(Transfer Request)：数据搬移请求，一个 TR 传输请求包括源地址、目标地址、数据量及相关传输模式等选项，对于 EDMACC，TR 是同步事件触发模式。
- 数据单元同步传输：EDMA 进行单数据传输，每次传输请求 TR 之后，EDMACC 刷新源地址、目标地址、数据计数器、帧计数器。
- 帧同步传输：EDMA 进行单帧数据传输，每次传输请求 TR 之后，EDMACC 刷新源地址、目标地址、帧计数器。通过对索引(Index)编程，可以实现数据或帧的间隔传输。
- 阵列同步传输：EDMA 进行单阵列传输，每次传输请求 TR 之后，EDMACC 刷新源地址、目标地址、阵列计数器。传输中阵列数据序号必须连续，而通过对索引(Index)编程，可以进行帧的间隔传输。
- 块同步传输：EDMA 进行块传输，每次传输请求 TR 之后，EDMACC 不进行地址和计数器刷新。传输中数据序号必须连续，而通过对索引(Index)编程，可以进行帧的间隔传输。
- 参数配置(Parameter set)：一个 24 字节的 EDMA 通道传输方式定义，每一组参数配置由 6 个 4 字节参数组成。
- 参数入口(Parameter set entry)：参数配置中的每 4 字节单元，包括源地址、目标地址、传输模式项、计数、索引、重载入口等。

4. EDMA 事件控制寄存器

EDMA 的工作主要是通过事件触发控制寄存器的控制过程实现，因此，事件控制寄存器成为其操作的核心内容。事件控制寄存器的结构与功能分别叙述如下：

事件寄存器(ER)，包括 ERL 低位寄存器和 ERH 高位寄存器，寄存器中每 1 位对应 1 个事件，主要用于捕获已发生的事件。如果多个事件同时发生，则由事件编码器将同时发生的事件进行排序，并决定处理的顺序。

事件使能寄存器(EER)，包括 EERL 低位寄存器，EERH 高位寄存器，主要用于控制事件的使能/禁止，事件使能寄存器中有效标志有自动清除和手动清除两种方式。

事件清除寄存器(ECR)，包括 ECRL 低位寄存器，ECRH 高位寄存器，主要清除方式有两种，自动清除，如果该事件被使能，那么一旦 EDMA 响应事件，响应的标志将自动清除；手动清

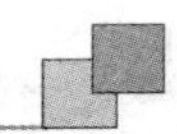

除，向事件清除寄存器对应位写 1，即可完成对该事件标志的清除。

事件置位寄存器(ESR)，包括 ESRL 低位寄存器，ESRH 高位寄存器，用于事件性质的标志设置。

不论事件是否被使能，EDMA 都会进行事件的捕获，以保证 EDMA 不会遗漏发生的任何事件。一旦使能 ER 寄存器中允许有效的事件，EDMA 控制器依照优先级对该事件进行处理。

5. PaRAM 与传输参数

由于 EDMA 传输数据的方式不同，因此，需要通过传输参数设置来实现传输方式的灵活选择。EDMA 的传输参数由 PaRAM (Parameter RAM)统一管理，它是一个参数存储空间，其存储容量是 2 KB，总共可以存放 85 组 EDMA 传输控制参数，多组参数可以相互连接起来实现某种数据流传输，例如循环缓存和数据排序等。

传输参数是用于控制 EDMA 传输方式的一些数据说明，PaRAM 中存储的主要传输参数包括：

- 64 个 EDMA 通道对应的入口参数，每组参数包括 6 个字；
- 用于重加载、链接的参数组，每组参数包括 24 字节；
- 8 字节空余的 RAM。

一旦捕获到某个事件，控制器将从 PaRAM 顶部的 64 组入口参数中读取对应的控制参数，送往硬件地址发生器，产生事件地址。

EDMA 的传输参数通过如下寄存器进行配置：

- 传输模式选择寄存器 OPT(32 bits)，可以根据情况选择所需要的传输参数配置；
- SRC(源)/DST(目的)地址寄存器，用于存放 EDMA 访问起始的源地址和目的地址，可以通过 OPT 中的 SUM/DUM 位设定对 SRC/DST 地址的修改方式，如地址自动增/减方式等；
- 数据传输模式寄存器 CNT 中的低 16 位字段，数据单元计数，16 bit 无符号数，存放 1 帧或 1 个阵列中的数据单元个数，有效范围为 1～65 535，等于 0 时，操作无效；
- 数据传输模式寄存器 CNT 中的高 16 位字段，帧/阵列计数，16 bit 无符号数，存放 1D 数据传输中的帧数，或是 2D 数据传输中的阵列数；
- 数据索引寄存器 IDX 中低 16 位字段，数据单元/帧/阵列数，16 bit 无符号数，作为地址修改的索引值，数据单元索引只应用于 1D 传输，为下 1 个数据单元的地址偏移值(2D 传输不允许数据单元间隔存放)，帧/阵列索引用于控制下一帧/阵列的地址索引；
- 数据计数的重加载寄存器 RLD 中低 16 位字段，16 bit 无符号数，用于在每帧最后一个数据单元传输之后重新加载传输计数值，这个参数只能用于 1D 传输中；
- 链接地址寄存器 RLD 中高 16 位字段，16 bit，当设定 OPT 参数中的 LINK＝1 时，可以由链接地址确定下 1 个 EDMA 事件采用参数的装载、重装载地址，从而使多组 EDMA 传输参数形成 EDMA 传输链。

EDMA 通道配置如表 4－19 所列，它是位于 EDMA 内 2 KB 的 PaRAM，由 64 个 6 字参数组(入口)组成，每通道一组参数。参数选择由参数选择寄存器控制完成。

表 4-19　EDMA 通道参数 RAM

Address	Parameters
01A0 0000h to 01A0 0017h	Parameters for event 0(6 words)
01A0 0018h to 01A0 002Fh	Parameters for event 1(6 words)
01A0 0030h to 01A0 0047h	Parameters for event 2(6 words)
01A0 0048h to 01A0 005Fh	Parameters for event 3(6 words)
01A0 0060h to 01A0 0077h	Parameters for event 4(6 words)
01A0 0078h to 01A0 008Fh	Parameters for event 5(6 words)
01A0 0090h to 01A0 00A7h	Parameters for event 6(6 words)
01A0 00A8h to 01A0 00BFh	Parameters for event 7(6 words)
01A0 00C0h to 01A0 00D7h	Parameters for event 8(6 words)
01A0 00D8h to 01A0 00EFh	Parameters for event 9(6 words)
01A0 00F0h to 01A0 0107h	Parameters for event 10(6 words)
01A0 0108h to 01A0 011Fh	Parameters for event 11(6 words)
01A0 0120h to 01A0 0137h	Parameters for event 12(6 words)
01A0 0138h to 01A0 014Fh	Parameters for event 13(6 words)
01A0 0150h to 01A0 0167h	Parameters for event 14(6 words)
01A0 0168h to 01A0 017Fh	Parameters for event 15(6 words)
01A0 0180h to 01A0 0197h	Parameters for event 16† (6 words)
01A0 0198h to 01A0 01AFh	Parameters for event 17† (6 words)
…	…
…	…
01A0 05D0h to 01A0 05E7h	Parameters for event 62† (6 words)
01A0 05E8h to 01A0 05FFh	Parameters for event 63† (6 words)
01A0 0600h to 01A0 0617h	Reload/link parameters for event N(6 words)
01A0 0618h to 01A0 062Fh	Reload/link parameters for event M(6 words)
…	…
01A0 07E0h to 01A0 07F7h	Reload/link parameters for event Z(6 words)
01A0 07F8h to 01A0 07FFh	Scratch pad area(2 words)

6. EDMA 的启动

EDMA 进行数据传输时，有两种启动方式，一种是由 CPU 启动；另一种是由同步事件触发。每一个 EDMA 通道的启动是相互独立的。

① CPU 启动非同步 EDMA，可以通过写事件置位寄存器(ESR)启动一个 EDMA 通道，向 ESR 中某一位写 1 时，将强行触发对应的事件，此时，与正常的事件响应过程类似，EDMA 的 PaRAM 中的传输参数被送入地址发生器，完成对 EMIF、L2 存储器或是外设的存取访问，由 CPU 启动的 EDMA 属于非同步的数据传输，EER 中的事件使能与否不会影响 EDMA 启动。

② 事件触发 EDMA，一旦事件编码器捕获到 1 个触发事件并锁存在 ER 寄存器中，将导致 PaRAM 中对应的参数被送入地址发生器，进而执行有关的传输操作，尽管是由事件启动传输操作，但是事件本身必须首先被 CPU 使能，EER 寄存器用于控制事件的使能，触发 EDMA 传输的同步事件可以源于外设，外部器件的中断或某个 EDMA 通道结束。

EDMA 每个通道相关联的触发事件固定，即每个事件指定了 1 个特定的 EDMA 通道，每个通道都有一个事件与之关联，由这些事件触发相应通道的传输如表 4－20 所列，共 36 个有效硬件通道可供使用。

表 4－20　C6416 EDMA 同步事件表

EDMA 通道	事　件	事件描述	EDMA 通道	事　件	事件描述
0	DSP_INT	HPI/PCI－to－DSP 中断	20	SD_INTB	EMIFB SDRAM 定时中断
1	TINT0	定时器 0 中断	21	－	保留
2	TINT1	定时器 1 中断	22～27	－	空
3	SD_INTA	EMIFA SDRAM 定时中断	28	VCPREVT	VCP 接收事件
4	GPINT4/EXT_INT4	GPIO 事件 4/外部中断 4	29	VCPXEVT	VCP 发送事件
5	GPINT5/EXT_INT5	GPIO 事件 5/外部中断 5	30	TCPREVT	TCP 接收事件
6	GPINT6/EXT_INT6	GPIO 事件 6/外部中断 6	31	TCPXEVT	TCP 发送事件
7	GPINT7/EXT_INT7	GPIO 事件 7/外部中断 7	32	UREVT	UTOPIA 接收事件
8	GPINT0	GPIO 事件 0	33～39	－	空
9	GPINT1	GPIO 事件 1	40	UXEVT	UTOPIA 发送事件
10	GPINT2	GPIO 事件 2	41～47	－	空
11	GPINT3	GPIO 事件 3	48	GPINT8	GPIO 事件 8
12	XEVT0	McBSP0 发送事件	49	GPINT9	GPIO 事件 9
13	REVT0	McBSP0 接收事件	50	GPINT10	GPIO 事件 10
14	XEVT1	McBSP1 发送事件	51	GPINT11	GPIO 事件 11
15	REVT1	McBSP1 接收事件	52	GPINT12	GPIO 事件 12
16	－	空	53	GPINT13	GPIO 事件 13
17	XEVT2	McBSP2 发送事件	54	GPINT14	GPIO 事件 14
18	REVT2	McBSP2 接收事件	55	GPINT15	GPIO 事件 15
19	TINT2	定时器 2 中断	56～63	－	空

7. EDMA 中断

(1) 传输结束中断

EDMA 全部的 64 个通道共享一个中断信号 EDMA_INT。如果希望某个 EDMA 通道能够触发 CPU 中断，需要进行下列设置：

- 通道中断使能寄存器 CIER 中 CIEn 位置 1；
- 通道可选参数寄存器 OPT 中 TCINT 位置 1；
- 通道可选参数的传输结束代码置 n。

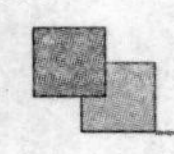

EDMA 结束后，EDMA 控制器会根据输出结束代码值(n)将通道未处理中断标志寄存器(CIPR,CIPRL,CIPRH)的 CIPRn 位置 1。如果对应的 CIEn 位使能，该通道将触发 EDMA_INT 中断。需要指出的是，不论 CIER 是否使能，只要 TCINT=1，EDMA 通道的结束状态始终会触发 CIPR 寄存器标志。

(2) EDMA 中断服务

64 个 EDMA 通道共享 1 个 EDMA_INT，因此发生 EDMA 中断时，CPU 的中断服务程序需要读 CIPR 寄存器，判断是否有事件发生，以及是哪一个事件，然后进行相应的操作。在中断服务程序 ISR 中，需要手动清除 CIPR 的中断标志，以保证可以捕获后续发生的中断。

4.5.2 EDMA 应用实例剖析

本实例是 C6416 EDMA 建立由 EMIF 扩展的外部 FIFO(先进先出缓存)与内存空间之间的数据传输通道，同时，建立 EDMA 与 CPU 的中断通信联系。当 FIFO 中的数据达到其存储空间的一半或全部时，其半满或全满标志通过 GPIO 作为外部事件触发 EDMA 中断，请求产生读 FIFO 事件，然后，通过 EDMA 传输通道控制 FIFO 数据通过 EMIFA 接口读入内存；EDMA 根据配置的数据传输长度，判断数据传输是否结束，当数据传输结束后，EDMA 向 CPU 发出中断，告知 CPU 数据传输完毕，等待处理。

1. EDMA_EMIFA_FIFO 数据通道建立

EDMA 是一个直接存储器存取通道，没有与外部设备直接连接引脚，而是通过 EMIF 的外部信号接口与所需要数据传输的器件连接。因此，本实例中 EDMA 控制的事件是外部 FIFO，C6416 通过 EMIFA 接口与这个 FIFO 相连，硬件连接电路如图 4-41 所示。

FIFO 是一种特殊组织的缓存器，通常在高速数据传输和大数据量处理时，为防止数据丢失，对部分数据进行高速缓存。如图 4-41 所示，FIFO 的控制引脚包括：读时钟 RCLK，写时钟 WCLK，读使能 REN，写使能 WEN，半满 HF 标志，全满 FF 标志，数据线 Q[n：0]为 32 bit D[31：0]，其 FF 和 HF 表示 FIFO 中的数据已经写满或者已经写了一半，需要 EDMA 将数据读出，因此，这些标志可以作为 EDMA 触发事件与其外部事件触发中断引脚 EXT_INTx 相连，通常情况下，根据事件发生的优先级选择相应的事件类型，可在表 4-20 中选择通用 GPIO 触发。值得注意的是 FIFO 的数据线、读/写控制线、时钟控制线分别与 C6416 的 EMIF 接口无缝连接，因此，EDMA 必须在 EMIFA 配置以后才能工作，所以本实例的软件配置程序包括两部分的内容，如图 4-41(b)所示。

2. EDMA_EMIFA_FIFO 配置

本实例主要针对图 4-41 硬件电路编写 EDMA_EMIFA_FIFO 工作程序，程序包括两部分：第 1 部分，如图 4-41(b)所示，配置 EDMA 工作模式，以及硬件连接需要的 EMIFA 的 FIFO 连接工作模式；第 2 部分，如图 4-41(c)所示，编写 FIFO 通过 EDMA 与内存空间 area 之间数据传输，以及与 CPU 之间的中断关系。本实例利用芯片支持库 CSL 中 EDMA 的 API 函数实现 EDMA 数据传输。

本实例中，EDMA 建立从内存 area 空间到经由 EMIFA 无缝连接的 FIFO 之间的数据传输通道，因此，本实例需要同时配置 EDMA 寄存器和 EMIFA 寄存器。

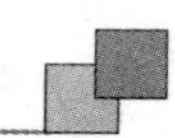

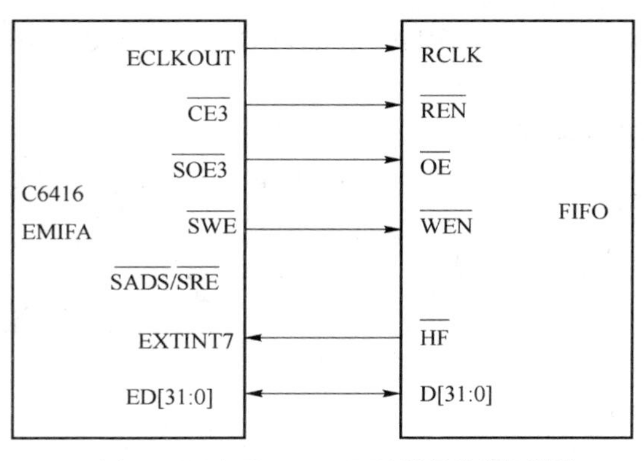

(a) EDMA与EMIFA－FIFO的硬件传输通道

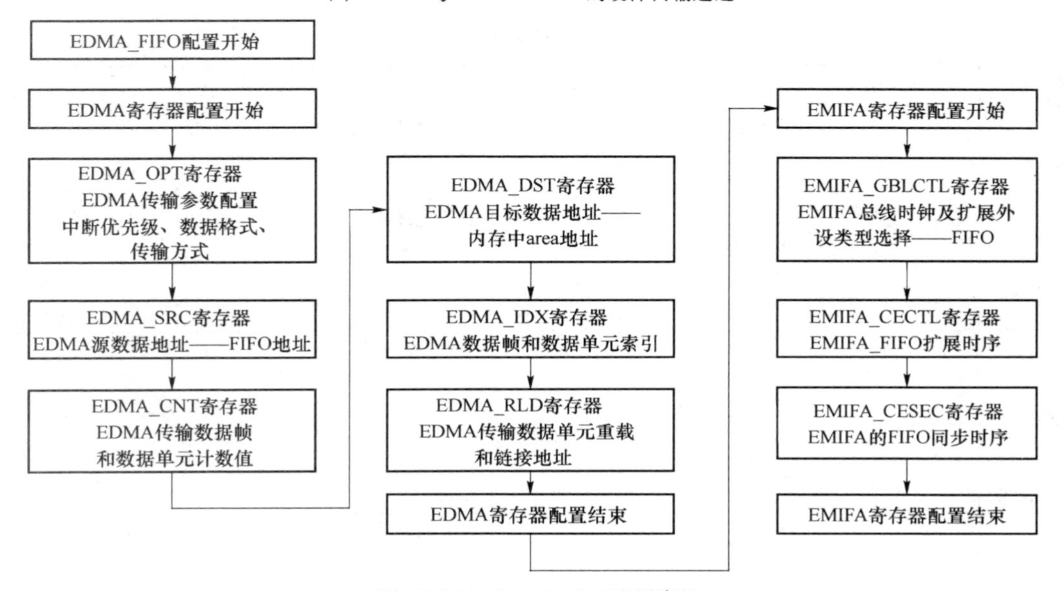

(b) EDMA_EMIFA_FIFO配置流程

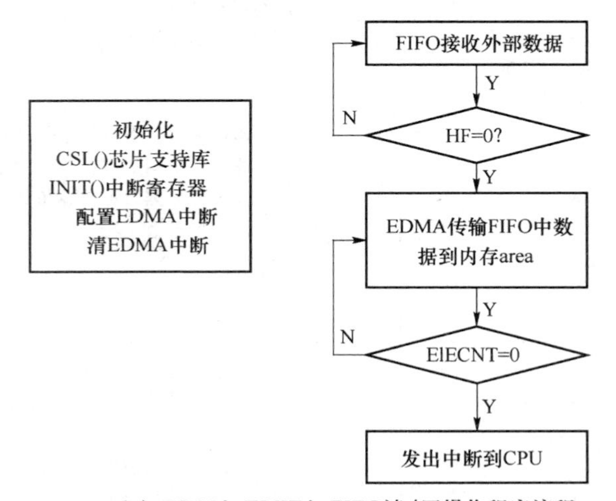

(c) EDMA_EMIFA_FIFO读/写操作程序流程

图 4－41　EDMA 的 FIFO 工作通道

EDMA 寄存器的 6 个寄存器都需要配置，因此，EDMA 相关寄存器的功能及字段定义叙述如下。

1) EDMA_OPT 通道参数寄存器

EDMA_OPT 寄存器是一个 32 位寄存器，共 15 个字段，各字段域及功能如下：

EDMA_OPT 寄存器字段定义

PRI	ESIZE	2DS	SUM	2DD	DUM	TCINT	TCC	保留	TCCM	ATCINT	保留	ATCC
31～29	28～27	26	25～24	23	22～21	20	19～16	15	14～13	12	11	10～5

保留	PDTS	PDTD	LINK	FS
4	3	2	1	0

EDMA_ OPT 字段功能表

名 称	功 能	符 号	值	描 述
PRI	事件优先级	OF(值)	0～7h	EDMA 事件优先级
		DEFAULT	0	紧急传输；
		URGENT		
		HIGH	1h	高优先级；
		MEDIUM	2h	中等优先级；
		LOW	3h	低优先级；
		—	4h～7h	保留
ESIZE	数据单元长度	OF(值)	0～3h	数据单元位长
		DEFAULT	0h	32 bit 位字或 64 位双字；
		32BIT		
		16BIT	1h	16 bit 半字；
		8BIT	2h	8 bit 字节；
		—	3h	保留
2DS	源数据维数	OF(值)		源数据维数
		DEFAULT	0	0：1 维(1D)；
		NO		
		YES	1	1：2 维(2D)
SUM	源地址刷新模式	OF(值)	0～3h	源地址刷新模式
		DEFAULT	0	0：固定地址模式，源地址不变；
		NONE		
		INC	1	1：源地址根据数据传输模式确定增加值；
		DEC	2	2：源地址根据数据传输模式确定减少值；
		IDX	3	3：源地址根据数据传输模式中数据索引/帧索引增减
2DD	目标数据维数	OF(值)		目标数据维数
		DEFAULT	0	0：1 维(1D)；
		NO		
		YES	1	1：2 维(2D)
DUM	目标地址刷新模式	OF(值)	0～3h	目标地址刷新模式
		DEFAULT	0	0：固定地址模式，源地址不变；
		NONE		
		INC	1	1：源地址根据数据传输模式确定增加值；
		DEC	2	2：源地址根据数据传输模式确定减少值；
		IDX	3	3：源地址根据传输模式中数据索引/帧索引增减

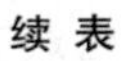

续表

名称	功能	符号	值	描述
TCINT	传输完成中断	OF(值) DEFAULT NO YES	 0 1	传输完成中断 0:禁止传输完成标志,传输结束时,EDMA 通道中断等待寄存器(CIPRL,CIPRH)不置位(不响应); 1:使能传输完成标志,传输结束时,EDMA 通道中断等待寄存器(CIPRL,CIPRH)置位(响应),CIPR 中置位位置由 TCC 的值决定,这个位可用于传输链接和中断产生
TCC	传输结束码低 4 位	OF(值) DEFAULT	0～Fh 0	传输结束码低 4 位。这 4 bit 数值用于设置 EDMA 通道中断等待寄存器 CIPR 中相应的位域值 CIPR[TCC]。TCC 作为低 4 bit 与 TCCM 中的高 2 bit 位组合,提供一个 6 bit 传输结束码。这个位可用于传输链接和中断产生
TCCM	传输结束码高位 2 位	OF(值) DEFAULT	0～Fh 0	传输结束码高 2 位。这 2 bit 数值与 TCC 中的低 4 bit 位组合,提供一个 6 bit 传输结束码。这 6 bit 用于设置 EDMA 通道中断等待寄存器(CIPRL,CIPRH)中相应的位,当数据传输结束,它使得传输通道中断位 TCINT =1,产生争端
ATCINT	轮换传输完成中断(用于块 BLOCK 传输中的乒乓结构,将块分为两个部分,轮流传输数据)	OF(值) DEFAULT NO YES	 0 1	轮换传输完成中断 0:禁止轮换传输完成标志,在块传输到中间,轮换传输结束时,EDMA 通道中断等待寄存器(CIPRL,CIPRH)不置位(不响应); 1:使能轮换传输完成标志,在块传输到中间,轮换传输结束时,EDMA 通道中断等待寄存器(CIPRL,CIPRH)置位(响应)。CIPR 中相应置位位置由 ATCC 的值决定
ATCC	轮换传输结束码	OF(值) DEFAULT	0～3Fh 0	轮换传输结束码,这 6 bit 数值用于设置 EDMA 通道中断等待寄存器 CIPR 中相应的位域值 CIPR[ATCC],当块传输到中间时,这 1 位使 ATCINT=1,这个位可用于传输链接和中断产生
PDTS	外设器件作为数据源的传输模式	OF(值) DEFAULT DISABLE ENABLE	 0 1	外设器件作为数据源的传输模式 0:禁止 PDT 读; 1:使能 PDT 读
PDTD	外设器件作为目标数据的传输模式	OF(值) DEFAULT DISABLE ENABLE	 0 1	外设器件作为目标数据的传输模式 0:禁止 PDT 写; 1:使能 PDT 写
LINK	事件参数链接	OF(值) DEFAULT NO YES	 0 1	事件参数链接 0:禁止事件参数链接,入口不能重载; 1:使能事件参数链接,当前设置用过之后(每个设置相应后清除),由链接地址指明入口重载事件参数
FS	帧同步	OF(值) DEFAULT NO YES	 0 1	帧同步 0:通道数据/阵列同步; 1:通道帧同步,EDMA 事件与数据帧同步

2）EDMA_SRC 地址寄存器

EDMA_SRC 寄存器是一个 32 位寄存器，只有 1 个字段，字段域及功能如下：

EDMA_SRC 寄存器字段定义

SRC
31 ～ 0

EDMA_ SRC 寄存器字段功能表

名 称	功 能	符 号	值	描 述
SRC	源数据开始地址	OF(值) DEFAULT	0～FFFF FFFFh 0	32 bit 源数据开始地址，用字节表示。这个地址用 OPT 中的 SUM 位定义的模式修正

3）EDMA_ CNT 计数参数寄存器

EDMA_ CNT 传输计数参书配置，EDMA_CNT 寄存器是一个 32 位寄存器，共 2 个字段，各字段域及功能定义如下：

EDMA_CNT 寄存器字段定义

FRMCNT	ELECNT
31～16	15～0

EDMA_ CNT 字段功能表

名 称	功 能	符 号	值	描 述
FRMCNT	帧/阵列计数器	OF(值) DEFAULT	0～FFFFh 0	一个 16 bit 无符号数，其值表示在一个 1D 块中的帧数或 2D 块中的阵列数，计数范围 0～65 535。 0：1D 块中 1 帧或 2D 块中 1 阵列
ELECNT	数据单元计数器	OF(值) DEFAULT	0～FFFFh 0	一个 16 bit 无符号数，其值表示在一个 1D 传输中 1 帧的数据个数或 2D 传输中 1 阵列的数据个数，计数范围 1～65 535。 0：无传输

4）DST 目标地址寄存器

EDMA_ DST 目标地址配置，EDMA_DST 寄存器是一个 32 位寄存器，只有 1 个字段，各字段域及功能定义如下：

EDMA_DST 寄存器字段定义

DST
31 ～ 0

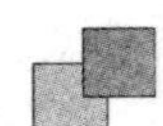

EDMA_ DST 寄存器字段功能表

名　称	功　能	符　号	值	描　述
DST	目标数据开始地址	OF(值) DEFAULT	0～FFFF FFFFh 0	32 bit 目标数据开始地址，用字节表示。这个地址用 OPT 中的 DUM 位定义的模式修正

5) IDX 通道索引参数寄存器

EDMA_ IDX 寄存器是一个 32 位寄存器，共 2 个字段，各字段位置及定义如下：

EDMA_ IDX 寄存器字段定义

FRMIDX	ELEIDX
31～16	15～0

EDMA_ IDX 字段功能表

名　称	功　能	符　号	值	描　述
FRMIDX	帧/阵列索引	OF(值) DEFAULT	0～FFFFh 0	一个 16 bit 有符号数，其值表示在传输中下一帧/阵列与当前帧/阵列的地址偏移量，其有效范围－32767～＋32767。 0：帧/阵列采用相同地址
ELEIDX	数据单元索引	OF(值) DEFAULT	0～FFFFh 0	一个 16 bit 有符号数，其值表示在传输中下一个数据单元与当前数据单元之间的地址偏移量，其有效范围－32 767～＋32 767。 0：无偏移量

6) RLD 通道计数器重载/链接地址参数寄存器

EDMA_ RLD 寄存器是一个 32 位寄存器，共 2 个字段，各字段位置及定义如下：

EDMA_ RLD 寄存器字段定义

ELERLD	LINK
31～16	15～0

EDMA_ RLD 字段功能表

名　称	功　能	符　号	值	描　述
ELERLD	数据计数器重载	OF(值) DEFAULT	0～FFFFh 0	一个 16 bit 无符号数，其值表示 CNT 中数据计数器字段的值。一旦一帧中的最后一个数据传输完成，就用这个值重新赋值 CNT 中的计数器字段，这个字段只能用于 1D 同步传输(FS=0)。 0：数据计数器重载为 0
LINK	链接地址	OF(值) DEFAULT	0～FFFFh 0	一个 16 bit 链接地址，其值表示在 PaRAM 中低 16 bit 地址，它装载/重载数据链中下一个事件的参数。 0：PaRAM 中地址 01A0 0000h 用于数据链中下一次事件参数的装载/重载

EMIFA 只配置与 FIFO 相关的寄存器,包括全局寄存器 GBLCTL,CE2 空间控制寄存器 CECTL2,FIFO 时序控制寄存器,其功能及字段定义叙述如下。

EMIFA_CESEC 寄存器主要用于可编程同步接口,控制可编程同步存储器存取时钟的时序,用于特定 CE 空间的同步。

EMIFA_CESEC 寄存器是一个 32 位寄存器,共 5 个字段,各字段位置及定义如下:

EMIFA_CESEC 寄存器字段定义

保留	保留	SNCCLK	RENEN	CEEXT	SYNCWL	SYNCRL
31~16	15~7	6	5	4	3~2	1~0

EMIFA_CESEC 字段功能表

名 称	功 能	符 号	值	描 述
SNCCLK	同步时钟选择位	ECLKOUT1 ECLKOUT2	0 1	0:CE 空间的控制/数据信号与 ECLKOUT1 同步; 1:CE 空间的控制/数据信号与 ECLKOUT2 同步
RENEN	读使能位	ADS READ	0 1	0:ADS 模式,用于 SBSRAM、ZBT SRAM 接口; 1:读使能模式,用于 FIFO 接口
CEEXT	CE 扩展寄存器使能	INACTIVE ACTIVE	0 1	0:CE 不激活; 1:读周期中,CE 激活,用于 FIFO 接口
SYNCWL	同步接口数据写等待时间	0CYCLE 1CYCLE 2CYCLE 3CYCLE	0 1h 2h 3h	0:0 周期; 1:1 周期; 2:2 周期; 3:3 周期
SYNCRL	同步接口数据读等待时间	0CYCLE 1CYCLE 2CYCLE 3CYCLE	0 1h 2h 3h	0:0 周期; 1:1 周期; 2:2 周期; 3:3 周期

3. EDMA_EMIFA_FIFO 配置实例

EDMA_EMIFA_FIFO 读/写操作流程及配置程序参考例程如下:

```
/////////////////////////////////////////////////////////////////////////////
void main(void)
{
  CSL_init();                         //初始化芯片支持库 CSL
  interrupt_init();                   //初始化中断寄存器
  Drive_EMIFA_Init();                 //初始化 EMIFA 中断控制寄存器
  /////设置 EDMA 中断/////////////////////////////////////////////
  IRQ_map(IRQ_EVT_EDMAINT,8);         //设置中断请求事件 8 为 FIFO 中断,GPINT0,GPIO 事件 0
  IRQ_enable(IRQ_EVT_EDMAINT);        //使能中断请求事件 8
  /////清空 EDMA 寄存器//////////////////////////////////////////
  EDMA_clearPram(0x00000000);
```

```
    ////配置并打开 EDMA 通道////////////////////////////////////////
    hEdma7 = EDMA_open(EDMA_CHA_EXTINT7, EDMA_OPEN_RESET);    //打开 EDMA 通道
    ConfigEDMA( );                                             //配置 EDMA
    EDMA_intEnable(7);                                         //使能 EDMA
    EDMA_enableChannel(hEdma7);                                //使能 EDMA 通道
        }
/////EDMA 传输参数配置/////////////////////////////////////////
void ConfigEDMA()
  {
     EDMA_configArgs(hEdma7,
     /////OPT/////////////////////////
     EDMA_OPT_RMK(
     EDMA_OPT_PRI_HIGH,                                        //EDMA 事件高优先级
     EDMA_OPT_ESIZE_32BIT,                                     //数据单元格式 32 bit 字长
     EDMA_OPT_2DS_NO,                                          //源数据 1D
     EDMA_OPT_SUM_NONE,                                        //源数据地址不变
     EDMA_OPT_2DD_NO,                                          //目的数据 1D
     EDMA_OPT_DUM_INC,                                         //目标地址按照自动加 1
     EDMA_OPT_TCINT_YES,                                       //传输完成,CIRP 相应位置 1
     EDMA_OPT_TCC_OF(7),                                       //传输结束码低 4 bit,CIPR = 7
     EDMA_OPT_TCCM_OF(0),                                      //传输结束编码高 2 bit,选为 0
     EDMA_OPT_ATCINT_DEFAULT,                                  //禁止轮换中断
     EDMA_OPT_ATCC_DEFAULT,                                    //禁止轮换中断值
     EDMA_OPT_PDTS_DEFAULT,                                    //禁止外设数据作为源地址
     EDMA_OPT_PDTD_DEFAULT,                                    //禁止外设数据作为目的地址
         EDMA_OPT_LINK_NO,                                     //禁止事件参数链接,入口不重载
         EDMA_OPT_FS_YES                                       //帧同步
             ),
     /////SRC/////////////////////////
     EDMA_SRC_RMK(0x80000000),                                 //源数据地址:外部 FIFO 地址
     / * CNT * /
     EDMA_CNT_RMK(
     EDMA_CNT_FRMCNT_OF(0),                                    //1 帧
     EDMA_CNT_ELECNT_OF(2048)                                  //EDMA 每次读数据为 2 048 × 4 个字节
     ),
   /////DST////////////////////////
     EDMA_DST_RMK(area),                                       //数据目的地址,指定内存中 area 区域
     ///// IDX ////////////////////////
     EDMA_IDX_RMK(0,0),                                        //无数组/帧索引,无元素索引
     /////RLD  * /
     EDMA_RLD_RMK(0,0) ;                                       //无重载 0,链接地址 0
  }
   /////End of ConfigEDMA()    配置完成/////////////////////////

//////////////////////////////////////////////////////////////////////////
//EMIFA 参数配置      * /
//由于 EDMA 通过 EMIFA 与外部 FIFO 连接,因此,还需要配置 EMIFA
```

```
////////////////////////////////////////////////////////////////////////////////
static EMIFA_Config EMIFA_Config_EDMA = {
    /////GBLCTL 寄存器配置////////////////////////
    EMIFA_GBLCTL_RMK(
    EMIFA_GBLCTL_EK2RATE_OF(0),           //ECLKOUT2 = ECLKIN
    EMIFA_GBLCTL_EK2HZ_OF(1),             //ECLKOUT2 时钟输出端为高阻态
    EMIFA_GBLCTL_EK2EN_ENABLE,            //ECLKOUT2 使能时钟输出
    EMIFA_GBLCTL_BRMODE_DEFAULT,          //总线请求模式位,选默认值
    EMIFA_GBLCTL_NOHOLD_ENABLE,           //忽略 HOLD 请求
    EMIFA_GBLCTL_EK1HZ_DEFAULT,           //ECLKOUT1 高阻控制位,选默认值
    EMIFA_GBLCTL_EK1EN_DISABLE,           //ECLKOUT1 禁止
    EMIFA_GBLCTL_CLK4EN_DEFAULT,          //CLKOUT4 使能设置,选默认值
    EMIFA_GBLCTL_CLK6EN_DEFAULT,          //CLKOUT6 使能设置,选默认值
    ),
    /////CECTL0 /////////////////////////
    EMIFA_CECTL_DEFAULT,
     /* CECTL1/////////////////////////
    EMIFA_CECTL_DEFAULT,
    /////CECTL2 /////////////////////////
    EMIFA_CECTL_DEFAULT,
    /////CECTL3 /////////////////////////
    EMIFA_CECTL_RMK(
    EMIFA_CECTL_WRSETUP_OF(1),            //写信号建立宽度,1 个时钟周期
    EMIFA_CECTL_WRSTRB_OF(1),             //写信号选通宽度,1 个时钟周期
    EMIFA_CECTL_WRHLD_OF(1),              //写信号保持宽度,1 个时钟周期
    EMIFA_CECTL_RDSETUP_OF(2),            //读信号建立宽度,2 个时钟周期
    EMIFA_CECTL_TA_OF(0),                 //信号最小转换时间,0 个时钟周期
    EMIFA_CECTL_RDSTRB_OF(4),             //读信号选通宽度,4 个时钟周期
    EMIFA_CECTL_MTYPE_SYNC8,              //配置成 8 位宽可编程同步存储器模式
    EMIFA_CECTL_WRHLDMSB_OF(0),           //写信号保持 MSB 宽度,0 个时钟周期
    EMIFA_CECTL_RDHLD_OF(1)               //读信号保持, 1 个时钟周期
    ),
    /////忽略 SDCTL /////////////////////////
    EMIFA_SDCTL_ DEFAULT,
    /////忽略 SDTIM /////////////////////////
    EMIFA_ SDTIM _ DEFAULT,
    /////忽略 SDEXT /////////////////////////
    EMIFA_SDEXT_ DEFAULT,
    /////忽略 CESEC 0/////////////////////////
    EMIFA_ CESEC _DEFAULT,
    /////忽略 CESEC 1 /////////////////////////
    EMIFA_ CESEC _DEFAULT,
    /////忽略 CESEC 2 /////////////////////////
    EMIFA_ CESEC _DEFAULT,
    /////配置 CESEC 3 /////////////////////////
    EMIFA_CESEC_RMK(
    EMIFA_CESEC_SNCCLK_ECLKOUT2,          //同步时钟选择位,CE0 空间的控制/数据与 ECLKOUT2 同步
```

```
        EMIFA_CESEC_RENEN_OF(1),              //读使能模式,用于 FIFO 接口
        EMIFA_CESEC_CEEXT_OF(1),              //CE0 扩展寄存器使能位,用于 FIFO 同步
        EMIFA_CESEC_SYNCWL_OF(0),             //同步接口数据写延时,选 0,不延时
        EMIFA_CESEC_SYNCRL_OF(1)              //同步接口数据读延时,选 1,延时 1 个时钟周期
        ),
    };
//////////////////////////////////////////////////////////////////////////////
//EMIFA 配置初始化
//////////////////////////////////////////////////////////////////////////////
void Drive_EMIFA_Init()
  {
    EMIFA_config(&EMIFA_Config_EDMA);
  }
//////////////////////////////////////////////////////////////////////////////
```

4.5.3　运行结果与分析

本实例的运行过程是先配置 EMIFA 与 FIFO 链接,再配置 EDMA 建立内存与 FIFO 之间的数据传输通道。因为 FIFO 是一个先进先出的缓存空间,FIFO 的另一端输入数据由外部设备操作,当 FIFO 半满时,产生一个 GPINT0 中断事件,EDMA 相应中断,将 FIFO 中的数据传输到内存中去,传输结束,EDMA 停止。当 FIFO 中断事件再次发生时,重复上述过程。

1. 运行结果观察

在 CCS3.1 环境下编译上述代码,装载运行程序,查看数据通过 EMIFA＋EDMA 传输过程。通过 CCS3.1 界面比较 EDMA 读入内存的数据与 FIFO 写入数据是否一致,如果不一致,检查配置程序寄存器写入顺序,直至结果正确为止。运行结果可通过 CCS3.1 界面选项观察,以判断算法运行结果的正确性。具体步骤如下:

① 设置观察空间,在主界面中选择 View→Memory,可以观察到内存数据的地址和内容,如图 4-42 所示。地址选择 0x80010000,数据表达 Q 值为 0 代表整数,数据格式为 32 bits 十六进制,单击 OK 按钮,弹出所设置存储空间观察窗口,如图 4-43 所示,这是源数据空间内容,处于外部 FIFO 中,通过 EMIFA 扩展的存储空间。

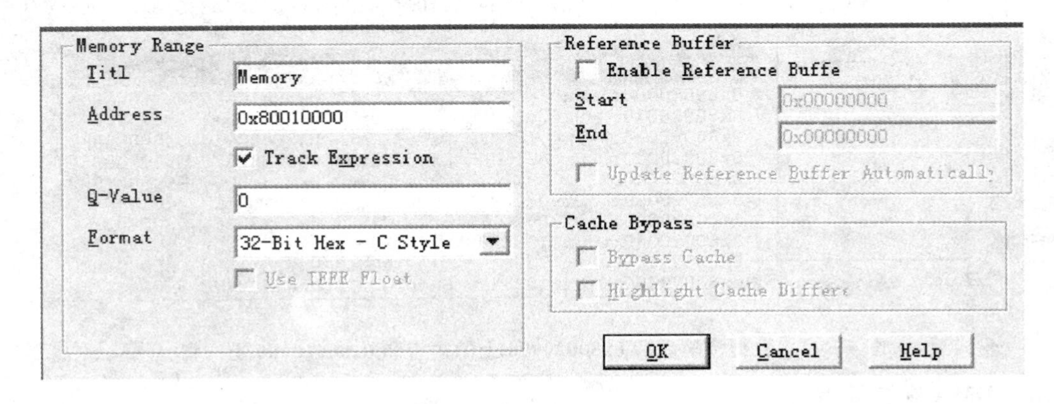

图 4-42　观察内存数据和地址的设置界面

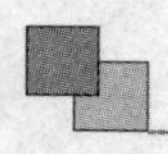

② 比较 EDMA 传输结果，按照步骤①设置源数据观察窗口起始地址 0x80010000，如图 4-43 中的上部窗口所示，这一部分就是 EDMA 访问数据的起始源地址；同样，设置 EDMA 传输的目标地址 0x80020000，如图 4-43 中的下部窗口所示，目标地址指向的存储空间数据全部为 0；运行上述 EDMA 程序后，EDMA 将源地址空间中的数据传输到 0x80020000 目标地址指向的存储空间处，如图 4-44 所示，目的地址指向的下部存储空间数据由 0 变为与源数据地址指向的存储空间数据相同。

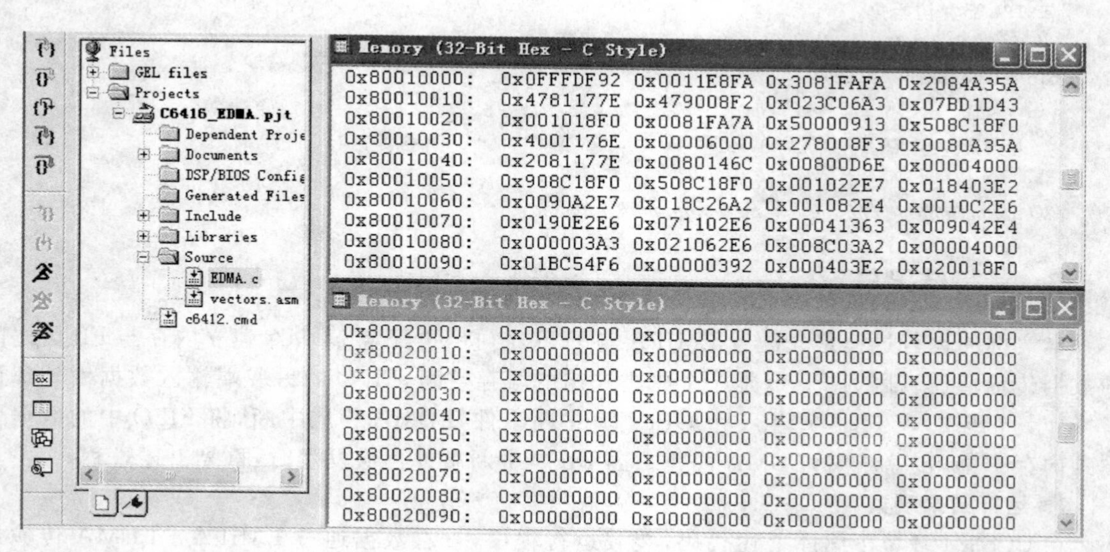

图 4-43　数据传输之前 0x80020000 上的内容全为零

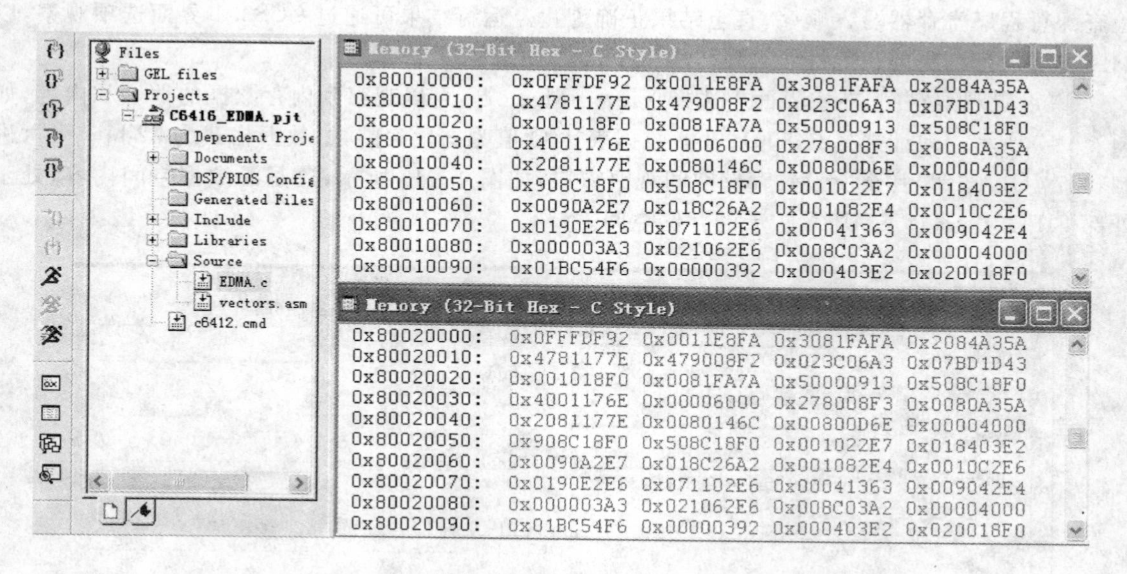

图 4-44　数据传输之后 0x80020000 上的内容和 0x80010000 上一样

2. EDMA 配置要点

由于 EDMA 工作建立在外部设备与存储器之间的数据传输通道，因此，其硬件部分是 ED-

MA 片上逻辑的配置过程，通过 GPIO 端口作为中断事件触发，EMIF、McBSP、HPI 等接口信号建立数据通道，因此，EDMA 必须与其他片上外设一起配置，如果没有片上其他外设配合，EDMA 的配置不起作用。

另外，EDMA 配置程序开发主要是数据通道的参数选择，这些选择与所传输数据的类型、格式等有关。EDMA 配置与系统工作的关系如图 4-45 所示。

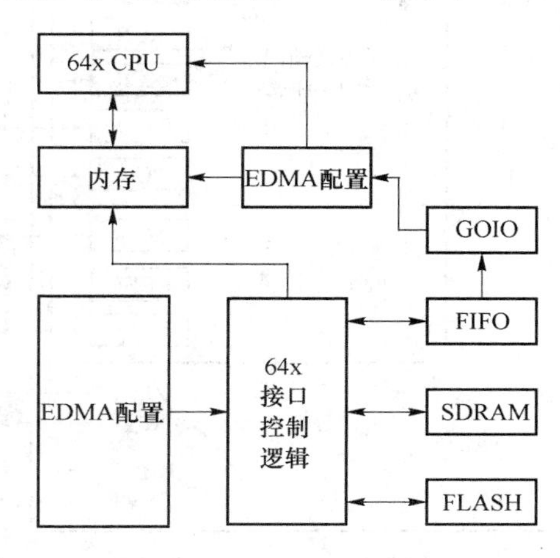

图 4-45 EDMA 与系统工作关系

4.6 McBSP 应用实例

McBSP 是多通道带缓存串行接口，主要用于 64x 与其他外部串行接口设备的数据传输，以节省 CPU 的工作时间。64x 的 McBSP 作为片上外设，属于混合基体，其设计过程与 EMIF 类似，它与 CPU 之间可以并行工作。McBSP 不同于 EMIF 之处在于一般串行数据传输除了接口的硬件连接正确之外，都是通过数据协议的方式保证传输的可靠性，因此，McBSP 混合基体设计的软件部分，在配置寄存器之后，还需要根据实际设计需要增加串口驱动程序部分，尤其是，某些外部器件在使用时，其工作模式与标准协议有一些不同，驱动程序的编写就变得必不可少，这与 EMIF 的单纯寄存器配置后，直接工作的无缝连接模式稍有差异。

本实例通过 C6416 的 McBSP 的异步串口 RS232 及同步串口 SPI 的应用，剖析 McBSP 通过不同配置及驱动模式扩展为异步通信串口和同步通信串口的方法。通过本实例学习，读者可以了解 64x McBSP 工作原理，理解 McBSP 配置程序设计流程。

4.6.1 McBSP 结构与功能描述

1. McBSP 结构

64x McBSP 结构如图 4-46 所示，每个 McBSP 片上外设的内部可以分为 1 个数据通道和 1 个控制通道。64x 的外部数据通过片内外设总线访问 McBSP 的 32 位数据/控制寄存器，实现与 McBSP 间的通信与控制。

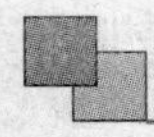

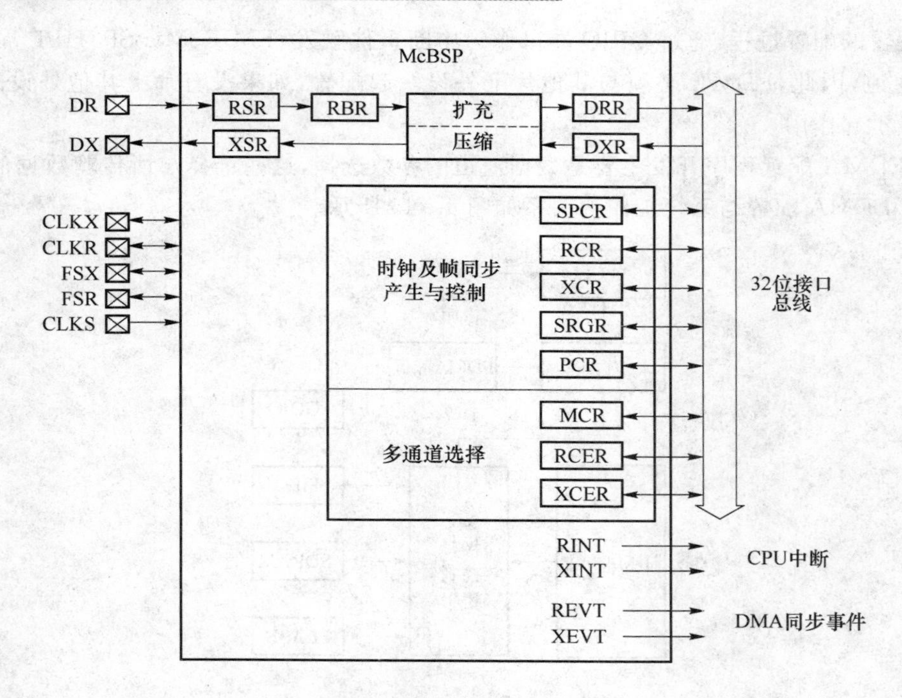

图 4-46 McBSP 结构

2. McBSP 功能

64x 的 McBSP 主要功能如下：

- 全双工通信；
- 双缓冲数据寄存器，允许连续的数据流；
- 收发独立的帧同步和时钟信号；
- 可以与工业标准的编解码器，ACIs 以及其他串行 A/D、D/A 接口；
- 数据传输可以利用外部时钟或片内可编程时钟；
- 当利用 DMA 为 McBSP 服务时，串口数据读/写具有自动缓冲能力；
- 可以直接利用多种串行协议接口通信，例如，T1/E1 协议、MVIP、H.100、SCSA、IOM-2、AC97、IIS 和 SPI 等；
- 可与多达 128 个通道进行收发；
- 支持传输的数据字长可以是 8 bit、12 bit、16 bit、20 bit、32 bit；
- 内置 μ-律和 A-律压扩硬件；
- 对 8 bit 数据的传输，可选择先传 LSB 或 MSB；
- 可设置帧同步信号和数据时钟信号的极性；
- 内部传输时钟和帧同步信号可编程度高。

3. McBSP 接口信号

McBSP 的外部接口信号及其描述如表 4-21 所列，共有 7 个外部引脚，有些引脚可与 GPIO 复用。

4. McBSP 数据传输控制

McBSP 在设定时钟及工作模式的控制下，数据通道完成数据的发送和接收过程如下。

发送数据：CPU 或 EDMA 控制器向数据发送寄存器 DXR 写入待发送的数据，写入 DXR 的数据通过发送移位寄存器 XSR 移位输出至 DX 引脚。

接收数据：CPU 或 EDMA 控制器从数据接收寄存器 DRR 读取接收到的数据，DR 引脚上接收到的数据先移位进入接收转移寄存器 RSR，然后被复制到接收缓冲寄存器 RBR 中，RBR 再将数据复制到 DRR 中，等候 CPU 或 EDMA 控制器将数据读走。

表 4-21 McBSP 接口信号描述

引 脚	输入/输出	说 明
CLKR	I/O/Z	接收时钟
CLKX	I/O/Z	发送时钟
CLKS	I	外时钟
DR	I	串行数据接收
DX	O/Z	串行数据发送
FSR	I/O/Z	接收帧同步
FSX	I/O/Z	发送帧同步

这种多级缓冲结构使片内的数据读/写和外部的数据通信可以同时进行。控制通道完成内部时钟产生，帧同步信号产生，信号控制，多通道选择，CPU 中断信号产生，同步事件产生等任务。

(1) 控制寄存器

64x 所有片上外设的控制均依赖于相应外设控制寄存器的设置，因此，详细了解各控制寄存器的功能是实现片上外设控制的重要环节。McBSP 的控制寄存器及其功能如表 4-22 所列。

表 4-22 McBSP 寄存器

缩 写	寄存器名	缩 写	寄存器名
RBR	接收缓冲寄存器	XCR	发送控制寄存器
RSR	接收移位寄存器	SRGR	采样率发生器寄存器
XSR	发送移位寄存器	MCR	多通道控制寄存器
DRR	接收数据寄存器	RCERE0/1/2/3	增强的接收通道使能寄存器
DXR	发送数据寄存器	XCERE0/1/2/3	增强的发送通道使能寄存器
SPCR	串口控制寄存器	PCR	引脚控制寄存器
RCR	接收控制寄存器		

McBSP 通过设置寄存器实现同步串口、异步串口等各种串行协议操作，下面分别以常用的 RS232 异步通信协议和 SPI 同步通信协议为例介绍 McBSP 的异步和同步串口的应用及实现。

(2) McBSP 复位

- 硬件复位，上电或 Reset 引脚被拉低时，McBSP 会同时被复位。
- 软件复位，通过设置串口控制寄存器 SPCR 中的 XRST=RRST=0 将分别使发送端和接收端复位，设置 GRST=0 将使采样速率发生器复位，复位后整个串口初始化为默认状态，所有计数器及状态标志均被复位。
- McBSP 的控制信号如时钟、帧同步和时钟源都可以进行设置。

(3) McBSP 初始化

McBSP 中各个模块的启动/激活次序对串口的正常操作极为重要，串口初始化时，必须遵守下列顺序：

① 串口复位，设置 SPCR 中的 XRST=PRST=FRST=0，如果之前芯片刚复位，这一步可

省略。

② 设置采样率发生器寄存器(SRGR)、串口控制寄存器(SPCR)、引脚控制寄存器(PCR)和接收控制寄存器(RCR)为需要的值。(**注意:**不要改变①中的复位状态。)

③ 置 SPCR 寄存器中 GRST=1,使采样率发生器退出复位状态,内部的时钟信号 CLKG 由选定的时钟源,按预先设定的分频比驱动。如果 McBSP 收发部分的时钟和帧信号都是由外部输入,则这一步可以省略。

④ 等待 2 个时钟周期,以保证内部正确地同步。

4.6.2 McBSP 应用实例剖析

McBSP 是多通道带缓冲串口,通过一定的设置可以实现异步串口的功能。因此,本实例分别剖析 McBSP 实现 RS232 异步串口与 SPI(Serial Peripheral Interface)同步串口的方法及其设计要点。

1. McBSP 实现 RS232

McBSP 属于混合基体,其接口信号必须与外设硬件端口连接,同时,McBSP 是带缓冲多通道串口,由于串口形式及协议的不同,使得其硬件连接和软件配置均有变化。因此,本实例中首先以通用的异步串口协议为例,剖析 McBSP 与 PC 串口通信的技术要点。

(1) RS232 协议及测试工具

RS232 是异步串行数据接口标准,是目前工业中常用的一种串行接口。RS232 被定义为一种在低速率串行通信中增加通信距离的单端标准,采取不平衡传输方式。相对于收发端的数据信号信号地,RS232 信号在正、负电压之间摆动,在发送数据时,发送端驱动器输出正电压在+5～+15 V之间变化,负电压在−5～15 V 之间变化。当无数据传输时,线上为 TTL 电压。从开始传送数据到传输结束,线上电压从 TTL 电压到 RS232 电压,再返回 TTL 电压。接收器典型的工作电压在+3～+12 V 与−3～12 V 之间变化。由于发送电压与接收电压的差为 2～3 V 左右,所以其共模抑制能力差,再加上双绞线上的分布电容,其传送距离最大约为约 15 m,最高速率为 20 Kbit/s,驱动负载为 3～7 kΩ。9 针串口的引脚功能如表 4－23 所列。

表 4－23　DB9 的信号引脚说明

引　脚	功　能	引　脚	功　能
1	载波检测(DCD)	6	数据准备好(DSR)
2	接收数据(RXD)	7	请求发送(RTS)
3	发送数据(TXD)	8	清除发送(CTS)
4	数据终端准备好(DTR)	9	振铃指示(RI)
5	信号地线(SG)		

串口助手软件可以利用 PC 机的 COM 口进行串口功能测试。因此,本实例介绍串口助手的用法。将 PC 机串口与相应 McBSP 串口信号相连,由于 64x 目标板信号电压只有+3.3 V,因此,需要增加一个电压转换电路。硬件连接完成后,在 PC 机上安装串口调试助手软件,其调试界面如图 4－47 所示,在界面上选择串口 COM1 或 COM2,与串口连接的硬件位置有关,然后,根据设计要求情况,设置波特率,数据位等信息,实现 PC 机和 64x 目标板之间基于 RS232 协议

的通信，用以测试所编写配置程序的正确性。

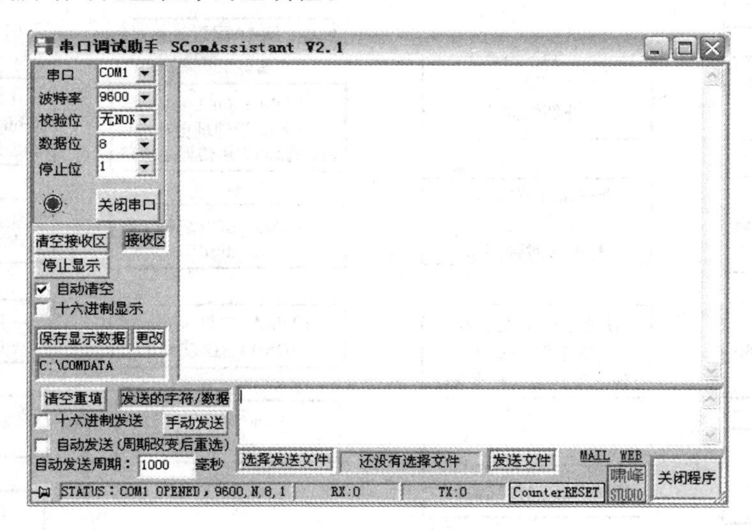

图 4-47 串口调试助手界面

(2) McBSP 与 PC 串口硬件连接

McBSP 与 PC 串口硬件连接如图 4-48(a)所示，图中选用 MAX3221 串口驱动芯片作为 McBSP 与 PC 串口之间的电压转换，使 McBSP 的电压与 PC 串口电压适配。MAX3221 的连接方式如图 4-48(a)所示，PC 机串口采用 9 针 COM 口，简化连接只需要 3 条线，发送端 TXD、接收端 RXD、地，分别与 MAX3221 的发送 DOUT、接收 RIN、地相连接；McBSP 与 MAX3221 的接口需要收发 2 条线和地，如图 4-48(a)所示，McBSP 的数据发送引脚 DX 接 MAX3221 的 DIN 端，数据接收引脚 DR 接 MAX3221 的 ROUT 端。MAX3221 的供电电压源端是 3.3 V，出端是+5 V，应该与 PC 机端的串口电压一致，一般是±10 V，主要是为了增加传输距离。

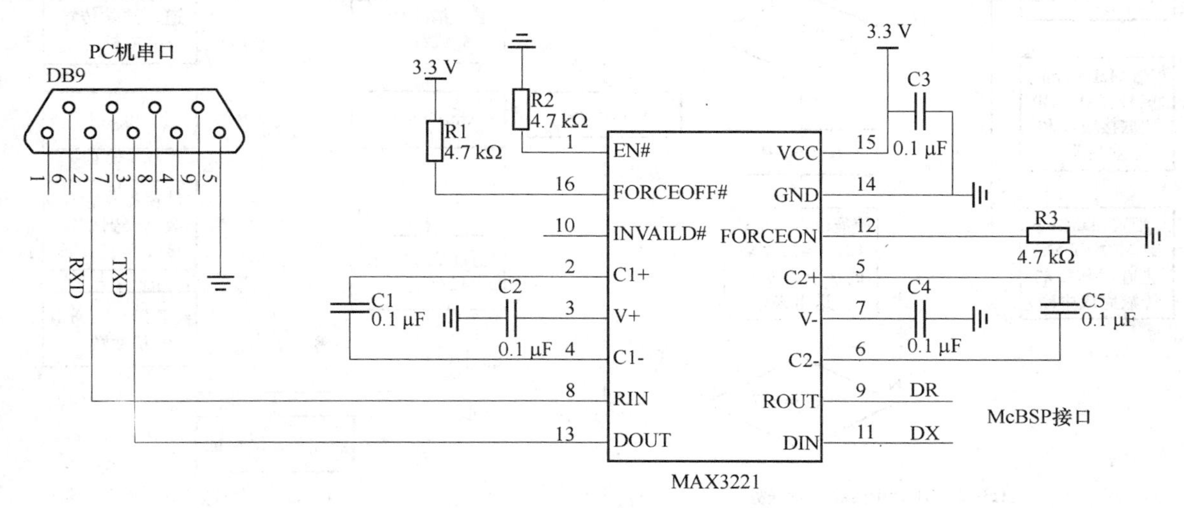

(a) McBSP与PC串口RS232之间的接口硬件电路

图 4-48 McBSP 与 PC 串口 RS232 之间的通信

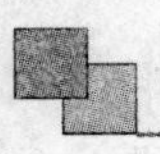

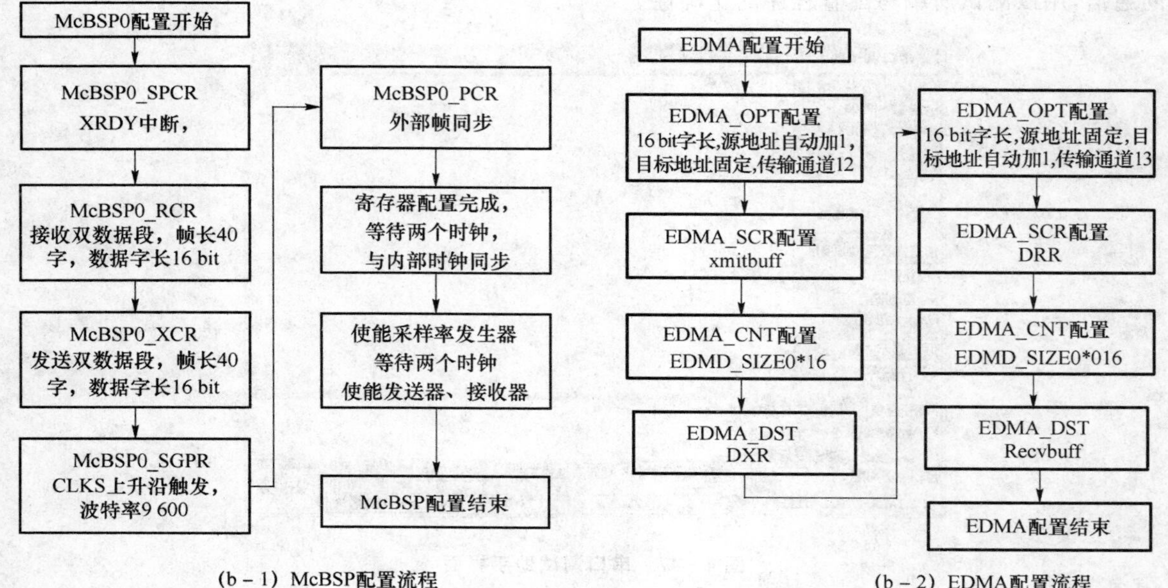

(b－1) McBSP配置流程　　(b－2) EDMA配置流程

(b) McBSP_RS232配置程序流程

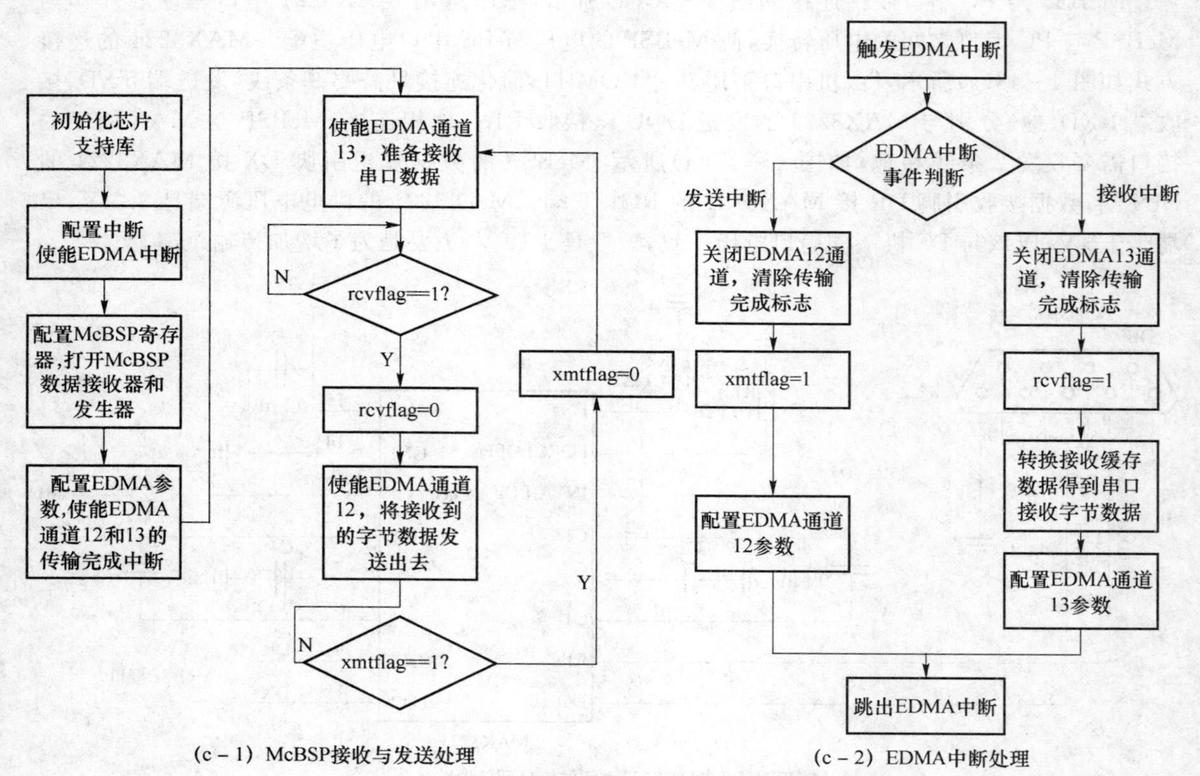

(c－1) McBSP接收与发送处理　　(c－2) EDMA中断处理

(c) McBSP_RS232应用程序流程

图 4－48　McBSP 与 PC 串口 RS232 之间的通信(续)

(3) McBSP_RS232 配置

本实例主要针对图 4-48(a)硬件电路，通过 64x 的 McBSP 实现与 PC 机串口 RS232 的通信功能。64x 的 EDMA 将内存中的给定数据，通过 McBSP 事件通道链接，以中断方式经 McBSP 构成的 RS232 串口协议方式将数据上传给 PC 机。因此，本实例寄存器配置需要同时考虑 EDMA 和 McBSP，表示为 EDMA_McBSP_RS232 寄存器配置。如图 4-48(b)所示，配置程序包括两部分，第 1 部分，配置 EDMA 工作模式；第 2 部分，硬件连接需要的 McBSP_RS232 工作模式配置。

EDMA 寄存器的 6 个寄存器已经在 EDMA 事例中详细叙述，这里不再赘述。

McBSP 异步串口配置的相关寄存器的功能及字段定义分别叙述如下。

1) 串口控制寄存器 SPCR 配置

McBSP 的 McBSP _SPCR 寄存器是一个 32 位寄存器，共 18 个字段，各字段位置及定义如下：

McBSP _SPCR 寄存器字段定义

保留	FREE	SOFT	FRST	GRST	XINTM	XSYNCERR	XEMPTY	XRDY	XRST
31～26	25	24	23	22	21～20	19	18	17	16

DLB	RJUST	CLKSTP	保留	DXENA	保留	RINTM	RSYNCERR	RFULL	RRDY	RRST
15	14～13	12～11	10～8	7	6	5～4	3	2	1	0

McBSP _SPCR 字段功能表

名　称	功　能	符　号	值	描　述
FREE	自主运行模式位	OF(值)	0 1	0:禁止自主运行，仿真停止时，与 SOFT 一起决定串口时钟状态； 1:使能自主运行，仿真停止时，串口时钟继续工作
SOFT	自主运行模式位	OF(值)	0 1	0:禁止自主运行，仿真停止时，与 FREE 一起决定串口时钟状态，FREE=1； 1:使能自主运行，仿真停止时，串口时钟继续工作
FRST	帧同步发生器复位	OF(值)	0 1	0:帧同步逻辑复位。帧同步信号 FSG 不是由采样发生器产生； 1:在 CLKG 达到(FPER+1)各时钟数之后，产生帧同步信号 FSG，此时，所有的帧计数器装载为它们的已编程数值
GRST	采样率发生器复位	OF(值)	0 1	0:采样率发生器复位； 1:采样率发生器脱离复位，采样率时钟发生器 CLKG 按照采样率产生寄存器 SRGR 中的值产生采样时钟
XINTM	发送中断模式位	OF(值)	0～3h 0 1h 2h 3h	发送中断 XINT 模式 0:字发送完毕或自动缓冲模式下的帧发送完毕时，XRDY 触发 XINT； 1:多通道操作模式下，帧或块发送完毕时，产生 XINT； 2:新的帧同步产生 XINT； 3:发送同步错误 XSYNCERR 触发 XINT
XSYNCERR	发送同步错误位	OF(值)	0 1	发送能使时 XRST=1，写 1 到 XSYNCERR 就会设置一种错误状况，因此，这 1 位主要用于测试。 0:没探测到现发送同步错误； 1:探测到发送同步错误

续 表

名 称	功 能	符 号	值	描 述
XRDY	发送准备好位	OF(值)	0 1	0:发送没准备好; 1:发送已准备好
XRST	发送复位/使能	OF(值)	0 1	0:串口发送器禁止或处于复位状态; 1:串口发送器使能
DLB	数字循环模式位	OF(值)	0 1	0:禁止数字循环模式; 1:使能数字循环模式
RJUST	接收符号扩展和判别模式位	OF(值)	0～3h 0 1h 2h 3h	 0:DRR 中右边为有效数字位,高位填 0; 1:DRR 中右边为有效数字位,高位为扩展符号位; 2:DRR 中左边为有效数字位,低位填 0; 3:保留
CLKSTP	时钟停止模式位	OF(值)	0～3h 0 1h	在 SPI 模式下,与引脚控制寄存器 PCR 中的 CLKXP 组合完成操作。 0:禁止时钟停止模式,非 SPI 模式可产生正常时钟; 1:保留
			 2h 3h	用上升沿采样数据的 SPI 模式,CLKXP=0。 2:时钟在上升沿开始,无延时; 3:时钟在上升沿开始,有延时
			 2h 3h	用下降沿采样数据的 SPI 模式,CLKXP=1。 2:时钟在下降沿开始,无延时; 3:时钟在下降沿开始,有延时
DXENA	DX 使能	OF(值)	0 1	0:DX 禁止; 1:DX 使能
RINTM	接收中断模式位	OF(值)	0～3h 0 1h 2h 3h	接收中断 RINT 模式。 0:字接收完毕或自动缓冲模式下的帧接收完毕时,RRDY 触发 RINT; 1:多通道操作模式下,帧或块接收完毕时,产生 RINT; 2:新的帧同步产生 RINT; 3:发送同步错误 RSYNCERR 触发 RINT
RSYNCERR	接收同步错误位	OF(值)	 0 1	接收能使时 RRST=1,写 1 到 RSYNCERR 就会设置一种错误状况,因此,这 1 位主要用于测试。 0:没探测到接收同步错误; 1:探测到接收同步错误
RFULL	接收移位寄存器满	OF(值)	0 1	0:接收移位寄存器 RBR 未满; 1:RBR 满,RSR 又被新到的字填满,DRR 没有读
RRDY	接收准备好位	OF(值)	0 1	0:接收没准备好; 1:接收已准备好
RRST	接收复位/使能	OF(值)	0 1	0:串口接收器禁止或处于复位状态; 1:串口接收器使能

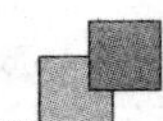

2）串口接收寄存器 RCR 配置

McBSP 的 McBSP _RCR 寄存器是一个 32 位寄存器，共 9 个字段，各字段位置及定义如下：

McBSP _RCR 寄存器字段定义

RPHASE	RFRLEN2	RWDLEN2	RCOMPAND	RFIG	RDATDLY	保留	RFRLEN1	RWDLEN1
31	30～24	23～21	20～19	18	17～16	15	14～8	7～45

RWDREVRS	保留
4	3～0

McBSP _RCR 字段功能表

名　称	功　能	符　号	值	描　述
RPHASE	接收相位数	OF(值)	0 1	0：单相帧，单路； 1：双相帧，双路
RFRLEN2	接收帧长	OF(值)	0～7Fh 0 1 …… 7Fh	RFRLEN2＋1 指明在两路中第 2 路的接收帧长。 0：第 2 路中接收帧长 1 个字； 1：第 2 路中接收帧长 2 个字； …… 7Fh：第 2 路中接收帧长 128 个字
RWDLEN2	接收字长	OF(值)	0～7h 0 1h 2h 3h 4h 5h 6h～7h	双相传输中的第 2 路接收字长。 8 bits； 12 bits； 16 bits； 20 bits； 24 bits； 32 bits； 保留
RCOMPAND	接收压缩模式	OF(值) MSB	0～3h 0 1h 2h 3h	 0：不压缩，数据传输高位在前 MSB； 1：不压缩，8 bit 数据传输低位在前 LSB； 2：μ－law 压缩接收数据； 3：A－law 压缩接收数据
RFIG	接收帧忽略	OF(值)	0 1	0：第一个脉冲之后，利用接收帧同步脉冲启动传输； 1：第一个脉冲之后，忽略接收帧同步脉冲
RDATDLY	接收数据延时	OF(值)	0～3h 0 1h 2h 3h	 0：0 bit 延时； 1：1 bit 延时； 2：2 bit 延时； 3：保留

续表

名称	功能	符号	值	描述
RFRLEN1	接收帧长	OF(值)	0～7Fh 0 1 …… 7Fh	RFRLEN1＋1 指明在第 1 路传输中的接收帧长。 0:第 1 路中帧长 1 个字; 1:第 1 路中帧长 2 个字; …… 7Fh: 第 1 路中帧长 128 个字
RWDLEN1	接收字长	OF(值)	0～7h 0 1h 2h 3h 4h 5h 6h～7h	第 1 路传输中的接收字长。 0:8 bits; 1:12 bits; 2:16 bits; 3:20 bits; 4:24 bits; 5:32 bits; 6～7:保留
RWDREVRS	接收 32 bit 倒码使能	OF(值)	0 1	0:禁止 32 bit 倒码; 1:接收 32 bit 数据,低位在前 LSB,此时,RWDLEN1/2 必须设置为 5h;RCOMPAND 设置为 1h,否则,操作无效

3) 串口发送控制寄存器 XCR 配置

McBSP 的 McBSP _XCR 寄存器是一个 32 位寄存器,共 9 个字段,各字段位置及定义如下:

McBSP _XCR 寄存器字段定义

XPHASE	XFRLEN2	XWDLEN2	XCOMPAND	XFIG	XDATDLY	保留	XFRLEN1	XWDLEN2
31	30～24	23～21	20～19	18	17～16	15	14～8	7～5

XWDREVRS	保留
4	3～0

McBSP _XCR 字段功能表

名称	功能	符号	值	描述
XPHASE	发送时分路数	OF(值)	0 1	0:单相帧,单路; 1:双相帧,双路
XFRLEN2	发送帧长	OF(值)	0～7Fh 0 1 …… 7Fh	RFRLEN2＋1 指明在第 2 路中的发送帧长。 0:两路中帧长 1 个字; 1:两路中帧长 2 个字; …… 7Fh: 两路中帧长 128 个字
XWDLEN2	发送字长	OF(值) 8BIT 12BIT 16BIT 20BIT 24BIT 32BIT —	0～7h 0 1h 2h 3h 4h 5h 6h～7h	双相传输中第 2 路的发送字长。 0:8 bits; 1:12 bits; 2:16 bits; 3:20 bits; 4:24 bits; 5:32 bits; 6～7:保留

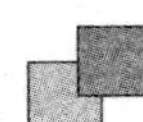

续 表

名　称	功　能	符　号	值	描　述
XCOMPAND	发送压缩模式	OF(值)	0～3h 0 1h 2h 3h	 0:不压缩,数据传输高位在前 MSB; 1:不压缩,8 bit 数据传输低位在前 LSB; 2:μ-law 压缩接收数据; 3:A-law 压缩接收数据
XFIG	发送帧忽略	OF(值)	0 1	0:第一个脉冲之后,利用发送帧同步脉冲启动传输; 1:第一个脉冲之后,忽略发送帧同步脉冲
XDATDLY	发送数据延时	OF(值)	0～3h 0 1h 2h 3h	 0:0 bit 延时; 1:1 bit 延时; 2:2 bit 延时; 3:保留
XFRLEN1	发送帧长	OF(值)	0～7Fh 0 1 …… 7Fh	RFRLEN2+1 指明在第 1 路发送帧长。 0:单路中帧长 1 个字; 1:单路中帧长 2 个字; …… 7Fh:单路中帧长 128 个字
XWDLEN2	发送字长	OF(值) 8BIT 12BIT 16BIT 20BIT 24BIT 32BIT —	0～7h 0 1h 2h 3h 4h 5h 6h～7h	第 1 路发送字长。 0:8 bits; 1:12 bits; 2:16 bits; 3:20 bits; 4:24 bits; 5:32 bits; 6～7:保留
XWDREVRS	发送 32 bit 倒码使能	OF(值)	0 1	0:禁止 32 bit 倒码; 1:发送 32 bit 数据,低位在前 LSB,此时,XWDLEN1/2 必须设置为 5h;XCOMPAND 设置为 1h,否则,操作无效

4）采样率产生控制 SRGR 配置

McBSP 的 McBSP _SRGR 寄存器是一个 32 位寄存器,共 7 个字段,各字段位置及定义如下:

McBSP _SRGR 寄存器字段定义

GSYNC	CLKSP	CLKSM	FSGM	FPER	FWID	CLKGDV
31	30	29	28	27～16	15～8	7～0

McBSP _SRGR字段功能表

名称	功能	符号	值	描述
GSYNC	采样率发生器时钟同步位	OF(值)FREE	0 1	仅用于外部时钟CLKS驱动采样率发生器时钟CLKM=0的情况。 0:采样率发生器时钟CLKG运行不受控制; 1:采样率时钟CLKG运行中,如果探测到接收帧同步信号FSR,就会触发串口帧同步信号发生器FSG,使得CLKG与接收帧同步信号重新同步
CLKSP	CLKS边沿极性选择位	OF(值) RISING FALLING	0 1	仅用于外部时钟CLKS驱动采样率发生器时钟(CLKS=0)的情况。 0:CLKS上升沿产生CLKG和FSG; 1:CLKS下降沿产生CLKG和FSG
CLKSM	采样率发生器时钟模式位	OF(值)	0 1	0:CLKS引脚驱动采样率发生器时钟; 1:CPU时钟驱动采样率发生器时钟
FSGM	采样率发生器帧同步模式位	OF(值)	0 1	仅用于PCR寄存器中FSXM=1的情况。 0:每当DXR-XSR复制时,产生发送帧同步信号; 1:采样率发生器帧同步信号FSG驱动发送帧同步信号FSX
FPER	帧长时钟周期	OF(值)	0～FFFh 1	两个相邻帧同步信号之间的时钟周期数,范围为1～4 096采样率发生器时钟CLKG周期
FWID	帧宽	OF(值)	0～FFh	帧同步脉冲FSG激活宽度
CLKGDV	采样时钟分频因子	OF(值)	0～FFh	为获得所需要采样率,所设置的采样时钟CLKG分频值

5)引脚控制寄存器PCR配置

McBSP的McBSP _PCR寄存器是一个32位寄存器,共13个字段,各字段位置及定义如下:

McBSP _PCR寄存器字段定义

保留	XIOEN	RIOEN	FSXM	FSRM	CLKXM	CLKRM	保留	CLKSSTAT	DXSTAT	DRSTAT
31～14	13	12	11	10	9	8	7	6	5	4

FSXP	FSRP	CLKXP	CLKRP
3	2	1	0

McBSP _PCR字段功能表

名称	功能	符号	值	描述
XIOEN	发送I/O模式	OF(值)	0 1	仅用于发送禁止(SPCR中的XRST=0)情况。 0:DX、FSX、CLKX引脚配置为串口信号端,不能用于I/O; 1:DX配置为I/O输出,FSX,CLKS配置为I/O,不能用于串口
RIOEN	接收I/O模式	OF(值)	0 1	仅用于接收禁止(SPCR中的RRST=0)情况。 0:DR、FSR、CLKR、CLKS引脚配置为串口信号端; 1:DR、CLKS配置为I/O输入,FSR、CLKR配置为I/O

续表

名　称	功　能	符　号	值	描　述
FSXM	发送帧同步模式	OF(值)	0 1	0:外部帧同步信号源; 1:SRGR 中的 FSGM 决定帧同步信号源
FSGM	接收帧同步模式	OF(值)	0 1	0:外部帧同步信号源,FSR 是输入引脚; 1:内部采样率发生器决定帧同步信号,FSR 是输出引脚
CLKXM	发送时钟模式	OF(值)	0 1	0:CLKX 为输入引脚,由外部时钟驱动; 1:CLKX 为输出引脚,由内部采样率发生器驱动
			0 1	SPI 模式,SPCR 中的 CLKSTP=0。 0:McBSP 为从,时钟 CLKX 由系统中主 SPI 时钟驱动; 1:McBSP 为主,产生 CLKX 时钟驱动它的接收时钟 CLKR 和系统中 SPI 从的移位时钟
CLKRM	接收时钟模式	OF(值)	0 1	数字反馈模式禁止(SPCR 中 DLB=0)。 0:CLKR 为输入引脚,由外部时钟驱动; 1:CLKR 为输出引脚,由内部采样率发生器驱动
			0 1	数字反馈模式使能(SPCR 中 DLB=1)。 0:接收时钟不通过 CLKR 引脚,直接由内部 CLKM 决定的发送时钟 CLKX 驱动,CLKR 为高阻; 1:CLKR 为输出引脚,由发送时钟驱动
CLKSSTAT	CLKS 引脚状态	OF(值)	0 1	用于 CLKS 配置为 I/O 的情况。 0:CLKS 对应引脚为低电平; 1:CLKS 对应引脚为高电平
DXSTAT	DX 引脚状态	OF(值)	0 1	用于 DX 配置为 I/O 的情况。 0:DX 对应引脚为低电平; 1:DX 对应引脚为高电平
DRSTAT	DR 引脚状态	OF(值)	0 1	用于 DR 配置为 I/O 的情况。 0:DR 对应引脚为低电平; 1:DR 对应引脚为高电平
FSXP	发送帧同步极性	OF(值)	0 1	0:发送帧同步高电平有效; 1:发送帧同步低电平有效。
FSRP	接收帧同步极性	OF(值)	0 1	0:接收帧同步高电平有效; 1:接收帧同步低电平有效
CLKXP	发送时钟极性	OF(值)	0 1	0:发送时钟在 CLKX 的上升沿采样; 1:发送时钟在 CLKX 的下降沿采样
CLKRP	接收时钟极性	OF(值)	0 1	0:接收时钟在 CLKX 的上升沿采样; 1:接收时钟在 CLKX 的下降沿采样

(4) McBSP_RS232 通信参考程序

软件部分除了配置之外，还需要编写驱动程序，必须考虑 McBSP_RS232 通过 EDMA 与内存空间 area 之间的数据传输，以及与 CPU 之间的中断关系，编程思路如图 4－48(c)所示。本实例编写程序中，相关配置程序调用 CSL 中的相关 API 函数实现。

参考程序如下：

```
//////////////////////////////////////////////////////////////////////////////////////////
///本实例实现 64x McBSP0 通过 EDMA 12/13 实现 RS232 通信功能配置
//////////////////////////////////////////////////////////////////////////////////////////
#include <std.h>
#include <csl.h>
#include <csl_edma.h>
#include <csl_mcbsp.h>

MCBSP_Handle hMcbsp0;                        //handle for McBSP0
EDMA_Handle hEdma12;                         //handle for EDMA 12,EDMA12->XEVT0->McBSP0 发送事件
EDMA_Handle hEdma13;                         //handle for EDMA 13,EDMA 13->REVT0->McBSP0 接收事件

#define BUFFER_SIZE0   15                    //串口传输的字节数,帧长
#define EDMA_SIZE0 BUFFER_SIZE0*11*4         //数据缓存大小

unsigned short xmitbuf0[EDMA_SIZE0];         //McBSP0 数据发送缓存
unsigned short recvbuf0[EDMA_SIZE0];         //McBSP0 数据接收缓存
unsigned char xmit_msg0[BUFFER_SIZE0];       //发送字节数组
unsigned char recv_msg0[BUFFER_SIZE0];       //接收字节数组
int rcvflag = 0,xmtflag = 0;                 //接收,发送标志

//////子函数声明////////////////////////////////////
void ProcessTransmitData(unsigned short *xmitbuf,unsigned char *xmt_msg);
unsigned int count_one_bits(unsigned char value);
void ProcessReceiveData(unsigned short *rcvbuf,unsigned char *recv_msg);
void ConfigEDMA_Xmt(void);
void ConfigEDMA_Rcv(void);
void ConfigMcBSP0(void);
interrupt void c_int08(void);                //EDMA->CPU 中断

void main(void)
{
  int i;
//////初始化芯片支持库////////////////////////////////////
  CSL_init();
//////配置中断////////////////////////////////////
  IRQ_globalEnable();                        //使能全局中断
  IRQ_nmiEnable();                           //使能不可屏蔽中断
```

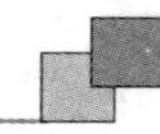

```
    IRQ_map(IRQ_EVT_EDMAINT,8);                  //将 EDMA 的中断映射到 CPU 中断 8
    IRQ_reset(IRQ_EVT_EDMAINT);                  //禁止并清除 EDMA 中断寄存器,实现复位效果
    IRQ_enable(IRQ_EVT_EDMAINT);                 //使能 EDMA 中断
  //////配置 McBSP////////////////////////////////////
    hMcbsp0 = MCBSP_open(MCBSP_DEV0, MCBSP_OPEN_RESET);       //打开 McBSP0
    ConfigMcBSP0 ( );                            //配置 McBSP0 接口寄存器参数,使能 McBSP0 发送和接收

  //////配置 EDMA////////////////////////////////////
    EDMA_clearPram(0x00000000);                  //清除 EDMA 参数
    hEdma12 = EDMA_open(EDMA_CHA_XEVT0, EDMA_OPEN_RESET);
                                                 //打开 EDMA 12 通道做 McBSP0 数据发送通道
    hEdma13 = EDMA_open(EDMA_CHA_REVT0, EDMA_OPEN_RESET);
                                                 //打开 EDMA 13 通道做 McBSP0 数据接收通道

    ConfigEDMA_Xmt();                            //配置 EDMA12 通道的寄存器参数,以供 McBSP0 发送数据的传输
    ConfigEDMA_Rcv();                            //配置 EDMA13 通道的寄存器参数,以供 McBSP0 接收数据的传输
    EDMA_intEnable(12);                          //使能 EDMA 12 的传输完成中断
    EDMA_intEnable(13);                          //使能 EDMA 13 的传输完成中断

    EDMA_enableChannel(hEdma13);                 //使能 EDMA 13 通道,准备接收串口数据
    while(1)
    {
    if(rcvflag)                                  //等待串口接收到数据
        {
        rcvflag = 0;
            for(i = 0;i<BUFFER_SIZE0;i ++ )      //将接收到的数据赋给发送数据缓存,准备输出
                {
                xmit_msg0[i] = recv_msg0[i];
                }
            ProcessTransmitData(xmitbuf0,xmit_msg0);      //转换将要发送的数据
            EDMA_enableChannel(hEdma12);         //使能 EDMA 12 通道,准备发送串口数据
            EDMA_setChannel(hEdma12);            //软件触发 EDMA 通道 12 的传输
            while(! xmtflag);                    //等待发送完成标志
            xmtflag = 0;
            EDMA_enableChannel(hEdma13);         //使能 EDMA 13 通道,准备接收串口数据
            }
    }
}   //////main() 结束//////////////////////////////////////////

/////////////////////////////////////////////////////////////////////////////
/////void ConfigEDMA_Xmt(void): 配置 EDMA 通道 12 用于异步串口发送   */
////配置内容参见 4.5 节 */
/////////////////////////////////////////////////////////////////////////////
void ConfigEDMA_Xmt(void)
```

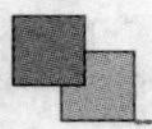


```
{   EDMA_configArgs(hEdma12,
      //////OPT 初始化///////////////////////
      EDMA_OPT_RMK(
          EDMA_OPT_PRI_HIGH,                  //EDMA 事件优先级,001 高优先级传输
          EDMA_OPT_ESIZE_16BIT,               //单元字长,16 bits 字长
          EDMA_OPT_2DS_NO,                    //源数据维数 1D
          EDMA_OPT_SUM_INC,                   //源地址自动加 1
          EDMA_OPT_2DD_NO,                    //目标数据维数 1D
          EDMA_OPT_DUM_NONE,                  //目标地址不变
          EDMA_OPT_TCINT_YES,                 //传输结束产生中断
          EDMA_OPT_TCC_OF(12),                //传输结束码对应 12 通道
          EDMA_OPT_TCCM_DEFAULT,              //传输结束编码高位 0
          EDMA_OPT_ATCINT_DEFAULT,            //禁止轮换传输中断
          EDMA_OPT_ATCC_DEFAULT,              //禁止轮换传输结束编码
          EDMA_OPT_PDTS_DEFAULT,              //禁止源数据的外设传输模式
          EDMA_OPT_PDTD_DEFAULT,              //禁止目标数据外设传输模式
          EDMA_OPT_LINK_NO,                   //入口不重载
          EDMA_OPT_FS_NO                      //无需帧同步
          ),
    //////SRC 初始化 ///////////////////////
    EDMA_SRC_RMK((Uint32) xmitbuf0),          //EDMA 传输源地址,指定为数据发送缓存数组地址 xmitbuf0
    //////CNT 初始化//////////////////////
    EDMA_CNT_RMK(
    EDMA_CNT_FRMCNT_DEFAULT,                  //禁止数组帧计数
    EDMA_CNT_ELECNT_OF(EDMA_SIZE0)            //EDMA 每次读的数据量为 EDMA_SIZE0 * 16 bit
    ),
    //////DST 初始化//////////////////////
    EDMA_DST_RMK(MCBSP_getXmtAddr(hMcbsp0)),
    //EDMA 传输目标地址,指定 McBSP0 数据发送寄存器(DXR)地址
    ////// IDX 初始化//////////////////////
    EDMA_IDX_RMK(0,0),                        //禁止数组/帧索引,禁止数据索引
    //////RLD 初始化//////////////////////
    EDMA_RLD_RMK(0,0)                         //禁止数据计数重载,禁止链接重载
    );
}

//////////////////////////////////////////////////////////////////////////////////////////
//void ConfigEDMA_Rcv(void): 配置 EDMA 通道 13/13 用于 异步串口发送   */
//配置内容参见 4.5 节 */
//////////////////////////////////////////////////////////////////////////////////////////
void ConfigEDMA_Rcv(void)
{
    EDMA_configArgs(hEdma13,
```

```
        //////OPT Setup ////////////////////////
        EDMA_OPT_RMK(
        EDMA_OPT_PRI_HIGH,                   //EDMA 事件优先级,001 高优先级传输
        EDMA_OPT_ESIZE_16BIT,                //数据字长 16 bits
        EDMA_OPT_2DS_NO,                     //源数据维数 1D
        EDMA_OPT_SUM_NONE,                   //源地址不变
        EDMA_OPT_2DD_NO,                     //目标数据维数 1D
        EDMA_OPT_DUM_INC,                    //目标地址自动加 1
        EDMA_OPT_TCINT_YES,                  //使能传输结束中断
        EDMA_OPT_TCC_OF(13),                 //传输结束码对应 13 通道
        EDMA_OPT_TCCM_DEFAULT,               //传输结束编码最高位 0
        EDMA_OPT_ATCINT_DEFAULT,             //禁止轮换传输结束中断
        EDMA_OPT_ATCC_DEFAULT,               //禁止轮换传输结束编码
        EDMA_OPT_PDTS_DEFAULT,               //禁止源数据的外设传输模式
        EDMA_OPT_PDTD_DEFAULT,               //禁止目标数据外设传输模式
        EDMA_OPT_LINK_NO,                    //禁止事件参数链接
        EDMA_OPT_FS_NO                       //禁止通道由单元/阵列同步
        ),
    //////SRC Setup ////////////////////////
    EDMA_SRC_RMK(MCBSP_getRcvAddr(hMcbsp0)),
    //EDMA 传输源地址,指向 McBSP0 数据接收寄存器(DRR)地址
    //////CNT Setup ////////////////////////
    EDMA_CNT_RMK(
    EDMA_CNT_FRMCNT_DEFAULT,                     //禁止数组帧计数
    EDMA_CNT_ELECNT_OF(EDMA_SIZE0)               //EDMA 每次读的数据量为 EDMA_SIZE0 * 16 bit
    ),
    //////DST Setup ////////////////////////
    EDMA_DST_RMK((Uint32) recvbuf0),             //EDMA 传输源地址,指定为数据接收缓存数组地址 recvbuf0
    //////IDX Setup ////////////////////////
    EDMA_IDX_RMK(0,0),                           //数组/帧索引 0,元素索引 0
    //////RLD Setup ////////////////////////
    EDMA_RLD_RMK(0,0)                            //元素计数重载 0,链接地址 0
    );
}

/////////////////////////////////////////////////////////////////////////////////////////////
///////void ConfigMcBSP0(void): 初始化 McBSP0 配置                     */
/////////////////////////////////////////////////////////////////////////////////////////////
void ConfigMcBSP0(void)
{
  unsigned int waittime;
  MCBSP_Config mcbspCfg0 = {
  //////串口控制寄存器 SPCR////////////////////////
  MCBSP_SPCR_RMK(
```

```
        MCBSP_SPCR_FREE_NO,                 //仿真挂起期间,SOFT 位决定 McBSP 的操作
        MCBSP_SPCR_SOFT_DEFAULT,            //与 FREE = 0 一起使用,在仿真挂起期间立即停止串口时钟
        MCBSP_SPCR_FRST_DEFAULT,            //默认值 0,帧同步产生逻辑复位
        MCBSP_SPCR_GRST_DEFAULT,            //采样率发生器复位,默认值 0
        MCBSP_SPCR_XINTM_XRDY,              //发送中断模式选择,选 00,XRDY 驱动 XINT
        MCBSP_SPCR_XSYNCERR_DEFAULT,        //发射同步错误,默认值 0,没有帧同步错误
        MCBSP_SPCR_XRST_DEFAULT,            //默认值 0,串口发送器禁止并处于复位状态
        MCBSP_SPCR_DLB_OFF,                 //数字反馈回路模式禁止
        MCBSP_SPCR_RJUST_RZF,               //接收符号扩展和校正模式位,右校正及 DRR 中 0 填充 MSB
        MCBSP_SPCR_CLKSTP_DISABLE,          //禁止时钟停止模式,非 SPI 模式
        MCBSP_SPCR_DXENA_OFF,               //DX 使能禁止
        MCBSP_SPCR_RINTM_RRDY,              //RRDY 驱动 RINT
        MCBSP_SPCR_RSYNCERR_DEFAULT,        //无帧同步错误
        MCBSP_SPCR_RRST_DEFAULT             //默认值 0,串口接收器禁止并处于复位状态
),
    //////接收控制寄存器 RCR/////////////////////
    MCBSP_RCR_RMK(
        MCBSP_RCR_RPHASE_DUAL,              //双相位帧
        MCBSP_RCR_RFRLEN2_OF(3),            //相位 2 中 4 个字
        MCBSP_RCR_RWDLEN2_8BIT,             //相位 2 接收字长 8 bits
        MCBSP_RCR_RCOMPAND_MSB,             //非压缩模式,高位在前
        MCBSP_RCR_RFIG_YES,                 //忽略接收帧同步信号
        MCBSP_RCR_RDATDLY_1BIT,             //接收数据延时 1 bit
        MCBSP_RCR_RFRLEN1_OF(39),           //相位 1 接收帧长 40 个字
        MCBSP_RCR_RWDLEN1_16BIT,            //相位 1 接收数据 16 bits 字长
        MCBSP_RCR_RWDREVRS_DISABLE          //禁止接收 32 位倒码
        ),

    //////发送控制寄存器 XCR/////////////////////
    MCBSP_XCR_RMK(
        MCBSP_XCR_XPHASE_DUAL,              //发送为双相位帧
        MCBSP_XCR_XFRLEN2_OF(3),            //相位 2 发送帧长 4 个字
        MCBSP_XCR_XWDLEN2_8BIT,             //相位 2 发送字长,选 000,8 bits
        MCBSP_XCR_XCOMPAND_MSB,             //非压缩模式,高位在前
        MCBSP_XCR_XFIG_YES,                 //发送帧忽略
        MCBSP_XCR_XDATDLY_0BIT,             //发送数据延时 0
        MCBSP_XCR_XFRLEN1_OF(39),           //相位 1 发送帧长 40 个字
        MCBSP_XCR_XWDLEN1_16BIT,            //相位 1 发送数据 16 bits 字长
        MCBSP_XCR_XWDREVRS_DISABLE          //禁止发送 32 位倒码
        ),

    //////采样率发生寄存器 SRGR/////////////////////
    MCBSP_SRGR_RMK(
        MCBSP_SRGR_GSYNC_FREE,              //采样率发生器时钟 CLKG 自由运行
```

```
    MCBSP_SRGR_CLKSP_RISING,                    //CLKS 上升沿触发
    MCBSP_SRGR_CLKSM_INTERNAL,                  //采样率发生器由内部时钟源驱动
    MCBSP_SRGR_FSGM_DXR2XSR,                    //每当 DXR-XSR 复制时产生帧同步信号
    MCBSP_SRGR_FPER_DEFAULT,                    //帧同步间隔时间
    MCBSP_SRGR_FWID_DEFAULT,                    //帧同步脉冲宽度 1 个时钟周期
    MCBSP_SRGR_CLKGDV_OF(195)
//采样率发生器时钟 CLKG 分频数(0～255),CLKGDV 使波特率设置对应 64 * 9600 = 120000000/195
//480 MHz CPU 主频 McBSP 的内部时钟源频率为 120 MHz,分频后依然远高于串口波特率,故需配合数
//据位的扩展和压缩实现串口通信
  ),
    //////多通道控制寄存器 MCR //////////////////////
       MCBSP_MCR_DEFAULT,                       //忽略
    //////接收通道使能寄存器 RCER * /
       MCBSP_RCERE0_DEFAULT,                    //忽略
       MCBSP_RCERE1_DEFAULT,
       MCBSP_RCERE2_DEFAULT,
       MCBSP_RCERE3_DEFAULT,
    //////发送通道使能寄存器 XCER * /
     MCBSP_XCERE0_DEFAULT,                      //忽略
     MCBSP_XCERE1_DEFAULT,
     MCBSP_XCERE2_DEFAULT,
     MCBSP_XCERE3_DEFAULT,

    //////引脚控制寄存器 PCR//////////////////////
    MCBSP_PCR_RMK(
     MCBSP_PCR_XIOEN_SP,                        //I/O 引脚功能选择,选 0,配置 DX,FSX,CLKX 为相应串口功能
     MCBSP_PCR_RIOEN_SP,                        //I/O 引脚功能选择,选 0,配置 DR,FSR,CLKR 为相应串口功能
     MCBSP_PCR_FSXM_INTERNAL,
     //发送帧同步模式选择位,选 1,由 SRGR 中 FSGM 决定帧同步信号的产生
     MCBSP_PCR_FSRM_EXTERNAL,                   //接收帧同步模式选择位,选 0,帧同步信号由外部源提供
     MCBSP_PCR_CLKXM_OUTPUT,                    //发送时钟模式选择位,选 1,CLKX 时钟由内部采样器产生
     MCBSP_PCR_CLKRM_OUTPUT,                    //接收时钟模式选择位,选 1,CLKX 时钟由内部采样器产生
     MCBSP_PCR_CLKSSTAT_0,                      //CLKS 引脚状态
     MCBSP_PCR_DXSTAT_0,                        //DX 引脚状态
     MCBSP_PCR_FSXP_ACTIVELOW,                  //发送帧同步极性选择位,选 1,FSX 低电平有效
     MCBSP_PCR_FSRP_ACTIVELOW,                  //接收帧同步极性选择位,选 1,FSR 低电平有效
     MCBSP_PCR_CLKXP_RISING,                    //发送时钟极性,选 0,CLKX 时钟上升沿采样数据
     MCBSP_PCR_CLKRP_FALLING                    //接收时钟极性,选 0,CLKR 时钟下降沿采样数据
     )
  };
  MCBSP_config(hMcbsp0, &mcbspCfg0);            //McBSP 寄存器参数配置
  for(waittime = 0; waittime<0x2; waittime ++ ); //寄存器设置完成后需延时,以便内同步
  MCBSP_enableSrgr(hMcbsp0);                    //使能采样率发生器
  for(waittime = 0; waittime<0x2; waittime ++ ); //采样率发生器使能后需延时,以便内同步
```

```
  MCBSP_enableRcv(hMcbsp0);                          //使能接收器
  MCBSP_enableXmt(hMcbsp0);                          //使能发送器
  MCBSP_enableFsync(hMcbsp0);                        //使能 McBSP0 的帧同步采样,FRST = 1
}
//////Config_McBSP(void) 结束//////////////////////

//////void ProcessReceiveData(void) //////////////////////
//由于 McBSP 的采样率发生器时钟使用内部时钟 120 MHz,经分频(最大 255 分频)后依然高于串口的波特
//率(9 600),
//故接收 9 600 波特率下的一位时,McBSP 将收到多位,该函数将收到的每 64 位数据压缩为 1 位,并剔除
//起始、校验、停止位,得到串口发送的字节数据//////////////////////
////////////////////////////////////////////////////////////////////////////////////////////////////
void ProcessReceiveData(unsigned short * rcvbuf,unsigned char * recv_msg)
{
  int  i,j;
  unsigned char recv_char = 0;
  short cnt = -1;
  short recv_val;
  unsigned short  * recvbufptr;
  unsigned char * saVPORTtr;
  recvbufptr  = rcvbuf;                                //指向数据接收缓存
  saVPORTtr = recv_msg;                                //指向转换后数据存储区
  for (i = 0; i < BUFFER_SIZE0; i ++)
  //循环转换接收缓存中的所有数据,接收串口字节个数对应 BUFFER_SIZE0
  {
      recv_char = 0;
      for (cnt = -1; cnt < 10; cnt ++)                 //转换产生一个字节的串口接收数据
      {
          if(cnt == -1 || cnt == 8 || cnt == 9) //忽略起始、停止和校验位
          {
          for(j=0;j<4;j++)                             //串口的一位对应 McBSP 接收的 64 位,故每跳过
                                                       //一位需做 4 次 16 位指针的自增
            * recvbufptr ++ ;
      }
      else
      {
           recvbufptr ++ ;                             //获取串口传输的数据位
           recvbufptr ++ ;
           recv_val  =  * recvbufptr & 0x0001;         //根据 64 位最中间一位的高低确定数据位的高低
           recvbufptr ++ ;
           recvbufptr ++ ;
           /* put received bit into proper place  */
           recv_char  += recv_val << cnt;             //移位保存每一位数据位
      }
    }  /* end for cnt  */
  ///////A full BYTE is decoded. Put in result: recv_msg[i] ////////////////////////////////////////
```

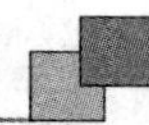

```
    *(saVPORTtr++)  =  recv_char;              //转换得到的数据存入接收字节数据区
  }  //////end for i  ////////////////////////////////
}  //end ProcessReceiveData() function  ////////////////////////////////////

////////////////////////////////////////////////////////////////////////////////////////////////////////////////////////////////////////////////////////
//void ProcessTransmitData(unsigned short * xmitbuf,unsigned char * xmt_msg)
//由于 McBSP 的采样率发生器时钟使用内部时钟 120 MHz,经分频(最大 255 分频)后依然高于欲实现的波
//特率(9 600),
//故需将 9 600 波特率下的一位用 McBSP 发出多位来实现,该函数将字节数据加上起始、校验、停止位,
//每位扩展为 64 位以供 McBSP 输出数据 * /
////////////////////////////////////////////////////////////////////////////////////////////////////////////////////////////////////////////////////////

void ProcessTransmitData(unsigned short * xmitbuf,unsigned char * xmt_msg)
{
  int  i,j;
  short  cnt  =  -1;
  unsigned char   xmit_char;
  unsigned short   * xmitbufptr;
  unsigned char    * chardataptr;
  xmitbufptr = (unsigned short * )xmitbuf;      //指向转换后数据发送缓存
  chardataptr = (unsigned char * )xmt_msg;      //指向要转换的字节数据
  for (i = 0; i < BUFFER_SIZE0; i++)            //循环转换要发送的字节数据,发送的串口字节个数对
                                                //应 BUFFER_SIZE0
  {
    xmit_char  =  * chardataptr;                //从发送字节数据区获取要转换的字节数据
    chardataptr++;
    for (cnt = -1; cnt < 10; cnt++)             //转换字节数据(1 位扩展为 64 位),存入数据发送缓存
  {
    if (cnt == -1)                              //起始位置 0
      for(j = 0;j<4;j++)
        * xmitbufptr++   =   0x0000;
    else if (cnt == 8)                          //校验位奇校验,
      {
       if((count_one_bits(xmit_char) % 2))
       for(j = 0;j<4;j++)
         * xmitbufptr++   =   0x0000;           //字节数据中含奇数个 1 时,校验位置 0
       else
      for(j = 0;j<4;j++)
         * xmitbufptr++   =   0xFFFF;           //字节数据中含偶数个 1 时,校验位置 1
      }
    else if (cnt == 9)                          //停止位置 1
      for(j = 0;j<4;j++)
        * xmitbufptr++   =   0xFFFF;
    else if (xmit_char & (1 << cnt))            //从字节数据低位起,依次将每 1 位扩展为 64 位
        for(j = 0;j<4;j++)
        * xmitbufptr++   =   0xFFFF;
    else
```

```
    for(j = 0;j<4;j ++ )
        * xmitbufptr ++    =   0x0000;
    }                                              ///end for cnt   */
  }  ///// *  end for i   */

}  ////////end ProcessTransmitData   */

//////////////////////////////////////////////////////////////////
//EDMA 数据传输完成中断服务程序 ISR                                 */
//////////////////////////////////////////////////////////////////
interrupt void c_int08(void)
{
    if (EDMA_intTest(12))                          //McBSP0 数据发送对应的 EDMA 事件引发 EDMA 中断
      {
      EDMA_disableChannel(12);                     //关闭 EDMA 12 通道
      EDMA_intClear(12);                           //清除 EDMA 12 传输完成标志
      xmtflag = 1;                                 //发送完成标志置位
      ConfigEDMA_Xmt();                            //重新配置 EDMA12 通道的寄存器参数,以供下次
                                                   //McBSP0发送数据传输
      }
    if (EDMA_intTest(13))                          //McBSP0 数据接收对应的 EDMA 事件引发 EDMA 中断
      {
      EDMA_disableChannel(13);                     //关闭 EDMA 13 通道
      EDMA_intClear(13);                           //清 EDMA 13 传输完成标志
      ProcessReceiveData(recvbuf0, recv_msg0);//处理接收到的数据,转换得到串口接收字节数据
      ConfigEDMA_Rcv();                            //重新配置 EDMA13 通道的寄存器参数,以供下次
                                                   //McBSP0接收数据传输

      rcvflag = 1;                                 //接收完成标志置位
    }

  }
//////////////////////////////////////////////////////////////////
//计算 1 个二进制字节中 1 的个数                                      */
//////////////////////////////////////////////////////////////////
unsigned int count_one_bits(unsigned char value)
{
  int ones;
  for(ones = 0; value! = 0;value = value>>1)  //字节数据中某位为 1,则 ones 加 1
   {
    if(value % 2! = 0)
       ones ++ ;
   }
```

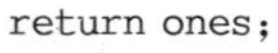

```
    return ones;
}
```

//

2. McBSP 实现 SPI 同步串口

本实例第二部分是 McBSP 通过 SPI 同步数据传输方式控制 AD7843 触摸屏数据采集器，其工作过程是：当有触屏操作发生时，AD7843 通过中断通知 64x，64x 启动 SPI 传输模式，向 AD7843 发送数据采集命令，并同时接收 AD7843 采集的触屏事件在触摸屏上的位置信息，经处理后使用。因此，实例是混合基体，包括硬件连接和软件编程两部分。硬件连接是指 McBSP 与 AD7843 的 SPI 接口相连，软件编程包括 McBSP 的 SPI 配置程序，EDMA 配合 McBSP 的中断配置程序，AD7843 的工作配置程序，触摸屏操作应用程序。

（1）SPI 协议

SPI 串行同步接口是一种四线同步全双工串行总线。SPI 协议是一种主从传输模式（master - slave），主模式端与从模式端的通信由主模式端时钟的存在与否决定，当检测到主模式端时，数据传输开始；主模式端时钟结束时，数据传输结束，传输过程中必须使能从模式端。

SPI 接口的四线如下：

- DX，数据发送端；
- DR，数据接收端；
- SCK，移位时钟，为数据通信提供同步时钟信号，由主模式端产生；
- $\overline{SS}$，低电平有效的从模式端使能信号。

SPI 标准协议时序如图 4 - 49 所示，两种 SPI 传输格式，4 - 49(a)为第 1 种 SPI 传输格式，可通过 CLKSTP=10 配置；4 - 49(b)为第 2 种 SPI 传输格式，可通过 CLKSTP=11 配置。两者的主要差别是时钟与数据发送的开始时间。

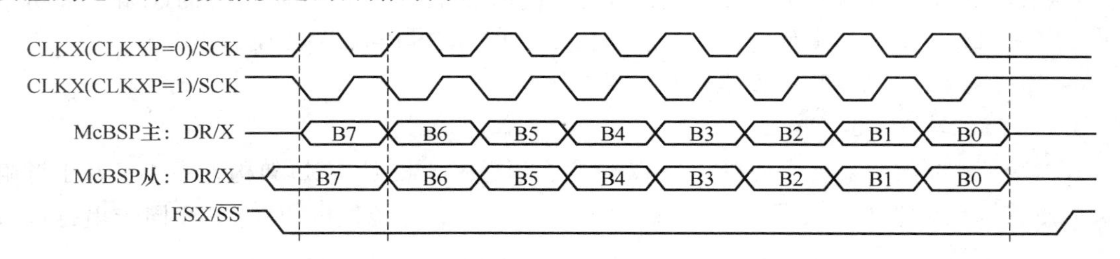

(a) McBSP_SPI时序格式1 (CLKSTP=10)

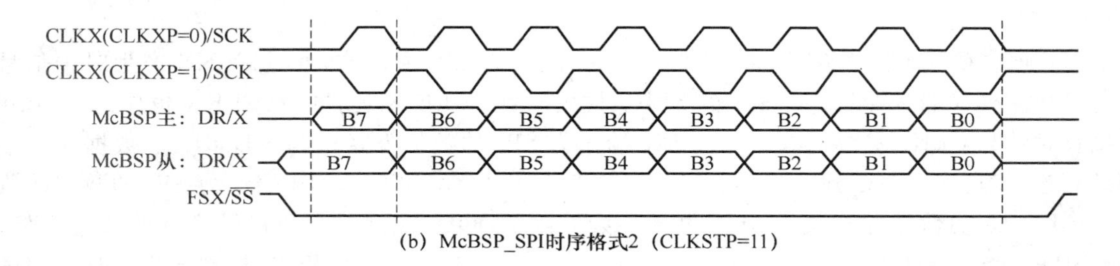

(b) McBSP_SPI时序格式2 (CLKSTP=11)

图 4 - 49　SPI 协议时序

(2) McBSP_SPI 配置

McBSP 的时钟停止模式(CLKSTP)与 SPI 协议兼容,如表 4-24 所列。McBSP 支持主、从两种 SPI 传输格式,由 SPCR 寄存器中的时钟停止模式字段(CLKSTP)指定。时钟停止模式字段(CLKSTP)和 PCR 中的 CLKXP 位联合组成 4 种可能的定时变化,对应传输中的 4 种时钟停止模式。

表 4-24　SPI 模式时钟停止方案

CLKSTP	CLKXP	时钟方案
0X	X	禁用时钟停止模式
10	0	无延迟的低电平非有效状态。McBSP 在 CLKX 的上升沿发送数据,在 CLKR 的下降沿接收数据
11	0	有延迟的低电平非有效状态。McBSP 在 CLKX 的上升沿之前一个半周期发送数据,在 CLKR 的上升沿接收数据
10	1	无延迟的高电平非有效状态。McBSP 在 CLKX 的下降沿发送数据,在 CLKR 的上升沿接收数据
11	1	有延迟的高电平非有效状态。McBSP 在 CLKX 的下降沿之前一个半周期发送数据,在 CLKR 的下降沿接收数据

作为 SPI 的主模式端或从模式端的 McBSP 操作,需按以下步骤进行正确初始化:

① 设置 SPCR 中的$\overline{XRST}=\overline{RRST}=0$。

② 当串口处于复位状态($\overline{XRST}=\overline{RRST}=0$)时,按需要配置 McBSP 寄存器(而非数据寄存器),参照表 4-24 将希望的值写入 SPCR 的 CLKSTP 字段。

③ 设置 SPCR 的$\overline{GRST}=1$,采样率发生器启动。

④ 等待两个时钟周期。

⑤ 如果用 EDMA 执行数据传输,则先用正确的读/写同步和开始运行的起始位来初始化 EDMA,EDMA 等待同步事件的发生,此时,置$\overline{XRST}=\overline{RRST}=1$,McBSP 启动。

⑥ 等待两个时钟周期,接收器和发送器启动。

3. McBSP 与 AD7843 接口

AD7843 触屏数据采集器是在一个 12 位逐次逼近式比较型 ADC 架构上集成了基于低阻抗开关的触摸屏位置数据采集器。AD7843 由 2.2～5.25 V 电源供电,具有 SPI 同步串行接口作为工作模式配置和数据输出总线,四线式触摸屏接口可输出屏幕上触点坐标位置。

本实例中将 McBSP 配置为 SPI 主模式端,实现与 AD7843 的 SPI 通信,其接线方式如图 4-50 所示。

64x 通过 GPIO 控制 AD7843 片选;McBSP 配置为 SPI 主模式,通过 CLKX 产生时钟信号作为 SPI 主模式端时钟与 AD7843 的 SPI 从模式时钟 SCLK 相连,同时,CLKX 也作为 McBSP 的接收时钟与 CLKR 连接;McBSP 的 DX 端作为 SPI 的数据发送端与 AD7843 的数据输入端 DIN 相连,发送配置命令到 AD7843,控制 AD7843 工作;McBSP 的 DR 端作为 SPI 的数据接收端与 AD7843 的数据输出端 DOUT 相连,接收来自 DOUT 的数据,获得触摸屏的位置坐标;McBSP 的 FSR 端作为 SPI 传输的帧同步信号与 AD7843 的 BUSY 相连,控制 SPI 主从之间的收发配合。

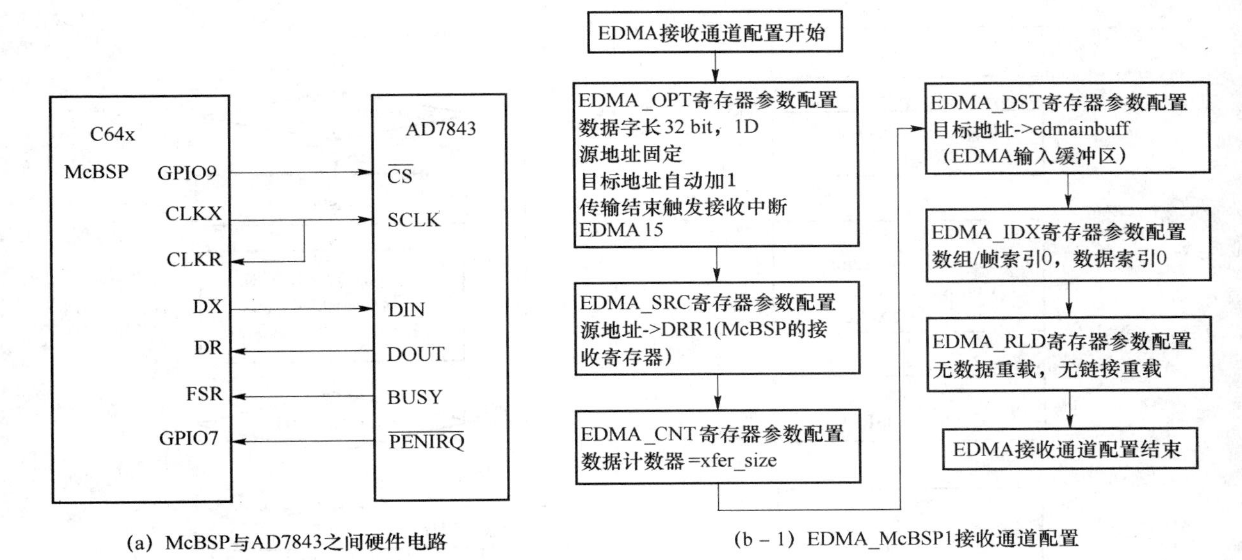

(a) McBSP与AD7843之间硬件电路　　(b－1) EDMA_McBSP1接收通道配置

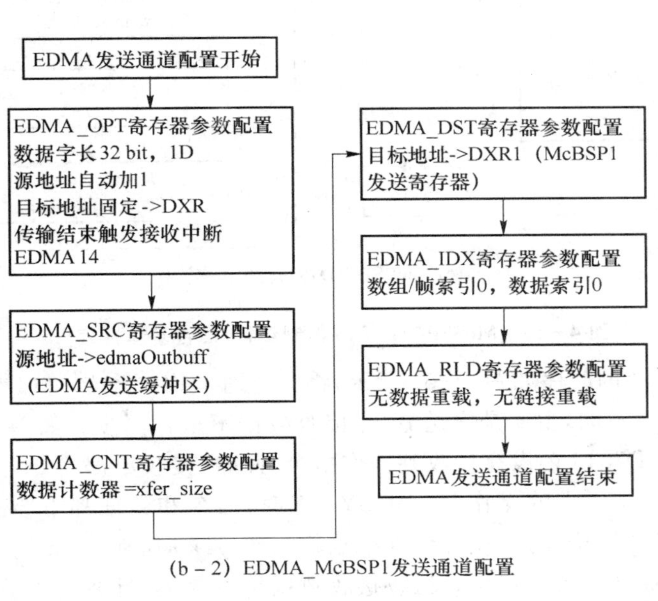

(b－2) EDMA_McBSP1发送通道配置

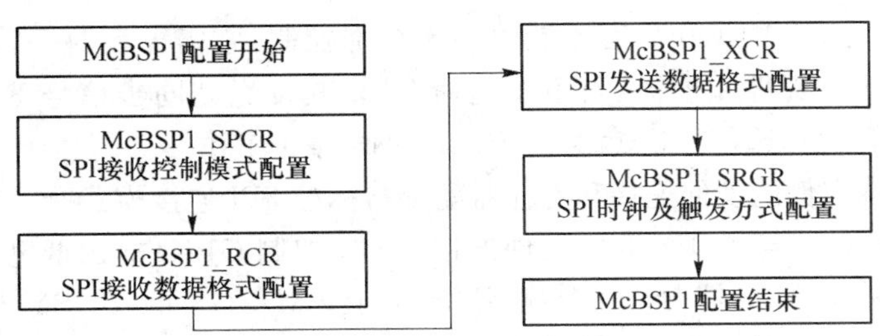

(b－3) EDMA_McBSP_SPI配置程序流程

(b) McBSP配置流程

图 4－50　McBSP_AD7843 控制结构(混合基体)

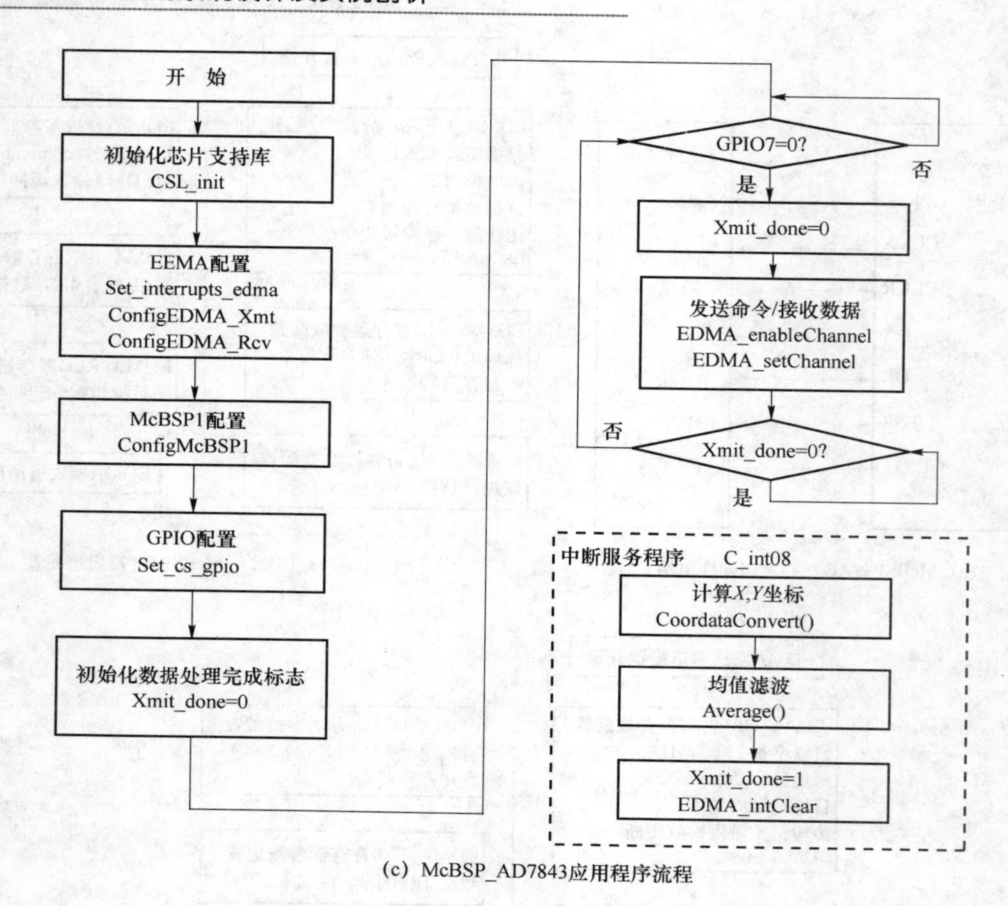

(c) McBSP_AD7843应用程序流程

图 4-50 McBSP_AD7843 控制结构(混合基体)(续)

McBSP 与 AD7843 的时序如图 4-51 所示,将其与图 4-49 比较,可以发现 AD7843 的时序与 SPI 时序要求有一些不同,主要是发送命令/接收数据不全程同步。如图 4-51 所示,当第一次发送命令时,由于 AD7843 还没有接收到操作指令,此时,接收数据为 0;当 AD7843 接收到命令后,需要时间执行命令要求的操作,在 BUSY=1 时,命令和数据都不会出现在命令/数据线上;当 AD7843 执行指令完毕,将触摸屏位置数据输出给 64x 时,前 8 bit 输出期间,不允许发命令。这与图 4-49 中标准 SPI 协议中,发送/接收数据始终存在,且在时钟节奏控制下有序工作不同。另外,由于 AD7843 的工作状态不能由 64x 全部控制,它需要实时等待触摸屏的操作,而 McBSP 的 SPI 工作于时钟停止模式,当不发送命令时,其发送帧同步信号 FSX 为高电平,如果用 FSX 控制 AD7843 的片选使能$\overline{CS}$就会造成 AD7843 停止工作。

由于上述原因,本实例的硬件连接和寄存器配置与标准 SPI 连接模式有一些差别,如图 4-50 所示。图 4-50(a)为 64x 与 AD7843 的硬件连接。64x 控制 GPIO 输出低电平,CE 片选信号有效,McBSP 输出时钟 SCLK 信号、命令字到 DIN 上,AD7843 的 BUSY 变为低电平,表示 AD7843 工作忙;在 SCLK 的每个时钟上升沿,AD7843 采集 DIN 数据,接收 McBSP 发出的控制命令;SCLK 的第 8 个上升沿,指令结束;在第 8 个下降沿处,DIN 停止发送命令数据,变为高阻,AD7843 的 BUSY 变为高电平,延时 1 个时钟周期,期间 AD7843 执行操作命令结束;在 SCLK 上升沿 McBSP 通过接收时钟 CLKR,采集 DOUT 传输到 DR 引脚的输出数据,共 12 位,高位在

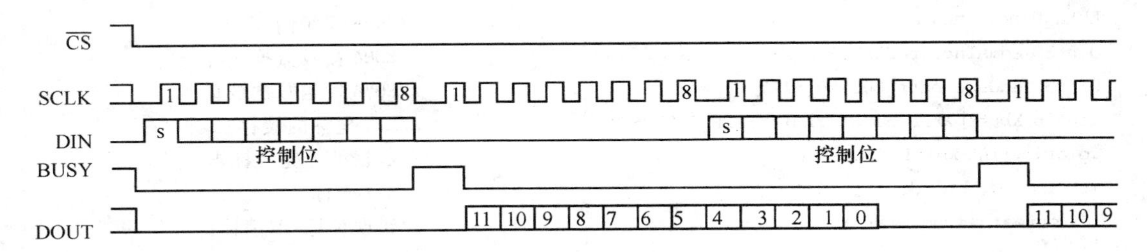

图 4-51　AD7843 的数据通信时序

先;当输出数据发送到第 8 个数据时,McBSP 开始发送下一个命令;重复上述过程,64x 获得触摸屏信息。这里需要特别注意时序操作顺序,而且 McBSP 的时钟发送与接收都来自于其内部的采样率发生器。

4. McBSP_SPI_ AD7843 配置

由于上述 AD7843 时序要求与 SPI 的差异,使得本实例中 McBSP_SPI 配置与标准 SPI 配置有一些出入,如图 4-50(b)所示。SPI 配置程序与异步串口配置程序类似,主要是 McBSP1 和 EDMA 的配置,通过调用 API 函数实现。

5. McBSP_SPI_ AD7843 驱动

当配置完成硬件无缝连接结构之后,就需要编写软件驱动程序,对 AD7843 进行操作,实现触摸屏触点坐标的读取。由于利用了 SPI 协议,使得每一时刻,都同时发命令和读数据,因此,发命令是通过无效命令字 0 代替停发状态,接收数据是通过剔除无效数据还原触摸屏接收的真实触点坐标。如图 4-50(c)所示为这一部分的程序流程图,说明了本实例的上层编程思路。以下是 SPI 配置程序的参考例程。

```
////////////////////////////////////////////////////////////////////////////////////
//头文件//////////////////////
#include <csl.h>                                                      //芯片支持库
#include <csl_edma.h>                                                 //edma 支持库
#include <csl_irq.h>                                                  //irq 中断请求支持库
#include <csl_mcbsp.h>                                                //mcbsp 支持库

//宏定义//////////////////////
#define FALSE 0
#define TRUE 1
#define XFER_SIZE 8                                                   //坐标缓存 8 个字
#define BUFFER_SIZE 8                                                 //缓存大小 8 个字
#define PERCFG   *((volatile  unsigned int *)0x01B3F000)              //外设配置寄存器 PCR 地址
#define PCFGLOCK *((volatile  unsigned int *)0x01B3F018)              //外设配置锁存寄存器 PCL 地址
#define GPIO_EN  *((volatile unsigned int *) 0x01B00000)              //GPIO 使能寄存器地址
#define GPIO_DIR *((volatile unsigned int *) 0x01B00004)              //GIPO 输入、输出设置地址
#define GPIO_VAL *((volatile unsigned int *) 0x01B00008)              //GIPO 寄存器地址

//变量声明//////////////////////
MCBSP_Handle hMcbsp1;                                                 //McBSP1 句柄
EDMA_Handle hEdma14;                                                  //EDMA14 句柄
```

```
EDMA_Handle hEdma15;                              //EDMA15 句柄
Uint32 edmaInbuff[BUFFER_SIZE];                   //EDMA 接收数据缓存
Uint32 edmaOutbuff[BUFFER_SIZE];                  //EDMA 发送数据缓存
Uint16 Xbuff[XFER_SIZE],Ybuff[XFER_SIZE];         //X,Y 坐标的缓存
volatile int xmit1_done;                          //数据处理完成标志
int Xcoord,Ycoord;                                //X,Y 坐标
int errmark,ignoremark;                           //错误标记,取消标记

//子函数声明//////////////////////
void ConfigEDMA_Xmt(void);                        //配置 EDMA 发送
void ConfigEDMA_Rcv(void);                        //配置 EDMA 接受
void ConfigMcBSP1(void);                          //配置 McBSP1
void CoordataConvert(void);                       //数据转换
void DM642_wait(Uint32 delay);                    //延时函数
void DM642_waitusec(Uint32 delay);                //延时函数
void set_cs_gpio(void);                           //通过 gpio 选通 AD7843
void set_interrupts_edma(void);                   //设置 edma 中断
int average();                                    //取平均函数
interrupt void c_int08(void);                     //中断服务函数
extern far void vectors();

void main(void)
{
  int i;
  //初始化芯片支持库//////////////////////
  CSL_init();
  //配置中断//////////////////////
  set_interrupts_edma();
  //打开和配置 EDMA//////////////////////
  EDMA_clearPram(0x00000000);                     //清除 EDMA 参数
  hEdma14 = EDMA_open(EDMA_CHA_XEVT1, EDMA_OPEN_RESET);
  hEdma15 = EDMA_open(EDMA_CHA_REVT1, EDMA_OPEN_RESET);
  ConfigEDMA_Xmt();                               //配置 EDMA1 通道的寄存器参数,以供
                                                  //McBSP1发送数据的传输
  ConfigEDMA_Rcv();                               //配置 EDMA2 通道的寄存器参数,以供
                                                  //McBSP1接收数据的传输
  EDMA_intEnable(14);                             //使能 EDMA14 的发送传输完成中断
  EDMA_intEnable(15);                             //使能 EDMA15 的接收传输完成中断

  //打开和配置 Mcbsp1//////////////////////
  hMcbsp1 = MCBSP_open(MCBSP_DEV1, MCBSP_OPEN_RESET);
  ConfigMcBSP1();

  //配置 GPIO//////////////////////
  set_cs_gpio();                                  //使能 AD7843 芯片,查询触屏操作信息
```

```
  for(i = 0;i<XFER_SIZE;i ++ )                          //AD7843 控制命令设置
  {
    edmaOutbuff[i] = 0x9200d200;
  }

  GPIO_VAL& = ～0x00000200;                             //使能 AD7843

  while(1)
  {
    if(! (GPIO_VAL & 0x00000080))                       //查询触屏操作信息,有信息此位 = 0
    {
      EDMA_enableChannel(hEdma14);                      //打开 EDMA14 通道,发送
      EDMA_enableChannel(hEdma15);                      //打开 EDMA15 通道,接收
      EDMA_setChannel(hEdma14);                         //setChannel 触发通道 14 传输
      while (! xmit1_done);                             //等待数据处理完成
    }
  }
}

////////////////////////////////////////////////////
//函数名:ConfigEDMA_Rcv
//功　能:配置 EDMA 通道 15
//说　明:用于串口接收
////////////////////////////////////////////////////
void ConfigEDMA_Rcv(void)
{
  EDMA_configArgs(hEdma15,
  EDMA_OPT_RMK(
    EDMA_OPT_PRI_HIGH,                                  //EDMA 事件优先级,001 高优先级传输
    EDMA_OPT_ESIZE_32BIT,                               //数据字长,选 32 bits 字长
    EDMA_OPT_2DS_DEFAULT,                               //源数据维数,默认
    EDMA_OPT_SUM_DEFAULT,                               //源地址刷新模式,默认
    EDMA_OPT_2DD_DEFAULT,                               //目的数据维数,默认
    EDMA_OPT_DUM_INC,                                   //目的地址刷新模式,赋值 01,根据 2DS 和 FS 位自增
    EDMA_OPT_TCINT_YES,                                 //传输结束中断,传输完成后,相应 CIRP 位置 1,CIRP 由
                                                        //TCC 值指定
    EDMA_OPT_TCC_OF(15),                                //传输结束码对应 15 通道,这 4 位设置 TCINT = 1 时的 CIPR
    EDMA_OPT_TCCM_DEFAULT,                              //传输结束编码最高位,默认
    EDMA_OPT_ATCINT_DEFAULT,                            //可选传输结束中断,不使用可选项
    EDMA_OPT_ATCC_DEFAULT,                              //可选传输结束编码,选默认值
    EDMA_OPT_PDTS_DEFAULT,                              //源数据的外设传输模式,选默认值
    EDMA_OPT_PDTD_DEFAULT,                              //目的数据外设传输模式,选默认值
    EDMA_OPT_LINK_NO,                                   //禁止事件参数链接,入口不重载
    EDMA_OPT_FS_NO                                      //通道由单元/阵列同步
    ),
```

```
    EDMA_SRC_RMK(MCBSP_getRcvAddr(hMcbsp1)),//EDMA 传输源地址,指向 McBSP1_DRR
    EDMA_CNT_RMK(0,XFER_SIZE),              //EDMA 每次读的数据量为 XFER_SIZE
    EDMA_DST_RMK((Uint32)edmaInbuff),       //EDMA 接收数据缓存数组地址 edmaInbuff
    EDMA_IDX_RMK(0,0),                      //数组/帧索引 0,元素索引 0
    EDMA_RLD_RMK(0,0)                       //数据计数重载 0,链接地址 0
    );
}

/////////////////////////////////////////////
//函数名:ConfigEDMA_Xmt
//功  能:配置 EDMA 通道 14
//说  明:用于串口发送
/////////////////////////////////////////////

void ConfigEDMA_Xmt(void)
{
  EDMA_configArgs(hEdma14,
  EDMA_OPT_RMK(
    EDMA_OPT_PRI_HIGH,                     //EDMA 事件优先级,001 高优先级传输
    EDMA_OPT_ESIZE_32BIT,                  //数据字长, 赋值 01,选 32 bits 字长
    EDMA_OPT_2DS_DEFAULT,                  //源数据维数,默认
    EDMA_OPT_SUM_INC,                      //源地址刷新模式,默认
    EDMA_OPT_2DD_DEFAULT,                  //目的数据维数,默认
    EDMA_OPT_DUM_DEFAULT,                  //目的地址刷新模式,默认
    EDMA_OPT_TCINT_YES,                    //传输结束中断,传输完成后,相应 CIRP 位置 1,CIRP 由
                                           //TCC值指定
    EDMA_OPT_TCC_OF(14),                   //传输结束码对应 14 通道,这 4 位设置 TCINT = 1 时的 CIPR
    EDMA_OPT_TCCM_DEFAULT,                 //传输结束编码最高位,默认
    EDMA_OPT_ATCINT_DEFAULT,               //可选传输结束中断,不使用可选项
    EDMA_OPT_ATCC_DEFAULT,                 //可选传输结束编码,选默认值
    EDMA_OPT_PDTS_DEFAULT,                 //源数据的外设传输模式,选默认值
    EDMA_OPT_PDTD_DEFAULT,                 //目的数据外设传输模式,选默认值
    EDMA_OPT_LINK_NO,                      //禁止事件参数链接,入口不重载
    EDMA_OPT_FS_NO                         //通道由单元/阵列同步
    ),
    EDMA_SRC_RMK((Uint32)edmaOutbuff),      //EDMA 传输源地址,指向 edmaOutbuff
    EDMA_CNT_RMK(0,XFER_SIZE),              //EDMA 每次读的数据量为
    EDMA_DST_RMK(MCBSP_getXmtAddr(hMcbsp1)),//EDMA 目标地址 McBSP1->DRR
    EDMA_IDX_RMK(0,0),                      //数组/帧索引 0,元素索引 0
    EDMA_RLD_RMK(0,0)                       //元素计数重载 0,链接地址 0
    );
}

/////////////////////////////////////////////
//函数名:ConfigMcBSP1
```

```
//功  能:配置 mcbsp1
//说  明:配置 mcbsp1
//////////////////////////////////////////////
void ConfigMcBSP1(void)
{
  MCBSP_Config mcbspCfg1 = {
  MCBSP_SPCR_RMK(                          //串口控制寄存器 SPCR
    MCBSP_SPCR_FREE_DEFAULT,               //忽略
    MCBSP_SPCR_SOFT_DEFAULT,               //忽略
    MCBSP_SPCR_FRST_DEFAULT,               //默认值 0,帧同步产生逻辑复位
    MCBSP_SPCR_GRST_DEFAULT,               //采样率发生器复位,默认值 0
    MCBSP_SPCR_XINTM_DEFAULT,              //发送中断模式选择,选默认
    MCBSP_SPCR_XSYNCERR_DEFAULT,           //发射同步错误,默认值 0,没有帧同步错误
    MCBSP_SPCR_XRST_DEFAULT,               //默认值 0,串口发送器禁止并处于复位状态
    MCBSP_SPCR_DLB_OFF,                    //数字反馈回路模式禁止
    MCBSP_SPCR_RJUST_DEFAULT,              //接收符号扩展和校正模式位,选默认
    MCBSP_SPCR_CLKSTP_DISABLE,             //禁止时钟停止模式,非 SPI 模式
    MCBSP_SPCR_DXENA_OFF,                  //DX 使能禁止
    MCBSP_SPCR_RINTM_RRDY,                 //RRDY 驱动 RINT
    MCBSP_SPCR_RSYNCERR_DEFAULT,           //无帧同步错误
    MCBSP_SPCR_RRST_DEFAULT                //默认值 0,串口接收器禁止并处于复位状态
    ),
  MCBSP_RCR_RMK(                           //接收控制寄存器 RCR
    MCBSP_RCR_RPHASE_SINGLE,               //接收帧相位选择,选单相位帧
    MCBSP_RCR_RFRLEN2_DEFAULT,             //相位 2 接收帧长,选默认
    MCBSP_RCR_RWDLEN2_DEFAULT,             //相位 2 接收字长,选默认
    MCBSP_RCR_RCOMPAND_DEFAULT,            //接收压缩模式选择,选默认
    MCBSP_RCR_RFIG_YES,                    //接收帧忽略,选 1,忽略第一个帧同步脉冲后的非预
                                           //期接收帧同步脉冲
    MCBSP_RCR_RDATDLY_1BIT,                //接收数据延时位,选 01,延时 1 bit
    MCBSP_RCR_RFRLEN1_DEFAULT,             //相位 1 接收帧长,选默认
    MCBSP_RCR_RWDLEN1_32BIT,               //相位 1 接收字,32 bits 字长
    MCBSP_RCR_RWDREVRS_DISABLE             //禁止接收 32 位反转
    ),
  MCBSP_XCR_RMK(                           //发送控制寄存器 XCR
    MCBSP_XCR_XPHASE_DEFAULT,              //发送帧相位选择,选默认
    MCBSP_XCR_XFRLEN2_DEFAULT,             //相位 2 发送帧长,选默认
    MCBSP_XCR_XWDLEN2_DEFAULT,             //相位 2 发送字长,选默认
    MCBSP_XCR_XCOMPAND_DEFAULT,            //发送压缩模式选择,选默认
    MCBSP_XCR_XFIG_YES,                    //发送帧忽略,选 1,忽略第一个帧同步脉冲后的非预期
                                           //发送帧同步脉冲
    MCBSP_XCR_XDATDLY_1BIT,                //发送数据延时位,选 01,延时 1 bit
    MCBSP_XCR_XFRLEN1_DEFAULT,             //相位 1 发送帧长,选默认
    MCBSP_XCR_XWDLEN1_32BIT,               //相位 1 发送字,32 bits 字长
    MCBSP_XCR_XWDREVRS_DISABLE             //禁止发送 32 位反转
```

```
    ),
    MCBSP_SRGR_RMK(                        //采样率发生寄存器 SRGR
      MCBSP_SRGR_GSYNC_FREE,               //采样率发生器时钟 CLKG 自由运行
      MCBSP_SRGR_CLKSP_RISING,             //CLKS 极性时钟边沿选择位,选 0,上升沿触发
      MCBSP_SRGR_CLKSM_INTERNAL,           //采样率产生模式选择位,选 1,采样率产生由内部时
                                           //钟源驱动
      MCBSP_SRGR_FSGM_DEFAULT,             //采样率产生帧同步模式选择位,选默认
      MCBSP_SRGR_FPER_DEFAULT,             //帧同步间隔时间,选默认
      MCBSP_SRGR_FWID_DEFAULT,             //帧同步脉冲宽度,默认 0,对应 1 的宽度
      MCBSP_SRGR_CLKGDV_OF(149)            //采样率发生器时钟 CLKG 分频数(0～255),选择 149
      ),
  MCBSP_MCR_R_DEFAULT,                     //忽略
  MCBSP_RCEREO_ DEFAULT,                   //忽略

    MCBSP_PCR_RMK(                         //引脚控制寄存器 PCR
      MCBSP_PCR_XIOEN_SP,                  //配置 DX,FSX,CLKX 为相应串口功能
      MCBSP_PCR_RIOEN_SP,                  //配置 DR,FSR,CLKR 为相应串口功能
      MCBSP_PCR_FSXM_INTERNAL,             //由 SRGR 中 FSGM 决定帧同步信号的产生
      MCBSP_PCR_FSRM_EXTERNAL,             //帧同步信号由外部源提供
      MCBSP_PCR_CLKXM_OUTPUT,              //CLKX 时钟由内部采样器产生
      MCBSP_PCR_CLKRM_OUTPUT,              //CLKX 时钟由内部采样器产生
      MCBSP_PCR_CLKSSTAT_0,                //CLKS 引脚状态
      MCBSP_PCR_DXSTAT_0,                  //DX 引脚状态
      MCBSP_PCR_FSXP_ACTIVELOW,            //FSX 低电平有效
      MCBSP_PCR_FSRP_ACTIVEHIGH,           //FSR 低电平有效
      MCBSP_PCR_CLKXP_RISING,              //CLKX 时钟上升沿采样数据
      MCBSP_PCR_CLKRP_FALLING              //CLKR 时钟下降沿采样数据
      )
    };
    MCBSP_config(hMcbsp1, &mcbspCfg1);     //McBSP 寄存器参数配置
    DM642_waitusec(2000);                  //寄存器设置完成后需延时,内同步
    MCBSP_enableSrgr(hMcbsp1);             //使能采样率发生器
    DM642_waitusec(2000);                  //采样率发生器使能后需延时,内同步
    MCBSP_enableRcv(hMcbsp1);              //使能接收器
    MCBSP_enableXmt(hMcbsp1);              //使能发送器
}

///////////////////////////////////////////////////////////////////////////////////////////
//函数名:CoordataConvert
//功  能:数据处理
//说  明:将串口接收到的数据,分别保存到 Xbuf 和 Ybuf 两个数组中
///////////////////////////////////////////////////////////////////////////////////////////
void CoordataConvert(void)
{
  int i;
```

```
    Uint16 * Coordbuffptr;
    Uint32 * edmaInbuffptr;
    edmaInbuffptr = edmaInbuff;                      //获取串口接收数据的指针
    Coordbuffptr = (Uint16 * )edmaInbuffptr;         //指针类型转换,32 位转为 16 位
    for(i = 0;i< XFER_SIZE;i ++ )
    {
      Xbuff[i] =  * Coordbuffptr;
      Xbuff[i] = ( Xbuff[i]>>4 );                    //右移数据,获取 Xbuff
      Coordbuffptr ++ ;
      Ybuff[i] =  * Coordbuffptr;
      Ybuff[i] = ( Ybuff[i]>>4 );                    //右移数据,获取 Ybuff
      Coordbuffptr ++ ;
      }
}

//////////////////////////////////////////////////////////////////
//函数名:DM642_wait
//功  能:延时函数
//说  明:给配置寄存器提供延时
//////////////////////////////////////////////////////////////////
void DM642_wait(Uint32 delay)
{
    volatile Uint32 i,n;
    n = 0;
    for(i = 0;i<delay;i ++ )
    {
    n = n + 1;
    }
}

//////////////////////////////////////////////////////////////////
//函数名:DM642_waitusec
//功  能:延时函数
//说  明:是 DM642_wait 的 21 倍
//////////////////////////////////////////////////////////////////
void DM642_waitusec(Uint32 delay)
{
    DM642_wait(delay * 21);
}

//////////////////////////////////////////////////////////////////////////////////////////
//函数名:Mcbsp1_selected
//功  能:mcbsp1 选择
//说  明:设置 PCFGLOCK,PERCFG 寄存器,选择 mcbsp1
//////////////////////////////////////////////////////////////////////////////////////////
```

```
void Mcbsp1_selected(void)
{
  PCFGLOCK = 0x10C0010C;
  DM642_waitusec(2000);
  PERCFG = 0x0004;
  DM642_waitusec(2000);
}

////////////////////////////////////////////////////////////////////////////
//函数名:set_cs_gpio
//功  能:设置 gpio
//说  明:gpio0x200 使能 AD7843 的 CS,gpio0x80 做中断接收
////////////////////////////////////////////////////////////////////////////
void set_cs_gpio(void)
{
  GPIO_EN| =  0x00000280;                        //使能 gpio0x200 和 0x80
  GPIO_DIR| = 0x00000200;                        //配置 0x200 为输出
  GPIO_DIR& =  ~0x00000080;                      //配置 0x80 为输入
  GPIO_VAL| = 0x00000200;                        //将 0x200 设置为 1,AD7843 的 CS 是低电平有效,将其
                                                 //拉高,初始化为无效
}

////////////////////////////////////////////////
//函数名:set_interrupts_edma
//功  能:配置 edma 中断
//说  明:使能 edma 中断
////////////////////////////////////////////////
void set_interrupts_edma(void)
{
  IRQ_setVecs(vectors);
  IRQ_globalEnable();                            //使能全局中断
  IRQ_nmiEnable();                               //不使能无法触发中断
  IRQ_map(IRQ_EVT_EDMAINT,8);                    //将 EDMA 的中断映射到物理中断 8
  IRQ_reset(IRQ_EVT_EDMAINT);                    //禁止并清除 EDMA 中断实现复位效果
  IRQ_enable(IRQ_EVT_EDMAINT);                   //使能 EDMA 中断
}

////////////////////////////////////////////////////
//函数名:average
//功  能:校验接收数据
//说  明:通过平均值来校验接收的数据
////////////////////////////////////////////////////
int average(Uint16 * value)
{
  int max,min,i,ave = 0,sum = 0;
```

```
  errmark = 0;
  value ++ ;
  max = * value;
  min = * value;
  for(i = 0;i<XFER_SIZE - 2;i ++ )
  {
    if(( * value == 0xfff0) ||( * value == 0x0000))
    {
      value ++ ;
      errmark ++ ;
    }
      else
    {
      if(max< * value)
        max = * value;
      if(min> * value)
        min = * value;
      sum + = * value;
      value ++ ;
    }
  }
  if((errmark<2)&&(max - min<0x100))
    ave = (sum - min - max)/(XFER_SIZE - 4 - errmark);
  else
    ave = 0;                                        //get value err
  return ave;
}

/////////////////////////////////////////////////////////////////////////
//函数名:c_int08
//功  能:EDMA 数据传输完成中断服务程序 ISR
//说  明:处理数据和清空通道
/////////////////////////////////////////////////////////////////////////
interrupt void c_int08(void)
{
  if (EDMA_intTest(15))                             //McBSP1 数据接收对应的 EDMA 事件引发 EDMA 中断
  {
    EDMA_disableChannel(hEdma15);                   //关闭 EDMA15 通道
    EDMA_intClear(15);                              //清除 EDMA15 传输完成标志
    CoordataConvert();                              //数据转换
    Xcoord = average(Xbuff);                        //通过取平均值,获取坐标 X
    Ycoord = average(Ybuff);                        //通过取平均值,获取坐标 Y
    ConfigEDMA_Rcv();
  }
  if (EDMA_intTest(14))                             //McBSP1 数据发送对应的 EDMA 事件引发 EDMA 中断
```

```
    {
        EDMA_disableChannel(hEdma14);                //关闭 EDMA14 通道
        xmit1_done = TRUE;                           //xmit1_done 赋 1
        EDMA_intClear(14);                           //清除 EDMA14 传输完成标志
        ConfigEDMA_Xmt();
    }
}
////////////////////////////////////////////////////////////////////////////////
```

4.6.3 运行结果与分析

本实例中 McBSP0 用作 RS232 与 PC 机串口通信，McBSP1 用作 SPI 与 AD7843 通信，其运行结果分别通过不同的工作环境进行测试。

1. McBSP0_RS232 运行结果分析

将 RS232 配置与驱动程序源代码存为 McBSP0.c 源文件，添加在 CCS 工程选项 project 之下，编译生成.out 文件，加载并运行程序。

同时，运行 PC 机上的串口调试助手软件，如图 4-52 所示，在左上角选项中设置波特率、校验位、数据位、停止位等参数，本实例中选择波特率 9 600，无校验，数据位 8 位，停止位 1 位。PC 机就可以连续收到目标板发送的数据，并显示在在串口调试助手界面的主窗口上。

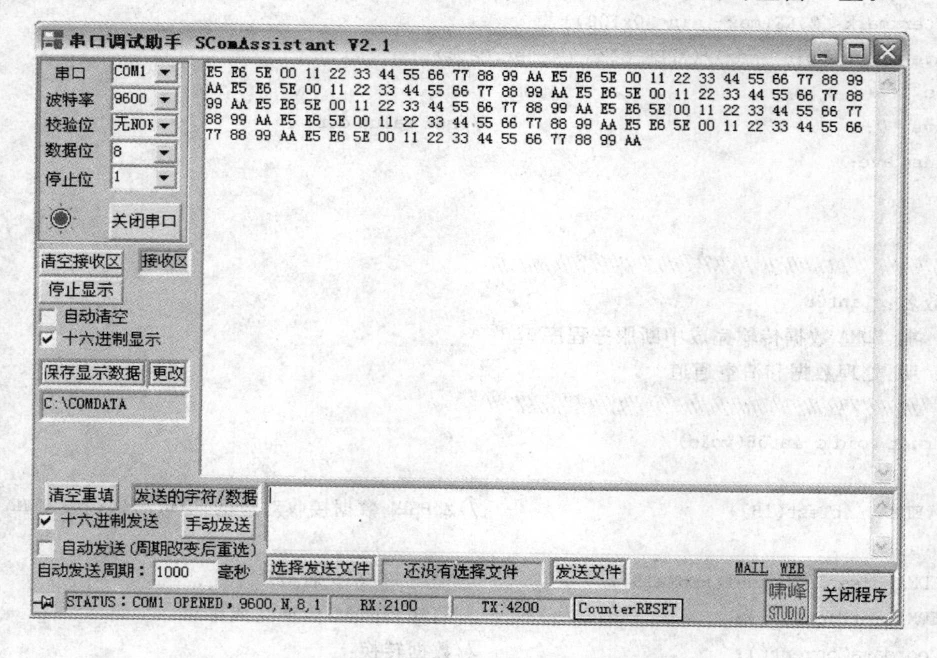

图 4-52　串口调试助手接收数据

McBSP 端连续重复发送数据串 E5 E6 5E 00 11 22 33 44 55 66 77 88 99 AA，在串口调试助手的数据接收区，即图 4-52 中右上方的大块区域，可以观察到连续接收到的正确数据。

调试中常见问题可参见表 4-25。

表 4-25 McBSP 连接串口调试常见问题

现　象	原　因	解决方法
连续接收到大量的 0	数据发送端不工作时保持低电平	McBSP 数据输出端接上拉电阻
调试助手无数据显示	调试助手设置不正确	确认串口调试助手各参数的设置，尤其是波特率和校验位
接收到的数据非预期数据	系统时钟不一致，导致分频获得的 McBSP 时钟不合适	根据所用系统时钟调节 McBSP 的分频参数，以适合对应波特率

2. McBSP1_SPI_ AD7843 运行结果分析

将 McBSP1_SPI_ AD7843 配置与驱动程序源代码存为 McBSP1_SPI.c 源文件，添加在 CCS 工程选项 project 之下，编译生成.out 文件，加载并运行程序。在 CCS 界面上，选择触屏坐标(Xcoord，Ycoord)，打开观察窗口 Watch Windows；将触杆或触笔轻点触屏上任意位置，可以看到坐标(Xcoord，Ycoord)的变化，如图 4-53 所示。

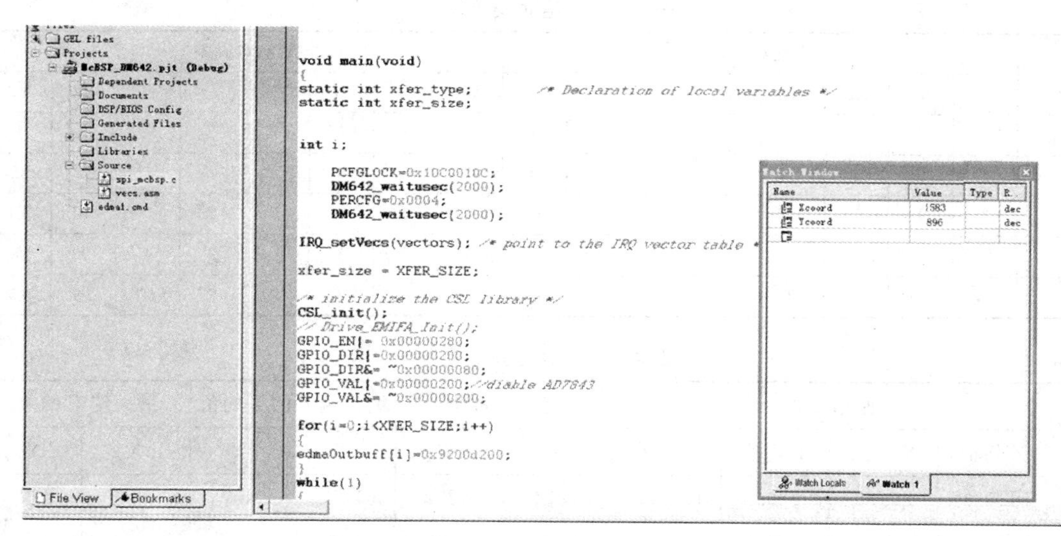

图 4-53 运行 SPI 程序获得触摸点坐标值

将采集结果与实际位置比较可以分析 AD7843 采集器的定位准确度。一组采集结果如表 4-26～表 4-28 所列，显然，数据的干扰很大，因此，在采集驱动程中加入铝箔算法，经滤波后的数据如表4-28所列，显然，数据定位稳定性和准确性均有提高。对于一般的触摸屏操作来说，因为触点选择往往为一个具有一定范围的区域，因此，对于定位的绝对准确没有太高要求，所用算法满足要求。

表 4-26～表 4-28 为 McBSP1_SPI_ AD7843 触屏数据分析结果。表 4-26 为 5 次采集的触屏坐标原始数据，每次采 8 个数据，包括 Xi，Yi，i=1，2，…，8。表 4-26 最后两列是滤波后实际输出坐标值。表 4-27 为每次测量的绝对误差表，是表 4-26 的原始数据与均值差，显然，X 的绝对误差最大为 12，而 Y 的绝对误差最大达 223，说明 *X* 轴的数据稳定性更好，对于 Y 的情况，发现每次采集的最大误差均在第一个数据 Y1 和最后一个数据处，因此，计算均值时，抛弃第一个和最后一个数据会使均值的稳定性提高。另外，*X* 轴的稳定性也受到第一个和最后一个数据的较大干扰，采用与 *Y* 轴同样的方法，可使结果误差减小。从物理意义上解释，这种现象说

明，当刚刚接触触摸屏和准备离开触摸屏的瞬间，触摸屏响应不稳定。表 4－28 对采集结果又进行了深度滤波，可见多次采集平均结果优于单次采集结果。

表 4－26　原始数据表

序号	X原始值								Y原始值								滤波后X	滤波后Y
	X1	X2	X3	X4	X5	X6	X7	X8	Y1	Y2	Y3	Y4	Y5	Y6	Y7	Y8		
1	1 829	1 824	1 828	1 824	1 825	1 826	1 824	1 827	2 181	2 291	2 297	2 286	2 297	2 311	2 286	2 291	1 824	2 292
2	2 179	2 184	2 176	2 174	2 177	2 173	2 171	2 172	1 870	1 971	1 969	1 976	1 979	1 984	2 006	2 012	2 175	1977
3	2 140	2 144	2 140	2 139	2 142	2 148	2 147	2 157	365	468	460	469	470	470	468	484	2 143	468
4	2 871	2 857	2 862	2 856	2 862	2 857	2 860	2 862	3 095	3 198	3 197	3 195	3 198	3 192	3 195	3 200	2 859	3 196
5	760	764	768	772	774	783	786	787	1 314	1 527	1 529	1 536	1 539	1 547	1 552	1 553	774	1 537

表 4－27　绝对误差表

序号	X绝对误差								Y绝对误差							
	X1	X2	X3	X4	X5	X6	X7	X8	Y1	Y2	Y3	Y4	Y5	Y6	Y7	Y8
1	5	0	4	0	1	2	0	3	111	1	5	6	5	19	6	1
2	4	9	1	1	2	2	4	3	107	6	8	1	2	7	29	35
3	3	1	3	4	1	5	4	14	103	0	8	1	2	2	0	16
4	12	2	3	3	3	2	1	3	101	2	1	1	2	4	1	4
5	14	10	6	2	0	9	12	13	223	10	8	1	2	10	15	16

表 4－28　数据分析表

序号	原始数据				滤波后数据		绝对偏差的平均值		最大绝对偏差	
	X均值	X方差	Y均值	Y方差	X	Y	X	Y	X	Y
1	1825.88	26.88	2 280.00	11 654.00	1 824	2 292	1.63	24.75	5	111
2	2 175.75	127.50	1 970.88	13 368.88	2 175	1977	3.25	25.69	9	107
3	2 144.63	251.88	456.75	9 925.50	2 143	468	4.53	22.94	14	103
4	2 860.88	160.88	3 183.75	9 043.50	2 859	3 196	3.38	22.19	12	101
5	774.25	729.50	1 512.13	45 528.88	774	1 537	8.31	49.53	14	223

3. McBSP 扩展要点

由于 McBSP 工作建立在外部设备与存储器之间的串行数据传输通道，是一类与应用相关的比较复杂的混合基体。因此，其硬件部分是所选用的通信协议要求的外部设备连接；其软件部分有两个方面，一是 McBSP 与所采用具体串口协议相关的寄存器配置，如果通过 EDMA 进行通信，还需要 EDMA 寄存器配置，二是根据设备工作模式编写相应的驱动程序。所以，McBSP 常与 EDMA 一起配置建立串口数据传输的硬件通道，编写外设驱动程序完成具体的串口传输任务。

另外，McBSP 配置程序开发主要是时钟、帧同步、数据格式等选择，以及根据片外外设编写驱动程序。McBSP 配置、驱动与系统工作的关系如图 4－54 所示。

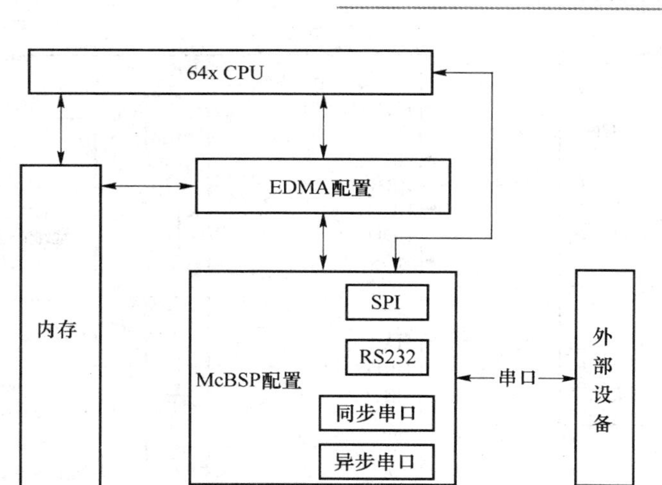

图 4-54 McBSP 与系统的工作关系

4.7 HPI 应用实例

HPI 接口是 64x 的主机并行接口，主要作为从机 Slave 与外部主机 Host 通过并行数据接口连接。64x 本身也可以使用 EMIF 接口作为主机，并通过 HPI 接口与多个 64x 之间构成一种主从连接模式。64x 的 HPI 接口也可以与外部其他 MCU 或 PC 之间构成并行数据传输系统，但此时 64x 只能作为从机，通过 HPI 接口，主机可以直接访问 64x 的 CPU 内存空间，主机还可以直接对存储器映射的外围设备进行访问。作为片上外设 HPI 是一个简单的混合基体，它只需要进行 1 个寄存器配置就可以完成硬件连接，不需要驱动程序配合，因为 HPI 只有一种传输模式。

本实例通过一个作为主的 C6416(1)的 EMIFA 接口，控制另一个从的 C6416(2)的 HPI 接口，在两个 C6416 之间进行数据传输，剖析 64x HPI 工作机制。

4.7.1 HPI 结构与功能描述

1. HPI 结构

HPI 结构如图 4-55 所示，主要包括：地址寄存器 HPIA(HPIAR、HPIAW)、数据寄存器 HPID、控制寄存器 HPIC、EDMA 逻辑以及信号接口。HPI 支持 16 bit、32 bit 外部数据接口。HPI16 允许 64x 存取 HPI 地址寄存器 HPIA，HPIA 包括两个寄存器 HPIA 写寄存器 HPIAW 和 HPIA 读寄存器 HPIAR。HPI16 与 HPI32 的不同在于 HHWIL 仅用于 HPI16 辨识传输中 1 个字的前后半个字。

2. HPI 接口信号描述

HPI 接口信号主要由并行数据传输的数据线、控制线、地址线组成，各接口定义如下。

- HD[15：0]或 HD[31：0]：并行、双向、三态数据线。
- HCNTL[1：0]：HPI 存取类型控制，可与地址线或控制线连接。
- HHWIL：半字辨识输入，用于识别 1 字传输中的前后半字，可与地址线或控制线连接。

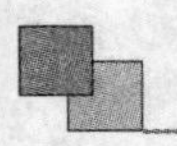

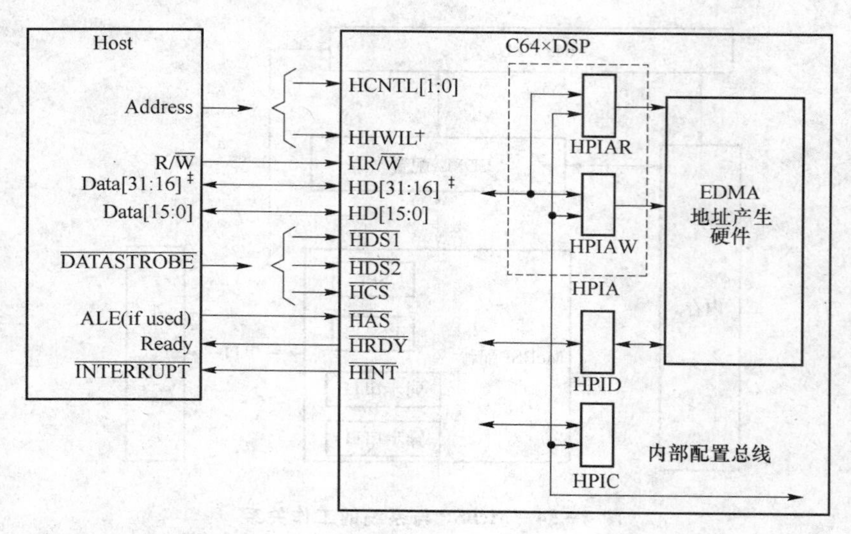

图 4－55　HPI 结构

- $\overline{HAS}$：多路复用中的地址与数据选择，可与地址锁存(ALE)、地址选通连接，不用时接高电平。
- $\overline{HBE}$[1：0]：写字节使能，64x 没有此操作。
- HR/W：读/写选择，可与读/写选通、地址线、多路复用地址/数据线连接。
- $\overline{HCS}$：数据选通输入，可与地址或控制线连接。
- $\overline{HDS}$[1：2]：数据选通输入，可与读选通、写选通、数据选通连接。
- HRDY：HPI 准备好。
- HINT：中断输出，由 HPIC 中的 HINT 位控制。

3. HPI 控制功能

(1) HPI 控制寄存器

CPU 主机与 64x 从机 HPI 间通信的控制寄存器为 HPID、HPIA 和 HPIC，分别控制数据传输模式。

- HPID 数据寄存器：用于存放 HPI 写入或读出的数据。
- HPIA 地址寄存器：存放 HPI 访问的存储器地址，可以被主机或 CPU 访问，HPIA 又分成两个寄存器，地址写寄存器 HPIAW 和地址读寄存器 HPIAR；CPU 可以独立地刷新读/写存储器地址以允许主机在不同的地址范围内执行读/写操作；当 HCNTL[1：0]控制位被设置成 01b 时，HPIA 寄存器被访问；主机对 HPIA 写可以进行内部刷新 HPIAW 与 HPIAR，此时，CPU 内部刷新 HPIAR/HPIAW，无需通过外部总线刷新 HPIA。CPU 与外部主机可独立地对 HPIAR/HPIAW 寄存器执行读操作。
- HPIC 控制寄存器：是一个 32 位寄存器，其高位与低位中的内容相同，在主机写操作中，两个半字必须相同。其主要的控制位如下。
  - ◆ HWOB，半字排序位，HWOB＝1，第 1 个半字为低位；HWOB＝0，第 1 个半字为高位，对于 HPI32，不使用 HWOB 控制位。

◆ DSPINT，主机向 CPU/EDMA 发送中断。

◆ HINT，DSP 向主机发送中断。

◆ HRDY，到主机的就绪信号。

◆ FETCH，主机取数据请求。

（2）HPI 读/写时序

C6416 的 HPI32 接口读/写时序如图 4-56 及 4-57 所示。

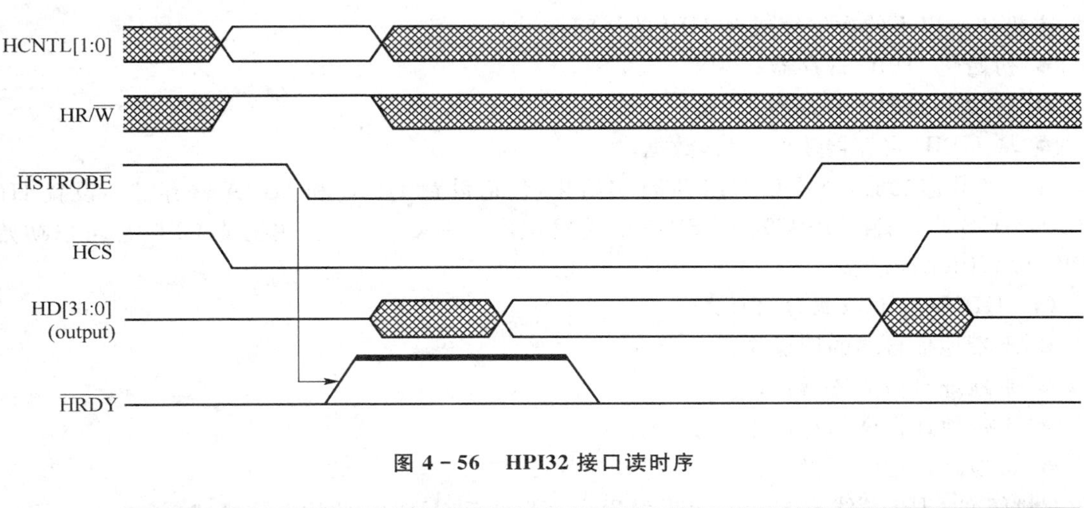

图 4-56　HPI32 接口读时序

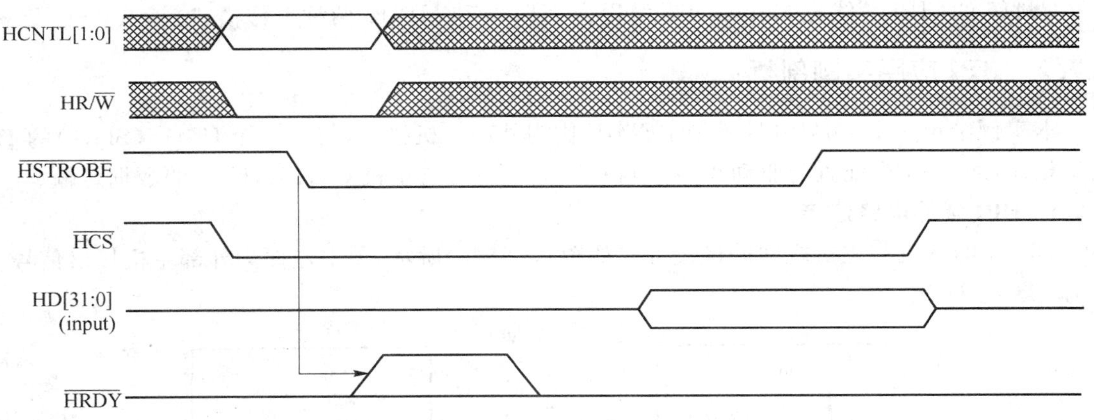

图 4-57　HPI32 接口写时序

图 4-56 是 HPI32 的读时序图。HPI 控制端 HCS 置低电平，HPI 开始操作；HCS 的 HR/W读写控制信号置高电平，设置读使能；延迟一定时间，HPI 选通信号 HSTROBE 置低，其下降沿触发 HPI 读过程初始化，HRDY 变为高电平，HPI 忙，保持一定时间使得 HD[31：0]数据线有效，HRDY 再由高电平拉低为低电平，此时，主机可以对 HD[31：0]数据线进行读操作。HCS 信号在整个读操作过程中，保持低电平，处于有效状态，保持一定时间后，HSTROBE 变高，随后，HCS 信号由低电平变为高电平，HPI32 读操作结束。HCNTL[1：0]信号控制当前 HPI 读操作访问的寄存器类型。

图 4-57 是 HPI32 的写时序图。HPI 控制端 HCS 置低电平，HPI 开始操作；HCS 的 HR/W 读写控制信号置低电平，设置 HPI 写使能；延迟一定时间，HPI 选通信号 HSTROBE 置低，其下

降沿触发 HPI 写过程操作，HRDY 变为高电平，HPI 忙，保持一定时间，HPI 写操作准备完成，HRDY 再由高电平拉低为低电平，此时，主机可以对 HD[31：0]数据线进行写操作。HCS 信号在整个读操作过程中，保持低电平，处于有效状态，保持一定时间后，HSTROBE 变高，随后，HCS 信号由低电平变为高电平，HPI32 写操作结束。HCNTL[1：0]信号控制当前 HPI32 写操作访问的寄存器类型。

(3) HPI 存取操作

主机按照以下的次序完成对 HPI 的访问：

- 初始化 HPIC 寄存器；
- 初始化 HPIA 寄存器；
- 从 HPID 寄存器读取/写入数据。

在存取数据之前，必须对 HPI 进行初始化，包括设置 HPIC 和 HPIA 寄存器。设置 HPIC 中的 HWOB 位，明确 MSB16 与 LSB16 的传输次序。在 C6416 上，主机或 CPU 都可以初始化 HPIC 与 HPIA 寄存器。

(4) HPI 的 4 种数据传输模式

- 不带地址自增的读操作；
- 带地址自增的读操作；
- 不带地址自增的写操作；
- 带地址自增的写操作。

C6416 的 HPI 总线宽 32 bit，可以设置为 HPI32 和 HPI16 两种工作模式。

4.7.2 HPI 应用实例剖析

本实例给定一个 C6416(Host)的 EMIF 作为外部主机接口，与另一个 C6416(Slave)的 HPI 接口相连，通过 HPI 配置与驱动程序控制 C6416(Slave)与主机 C6416(Host)的数据传输。

1. HPI 硬件电路连接

C6416 的从机与主机之间的连接方式如图 4-58(a)所示，图中左面为外部主机接口信号，右边为 64x 的 HPI。

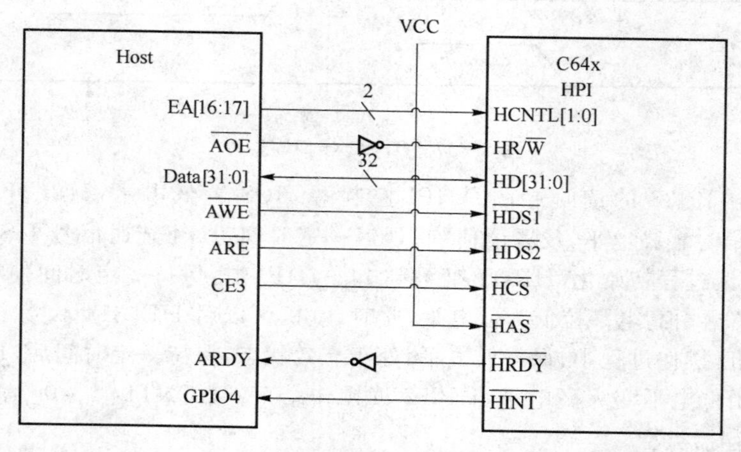

(a) C6416HPI接口硬件连接

图 4-58 C6416 HPI 配置与工作流程

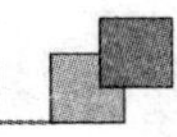

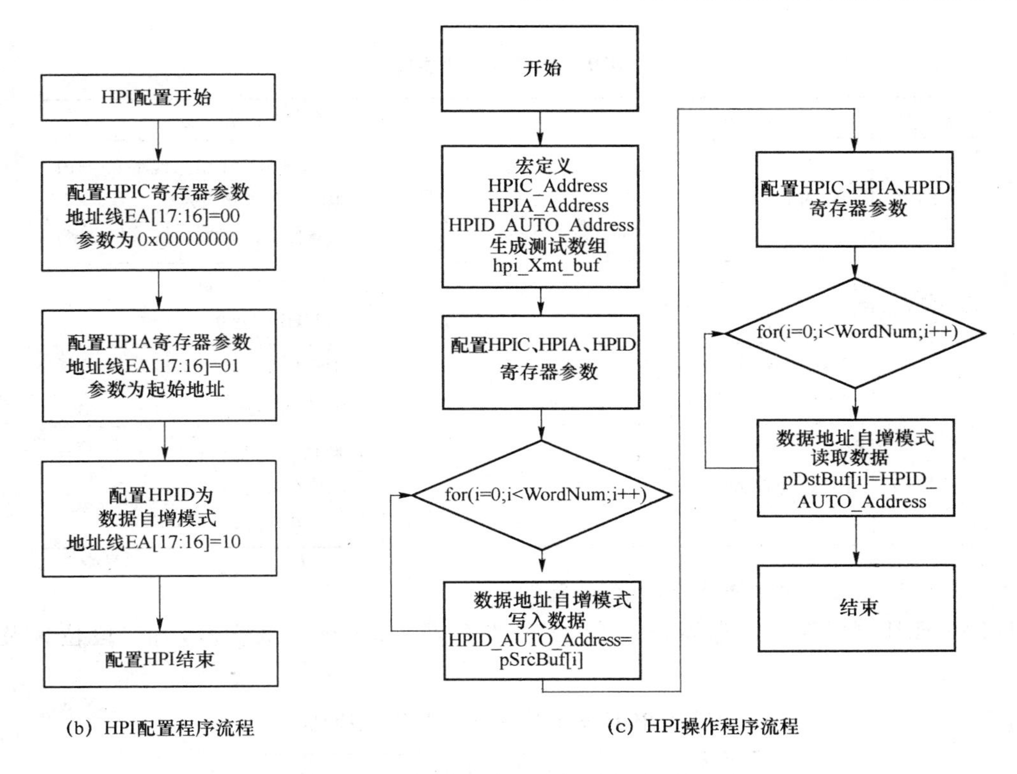

(b) HPI配置程序流程　　　　(c) HPI操作程序流程

图 4-58　C6416 HPI 配置与工作流程(续)

硬件电路连接方法如下：

- 主机的地址线 Address 与 64x 的 HCNTL 和 HHWIL 接口信号相连。
- 数据线 Data[15：0]和 Data[31：16]分别连接 HD [15：0] 和 HD [31：16]接口信号。
- DATASTROBE 信号连接选通信号 HCS、HDS1 和 HDS2，可用于读/写分别触发，此时，读/写选择可用这 3 个引脚组合控制。
- ALE 信号连接地址选通输入 HAS。
- 信号 Ready 与就绪信号 HRDY 连接。
- 中断信号 INTERRUPT 与 HINT 相连。

2. HPI 寄存器配置

主机操作的 HPI 寄存器主要配置的寄存器字段及其功能分别叙述如下。

1) HPI_HPIC 控制寄存器配置

HPI 的 HPI_HPIC 寄存器是一个 32 位寄存器，共 6 有效个字段，各字段位置及定义如下：

HPI_HPIC 寄存器字段定义(HPI_Host)

保留	HINT	DSPINT	HWOB	保留	HINT	DSPINT	HWOB
31～19	18	17	16	15～3	2	1	0

HPI_HPIC 寄存器字段定义(HPI_Slave)

保留	HRDY	HINT	DSPINT	HWOB
31～4	3	2	1	0

HPI_HPIC 字段功能表

名称	功能	符号	值	描述
HRDY	准备好位	0 1	0 1	0:没准备好,内部总线等待 HPI 数据存取请求结束; 1:准备好
HINT	DSP－＞Host 中断	0 1	0 1	0:CPUHINT＝1; 1:CPUHINT＝0
DSPINT	Host－＞CPU/EDMA 中断	0 1	0 1	0: DSPINT＝0; 1:DSPINT＝1
HWOB	半字顺序控制位	0 1	0 1	只有 Host 可以修正这 1 位。 0:高位在前; 1:低位在前

2) HPI_TRCTL 传输请求控制寄存器配置

HPI 的 HPI_TRCTL 寄存器是一个 32 位寄存器,共 3 个有效字段,各字段位置及定义如下:

HPI_TRCTL 寄存器字段定义(HPI_Host)

保留	TRSTALL	保留	PRI	PALLOC
31～9	8	7～6	5～4	3～0

HPI_TRCTL 字段功能表

名称	功能	符号	值	描述
TRSTALL	阻塞 HPI－＞EDMA 请求	0 1	0 1	0:允许 HPI 请求提交给 EDMA; 1:停止创建新的 HPI 请求给 EDMA
PRI	HPI 请求优先级排列	OF(值)	0 1h 2h 3h	0:紧急; 1:高; 2:中等; 3:低
PALLOC	重要请求数控制	OF(值)	0～Fh	控制 HPI→EDMA 的紧急请求数量。PALLOC 有效值是 1～15,默认值是 4。HPI 可以有紧急请求的编程数量

HPI 配置流程如图 4-58(b)所示。

3. HPI 数据传输参考程序

HPI 配置可以利用芯片支持库 CSL 的应用函数 API 实现,下面是一个 HPI 驱动程序实例。

```
/////头文件////////////////////////////////////////
#include <csl.h>

/////宏定义////////////////////////////////////////
```

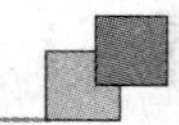

```
#define HPIC_Address   *((volatile  Uint32 *)0xb0000000)            //HPIC
#define HPIA_Address   *((volatile  Uint32 *)0xb0004000)            //HPIA
#define HPID_AUTO_Address   *((volatile  Uint32 *)0xb0002000)       //地址自增模式 HPID
#define HPIBUFFSIZE 160                                             //数组大小

/////变量声明/////////////////////////////////////
Uint32 hpi_Xmt_buf[HPIBUFFSIZE];                                    //发送数组
Uint32 hpi_Rcv_buf[HPIBUFFSIZE];                                    //接收数组

/////子函数声明///////////////////////////////////
void Drive_HPI_WriteBlock(volatile Uint32 SlaveMemAddr, Uint32 * pSrcBuf, Uint32 WordNum);
                                                                    //HPI 写函数
void Drive_HPI_ReadBlock(volatile Uint32 SlaveMemAddr, Uint32 * pDstBuf, Uint32 WordNum);
                                                                    //HPI 读函数

void main(void)
{
  volatile int i;
  for(i = 0;i<HPIBUFFSIZE;i ++ )                                    //生成测试数组
  {
    hpi_Xmt_buf[i] = i;
  }
  Drive_HPI_WriteBlock(0x00000000,hpi_Xmt_buf,HPIBUFFSIZE);         //通过 HPI 向 DSP2 写入数据
  Drive_HPI_ReadBlock(0x00000000,hpi_Rcv_buf,HPIBUFFSIZE);          //通过 HPI 从 DSP2 读出数据
}

//////////////////////////////////////////////////////////////////////////////////
//函数名:Drive_HPI_WriteBlock
//功  能:HPI 写函数
//说  明:通过 HPI 向 SlaveMemAddr 地址写入 pSrcBuf 数据组的数据,长度为 WordNum
//////////////////////////////////////////////////////////////////////////////////

void Drive_HPI_WriteBlock(volatile Uint32 SlaveMemAddr, Uint32 * pSrcBuf, Uint32 WordNum)
{
  Uint32 i;                                                         //循环变量 i
  Uint32 Address_type;                                              //地址类型变量
  HPIC_Address = 0x00000000;                                        //给 HPIC 寄存器配置 0x00000000
  HPIA_Address = SlaveMemAddr;                                      //给 HPIA 寄存器配置起始地址
  Address_type = HPID_AUTO_Address;                                 //配置 HPID 寄存器为地址自增模式
  for(i = 0;i<WordNum;i ++ )
  {
    HPID_AUTO_Address  =  pSrcBuf[i];                               //写入数据
  }
}
```

```
///////////////////////////////////////////////////////////////////////////////////////////
//函数名:Drive_HPI_ReadBlock
//功  能:HPI 读函数
//说  明:通过 HPI 向 SlaveMemAddr 地址读取长度为 WordNump,写入到 pDstBuf 数据组中
///////////////////////////////////////////////////////////////////////////////////////////

void Drive_HPI_ReadBlock(volatile Uint32 SlaveMemAddr, Uint32 * pDstBuf, Uint32 WordNum)
{
  Uint32 i;                                         //循环变量 i
  Uint32 Address_type;                              //地址类型变量
  HPIC_Address = 0x00000000;                        //给 HPIC 寄存器配置 0x00000000
  HPIA_Address = SlaveMemAddr;                      //给 HPIA 寄存器配置起始地址
  Address_type = HPID_AUTO_Address;                 //配置 HPID 寄存器为地址自增模式
  for(i = 0;i<WordNum;i++)
  {
      pDstBuf[i] = HPID_AUTO_Address;               //读出数据
  }
}
```

4.7.3 运行结果与分析

1. 运行结果观察

在作为主机的 C6416(Host)上,用 EMIFA 作为从机 C6416 HPI 接口,对从机 C6416 进行读/写操作。

调用 void Drive_HPI_WriteBlock(),void Drive_HPI_ReadBlock()即可实现主机向从机读/写数据,运行结果如图 4-59 所示。运行 HPI 读/写程序,在 CCS 中运用观察寄存器及内存空间的工具来查看数据读/写是否正确。

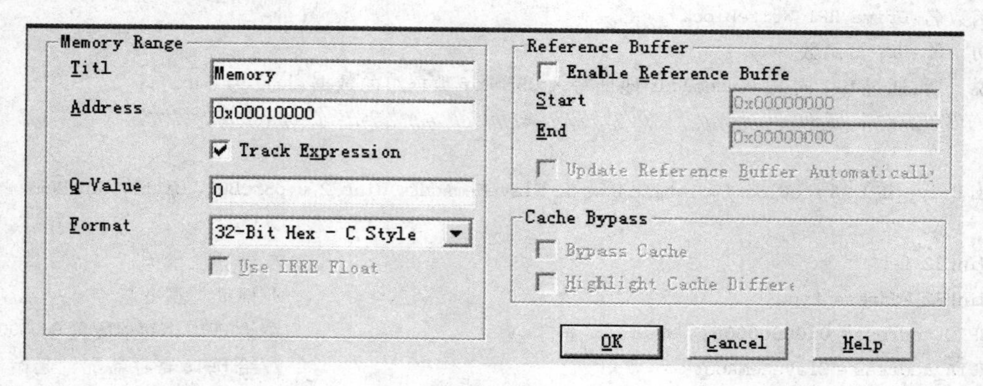

图 4-59 观察内存数据和地址的设置界面

将上述代码存为 HIP.c,在 CCS3.1 环境下进行编译、装载,查看主机通过 HPI 向 CPU 传输数据过程。首先,通过高频示波器观察控制硬件控制时序是否正确,如果不正确,检查硬件连接是否有误,如果有误进行相应调整;如果硬件连接时序正确,通过 CCS 界面观察主机通过 HPI 向 CPU 写入数据的过程。

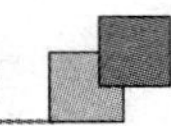

在主界面中选择 View，可以观察到内存数据的地址和内容，如图 4-60 和图 4-61 所示。

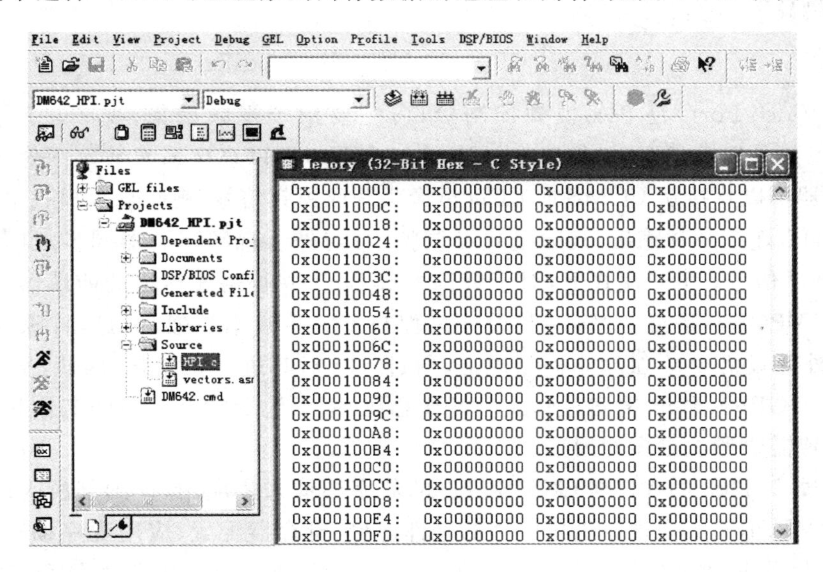

图 4-60 数据传输之前 0x00010000 上的内容全为零

实际运行中，在 0x00010000 处为主机通过 HPI 将要访问的目的地址，图 4-60 中数据内容全为零。主机通过 HPI 将数据传输到 0x00010000 处，如图 4-61 所示。可以用 Memory 工具在这两个地址处观察传输的过程。

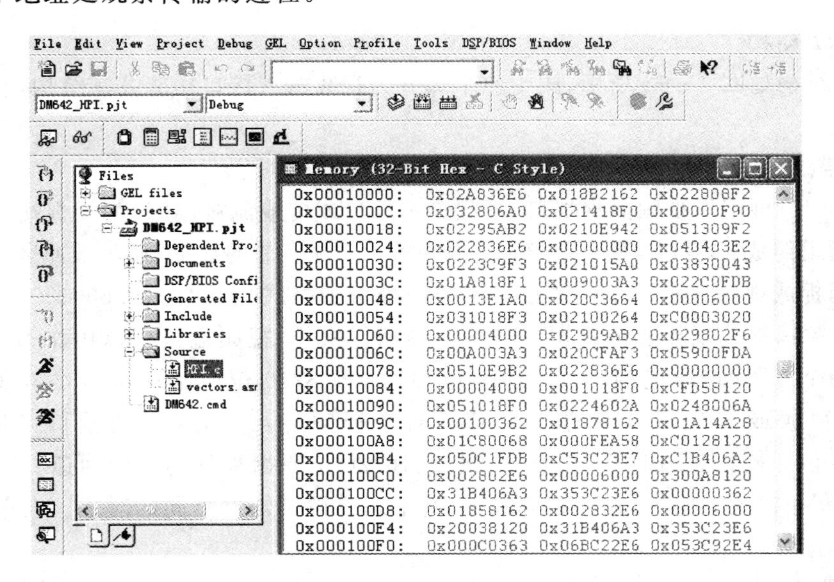

图 4-61 数据传输之后 0x00010000 上的内容为需要传输的数据

2. HPI 配置要点

由于 HPI 工作建立在外部主机对 64x HPI 片上外设的配置，因此，从机 64x 的硬件不需要特别配置，它可以通过 EDMA 在外部主机与 64x 内存之间直接进行数据交换。因此，HPI 的工作必须由主机配置，而主机的接口主要是数据线，只需要 3 条地址线即可完成特定操作。

4.8 VPORT 应用实例

VPORT(Video Port)是 64x 视频控制接口，主要用于视频采集、视频显示、传输数据流(TSI)截获。视频采集模式下，采集速率可达到 80 MHz，可以直接采集数字图像序列；VPORT 利用数字解码器可以直接从 COMS 或 CCD 摄像头获取视频信号；视频显示模式下，显示扫描频率可达 110 MHz，连续视频输出，视频格式可调整，可与外部视频控制器同步，自动产生帧、行、场、消隐时序脉冲信号。TSI 模式下，对于解调器等 8 bit 并行格式传输的前端器件传输速率可达 30 Mbit/s。VPORT 是混合基体，其设计过程与 EMIF 基本类似，但是，特殊的是一般摄像头、LCD 等片外外设需要单独建立控制通道，通过 64x 对其进行初始化，因此，VPORT 应用设计中通常会包括 GPIO、McBSP 等模拟 I^2C、SPI 总线，用于配置片外外设的工作状态，使得系统硬件设计的配置需要考虑更多的因素。

本实例通过 DM642 的 VP 与 COMS 接口的数字图像采集应用，详细剖析 VPORT 应用技术要点。包括 VPORT 实现视频采集应用的硬件连接、寄存器配置、应用程序编写方法，充分理解视频采集方式、采集数据格式等与视频采集相关的内容，如视频采集芯片 OV7670 的参数设置及其 SCCB 总线控制。通过本实例学习，读者可以了解 64x 的 VPORT 工作机制，理解 VPORT 配置程序设计流程。

4.8.1 VPORT 结构与功能描述

1. VPORT 结构

VPORT 结构如图 4-62 所示，图中左半部分为视频输入接口功能及其结构，右半部分为视频输出接口。

2. 功能描述

VPORT 接口可用作视频捕捉端口、视频显示端口或传输流接口(TSI)捕捉端口。视频输入端口由两个通道组成：A 和 B，每个通道各连接一个 2 560 字节的捕捉/显示缓冲区。两个通道可配置于视频捕捉或视频显示。单独的数据流控制分析和格式化每个 BT.656、Y/C、原始视频和 TSI 模式的视频捕捉或视频显示数据。对于视频捕捉操作，视频端口可以用作 BT.656 或原始视频捕捉的两个 8/10 位通道；或用作 8/10 位 BT.656、8/10 位原始视频、16/20 位 Y/C 视频、16/20位原始视频或 8 位 TSI 的单个通道。对于视频显示操作，视频端口可用作 8/10 位 BT.656、8/10 位原始视频、16 /20 位 Y/C 视频、16/20 位原始视频的单个通道。它也可以在双通道 8/10 位原始模式下操作，在这种模式下，两个通道被锁定到相同的时序。在单通道操作期间，不使用通道 B。

3. 工作模式

(1) BT.656 视频接口协议

BT.656 是国际电信协会 ITU 提出的一个视频标准，它规定了一种并行视频传输接口方式及相应的视频传输数据格式。

1) BT.656 视频并行接口协议

9 引脚并行接口，如表 4-29 所列。

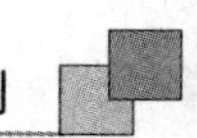

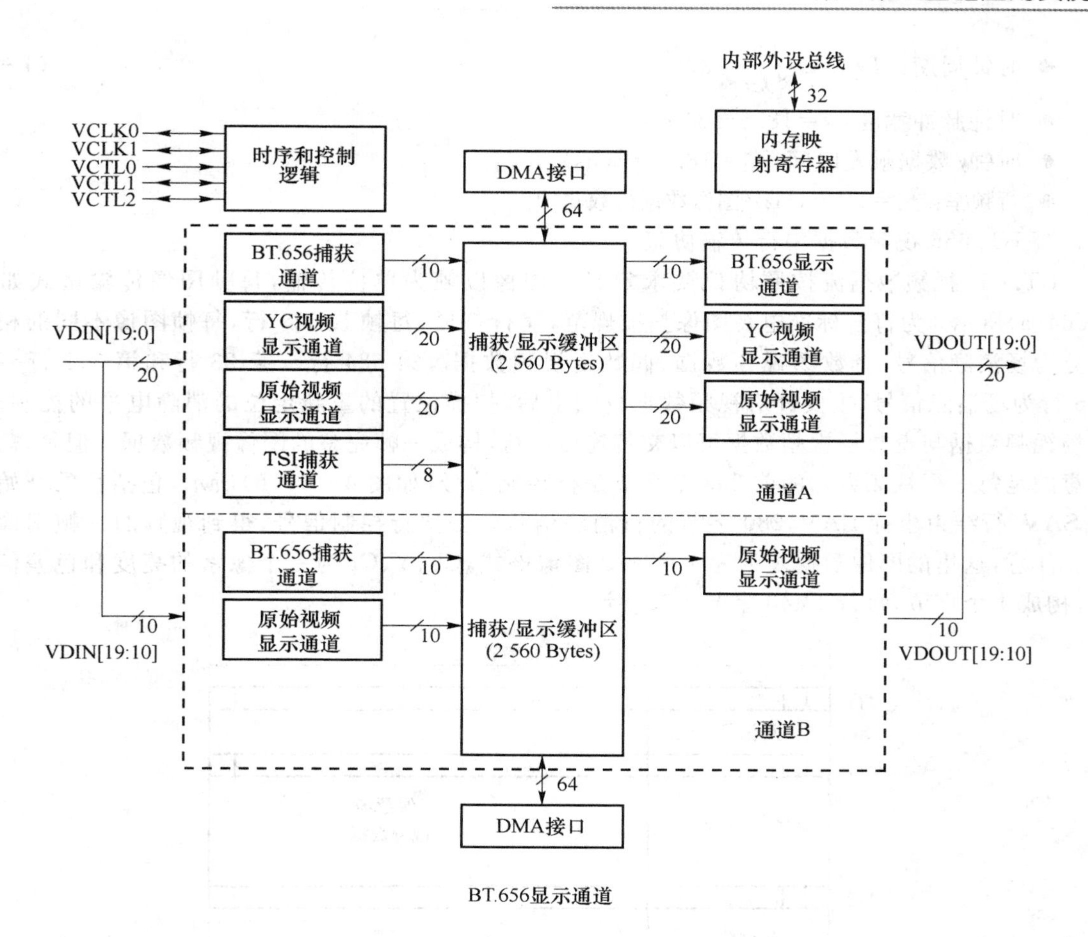

图 4-62　VPORT 接口功能

数据采样时序如图 4-63 所示，图中时钟为图像的像素时钟，在时钟的上升沿，捕获数据。像素时钟的参数由图像传输的行频率决定。

表 4-29　VPORT 引脚及其功能

序　号	功　能	备　注
9	时钟信号	数据传输在时钟信号控制下工作，与像素时钟同步
8	数据位 8	8 bit 并行数据传输接口 在时钟信号控制下，传输数据
7	数据位 7	
6	数据位 6	
5	数据位 5	
4	数据位 4	
3	数据位 3	
2	数据位 2	
1	数据位 1	

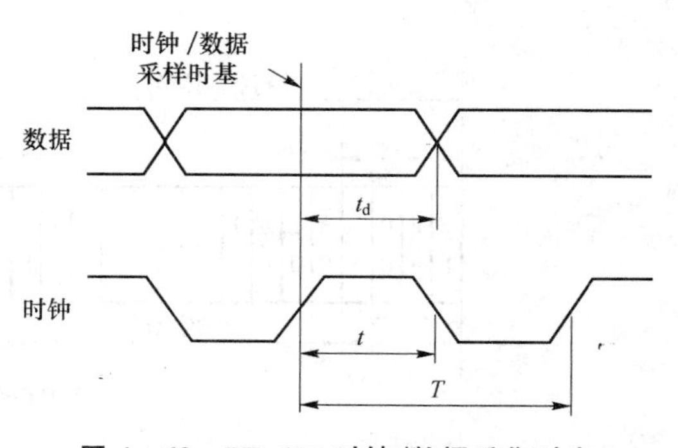

图 4-63　BT.656 时钟/数据采集时序

- 时钟周期：$T=\frac{1}{1\,728 f_N}=37(\text{ns})$； (4-7)
- 时钟脉冲宽度：$t=18.5\pm3(\text{ns})$；
- 时钟/数据触发时间：$t_d=18.5\pm3(\text{ns})$；
- 行频率：$f_N=1/625(\text{Hz})$(图像数据行数 625)。

2) BT.656 视频数据串行传输协议

BT.656 视频数据流按照协议要求定义了图像以帧为单位传输，每帧图像传输格式如图 4-64(a)所示，为符合标准电视图像扫描规范，隔行扫描，每帧共 625 行，每帧图像不同的相邻行分为场消隐信号、奇数场视频数据、偶数场视频数据。第 624 行～第 23 行和第 311 行～第 336 行为场消隐信号，主要针对视频数据场结束后，扫描位置的重新定位的消隐电平的控制；偶数场视频数据与奇数场视频数据可以交替连接成行，构成一帧完整的图像视频数据。但是，需要注意的是每一行视频数据的前 288 个字节是行控制信号，如图 4－64(b)所示，包括行的开始坐标 SAV，行结束坐标 EAV，280 字节的行消隐信号。去掉行控制信号，得到视频的一帧图像数据。注意，这里的图像数据表示为 4∶2∶2 图像格式，Cb、Y、Cr 为一个像素的亮度和色差信号值，构成 1 个字节，每行 1 440 字节＝720 字。

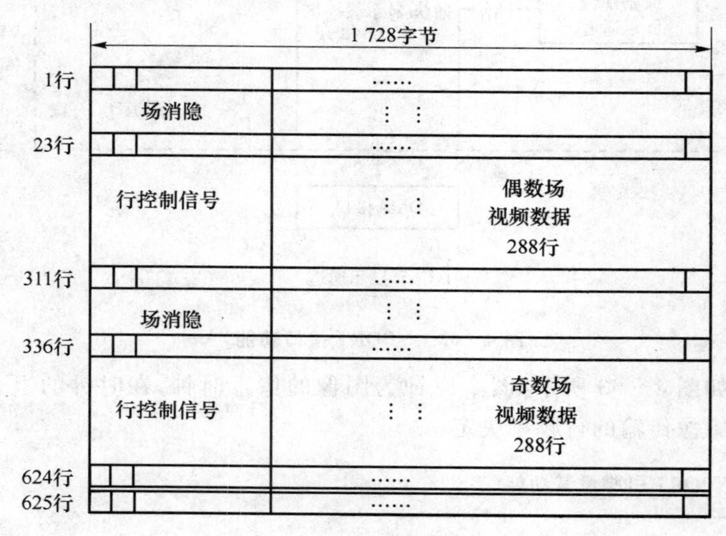

(a) BT.656 帧数据结构

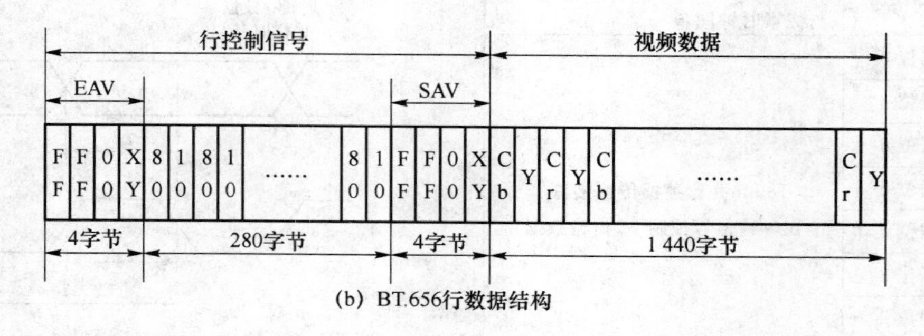

(b) BT.656行数据结构

图 4-64 BT.656 传输数据结构

(2) VPORT 图像采集原理

VPORT 片上外设的内部结构如图 4－65 所示，包括一个 FIFO 用以存储捕获的视频数据或者给视频端口输出(如，LCD)。VPORT 与 EDMA 一起，利用 VPORT_FIFO，在外部视频传感器与 64x 内存之间传输视频数据。通过编程配置 EDMA 事件，当 VPORT_FIFO 达到捕获数据长度或低于显示数据长度时，产生 EDMA 数据传输中断。EDMA 的不同 FIFO 配置可以支持不同的视频接口模式。EDMA 传输数据量的多少需要编程 EDMA 的 PaRAM。通常传输数据量为 1 行，所有的 EDMA 事件请求都根据缓冲数据量大小确定。

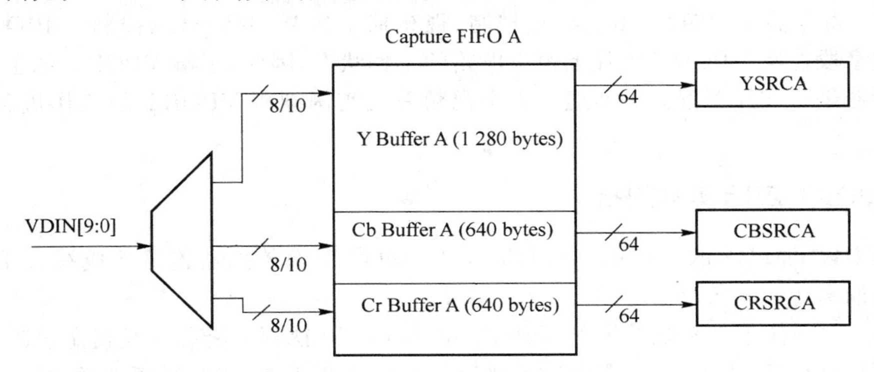

图 4－65　VPORT 的 BT.656 捕捉 FIFO 通道

VPORT_FIFO 具有四种捕获模式，每次只能配置一种捕捉模式，本实例主要利用 BT.656 模式。

在 BT.656 模式下，FIFO 分成 A 和 B 两个通道，各通道相互独立。如图 4－65 所示，通道 A 的输入接口为 VDIN[9：0]，FIFO 分成 Y，Cb，Cr 三个部分，各自具有写指针和读寄存器 YSRCx，CBSRCx，CRSRCx。

(3) VPORT 工作模式选择

VPORT 的工作模式选择需要通过其控制寄存器组进行配置，VPORT 控制寄存器如表 4－30 所列。

表 4－30　视频采集模块寄存器

地址偏移	寄存器名称	功　能
100h	VCASTAT	视频采集通道 A 状态寄存器
104h	VCACTL	视频采集通道 A 控制寄存器
108h	VCASTRT1	视频采集通道 A 奇数场起始寄存器
10Ch	VCASTOP1	视频采集通道 A 奇数场结束寄存器
110h	VCASTRT2	视频采集通道 A 偶数场起始寄存器
114h	VCASTOP2	视频采集通道 A 偶数场结束寄存器
118h	VCAVINT	视频采集通道 A 水平同步中断寄存器
11Ch	VCATHRLD	视频采集通道 A 阈值寄存器
120h	VCAEVTCT	视频采集通道 A 事件计数寄存器
140h	VCBSTAT	视频采集通道 B 状态寄存器
144h	VCBCTL	视频采集通道 B 控制寄存器
148h	VCBSTRT1	视频采集通道 B 奇数场起始寄存器
14Ch	VCBSTOP1	视频采集通道 B 奇数场结束寄存器

续表 4-30

地址偏移	寄存器名称	功　能
150h	VCBSTRT2	视频采集通道 B 偶数场起始寄存器
154h	VCBSTOP2	视频采集通道 B 偶数场结束寄存器
158h	VCBVINT	视频采集通道 B 水平同步中断寄存器
15Ch	VCBTHRLD	视频采集通道 B 阈值寄存器
160h	VCBEVTCT	视频采集通道 B 事件计数寄存器

VPORT 寄存器分为四组:顶层视频控制、视频捕捉控制、视频显示控制、GPIO。每个寄存器中不同的字段控制 VPORT 的片上逻辑电路的工作状态,因此,了解 VPORT 的工作模式必须对这些寄存器进行详细解读。下面通过一个视频采集实例剖析 VPORT 的工作机制与配置、操作方法。

4.8.2　VPORT 应用实例剖析

本实例中以 DM642 的 VPORT 与 OV7670 CMOS 图像传感器连接构成视频采集系统,系统电路结构如图 4-66 所示。

图 4-66 中图像采集系统的硬件部分主要由 OV7670 视频采集芯片及其光学镜头、DM642、PC 机三部分组成。DM642 通过 VPORT 接口与 OV7670 相连,获取视频图像,然后,DM642 通过网络接口将获得的视频信息上传给 PC 机,PC 机通过上位机软件实时显示 DM642 上传的视频信息。

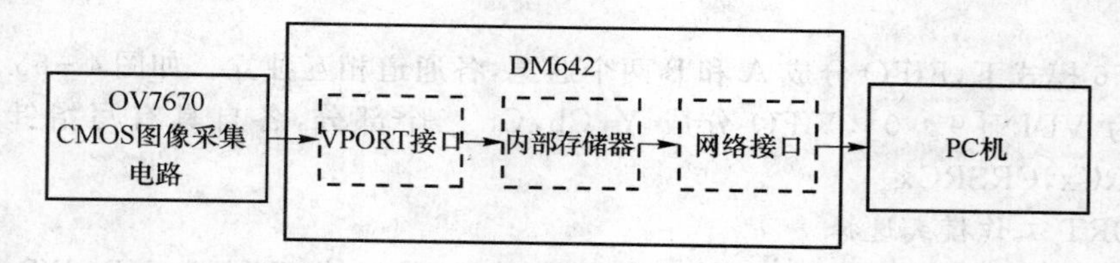

图 4-66　视频采集系统

要实现视频采集,就需要充分了解这三部分在视频采集过程中的作用,以及在视频采集过程中各部分功能的实现方法,包括硬件连接及软件编程。本实例着重于 VPORT 分析,网口与 PC 机的连接参见 4.9 节的实例内容。

1. OV7670 COMS 视频传感器

OV7670 是一款低电压的 CMOS 视频传感器,它可以直接将光学图像信息转换为用电信号表示的数字图像信息。OV7670 的主要技术指标及电气性能如下:

- 图像空间分辨率 640×480 像素;
- 三个工作电压为内核电压 1.8 V,模拟电压 2.45 V,I/O 电压 1.7～3.0 V;
- 输出图像格式为 YUV/YCbCr 4：2：2,RGB565/555/444,GRB4：2：2,RAW RGB;
- 最大图像转换速率 30 fps(在 VGA 模式下)。

OV7670 是一种通过参数设置自动选择工作模式的图像传感器,因此,它与外部电路硬件接口包括三大部分:控制命令写、工作状态读、电源供电、输出接口。OV7670 的功能框图如图 4-67 所示,输入引脚及其功能如表 4-31 所列。

OV7670 内部结构由三部分组成:视频时序产生、视频 A/D 转换、工作模式控制。其与外部电路的接口及其功能分别叙述如下。

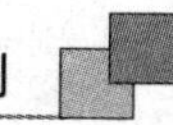

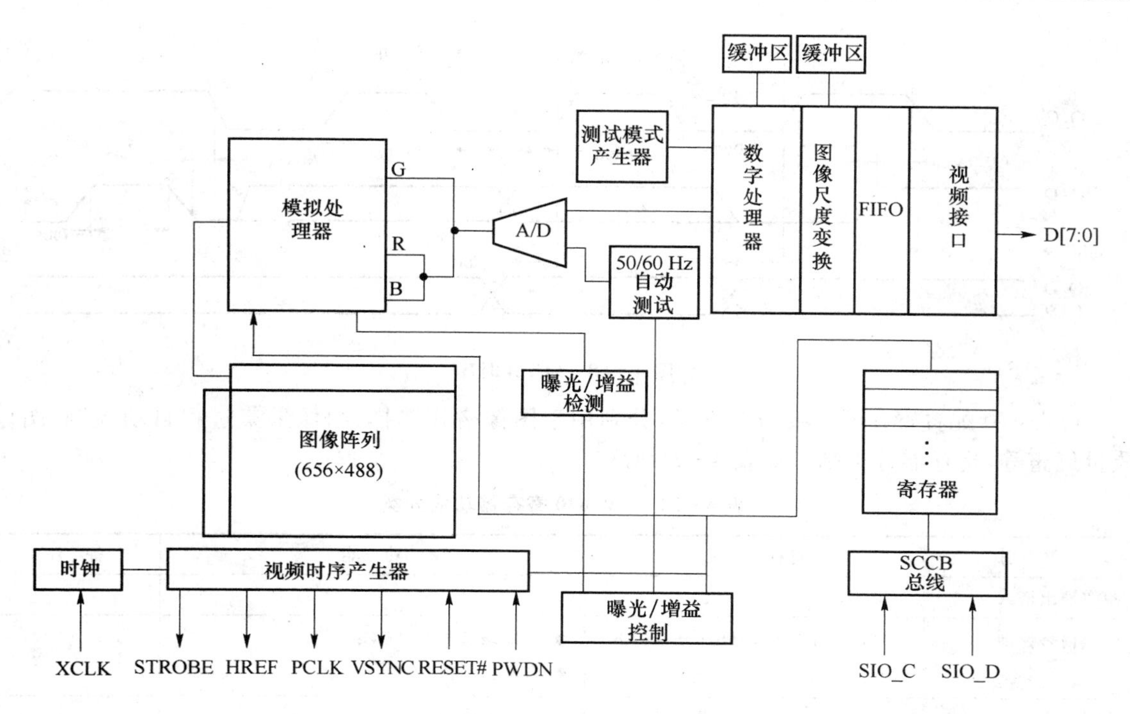

图 4-67 OV7670 功能框图

表 4-31 输入引脚及其功能

引脚名称	引脚类型	功能描述
XCLK	I	系统时钟输入
RESET	I	初始化所有寄存器到默认值,0:RESET 模式;1:一般模式
PWDN	I	POWER DOWN 模式选择,0:工作;1:POWER DOWN
STROBE	O	闪光灯控制输出
HREF	O	行同步
PCLK	O	像素时钟
VSYNC	O	帧同步
D[7:0]	O	视频输出数据总线,用来输出图像数据
SIO_C	SCCB	SCCB 时钟口
SIO_D	SCCB	SCCB 数据口

SCCB,准 I^2C 串行总线,工作模式可以通过外部 CPU 经串行控制总线 SCCB 进行配置,包括图像的曝光、白平衡、色度、颜色饱和度、亮度等多种图像质量控制参数,以及图像输出格式、转换速率等图像采集要求。SCCB 的时序如图 4-68 所示。

如图 4-68 所示,SCCB 准 I^2C 协议在时钟 SIO_C 的下降沿采集数据 SIO_D,在时钟低电平期间,数据线有效。由于 DM642 没有 I^2C 接口,因此,通过 GPIO 模拟这个协议。只需要按照 OV7670 的要求提供正确的电源,连接 DM642,通过 SCCB(I^2C)合理设置其工作模式就能够实现视频采集。

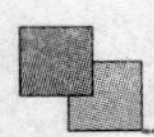

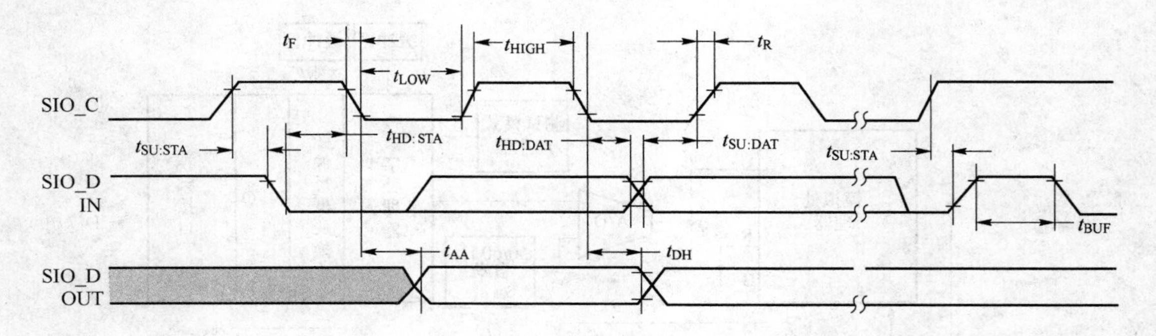

图 4-68　SCCB 时序

OV7670 配置寄存器主要分为 6 类，分别用于图像格式选择、图像采集过程自动控制、图像质量调整等，寄存器分类结果如表 4-32 所列。

表 4-32　OV7670 寄存器功能分类

类　别	寄存器地址	功　能	备　注
图像输出格式	17h～1Ah		
模拟信号处理	0～2h/14h/24h～26h/69h～6Ah 6Ch～6Fh/74h	● 自动增益控制 AGC； ● 自动白平衡	
模/数转换控制	20h	● 黑电平校正(BLC)； ● U/V 通道延迟； ● A/D 范围控制	
数字信号处理 彩色/亮度/对比度控制/图像质量控制	4Bh/4Fh～58h/B3h～C1h /C9h/B1h/ 4Ch 62h～66h 7Bh～89h	● 边缘锐化(二维高斯滤波)； ● 颜色空间转换：Raw-RGB Raw-YUV/YCbYCr； ● 色相和饱和度控制； ● 黑/白点补偿； ● 降噪； ● 镜头补偿； ● 可编程伽玛； ● 10 bit－＞8 bit 数据转换	
时序发生器	3h～4h/7h/10h/13h /6Bh 3h/2Bh～2Eh/30h～32h/58h 11h/6Bh 10h/33h～34h 17h～1Bh/8Ch	● 阵列控制和帧率发生； ● 内部信号发生和分布； ● 帧率时序； ● 自动曝光控制； ● 输出外部时序(VSYNC,HRSYNC/HSYNC,PCLK)	
LED 和闪光灯控制		控制外接闪光灯/LED	
测试图案发生器	3Ah/70h～71h	● 8 色彩色条图案； ● 渐变至黑白条图案； ● 输出移位 1	

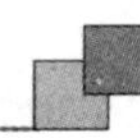

10 个通用控制寄存器 COM1～COM10，可以设置 OV7670 的基本工作模式。对于 OV7670 芯片，可以通过设置其 COM7 寄存器来将其所有寄存器设置为默认值。

2. VPORT 与 OV7670 硬件连接

图 4-69(a)为 DM642 与 OV7670 硬件连接图，OV7670 的 8 条数据线 D[7：0]与 VPORT 的 10 条数据线中的高 8 位依次对应连接 VPORT1_D[9：2]；OV7670 的像素时钟 PCLK 与 VPORT 的 VPORT1_CLK0 相连，控制 VPORT 的数据采集节奏；OV7670 的行同步信号与 VPORT 的 VPORT1_CTL0 连接作为 VPORT 的输入视频数据捕获时钟；OV7670 的行同信号 HREF 与 VPORT 的 VPORT1_CTL0 连接作为输入视频行同步信号；OV7670 的 VSYNC 与 VPORT 的 VPORT1_CTL1 连接作为输入视频的场同步信号。

另外，为了配置 OV7670 的控制寄存器，将 OV7670 的 SCCB 串口的时钟线 SIO_C 和数据线 SIO_D 与 DSP 的通用 I/O 接口 GPIO1 和 GPIO2 连接，构成 I^2C 接口模式。因此，本实例的 DM642 寄存器配置部分，除了 VPORT 相关寄存器配置外，必须包括 GPIO 的相关引脚配置。这些部分都包括硬件和软件内容，所以，也是混合基体。

3. VPORT 寄存器配置

VPORT 配置与驱动程序编写视频采集程序，主要包括三个方面：其一，视频采集芯片的工作状态配置，本例中视频采集芯片为 OV7670；其二，根据所采集视频格式的要求，配置 VPORT 参数；其三，编写视频采集驱动程序。

(1) OV7670 参数设置

通过 DM642 的 GPIO1 和 GPIO2 模拟 SCCB 总线时序，写 COM7[7]＝1 初始化 SCCB 总线，复位 OV7670 到初始状态，所有 OV7670 的寄存器为默认值；然后，通过 SCCB 总线设置 OV7670 的寄存器参数，使之配置为与 BT.656/YUV/(Y/C)模式一致的视频输出格式。如图 4-69(b-1)所示，流程图仅说明了与本实例 VPORT 接口定义的图像格式 BT.656/YUV 对应的 OV7670 寄存器设置。其中，COM7 默认值定义的就是 YUV 格式，所以，初始化可不对 COM7 操作。但是，由于 DM642 VPORT 定义的 BT.656 格式下的 YUV 顺序是 VYUY，与 OV767 默认的 UYVY 不同，所以，需要对 OV7670 的 TSLB(地址：3Ah)和 COM13(3Dh)两个寄存器的对应字段进行设置。

OV7670 是一款功能较多的图像传感器，共有 201 个寄存器，可以对采集的图像质量进行调整，相关应用请查阅 OV7670 数据文档。

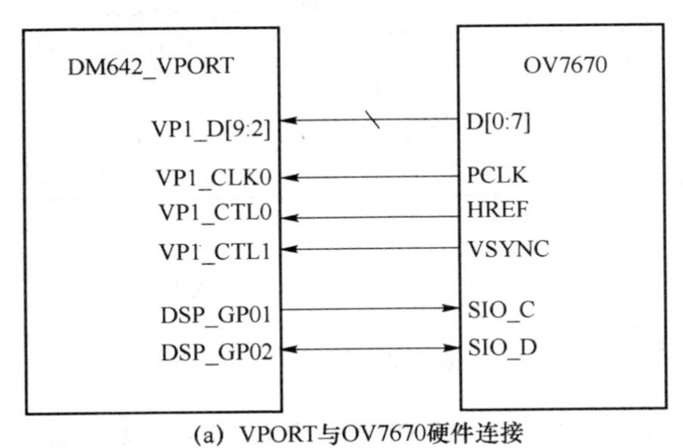

(a) VPORT与OV7670硬件连接

图 4-69 VPORT_OV7670 视频捕获混合基体

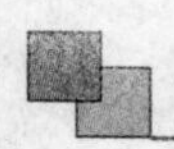

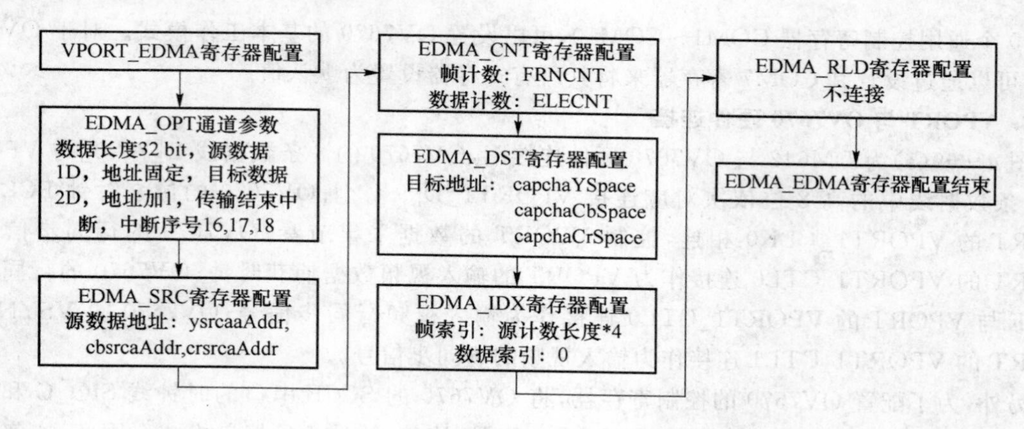

(b－1) VPORT_EDMA_FIFO配置

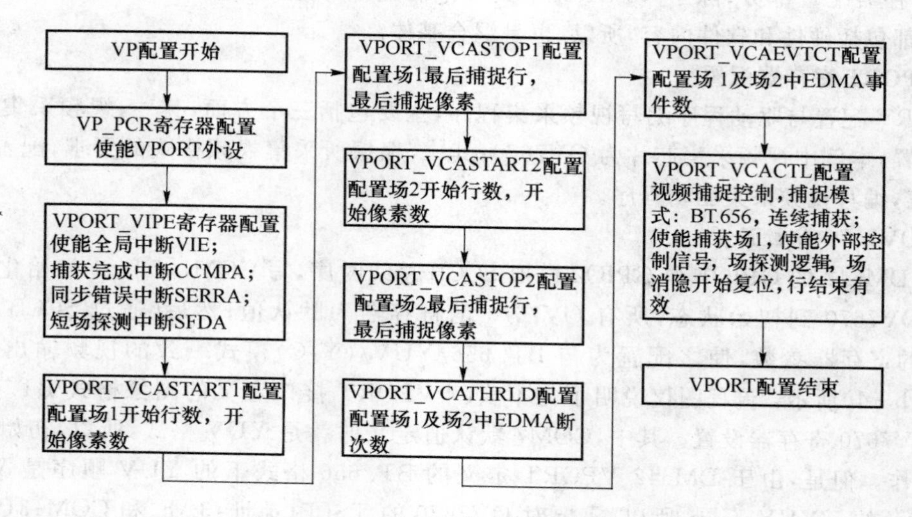

(b－2) VPORT配置

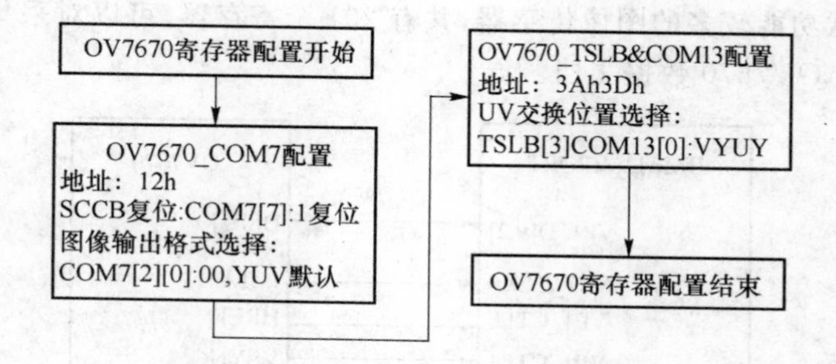

(b－3) OV7670配置

(b) VPORT_OV7670寄存器配置流程

图 4－69　VPORT_OV7670 视频捕获混合基体(续)

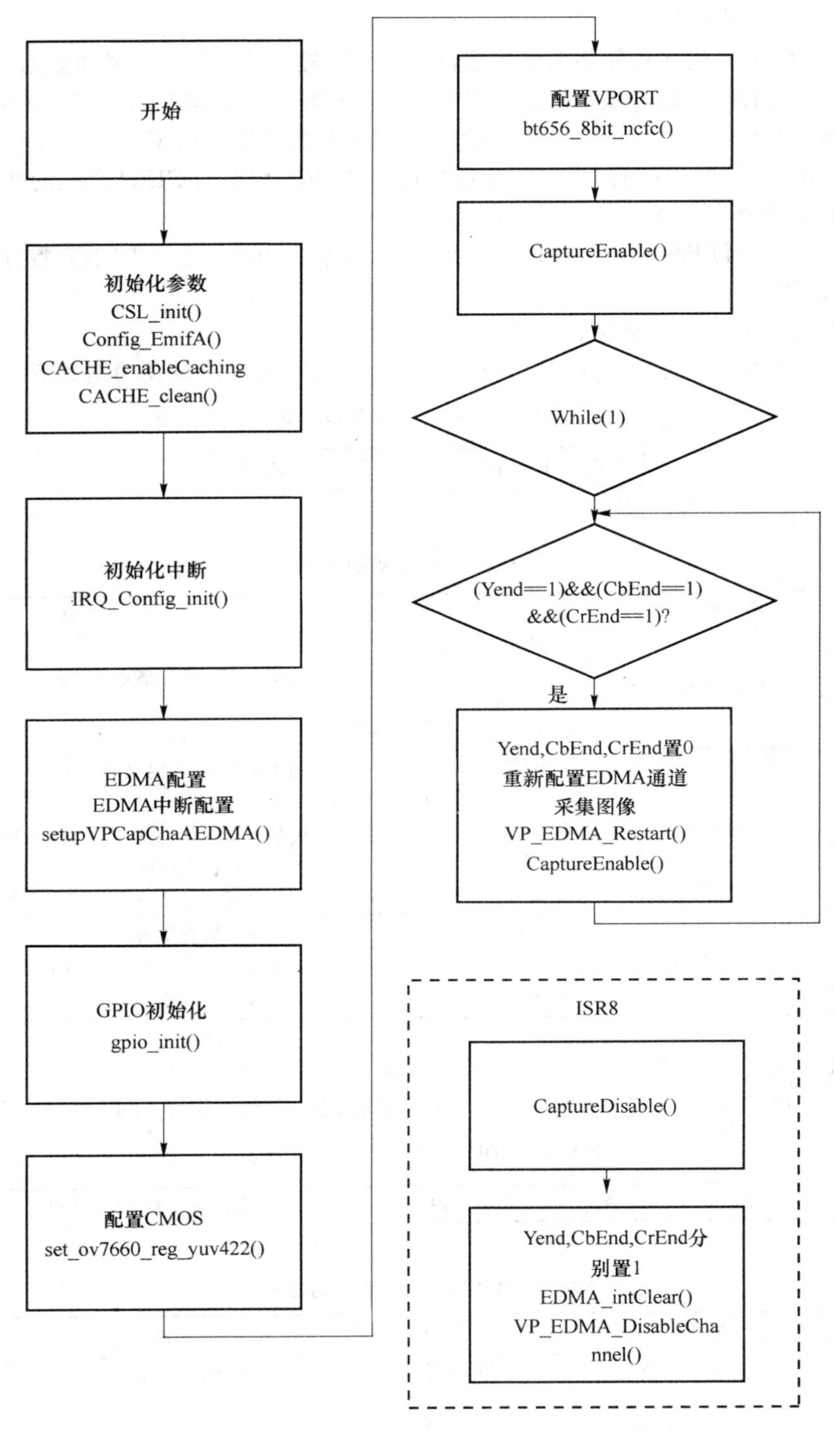

(c) VPORTROT_OV7670视频捕获流程

图 4－69　VPORT_OV7670 视频捕获混合基体(续)

(2) EDMA 寄存器配置

本实例中,VPORT 建立从外部图像传感器 OV7670 输出的 BT.656 视频数据,经由 EDMA 的内部 FIFO 传输到内存指定空间的通路,因此,需要同时配置 EDMA 寄存器和 VPORT 寄存器。关于 EDMA 配置参见 4.4 节,在本实例中 EDMA 的配置流程如图 4-69(b-2)所示,其关键环节是:①EDMA 中 FIFO 与内存之间的数据传输;②VPORT 与 FIFO 之间的数据传输。

(3) VPORT 寄存器配置

本实例主要剖析所用到的 VPORT 寄存器配置,与本实例相关的 VPORT 寄存器功能及字段定义分别叙述如下。

1) VPORT_PCR 视频外设控制寄存器

VPORT_PCR 寄存器是一个 32 位寄存器,共 3 个字段,各字段域及功能如下:

VPORT_PCR 寄存器字段定义

保留	PEREN	SOFT	FREE
31~3	2	1	0

VPORT_PCR 字段功能表

名称	功能	符号	值	描述
PEREN	VPORT 使能	OF(值) DEFAULT DISABLE ENABLE	0 1	0:禁止 VPORT,省电模式; 1:使能 VPORT
SOFT	视频时钟状态	OF(值) DEFAULT STOP COMP	0 1	与 FREE 联合定义视频时钟工作状态,如果 FREE=1,此位无效。 0:仿真停止时,不再产生新的 EDMA 事件,端口时钟维持同步运行; 1:此外设无定义
FREE	自运行使能位	OF(值) SOFT DEFAULT	0 1	与 SOFT 联合使用。 0:禁止自运行使能,与 SOFT 决定时钟模式; 1:使能自运行模式

2) VPORT_VPORTCTL 视频端口控制寄存器

VPORT_VPORTCTL 寄存器是一个 32 位寄存器,共 9 个字段,各字段域及功能如下:

VPORT_VPORTCTL 寄存器字段定义

保留	VPORTRST	VPORTHLT	保留	VCLK1P	VCT2P	VCT1P	VCT0P	保留	TSI	DISP	DCHNL
31~16	15	14	13~8	7	6	5	4	3	2	1	0

VPORT_VPORTCTL 字段功能表

名称	功能	符号	值	描述
VPORTRST	视频端口软件复位使能	OF(值) DEFAULT NO RESET	0 1	VPORTRST 写 1 有效,写 0 无效。 0:无效; 1:VPORT 复位,清所有的 FIFO,所有 VPORT 相关寄存器初始化,VCLK0 和 VCLK1 配置为输入,VDATA 和 VCTL 引脚配置为高阻。写 VPORT 寄存器之前,应查询 VPORTRST,以确定此位已清除

续表

名称	功能	符号	值	描述
VPORTHLT	视频端口停止位	OF(值) NONE DEFAULT CLEAR	 0 1	配置硬件或者软件复位。 0:无效; 1:清除,此时,VPORTCTL 中的其他字段才能赋值。
VCLK1P	VCLK1 引脚极性	OF(值) DEFAULT NONE REVERSE	 0 1	捕捉模式下无效。 0:无效; 1:反转 VCLK1 输出极性,仅用于显示模式
VCT2P	VCT2 引脚极性	OF(值) DEFAULT NONE ACTIVELOW	 0 1	不影响 GPIO 操作,场反转由 VCxCTL 中的 FINV 控制。 0:无效; 1:反转 VCLK1 输出极性,仅用于显示模式
VCT1P	VCT1 引脚极性	OF(值) DEFAULT NONE ACTIVELOW	 0 1	不影响 GPIO 操作。 0:无效; 1:低电平有效,表明 VCTL1 为输入或输出
VCT0P	VCT0 引脚极性	OF(值) DEFAULT NONE ACTIVELOW	 0 1	不影响 GPIO 操作。 0:无效; 1:低电平有效,表明 VCTL1 为输入或输出
TSI	TSI 捕捉选择	OF(值) DEFAULT NONE CAPTURE	 0 1	 0:禁止 TSI 模式; 1:使能 TSI 模式
DISP	显示模式选择	OF(值) DEFAULT CAPTURE DISPLAY	 0 1	 0:禁止捕捉模式; 1:使能显示模式
DCHNL	双通道操作选择	OF(值) DEFAULT SINGLE DUAL	 0 1	 0:使能单通道操作; 1:使能双通道操作

具体的视频操作模式选择细节如表 4-33 所列。

表 4-33 视频操作模式选择

VPORTCTL 位			操作模式
TSI	DISP	DCHNL	
0	0	0	单通道视频捕捉,不使用 B 通道时,VCACTL 可选择 BT.656,Y/C 或 Raw 模式
0	0	1	双通道视频捕捉,只有当 DCDIS=0,VCACTL 和 VCBCTL 可选 BT.656 或 Raw 模式
0	1	x	单通道显示,在 VDCTL 中可选择 BT.656/Y/或 Raw 模式,显示通道 B 只能选择 Raw
1	x	x	单通道 TSI 捕捉

3）VPORT_VPORTIE 视频端口中断使能寄存器

VPORT_VPORTIE 寄存器是 VPORT 的 DM642 中断源，是一个 32 位寄存器，共 21 个字段，各字段域及功能如下：

VPORT_VPORTIE 寄存器字段定义

保留	LFDB	SFDB	VINTB2	VINTB1	SERRB	CCMPB	COVRB	GPIO	保留	DCNA
31～24	23	22	21	20	19	18	17	16	15	14

DCMP	DUND	TICK	STC	保留	LFDA	SFDA	VINTA2	VINTA1	SERRA	CCMPA
13	12	11	10	9～8	7	6	5	4	3	2

COVRA	VIE
1	0

VPORT_VPORTIE 字段功能表

名 称	功 能	符 号	值	描 述
LFDB	通道 B 长场探测中断使能	OF(值) DEFAULT DISABLE ENABLE	0 1	0:禁止； 1:使能
SFDB	通道 B 短场探测中断使能	OF(值) DEFAULT DISABLE ENABLE	0 1	0:禁止； 1:使能
VINTB2	通道 B 奇数场垂直中断使能	OF(值) DEFAULT DISABLE ENABLE	0 1	0:禁止； 1:使能
VINTB1	通道 B 偶数场垂直中断使能	OF(值) DEFAULT DISABLE ENABLE	0 1	0:禁止； 1:使能
SERRB	通道同步错误中断使能	OF(值) DEFAULT DISABLE ENABLE	0 1	0:禁止； 1:使能
CCMPB	通道 B 捕捉完成中断使能	OF(值) DEFAULT DISABLE ENABLE	0 1	0:禁止； 1:使能
COVRB	通道 B 捕捉溢出中断使能	OF(值) DEFAULT DISABLE ENABLE	0 1	0:禁止； 1:使能

续表

名 称	功 能	符 号	值	描 述
GPIO	VPORT 通用 I/O 中断使能	OF(值) DEFAULT DISABLE ENABLE	0 1	0:禁止; 1:使能
DCMP	显示完成中断使能	OF(值) DEFAULT DISABLE ENABLE	0 1	0:禁止; 1:使能
DUND	显示运行中断使能	OF(值) DEFAULT DISABLE ENABLE	0 1	0:禁止; 1:使能
TICK	系统时钟节奏中断使能	OF(值) DEFAULT DISABLE ENABLE	0 1	0:禁止; 1:使能
STC	系统时间时钟中断使能	OF(值) DEFAULT DISABLE ENABLE	0 1	0:禁止; 1:使能
LFDA	通道 A 长场探测中断使能	OF(值) DEFAULT DISABLE ENABLE	0 1	0:禁止; 1:使能
SFDA	通道 A 短场探测中断使能	OF(值) DEFAULT DISABLE ENABLE	0 1	0:禁止; 1:使能
VINTA2	通道 A 奇数场垂直中断使能	OF(值) DEFAULT DISABLE ENABLE	0 1	0:禁止; 1:使能
VINTA1	通道 A 偶数场垂直中断使能	OF(值) DEFAULT DISABLE ENABLE	0 1	0:禁止; 1:使能
SERRA	通道 A 同步错误中断使能	OF(值) DEFAULT DISABLE ENABLE	0 1	0:禁止; 1:使能

续表

名称	功能	符号	值	描述
CCMPA	通道 A 捕捉完成中断使能	OF(值) DEFAULT DISABLE ENABLE	0 1	0:禁止; 1:使能
VIE	VPORT 全局中断使能	OF(值) DEFAULT DISABLE ENABLE	0 1	必须设置。 0:禁止; 1:使能

4) VPORT_VCACTL 视频捕捉通道 A 寄存器

VPORT_VCACTL 寄存器是 VPORT 的通道 A 视频捕捉寄存器,是一个 32 位寄存器,共 19 个字段,各字段域及功能如下:

VPORT_VCACTL 寄存器字段定义

RSTCH	BLKCAP	保留	RDFE	FINV	EXC	FLDD	VRST	HRST	VCEN	PK10B
31	30	29～22	21	20	19	18	17	16	15	14～13

LFDE	SFDE	RESMPL	保留	SCALE	CON	FRME	CF2	CF21	保留	CMODE
12	11	10	9	8	7	6	5	4	3	2～0

VPORT_VCACTL 字段功能表

名称	功能	符号	值	描述
RSTCH	通道复位	OF(值) DEFAULT NONE ENABLE	0 1	0:无效; 1:复位通道
BLKCAP	块捕捉事件位	OF(值) CLEAR DEFAULT BLOCK	0 1	BLKCAP 复位捕捉 FIFO,而不影响当前寄存器中的值。 0:使能 EDMA 事件(BLKCAP 清后,捕捉与下一帧同步); 1:阻塞 EDMA 事件,清捕捉 FIFO
RDFE	场辨识使能位	OF(值) DEFAULT DISABLE ENABLE	0 1	禁用于通道 A,BT.656 不用。 0:禁止; 1:使能
FINV	探测场反转位	OF(值) DEFAULT FIELD1 FIELD2	0 1	BT.656 情况。 0:场 1; 1:场 2
EXC	外部控制选择位	OF(值) DEFAULT EAVSAV EXTERN	0 1	仅用于 A 通道,BT.656 情况。 0:使用 EAVSAV 编码; 1:使用外部控制信号

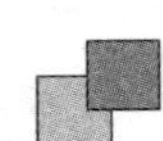

续 表

名　称	功　能	符　号	值	描　述
FLDD	场探测模式位	OF(值) DEFAULT EAVFID FDL	 0 1	仅用于 A 通道，BT. 656 情况。 0：第 1 行 EAV 或 FID 输入； 1：场探测逻辑
VRST	VCOUNT 复位	OF(值) V0EAV DEFAULT V1EAV	 0 1	BT. 656 情况。 0：垂直消隐开始； 1：垂直消隐结束
HRST	HCOUNT 复位	OF(值) DEFAULT EAV SAV	 0 1	BT. 656 情况。 0：EAV 或 VCTL0 边缘有效； 1：SAV 或 VCTL0 边缘无效
VCEN	视频捕捉使能	OF(值) DEFAULT DISABLE ENABLE	 0 1	当 VCEN=0 时，有可能改变 VCACTL 中的某些字段值。 0：禁止视频捕捉； 1：使能视频捕捉
PK10B	10 bit 数据包格式选择	OF(值) DEFAULT ZERO SIGN DENSEPK —	0～3h 0 1h 2h 3h	BT. 656 情况。 0：用 0 扩展； 1：符号位扩展； 2：密包(0 扩展)； 3：保留
LFDE	长场探测使能	OF(值) DEFAULT DISABLE ENABLE	 0 1	BT. 656 情况。 0：禁止； 1：使能
SFDE	短场探测使能	OF(值) DEFAULT DISABLE ENABLE	 0 1	BT. 656 情况。 0：禁止； 1：使能
RESMPL	色度重采样位	OF(值) DEFAULT DISABLE ENABLE	 0 1	BT. 656 情况。 0：禁止； 1：使能，色度行重采样，存入色度缓冲区之前，从 4：2：2 到 4：2：0 间隔采样
SCALE	尺度选择位	OF(值) DEFAULT NONE HALF	 0 1	BT. 656 情况。 0：无尺度； 1：1/2 尺度
CON	连续捕获使能	OF(值) DEFAULT DISABLE ENABLE	 0 1	 0：禁止； 1：使能

续表

名称	功能	符号	值	描述
FRME	捕获帧(数据)位	OF(值) DEFAULT NONE FRMCAP	 0 1	BT. 656 情况。 0:禁止; 1:捕获帧(数据)
CF2	捕获场 2	OF(值) NONE DEFAULT FLDCAP	 0 1	BT. 656 情况。 0:禁止; 1:使能
CF1	捕获场 1	OF(值) NONE DEFAULT FLDCAP	 0 1	BT. 656 情况。 0:禁止; 1:使能
CMODE	捕获模式选择	OF(值) DEFAULT BT656B BT656D RAWB RAWD YCB YCD RAW16 RAW20	0~7h 0 1h 2h 3h 4h 5h 6h 7h	 0:8 bit BT. 656; 1:10 bit BT. 656; 2:8 bit Raw Data (原始数据); 3:10 bit Raw Data (原始数据); 4:16 bit Y/C 模式; 5:20 bit Y/C 模式; 6:16 bit Raw Data (原始数据); 7:20 bit Raw Data (原始数据)

5) VPORT_ VCASTRT1 视频捕捉通道 A 场 1 开始寄存器

VPORT_ VCASTRT1 寄存器是图像捕捉的二级子配置,VPORT 的通道 A 视频捕捉寄存器定义了场的开始,是一个 32 位寄存器,共 3 个字段,各字段域及功能如下:

VPORT_ VCASTRT1 寄存器字段定义

保留	VCYSTART	SSE	保留	VCXSTART/VCVBLINKP
31~28	27~16	15	14~12	11~0

VPORT_ VCASTRT1 字段功能表

名称	功能	符号	值	描述
VCYSTART	开始行数	OF(值) DEFAULT	0~FFFh 0	BT. 656 情况 0:开始行数为 0
SSE	建立同步使能	OF(值) DISABLE DEFAULT ENABLE	 0 1	BT. 656 情况,不使用这个选项
VCXSTART/VCVBLINKP	开始像素数	OF(值) DEFAULT	0~FFFh 0	BT. 656 情况,必须是偶数(最低位为 0)

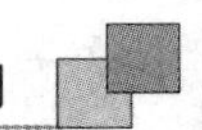

注意：在 BT.656 情况下，行(像素)计数器通过行事件(由 VCACTL 中的 HRST 选择)复位为 0，垂直(行)计数器通过垂直事件(由 VCACTL 中的 VRST 选择)复位为 1。当 HCOUNT＝VXSTART，VCOUNT＝VCYSTART 时，使能捕获场 1 开始。

6) VPORT_ VCASTOP1 视频捕捉通道 A 场 1 停止寄存器

VPORT_ VCASTOP1 寄存器是图像捕捉的二级子配置，VPORT 的通道 A 视频捕捉寄存器定义了所捕获图像场 1 停止配置参数，是一个 32 位寄存器，共 2 个字段，各字段域及功能如下：

VPORT_ VCASTOP1 寄存器字段定义

保留	VCYSTOP	保留	VCXSTOP
31～28	27～16	15～12	11～0

VPORT_ VCASTOP1 字段功能表

名　称	功　能	符　号	值	描　述
VCYSTOP	最后捕捉行	OF(值) DEFAULT	0～FFFh 0	BT.656 情况，最后捕捉行
VCXSTOP	最后捕捉像素	OF(值) DEFAULT	0～FFFh 0	BT.656 情况，最后捕捉像素(VCXSTOP－1)，必须是偶数值(LSB＝0)

7) VPORT_ VCASTRT2 视频捕捉通道 A 场 2 开始寄存器

VPORT_ VCASTRT2 寄存器是图像捕捉的二级子配置，VPORT 的通道 A 视频捕捉寄存器定义了场 2 的开始，是一个 32 位寄存器，共 2 个字段，各字段域及功能如下：

VPORT_ VCASTRT2 寄存器字段定义

保留	VCYSTART	保留	VCXSTART
31～28	27～16	15～12	11～0

VPORT_ VCASTRT2 字段功能表

名　称	功　能	符　号	值	描　述
VCYSTART	开始行数	OF(值) DEFAULT	0～FFFh 0	BT.656 情况 0：开始行数为 0
VCXSTART	开始像素数	OF(值) DEFAULT	0～FFFh 0	BT.656 情况，必须是偶数(最低位为 0)

8) VPORT_ VCASTOP2 视频捕捉通道 A 场 2 停止寄存器

VPORT_ VCASTOP2 寄存器是图像捕捉的二级子配置，VPORT 的通道 A 视频捕捉寄存器定义了所捕获图像场 2 停止配置参数，是一个 32 位寄存器，共 2 个字段，各字段域及功能如下：

VPORT_ VCASTOP2 寄存器字段定义

保留	VCYSTOP	保留	VCXSTOP
31～28	27～16	15～12	11～0

VPORT_ VCASTOP2 字段功能表

名 称	功 能	符 号	值	描 述
VCYSTOP	最后捕捉行	OF(值) DEFAULT	0～FFFh 0	BT.656 情况,最后捕捉行
VCXSTOP	最后捕捉像素	OF(值) DEFAULT	0～FFFh 0	BT.656 情况,最后捕捉像素(VCXSTOP－1),必须是偶数值(LSB=0)

9) VPORT_ VCATHRLD 视频捕捉通道 A 阈值配置寄存器

VPORT_ VCATHRLD 寄存器定义了 EDMA 请求发送时间配置参数,是一个 32 位寄存器,共 2 个字段,各字段域及功能如下:

VPORT_ VCATHRLD 寄存器字段定义

保留	VCATHRLD2	保留	VCATHRLD1
31～26	25～16	15～102	9～0

VPORT_ VCATHRLD 字段功能表

名 称	功 能	符 号	值	描 述
VCATHRLD2	场 2 请求产生 EDMA 中断数	OF(值) DEFAULT	0～3FFh 0	BT.656 情况
VCATHRLD1	场 1 请求产生 EDMA 中断数	OF(值) DEFAULT	0～3FFh 0	BT.656 情况

注意: VCATHRLD1 决定了 EDMA 事件捕获时间,一旦达到这个阈值,就会禁止继续产生 EDMA 事件,直到上次服务结束。BT.656 情况下,每捕获 2 个像素代表 2 个 Y FIFO 中的 2 个亮度值和分别在 Cb 和 Cr FIFO 中的 2 个色度值。FIFO 中每一个字长度依赖于所采集的数据长度,可以是 8 bit,10 bit,因此,VCATHRLD1 双字表达的数是 8 bit 模式中的 8 个像素,10 bit 模式中的 4 个像素。Cb 和 Cr 阈值是 1/2 VCATHRLD1。

10) VPORT_ VCAEVTCT 视频捕捉通道 A 事件计数配置寄存器

VPORT_ VCAEVTCT 寄存器定义了每一场中 EDMA 事件发生次数配置,是一个 32 位寄存器,共 2 个字段,各字段域及功能如下:

VPORT_VCAEVTCT 寄存器字段定义

保留	CAPEVTCT2	保留	CAPEVTCT 1
31～26	25～16	15～102	9～0

VPORT_ VCAEVTCT 字段功能表

名 称	功 能	符 号	值	描 述
VCAEVTCT2	场 2 中 EDMA 事件数	OF(值) DEFAULT	0～FFFh 0	BT.656 情况,场 2 中 EDMA 事件(YEVT,CbEVT,CrEVT)发生的次数
VCAEVTCT1	场 1 中 EDMA 事件数	OF(值) DEFAULT	0～FFFh 0	BT.656 情况,场 1 中 EDMA 事件(YEVT,CbEVT,CrEVT)发生的次数

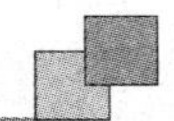

4. VPORT 驱动程序

本实例中,VPORT 配置为 A 通道视频捕获,视频格式 BT.656,视频捕获程序直接将捕获视频数据流上传 PC 机,上传部分本程序不考虑,因此,本程序思路如图 4-69(c)所示,首先,编写 SCCB 总线驱动程序,配置 OV7670 寄存器到 BT.656 输出格式;然后,配置 EDMA 和 VPORT 通道 A 寄存器,使之相互配合捕获 OV7670 输出的图像。参考程序将在下面给出。本实例配置图像格式为 BT.656 或者 Y/C。

视频格式为 BT.656 或者 Y/C 格式的参数设置:

- 在 VCxSTOP1 和 VCxSTOP2 中设置所采集图像的最后一个像素的位置;
- 在 VCxSTRT1 和 VCxSTRT2 中设置所采集图像的第一个像素的位置;
- 在 VCxTHRLD 中设置捕获阈值。每次所接受的像素数到达该阈值就会产生相应的事件中断;
- 配置一个 EDMA 通道完成图像数据 Y 分量从 YSRCx 到 DSP 存储器的搬移,DMA 通道由 YEVTx 事件触发;
- 配置一个 EDMA 通道完成图像数据 Cb 分量从 CbSRCx 到 DSP 存储器的搬移,DMA 通道由 CbEVTx 事件触发;
- 配置一个 EDMA 通道完成图像数据 Cr 分量从 CrSRCx 到 DSP 存储器的搬移,DMA 通道由 CrEVTx 事件触发;
- 在用户需要的情况下,设置视频接口的中断使能寄存器 VPORTIE 使能溢出中断和捕获完成中断;
- 写寄存器 VCxCTL 设置捕获模式、场/帧操作、同步信号;
- 设置寄存器 VCxCTL 捕获开始位 VCEN 开始图像的捕获。

三路 EDMA 中断发生后完成一帧图像的采集,重新配置三路 EDMA 进行下一帧图像的采集。

```
////////////////////////////VPORT 视频捕获参考程序//////////////////////////////////////////
//////头文件///////////////////////
#include <csl.h>                                         //芯片支持库
#include <csl_cache.h>                                   //cache 支持库
#include <csl_edma.h>                                    //edma 支持库
#include <csl_emifa.h>                                   //emifa 支持库
#include <csl_irq.h>                                     //irq 支持库
#include <csl_VPORT.h>                                   //VPORTort 支持库

//////宏定义///////////////////////
#define PERCFG   *((volatile  unsigned int *)0x01B3F000)
//外设配置寄存器(Peripheral Configuration Register)
#define PCFGLOCK   *((volatile  unsigned int *)0x01B3F018)
//外设配置锁寄存器(Peripheral Configuration Lock Register)
#define GPEN   *((volatile  unsigned int *)0x01B00000)   //GPIO 使能寄存器
#define GPDIR   *((volatile  unsigned int *)0x01B00004)  //GIPO 输入、输出设置
#define VCA_IMG_HSIZE1 320                               //VCA 图片宽度宏 1   Video Capture A
#define VCA_IMG_VSIZE1 240                               //VCA 图片高度宏 1
```

```
#define VCA_IMG_HSIZE2 320                              //VCA 图片宽度宏 2
#define VCA_IMG_VSIZE2 0                                //VCA 图片高度宏 2
#define VCA_VDTHRLD1   VCA_THRLD_FIELD1                 //VCA 视频显示阈值宏 1  Video Display Threshold 1
#define VCA_VDTHRLD2   VCA_VDTHRLD1                     //VCA 视频显示阈值宏 1  Video Display Threshold 2
#define CAPCHA_FRAME_COUNT 1                            //VCA 帧计数宏
#define VCA_XSTART1   VCA_HBLNK_SIZE                    //VCA X 开始 1
#define VCA_YSTART1 1                                   //VCA Y 开始 1
#define VCA_XSTART2   VCA_HBLNK_SIZE                    //VCA X 开始 2
#define VCA_YSTART2 1                                   //VCA Y 开始 2
#define VCA_HBLNK_SIZE 0
//视频显示水平消隐 Video Display Horizontal Blanking
#define VCA_THRLD_FIELD1 (VCA_IMG_HSIZE1/8)             //VCA 采集视频阈值宏 1  Video Display Threshold 1
#define VCA_THRLD_FIELD2 VCA_THRLD_FIELD1               //VCA 采集视频阈值宏 2  Video Display Threshold 2
#define VCA_IMAGE_SIZE1 (VCA_IMG_HSIZE1 * VCA_IMG_VSIZE1)        //VCA 图像大小宏 1
#define VCA_IMAGE_SIZE2 (VCA_IMG_HSIZE2 * VCA_IMG_VSIZE2)        //VCA 图像大小宏 2
#define VCA_CAPEVT1 (VCA_IMAGE_SIZE1 / (VCA_VDTHRLD1 * 8))
//视频采集事件计数 1 Video Capture Event Count 1
#define VCA_CAPEVT2 (VCA_IMAGE_SIZE2 / (VCA_VDTHRLD2 * 8))
//视频采集事件计数 2 Video Capture Event Count 2
#define VCA_Y_EDMA_ELECNT (VCA_THRLD_FIELD1 * 2)
//EDMA 元素传输计数  Element transfer count
#define VCA_Y_EDMA_FRMCNT ((VCA_CAPEVT1 + VCA_CAPEVT2) * CAPCHA_FRAME_COUNT)
//EDMA 帧传输计数 Frame transfer count
#define VCA_XSTOP1 (VCA_XSTART1 + VCA_IMG_HSIZE1 - 1)   //VCA X 结束 1
#define VCA_YSTOP1 (VCA_YSTART1 + VCA_IMG_VSIZE1 - 1)   //VCA Y 结束 1
#define VCA_XSTOP2 (VCA_XSTART2 + VCA_IMG_HSIZE2 - 1)   //VCA X 结束 2
#define VCA_YSTOP2 (VCA_YSTART2 + VCA_IMG_VSIZE2 - 1)   //VCA Y 结束 2

//////变量声明//////////////////////////////
EDMA_Handle hEdmaVPORTCapChaAY;                         //Y 通道 EDMA 句柄
EDMA_Handle hEdmaVPORTCapChaACb;                        //Cb 通道 EDMA 句柄
EDMA_Handle hEdmaVPORTCapChaACr;                        //Cr 通道 EDMA 句柄
VPORT_Handle VPORTCaptureHandle;                        //VPORTort 句柄,用来配置 VPORTort
Uint8 capChaAYSpace[320 * 240 * 2];                     //存储 Y 通道图像数据
Uint8 capChaACbSpace[320 * 240];                        //存储 Cb 通道图像数据
Uint8 capChaACrSpace[320 * 240];                        //存储 Cr 通道图像数据
Uint16 YEnd,CbEnd,CrEnd;                                //三个通道的 EDMA 完成标志
Int32 edmaCapChaAYTccNum;                               //Y 通道的 EDMA 通道号
Int32 edmaCapChaACbTccNum;                              //Cb 通道的 EDMA 通道号
Int32 edmaCapChaACrTccNum;                              //Cr 通道的 EDMA 通道号

//////子函数声明//////////////////////////////
void BufferInit_Y();                                    //初始化 capChaAYSpace 数组
void BufferInit_Cb();                                   //初始化 capChaACbSpace 数组
void BufferInit_Cr();                                   //初始化 capChaACrSpace 数组
```

```
void bt656_8 bit_ncfc(Int32 portNumber);                    //VPORTort 配置函数
void CaptureEnable();                                       //图像采集使能
void CaptureDisable();                                      //图像采集关闭
void Config_EmifA();                                        //配置 Emifa
void configVPORTCapEDMAChannel(EDMA_Handle * edmaHandle, Int32 eventId,
Int32 tccNum, Uint32 srcAddr,Uint32 dstAddr, Uint32 frameCount,Uint32 elementCount,Int32 flag);
                                                            //配置 EDMA 通道
void Delay(unsigned int DelayTime);                         //延时函数
void set_ov7660_reg_yuv422();                               //配置 OV7660CMOS
void setupVPORTCapChaAEDMA(Int32 portNumber);               //EDMA 配置
void gpio_init(void);                                       //配置 GPIO 接口
void VPORT_EDMA_DisableChannel(Int32 Channel);              //EDMA 关闭通道
void VPORT_EDMA_Restart(Int32 Channel);                     //EDMA 重新打开
void IRQ_Config_init();                                     //初始化配置中断

//EMIFA_Config 结构体变量 EMIFA_HPI,用来配置 EMIFA
EMIFA_Config EMIFA_HPI = {
  //配置 EMIF_GBLCTL 全局寄存器
  EMIFA_GBLCTL_RMK(
  EMIFA_GBLCTL_EK2RATE_DEFAULT,
  EMIFA_GBLCTL_EK2HZ_OF(0),
  EMIFA_GBLCTL_EK2EN_DISABLE,
  EMIFA_GBLCTL_BRMODE_DEFAULT,
  EMIFA_GBLCTL_NOHOLD_ENABLE,
  EMIFA_GBLCTL_EK1HZ_DEFAULT,
  EMIFA_GBLCTL_EK1EN_ENABLE,
  EMIFA_GBLCTL_CLK4EN_DEFAULT,
  EMIFA_GBLCTL_CLK6EN_DEFAULT
  ),
  //配置 CE0 片选信号控制寄存器
  EMIFA_CECTL_RMK(
  EMIFA_CECTL_WRSETUP_OF(3),
  EMIFA_CECTL_WRSTRB_OF(3),
  EMIFA_CECTL_WRHLD_OF(1),
  EMIFA_CECTL_RDSETUP_OF(1),
  EMIFA_CECTL_TA_OF(1),
  EMIFA_CECTL_RDSTRB_OF(3),
  EMIFA_CECTL_MTYPE_SDRAM16,
  EMIFA_CECTL_WRHLDMSB_OF(2),
  EMIFA_CECTL_RDHLD_OF(1)
  ),
  //配置 CE1 片选信号控制寄存器
  EMIFA_CECTL_RMK(
  EMIFA_CECTL_WRSETUP_OF(15),
  EMIFA_CECTL_WRSTRB_OF(63),
```

```
EMIFA_CECTL_WRHLD_OF(3),
EMIFA_CECTL_RDSETUP_OF(15),
EMIFA_CECTL_TA_DEFAULT,
EMIFA_CECTL_RDSTRB_OF(14),
EMIFA_CECTL_MTYPE_ASYNC8,
EMIFA_CECTL_WRHLDMSB_OF(0),
EMIFA_CECTL_RDHLD_OF(2)
),
//配置 CE2 片选信号控制寄存器
EMIFA_CECTL_DEFAULT,
//配置 CE3 片选信号控制寄存器
EMIFA_CECTL_DEFAULT,
EMIFA_SDCTL_RMK(
EMIFA_SDCTL_SDBSZ_OF(1),
EMIFA_SDCTL_SDRSZ_OF(2),
EMIFA_SDCTL_SDCSZ_OF(0),
EMIFA_SDCTL_RFEN_OF(1),
EMIFA_SDCTL_INIT_OF(1),
EMIFA_SDCTL_TRCD_OF(3),
EMIFA_SDCTL_TRP_OF(2),
EMIFA_SDCTL_TRC_OF(6),
EMIFA_SDCTL_SLFRFR_OF(0)
),
//////sdtim ////////////////////////////
EMIFA_SDTIM_RMK(
EMIFA_SDTIM_XRFR_OF(0),
EMIFA_SDTIM_PERIOD_OF(0x5DC)
),
//////sdext////////////////////////////
EMIFA_SDEXT_RMK(
EMIFA_SDEXT_WR2RD_OF(0),
EMIFA_SDEXT_WR2DEAC_OF(1),
EMIFA_SDEXT_WR2WR_OF(0),
EMIFA_SDEXT_R2WDQM_OF(2),
EMIFA_SDEXT_RD2WR_OF(4),
EMIFA_SDEXT_RD2DEAC_OF(1),
EMIFA_SDEXT_RD2RD_OF(0),
EMIFA_SDEXT_THZP_OF(2),
EMIFA_SDEXT_TWR_OF(1),
EMIFA_SDEXT_TRRD_OF(0),
EMIFA_SDEXT_TRAS_OF(7),
EMIFA_SDEXT_TCL_OF(1)
),
EMIFA_CESEC_DEFAULT,
EMIFA_CESEC_DEFAULT,
```

```
  EMIFA_CESEC_DEFAULT,
  EMIFA_CESEC_DEFAULT,
};

////////////////////////////////////////////////////////////////////////////////////////
//函数名:dm642_init
//功  能:初始化 DM642 芯片
//说  明:初始化 CSL,Config_Emifa,Cache 及其他外设,初始化变量
////////////////////////////////////////////////////////////////////////////////////////

void dm642_init()
{
    CSL_init();                                    //芯片支持库初始化
    Config_EmifA();                                //EmifA 初始化
    CACHE_enableCaching(CACHE_EMIFA_CE00);         //开启 CE00 的 CACHE
    CACHE_clean(CACHE_L2ALL,0,0);                  //芯片清空
    PCFGLOCK = 0x10C0010C;                         //打开外设
    Delay(50000);
    PERCFG = 0x0078;
    Delay(50000);
    CbEnd = 0;                                     //变量初始化
    CrEnd = 0;
    YEnd = 0;
}

////////////////////////////////////////////////////////////////////////////////////////
//函数名:main
//功  能:主函数
//说  明:本例程未包含任何功能,主要的功能在 capture 函数中
////////////////////////////////////////////////////////////////////////////////////////

void main()
{
}

////////////////////////////////////////////////////////////////////////////////////////////////////////////////
//函数名:capture
//功  能:图像采集函数
//说  明:通过 VPORTort 接口完成图像采集功能,该函数的启动使用了 Bios 中的 TSK 功能
////////////////////////////////////////////////////////////////////////////////////////////////////////////////

void capture()
{
    BufferInit_Y();                                //初始化 capChaAYSpace 数组
    BufferInit_Cb();                               //初始化 capChaACbSpace 数组
```

```
    BufferInit_Cr();                          //初始化 capChaACrSpace 数组
    IRQ_Config_init();                        //初始化中断 IRQ
    EDMA_intDisable(56);                      //关闭 EDMA 中断 56
    EDMA_intClear(56);                        //清空 EDMA 中断 56
    EDMA_intDisable(57);                      //关闭 EDMA 中断 57
    EDMA_intClear(57);                        //清空 EDMA 中断 57
    EDMA_intDisable(58);                      //关闭 EDMA 中断 58
    EDMA_intClear(58);                        //清空 EDMA 中断 58
    EDMA_clearPram(0x00000000);               //清空 EDMA 参数
    gpio_init();                              //配置 GPIO 接口
    set_ov7660_reg_yuv422();                  //配置 OV7660CMOS
    bt656_8 bit_ncfc(1);                      //配置 VPORTort
    CaptureEnable();                          //开启图像采集
    Delay(1000);                              //给设备开启提供延时
    while (1)
    {
        if((YEnd == 1)&&(CbEnd == 1)&&(CrEnd == 1))
        //如果三个通道均完成传输,则重置通道开始下一次采集
        {
            YEnd = 0;                         //变量 YEnd 置零
            CbEnd = 0;                        //变量 CbEnd 置零
            CrEnd = 0;                        //变量 CrEnd 置零
            VPORT_EDMA_Restart(56);           //重置 EDMA 通道 56
            VPORT_EDMA_Restart(57);           //重置 EDMA 通道 57
            VPORT_EDMA_Restart(58);           //重置 EDMA 通道 58
            CaptureEnable();                  //开启图像采集
        }
    }
}

////////////////////////////////////////////////////////////////////////////////////////
//函数名:IRQ_Config_init
//功  能:初始化中断 IRQ
//说  明:中断初始化
////////////////////////////////////////////////////////////////////////////////////////

void IRQ_Config_init();
{
    IRQ_resetAll();                           //重置全部中断
    IRQ_nmiEnable();                          //开启 nmi 中断
    IRQ_map(IRQ_EVT_VINT1,8);                 //中断 8 映射
    IRQ_globalEnable();                       //中断开启
    IRQ_enable(IRQ_EVT_VINT1);                //使能中断 IRQ_EVT_VINT1
    IRQ_reset(IRQ_EVT_EDMAINT);               //重置中断 IRQ_EVT_EDMAINT
}
```

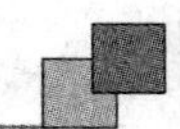

```
////////////////////////////////////////////////////////////////////////////////////////////
//函数名:ISR8
//功  能:中断函数
//说  明:EDMA通道传递完成后关闭通道
////////////////////////////////////////////////////////////////////////////////////////////

void ISR8()
{
    CaptureDisable();                           //关闭图像采集
    if(EDMA_intTest(56))                 //如果是通道56中断,清空中断56,关闭通道,标志位置1
    {
        EDMA_intClear(56);                      //清空中断56
        VPORT_EDMA_DisableChannel(56);          //关闭通道
        CbEnd = 1;                              //标志位置1
    }

    if(EDMA_intTest(57))                 //如果是通道57中断,清空中断57,关闭通道,标志位置1
    {
        EDMA_intClear(57);                      //清空中断57
        VPORT_EDMA_DisableChannel(57);          //关闭通道
        CrEnd = 1;                              //标志位置1
    }

    if(EDMA_intTest(58))                 //如果是通道58中断,清空中断58,关闭通道,标志位置1
    {
        EDMA_intClear(58);                      //清空中断58
        VPORT_EDMA_DisableChannel(58);          //关闭通道
        YEnd = 1;                               //标志位置1
    }
}

////////////////////////////////////////////////////////////////////////////////////////////
//函数名:gpio_init
//功  能:配置GPIO接口
//说  明:使能OV7670,使能sccb
////////////////////////////////////////////////////////////////////////////////////////////

void gpio_init()
{
    GPEN  =  0x0000C000;                        //使能OV7670
    GPDIR  =  0x0000C000;
    GPEN |= 0x00000006;                         //使能sccb
    GPDIR |= 0x00000006;
}
```

```
////////////////////////////////////////////////////////////////////////////////////////
//函数名:Delay
//功  能:延时函数
//说  明:提供延时
////////////////////////////////////////////////////////////////////////////////////////

void Delay(unsigned int DelayTime)
{
    while(DelayTime--);
}

////////////////////////////////////////////////////////////////////////////////////////
//函数名:VPORT_EDMA_Restart
//功  能:EDMA 重新打开
//说  明:重新打开指定的通道
////////////////////////////////////////////////////////////////////////////////////////

void VPORT_EDMA_Restart(Int32 Channel)
{
    EDMA_intClear(Channel);                                    //清除中断
    switch(Channel)                                            //判断通道
    {
        case EDMA_CHA_VPORT1EVTYA:                             //如果是 56 通道
            EDMA_disableChannel(hEdmaVPORTCapChaAY);           //关闭通道
            configVPORTCapEDMAChannel(&hEdmaVPORTCapChaAY, Channel,edmaCapChaAYTccNum,
    VPORTCaptureHandle->ysrcaAddr,(Uint32)capChaAYSpace,VCA_Y_EDMA_FRMCNT,VCA_Y_EDMA_ELECNT,0);
                                                               //配置 56 通道
  EDMA_intEnable(Channel);                                     //使能中断
            EDMA_enableChannel(hEdmaVPORTCapChaAY);            //打开通道
        break;
        case EDMA_CHA_VPORT1EVTUA:                             //如果是 57 通道
            EDMA_disableChannel(hEdmaVPORTCapChaACb);          //关闭通道
            configVPORTCapEDMAChannel(&hEdmaVPORTCapChaACb, Channel,edmaCapChaACbTccNum,
VPORTCaptureHandle->cbsrcaAddr,(Uint32)capChaACbSpace,VCA_Y_EDMA_FRMCNT,VCA_Y_EDMA_ELECNT/2,0);
                                                               //配置 57 通道
            EDMA_intEnable(Channel);                           //使能中断
            EDMA_enableChannel(hEdmaVPORTCapChaACb);           //打开通道
        break;
        case EDMA_CHA_VPORT1EVTVA:                             //如果是 58 通道
            EDMA_disableChannel(hEdmaVPORTCapChaACr);          //关闭通道
            configVPORTCapEDMAChannel(&hEdmaVPORTCapChaACr, Channel,edmaCapChaACrTccNum,
VPORTCaptureHandle->crsrcaAddr,(Uint32)capChaACrSpace,VCA_Y_EDMA_FRMCNT,VCA_Y_EDMA_ELECNT/2,0);
                                                               //配置 58 通道
            EDMA_intEnable(Channel);                           //使能中断
            EDMA_enableChannel(hEdmaVPORTCapChaACr);           //打开通道
```

```
        break;
    }
}

/////////////////////////////////////////////////////////////////////////////////////////
//函数名:configVPORTCapEDMAChannel
//功  能:配置 EDMA 通道
//说  明:配置指定的 EDMA 通道
/////////////////////////////////////////////////////////////////////////////////////////
void configVPORTCapEDMAChannel(EDMA_Handle * edmaHandle, Int32 eventId,
Int32 tccNum, Uint32 srcAddr,Uint32 dstAddr, Uint32 frameCount,Uint32 elementCount,Int32 flag)
{
    if(flag == 1)                                       //如果标志等于 1,打开 EDMA
    * edmaHandle = EDMA_open(eventId, EDMA_OPEN_RESET);
    if( * edmaHandle == EDMA_HINV)                      //如果 edmaHandle = 0,报错
        printf("Fail_02");

    EDMA_configArgs(                                    //配置 EDMA
        * edmaHandle,
        EDMA_OPT_RMK(
        EDMA_OPT_PRI_HIGH,
        EDMA_OPT_ESIZE_32BIT,
        EDMA_OPT_2DS_NO,
        EDMA_OPT_SUM_NONE,
        EDMA_OPT_2DD_YES,
        EDMA_OPT_DUM_INC,
        EDMA_OPT_TCINT_YES,
        EDMA_OPT_TCC_OF(tccNum & 0xF),
        EDMA_OPT_TCCM_OF(((tccNum & 0x30) >> 4)),
        EDMA_OPT_ATCINT_NO,
        EDMA_OPT_ATCC_OF(0),
        EDMA_OPT_PDTS_DISABLE,
        EDMA_OPT_PDTD_DISABLE,
        EDMA_OPT_LINK_NO,
        EDMA_OPT_FS_NO
    ),
        EDMA_SRC_RMK(srcAddr),
    EDMA_CNT_RMK(EDMA_CNT_FRMCNT_OF((frameCount - 1)),EDMA_CNT_ELECNT_OF(elementCount)),
        EDMA_DST_RMK(dstAddr),
        EDMA_IDX_RMK(EDMA_IDX_FRMIDX_OF((elementCount * 4)),EDMA_IDX_ELEIDX_OF(0)),
        EDMA_RLD_RMK(EDMA_RLD_ELERLD_OF(0), EDMA_RLD_LINK_OF(0))
    );
}

/////////////////////////////////////////////////////////////////////////////////////////
```

```
//函数名:CaptureEnable
//功  能:图像采集使能
//说  明:开始图像采集
//////////////////////////////////////////////////////////////////////////////////////////
void CaptureEnable()
{
VPORT_FSETH(VPORTCaptureHandle, VCACTL, VCEN, VPORT_VCACTL_VCEN_ENABLE);   //图像采集使能

}

//////////////////////////////////////////////////////////////////////////////////////////
//函数名:CaptureDisable
//功  能:图像采集关闭
//说  明:结束图像采集
//////////////////////////////////////////////////////////////////////////////////////////

void CaptureDisable()
{
VPORT_FSETH(VPORTCaptureHandle, VCACTL, VCEN, VPORT_VCACTL_VCEN_DISABLE);   //图像采集关闭
}

//////////////////////////////////////////////////////////////////////////////////////////
//函数名:Config_EmifA
//功  能:配置 Emifa
//说  明:配置 Emifa
//////////////////////////////////////////////////////////////////////////////////////////

void Config_EmifA()
{
    EMIFA_config(&EMIFA_HPI);                                          //配置 Emifa
}

//////////////////////////////////////////////////////////////////////////////////////////
//函数名:BufferInit_Y
//功  能:初始化 capChaAYSpace 数组
//说  明:初始化 capChaAYSpace 数组
//////////////////////////////////////////////////////////////////////////////////////////

void BufferInit_Y()
{
    int i;
    for(i = 0;i<640 * 480;i++)                                         //数组置为 0
        capChaAYSpace[i] = 0x0;
}
```

```
////////////////////////////////////////////////////////////////////////////////////////////////
//函数名:BufferInit_Cb
//功　能:初始化 capChaACbSpace 数组
//说　明:初始化 capChaACbSpace 数组
////////////////////////////////////////////////////////////////////////////////////////////////

void BufferInit_Cb()
{
    int i;
    for(i = 0;i<320 * 480;i ++ )                          //数组置为 0
        capChaACbSpace[i] = 0x0;

}

////////////////////////////////////////////////////////////////////////////////////////////////
//函数名:BufferInit_Cr
//功　能:初始化 capChaACrSpace 数组
//说　明:初始化 capChaACrSpace 数组
////////////////////////////////////////////////////////////////////////////////////////////////

void BufferInit_Cr()
{
    int i;
    for(i = 0;i<320 * 480;i ++ )                          //数组置为 0
    capChaACrSpace[i] = 0x0;

}

////////////////////////////////////////////////////////////////////////////////////////////////
//函数名:bt656_8 bit_ncfc
//功　能:VPORTort 配置函数
//说　明:按照 BT.656 视频格式,8 位带宽,配置 VPORTort
////////////////////////////////////////////////////////////////////////////////////////////////

void bt656_8 bit_ncfc(Int32 portNumber)
{
    if(portNumber == 0)                                   //如果变量是 0,选择 16,17,18 作为通道
    {
        edmaCapChaAYTccNum  =  16;
        edmaCapChaACbTccNum  =  17;
        edmaCapChaACrTccNum  =  18;
    }
    else if(portNumber == 1)                              //如果变量是 1,选择 56,57,58 作为通道
    {
```

```
        edmaCapChaAYTccNum = 56;
        edmaCapChaACbTccNum = 57;
        edmaCapChaACrTccNum = 58;
    }

    VPORTCaptureHandle = VPORT_open(portNumber, VPORT_OPEN_RESET);     //打开 VPORTort
    if(VPORTCaptureHandle == INV)                                       //如果打开失败,报错
        printf("Fail_01");
    VPORT_FSETH(VPORTCaptureHandle, PCR, PEREN, VPORT_PCR_PEREN_ENABLE);
    //配置外设控制寄存器 Peripheral Control Register,使能
    VPORT_FSETH(VPORTCaptureHandle, VPORTIE, COVRA, VPORT_VPORTIE_COVRA_DISABLE);
    //配置 VPORTort 中断使能寄存器 Video Port Interrupt Enable Register
    VPORT_FSETH(VPORTCaptureHandle, VPORTIE, CCMPA, VPORT_VPORTIE_CCMPA_ENABLE);
    VPORT_FSETH(VPORTCaptureHandle, VPORTIE, SERRA, VPORT_VPORTIE_SERRA_ENABLE);
    VPORT_FSETH(VPORTCaptureHandle, VPORTIE, SFDA, VPORT_VPORTIE_SFDA_DISABLE);
    VPORT_FSETH(VPORTCaptureHandle, VPORTIE, VIE, VPORT_VPORTIE_VIE_ENABLE);
    VPORT_FSETH(VPORTCaptureHandle, VCACTL, SFDE, VPORT_VCACTL_SFDE_ENABLE);
    //配置 VPORTort 视频采集 A 控制寄存器 Video Port Video Capture A Control
    VPORT_RSETH(VPORTCaptureHandle,
                VCASTOP1,VPORT_VCASTOP1_RMK(VCA_YSTOP1, VCA_XSTOP1));
    //配置 VPORTort 视频采集 A 字段 1 停止寄存器 Video Port Video Capture A Field1 Stop
    VPORT_RSETH(VPORTCaptureHandle,
                VCASTOP2,VPORT_VCASTOP2_RMK(VCA_YSTOP2, VCA_XSTOP2));
    //配置 VPORTort 视频采集 A 字段 2 停止寄存器 Video Port Video Capture A Field2 Stop
VPORT_RSETH(VPORTCaptureHandle,
VCASTRT1,VPORT_VCASTRT1_RMK(VCA_YSTART1,VPORT_VCASTRT1_SSE_ENABLE, VCA_XSTART1));
//配置 VPORTort 视频采集 A 字段 1 开始寄存器 Video Port Video Capture A Field1 Start
VPORT_RSETH(VPORTCaptureHandle,
VCASTRT2,VPORT_VCASTRT2_RMK(VCA_YSTART2, VCA_XSTART2));
//配置 VPORTort 视频采集 A 字段 2 开始寄存器 Video Port Video Capture A Field2 Start
VPORT_RSETH(VPORTCaptureHandle,
VCATHRLD,VPORT_VCATHRLD_RMK(VCA_THRLD_FIELD2, VCA_THRLD_FIELD1));
//配置 VPORTort 视频采集 A 阈值寄存器 Video Port Video Capture A Threshold
VPORT_RSETH(VPORTCaptureHandle, VCAEVTCT,VPORT_VCAEVTCT_RMK(VCA_CAPEVT2,VCA_CAPEVT1));
//配置 VPORTort 视频采集 A 事件计数寄存器 Video Port Video Capture A Event Count
VPORT_FSETH(VPORTCaptureHandle, VCACTL, CMODE, VPORT_VCACTL_CMODE_BT656B);
   VPORT_FSETH(VPORTCaptureHandle, VCACTL, CON, VPORT_VCACTL_CON_ENABLE);
   //配置 VPORTort 视频采集 A 控制寄存器 Video Port Video Capture A Control
   VPORT_FSETH(VPORTCaptureHandle, VCACTL, FRAME, VPORT_VCACTL_FRAME_FRMCAP);
   VPORT_FSETH(VPORTCaptureHandle, VCACTL, CF2, VPORT_VCACTL_CF2_NONE);
   VPORT_FSETH(VPORTCaptureHandle, VCACTL, CF1, VPORT_VCACTL_CF1_FLDCAP);
   VPORT_FSETH(VPORTCaptureHandle, VCACTL, EXC, VPORT_VCACTL_EXC_EXTERN);
   VPORT_FSETH(VPORTCaptureHandle, VCACTL, FLDD, VPORT_VCACTL_FLDD_FDL);
   VPORT_FSETH(VPORTCaptureHandle, VCACTL, VRST, VPORT_VCACTL_VRST_V0EAV);
```

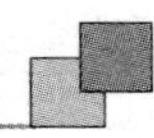

```
    VPORT_FSETH(VPORTCaptureHandle, VCACTL, HRST, VPORT_VCACTL_HRST_OF(0));
    IRQ_enable(VPORTCaptureHandle->eventId);           //IRQ 中断开启
    setupVPORTCapChaAEDMA(portNumber);                 //安装配置 EDMA
    VPORT_FSETH(VPORTCaptureHandle, VPORTCTL, VPORTHLT, VPORT_VPORTCTL_VPORTHLT_CLEAR);
    //VPORTort 控制寄存器 Video Port Control Register
    VPORT_FSETH(VPORTCaptureHandle, VCACTL, BLKCAP,VPORT_VCACTL_BLKCAP_CLEAR);
    //配置 VPORTort 视频采集 A 控制寄存器 Video Port Video Capture A Control
}

////////////////////////////////////////////////////////////////////////////////////////////
//函数名:VPORT_EDMA_DisableChannel
//功　能:EDMA 关闭通道
//说　明:EDMA 关闭通道
////////////////////////////////////////////////////////////////////////////////////////////

void VPORT_EDMA_DisableChannel(Int32 Channel)
{
    switch(Channel)
    {
        case EDMA_CHA_VPORT1EVTYA:                      //如果是 56 通道,关闭通道 56
            EDMA_disableChannel(hEdmaVPORTCapChaAY);
        break;
        case EDMA_CHA_VPORT1EVTUA:                      //如果是 57 通道,关闭通道 57
            EDMA_disableChannel(hEdmaVPORTCapChaACb);
        break;
        case EDMA_CHA_VPORT1EVTVA:                      //如果是 58 通道,关闭通道 58
            EDMA_disableChannel(hEdmaVPORTCapChaACr);
        break;
    }
}

////////////////////////////////////////////////////////////////////////////////////////////
//函数名:setupVPORTCapChaAEDMA
//功　能:安装配置 EDMA
//说　明:安装配置 EDMA
////////////////////////////////////////////////////////////////////////////////////////////

void setupVPORTCapChaAEDMA(Int32 portNumber)
{
    Int32 YEvent, UEvent, VEvent;
    switch(portNumber)                                 //根据端口号,判断通道
    {
        case VPORT_DEV0:                               //VPORT_DEV0,选择通道 16,17,18
            YEvent = EDMA_CHA_VPORT0EVTYA;
```

```
            UEvent = EDMA_CHA_VPORT0EVTUA;
            VEvent = EDMA_CHA_VPORT0EVTVA;
        break;
        case VPORT_DEV1:                                    //VPORT_DEV1,选择通道 56,57,58
            YEvent = EDMA_CHA_VPORT1EVTYA;
            UEvent = EDMA_CHA_VPORT1EVTUA;
            VEvent = EDMA_CHA_VPORT1EVTVA;
        break;
        case VPORT_DEV2:                                    //VPORT_DEV2,选择通道 59,60,61
            YEvent = EDMA_CHA_VPORT2EVTYA;
            UEvent = EDMA_CHA_VPORT2EVTUA;
            VEvent = EDMA_CHA_VPORT2EVTVA;
        break;
    }
configVPORTCapEDMAChannel(&hEdmaVPORTCapChaAY, YEvent,edmaCapChaAYTccNum,
VPORTCaptureHandle->ysrcaAddr,(Uint32)capChaAYSpace,VCA_Y_EDMA_FRMCNT,VCA_Y_EDMA_ELECNT,1);
                                                    //配置通道 hEdmaVPORTCapChaAY
    configVPORTCapEDMAChannel(&hEdmaVPORTCapChaACb, UEvent,edmaCapChaACbTccNum,
VPORTCaptureHandle->cbsrcaAddr,(Uint32)capChaACbSpace,VCA_Y_EDMA_FRMCNT,VCA_Y_EDMA_ELECNT/2,1);
                                                    //配置通道 hEdmaVPORTCapChaACb
    configVPORTCapEDMAChannel(&hEdmaVPORTCapChaACr, VEvent,edmaCapChaACrTccNum,
    VPORTCaptureHandle->crsrcaAddr,(Uint32)capChaACrSpace,VCA_Y_EDMA_FRMCNT,VCA_Y_EDMA_ELEC-
NT/2,1);                                            //配置通道 hEdmaVPORTCapChaACr
    IRQ_map(IRQ_EVT_EDMAINT,8);                     //IRQ 映射
    EDMA_intEnable(YEvent);                         //中断使能
    EDMA_intEnable(UEvent);
    EDMA_intEnable(VEvent);
    EDMA_enableChannel(hEdmaVPORTCapChaAY);         //开启通道
    EDMA_enableChannel(hEdmaVPORTCapChaACb);
    EDMA_enableChannel(hEdmaVPORTCapChaACr);
}
```

4.8.3 运行结果与分析

1. VPORT 视频捕捉结果

如图 4-70 所示,VPORT 采集到的图像是通过 VPORT 接口获取的 OV7670 图像信号,存储在 DM642 的内存中,并通过探针图像显示方法获得的 VPORT 采集结果。从获取的图像可见,采集的清晰度,色差等满足要求。

一般情况下,为了获取采集效果良好的图像及连续视频,需注意如下要点:

- VPORT 采集端口设置的视频输入模式需与 OV7670 图像采集电路模式一致,如采集电路采用的是 8 位 BT.656 格式输出,则 VPORT 电路亦需设置成此模式。
- 当输出图像质量不理想时,可以通过调整 OV7670 相关寄存器参数进行修正,例如,曝光度、色差等,读者可查阅 OV7670 技术文档。

- VPORT 接收一帧数据后，需及时将对应的 VPORT_EDMA 接收通道的接收完成标志位清除，并等待下一帧视频的输入，若下一帧图像已经等待而未清除标志位，则 EDMA 通道将无法读取该帧图像。
- 连续视频捕捉可以与网口配合，可以将采集的视频直接上传 PC 机，并在 PC 上进行实时显示。

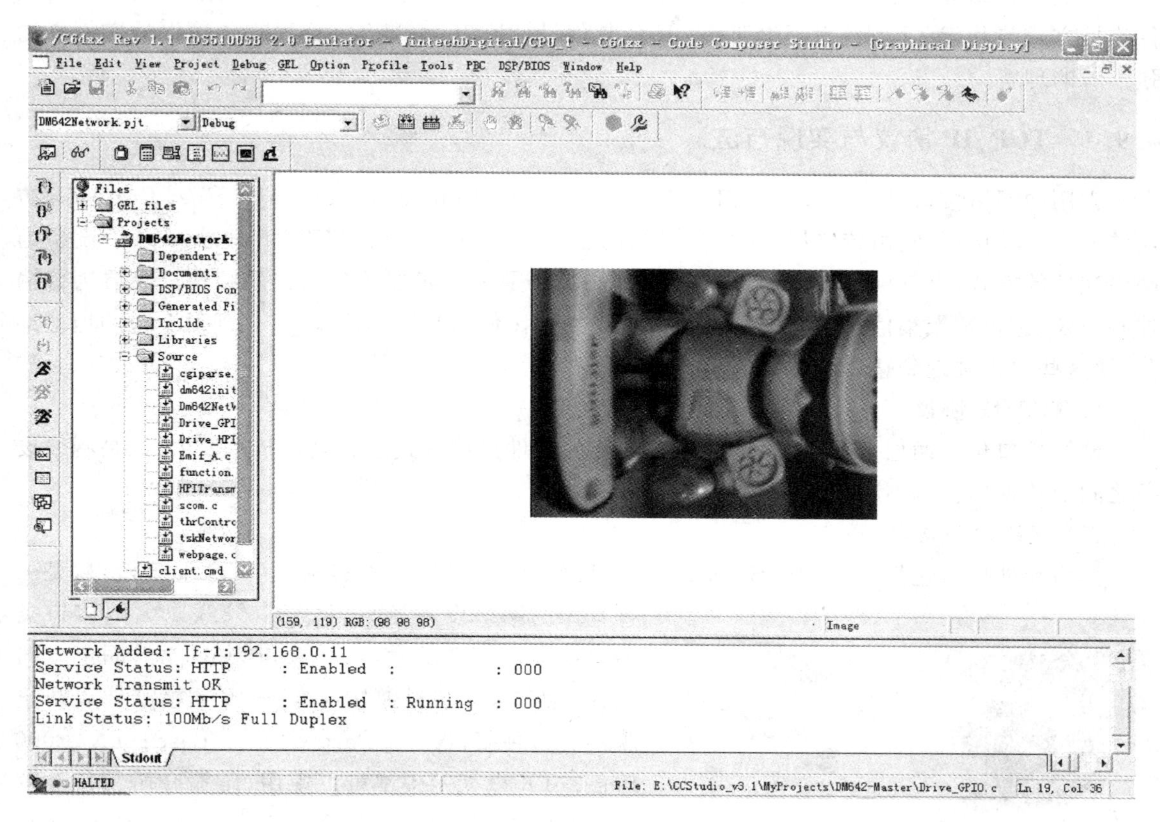

图 4-70 VPORT 采集到的图像

2. VPORT 配置要点

VPORT 作为 64x 系统中的混合基体，由于硬件视频接口逻辑无缝连接的规范性，使得其工作的正确性主要依赖于软件配置及驱动程序的编写。同时，由于外部视频采集器件（CCD、COMS）往往需要进行特殊配置，而这些器件的配置通常都是通过 I^2C 或模拟 I^2C 协议，如本实例中的 SCCB 协议，因此，需要 64x 的 GPIO 模拟 I^2C 工作模式，并需要编写相应的驱动程序。此类配置程序编写的难点是 VPORT 寄存器与 EDMA 寄存器功能的理解，包括各寄存器不同字段的赋值，它会影响配置操作结果，以及一般视频传输协议的工作模式。另外，配置程序编写之前，需要对配置对象的工作过程进行深入理解，才能保证配置程序工作正常。

4.9 EMAC 应用实例

64x 的 EMAC 以太网片上外设模块是一座桥梁，系统通过它与互联网远程用户终端相连。

一方面将远程用户终端所请求的视频图像信号以及其他信息发送到互联网上，最终到达用户终端；另一方面，系统也通过它从网上接收来自于远程用户终端的请求和控制信息。基于 64x 片上外设 EMAC 的网络接口协议主要指的是传输层协议，包括 TCP/IP 与 UDP 两种协议，64x 系列则侧重于使用 TCP/IP 协议。

本实例介绍 DM642 的以太网片上外设 EMAC，通过本实例，读者可以了解以太网接口的硬件连接方式与基于 TI 网络开发套件 NDK 的软件设计流程，并配合一个网络传输设计实例来增强读者的理解。

4.9.1 TCP/IP 协议与实现方法

常用的网络接口是一种基于 TCP/IP(Transmission Control Protocol/Internet Protocol)协议的网路传输接口，它由传输层 TCP 协议和网络层 IP 协议组成。TCP/IP 定义了电子设备与网络连接的方式、电气标准、数据传输标准。TCP/IP 是一个四层的分层体系结构。高层为传输控制协议，它负责聚集信息或把文件拆分成更小的包。低层是网际协议，它处理每个包的地址部分，使这些包正确地到达目的地。

1. TCP/IP 协议

网络接口包含两层含义：一是网络设备之间的硬件连接方式及其电气技术要求；二是网络设备之间的数据传输基本要求。

(1) 网络硬件接口

网络硬件接口包括：RJ - 45、SC 光纤、FDDI、AUI、BNC 等。本实例采用 RJ - 45 接口，是一种常见的网络设备接口，属于双绞线以太网接口类型。如图 4 - 71 所示，RJ - 45 插头只能沿固定方向插入，设有一个塑料弹片与 RJ - 45 插槽卡住以防止脱落。这种接口在 10 Base - T/100 Base - TX/1 000 Base - TX 以太网中都可以使用，传输介质都是双绞线，根据带宽不同对介质有不同要求，特别是与 1 000 Base - TX千兆以太网连接时，至少要使用超五类线，甚至 6 类线。

图 4 - 71　RJ - 45 接口

(2) TCP/IP 协议

TCP/IP 协议由四个层次组成：网络接口层、网络层、传输层、应用层，如图 4 - 72 所示。图 4 - 72 中左右两个相同部分是两个通过网口传输的主机，从硬件来讲，两个主机之间通过物理层的网络硬件接口 RJ - 45 连接起来。发送端主机的工作主要是数据封装，根据四个不同层次、不同协议的要求，将发送数据封装成便于网络传输的数据格式，然后，通过 RJ - 45 将数据上传网络，这个过程如图 4 - 72 中实线箭头所示，左面主机为发送端；接收端主机的工作主要是解封装，获取传输过来的数据，同样根据四个不同层次、不同协议的要求，将接收到的数据拆封，其过程与发送端的处理恰好相反。每一个主机都可以同时收发，所以，图 4 - 72 中画出了虚线的反向数据传输过程。

显然，TCP/IP 协议是一个协议组，各协议分别用于不同的层次，完成不同的数据封装/拆解功能，以保证网络数据传输的可靠性。

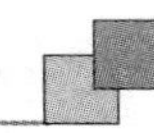

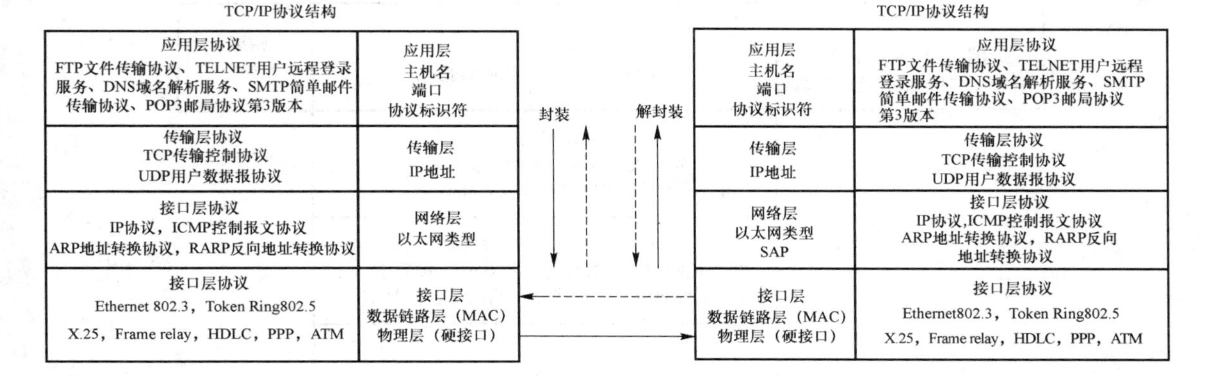

图 4－72　TCP/IP 协议与主机之间的传输结构

各层的功能及相关协议作用如下：

1）网络接口层

网络接口层是由物理层和数据链路层组成。物理层定义了网络接口硬件连接特性，如接口的机械特性、电气特性、功能、规程；数据链路层定义了数据双向传输的协议方式，一是将 IP 数据报（datagram）通过网关发送，二是接收网络物理帧并抽出 IP 数据报，交给网络层。

2）网络层

网络层的主要功能是处理传输层的发送请求、处理输入数据报、处理传输控制等问题。相应的处理协议分别是 IP（Internet Protocol）协议、ICMP（Internet Control Message Protocol）控制报文协议、ARP（Address Resolution Protocol）地址解析协议、RARP（Reverse ARP）反向地址解析协议。IP 协议是网络层的核心，通过路由选择将 IP 封装后交给网络接口层，IP 数据报是无连接服务。ICMP 协议是网络层的补充，可以回送报文，用来检测网络是否通畅，常用的 Ping 命令就是发送 ICMP 的 echo 包，通过回送的 echo relay（echo 回应）进行网络测试。ARP 是正向地址解析协议，通过已知的 IP，寻找对应主机的 MAC 地址。RARP 是反向地址解析协议，通过 MAC 地址确定 IP 地址，比如无盘工作站和 DHCP 服务。

3）传输层

传输层的主要功能是提供程序间的通信，一是格式化信息流；二是控制传输可靠性。相应的处理协议是 TCP（Transmission Control Protocol）传输控制协议和 UDP（User Datagram protocol）用户数据报协议。

4）应用层

应用层主要提供常用的应用程序库，是面向用户的服务，如 FTP（File Transmision Protocol）文件传输协议，用于上传下载文件，数据端口是 20H，控制端口是 21H；TELNET 远程登录服务，使用 23H 端口明码传送，保密性差、简单方便；DNS（Domain Name Service）域名解析，提供域名到 IP 地址之间的转换；SMTP（Simple Mail Transfer Protocol）简单邮件传输协议，控制信件的发送、中转；POP3（Post Office Protocol 3）邮局协议版本 3，用于接收邮件。

5）数据帧格式

TCP/IP 协议传输的数据帧格式如图 4－73 所示。

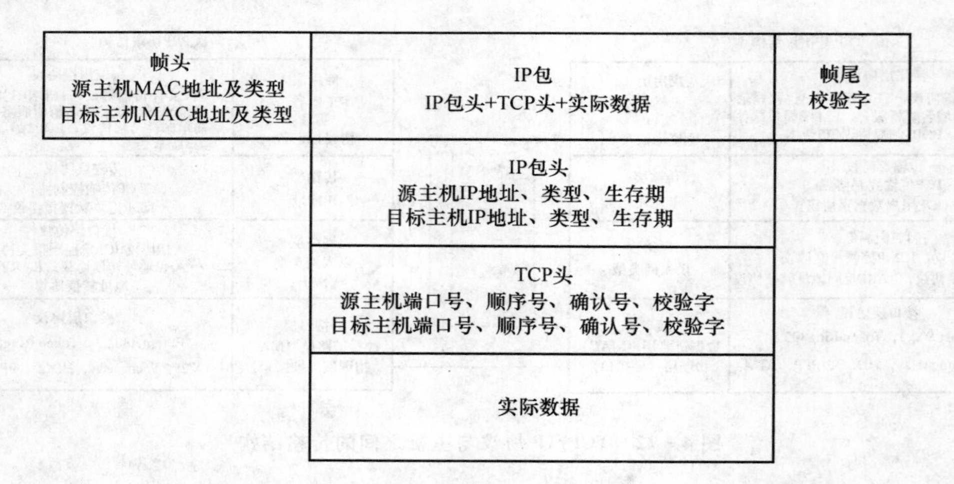

图 4-73 TCP/IP 数据帧格式

IP 协议可用于大多数局域网 LAN 和广域网 WAN，但它是一个无连接协议，不能保证数据投递万无一失。TCP 和 UDP 协议依赖 IP 协议进行数据通信，TCP 协议是面向连接的通信，提供两台网络设备之间的可靠无错数据传输。通信时，它会在源和目标之间建立一个虚拟连接。

IP 协议中，套接字包括 IP 地址和端口号。对于不同版本的 IP 协议，IP 地址长度有所不同。IPv4 协议中，IP 地址为 32 位；IPv6 协议中，IP 地址为 128 位。端口号可分为已知端口、已注册端口、私有端口三类。IP 地址工作在传输层，用于传输层标识网络设备。IP 地址和 MAC 地址虽然都是用于数据传输中标识网络设备，但它们工作在不同的层中，所以并不冲突。端口号一览表如表 4-34 所列。

表 4-34 端口号一览表

端口范围	类 型	说 明
0～1 023	已知端口	系统保留端口，为固定服务使用
1 024～49 151	已注册端口	普通用户或程序使用
49 152～65 535	私有端口	用户可以使用，但尚未注册

6）子网掩码

子网掩码（subnet mask）又叫网络掩码，它是一种用来指明一个 IP 地址的哪些位标识网络设备所在子网，哪些位标识主机的位掩码，子网掩码不能单独存在，它必须结合 IP 地址一起使用。

7）网 关

网关（Gateway）是一个网络通向其他网络的 IP 地址，通常情况下，网关地址对应的是路由器等网络间的中转设备。

8）主机名

主机名用来代指某个网络设备。

9）域 名

域名由一个或多个字符串组成，每个字符串用小数点隔开，例如：www. abc. com。

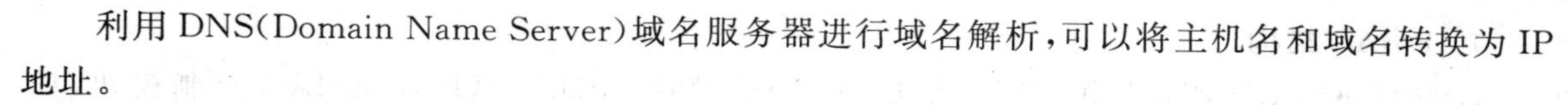

利用DNS(Domain Name Server)域名服务器进行域名解析,可以将主机名和域名转换为IP地址。

10) 网络设备配置

要进行网络数据传输,首先要求网络设备拥有MAC(Media Access Control,介质访问控制)地址。MAC地址,也叫网络设备的物理地址,它由6个字节(48 bit)数字组成。对于普通网卡,0～23位由厂家自己分配,24～47位是组织唯一标志符(organizationally unique),用于识别局域网节点。对于64x芯片,EMAC(Ethernet Media Access Control)以太网介质访问控制接口可以直接配置MAC地址。MAC地址处于数据链路层,用来标识目标地址和源地址,不同协议标准中,其数据结构不尽相同。本实例采用802.3标准,其MAC结构如图4-74所示。

6字节	6字节	2字节	46～1 500字节	4字节
目的MAC地址	源MAC地址	数据长度	数据	校验位

图4-74　802.3中的MAC结构

2. TCP/IP实现方法

基于TCP/IP协议的网络通信实现,通常需要硬件连接与软件协议协同设计。64x的一些型号,如DM642、C6455等,都具有片上外设EMAC,提供了网口数据链路层功能。因此,64x的网口硬件实现只需要在其EMAC引脚上无缝一片以太网物理层收发器PHY,就可以实现网络信号转化,本实例选择LXT971ALC,链路层协议选择802.3;PHY的网络信号端经过网络隔离变压器和RJ-45接口与外部以太网相连,与64x一起构成一个符合IEEE标准的10M/100M自适应以太网接口。

硬件设计完成后,实现基于TCP/IP的64x网络通信实现的另一个重要内容是协议的软件配置及驱动。从上述关于TCP/IP协议的讨论可见,它是一个协议组,4个不同层次对应不同的协议,实现复杂。为了解决这个问题,利用针对64x EMAC的网络开发套件NDK,就可以进行EMAC软件协议实现。后续实例的剖析会对这些问题进行详细阐述。

4.9.2　EMAC结构与功能描述

64x中有一些型号具有片上外设EMAC(增强型网络存取控制器),本实例选用其中的DM642,以便于分析介绍。由于EMAC没有集成网口的物理层,因此,必须与外部的物理层和链路层芯片连接组成网口传输硬件电路,物理层芯片本实例选用LXT971ALC。为了网口通信开发简单,本实例特别介绍了网络开发套件NDK及其开发要点,构建了基于DM642+LXT971ALC的网络通信功能。由于这个功能的实现,包括了硬件电路和软件配置及驱动程序,因此属于混合基体。与前述混合基体不同的是,其硬件电路中的PHY实现了TCP/IP的底层协议,而DM642的EMAC实现了数据链路层协议,基于NDK的软件实现了传输层和应用层协议。这种软硬件相互嵌套构成的深层混合基体的设计,在与其他应用软基体和混合基体配合时,需要考虑更多的因素,因为NDK的引入,使得开发过程利用DSPBIOS微型操作系统,占用了更多的系统资源。

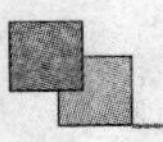

1. EMAC 结构

DM642 EMAC/MDIO 由三部分组成：EMAC 模块、MDIO 模块和 EMAC 控制模块，如图 4-75 所示。

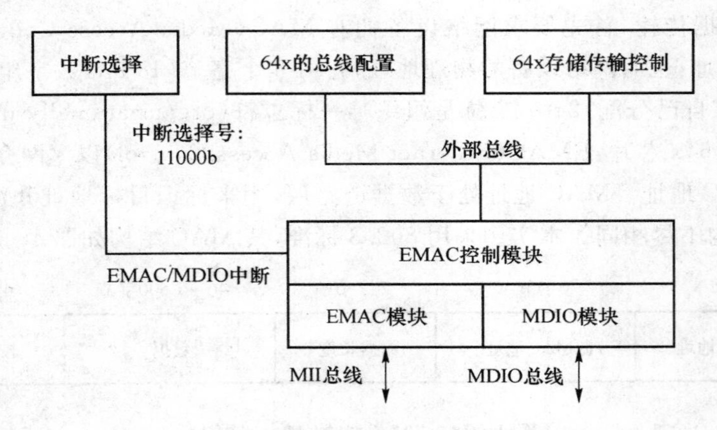

图 4-75 DM642 EMAC/MDIO 模块

图 4-75 中下部的 EMAC 模块通过介质独立接口 MII(Media Independent Interface)与外部物理层协议芯片 PHY 的相关引脚相连，用作 PHY 的控制接口，MDIO 模块与 PHY 的相应总线相连，构成 EMAC 的硬件无缝连接网口通信电路，如图 4-76 所示，PHY 通过隔离变压器和 RJ-45 与外部网络连接。

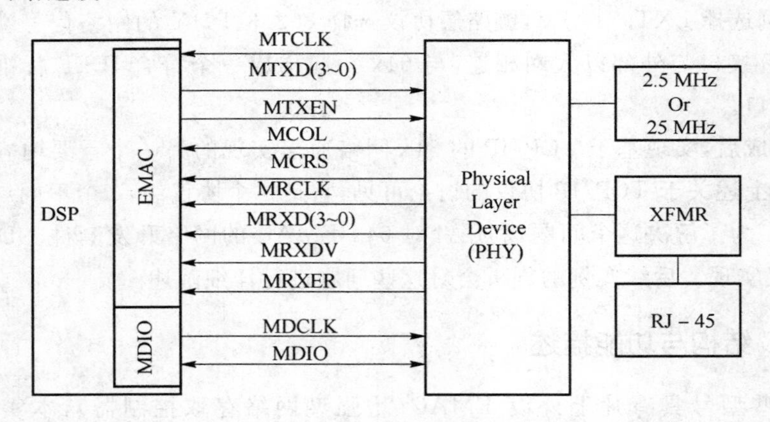

图 4-76 EMAC/MDIO 与 PHY 的网络硬件连接

图 4-75 中上部的 64x 总线配置和存储传输控制，利用 NDK 开发的上层软件实现，中断选择决定了网口任务与 CPU 的交互方式。

2. EMAC 功能描述

EMAC 中的三个功能模块相互配合实现数据传输协议。

(1) EMAC 控制模块

EMAC 控制模块是 DM642 的 CPU 与 EMAC/MDIO 两模块之间的接口，它将这两模块的寄存器映射到 DM642 片内的配置空间。另外，EMAC 控制模块提供了 4 KB 的本地 EMAC 缓冲区描述符存储空间，控制 EMAC 模块和 MDIO 模块的复位、中断和存储器接口优先级分配。

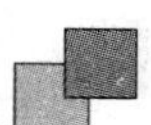

EMAC 控制模块具有以下特点：

- 把 EMAC 和 MDIO 的寄存器映射到 64x 的配置空间；
- 控制 EMAC 和 MDIO 设备的复位和优先权；
- 提供 4 KB 当地的 EMAC 描述存储器空间，使 EMAC 操作描述符无需 64x 干预；
- 可编程中断逻辑使软件驱动限制中断回调，允许在单一信号唤醒的中断服务子程序中做更多的工作。

(2) EMAC 模块

EMAC 模块在 DM642 的 CPU 和网络连接之间提供了高效的传输接口，EMAC 支持 10 Base－T和 100 Base－T，半双工和全双工模式，并有硬件流控制 QOS 保证。

EMAC 模块具有以下下特点：

- EMAC 对 64x 内部和外部存储空间访问采用 EDMA 方式；
- 标准化 MII 介质独立接口到 PHY 物理层设备无缝连接；
- 8 个 VLAN tag 接收通道，具有 QOS 保证；
- 8 个回环/固定优先权的发送通道，具有 QOS 保证；
- 10/100 M 同步；
- 每个通道选 CRC 校验；
- 在单一通道上可选择接收广播帧。

(3) MDIO 模块

MDIO 模块通过一条时间总线和一条数据总线与 PHY 相连接，DM642 对 PHY 状态的查询和控制通过 MDIO 模块实现。通过软件操作 MDIO 模块内的寄存器，驱动 MDIO 模块总线，完成 PHY 自动协商(auto－negotiation)参数的设置和协商结果的查询等功能。

4.9.3 EMAC 应用实例剖析

1. NDK 网络开发套件

NDK 网络开发套件是一种可用于 64x EMAC 网络通信的开发包，具有 TCP/IP 协议栈程序库，可支持 HTTP、TELNET、DHCP 、FTP 等众多应用层协议开发，以及相关的应用开发例程。

NDK 使用简洁设计方法，其软件运行仅用 200～250 KB 程序空间和 95 KB 数据空间便可以支持常规的 TCP/IP 服务。其结构如图 4－77 所示，由五个模块组成，分别是：硬件抽象库 hal. lib，网络控制库 netctrl. lib，网络工具库 nettool. lib，操作系统库 os. lib，协议栈库 stack. lib。

硬件抽象库 HAL 将具体的底层硬件抽象为一个硬件抽象层与 NDK 相隔离，为 NDK 提供一组编程接口。这一层还包括以太网控制器的底层驱动；操作系统适配库 OS 将微操作系统 DSP BIOS 功能抽象为一个操作系统适配层与 NDK 隔离，为 NDK 提供了一组编程接口，比如线程的管理和存储器的分配等；TCP/IP 协议栈 STACK 是主要的 TCP/IP 网络功能库，该库构建于 DSP BIOS 微操作系统之上，实现了从上层套接字层到底层链路层的所有功能，而且可以很容易进行协议栈移植；网络控制库 NETCTRL 是协议栈配置、初始化和事件调度的核心，负责初始化协议栈和底层设备驱动、加载并保持系统的配置、安排底层事件与协议栈的传递，以及退出时的系统配置导出及底层驱动清理；网络工具模块 NETTOOL 包含了 NDK 提供的所有基于套接字的网络功能，以及一些用于网络应用程序开发的工具。

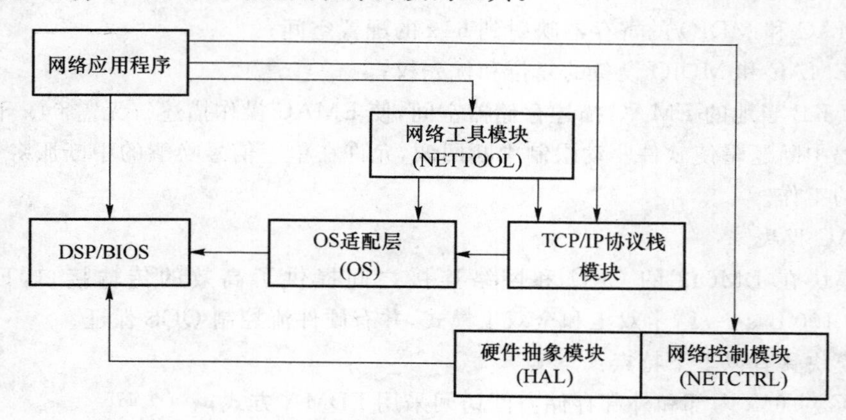

图 4-77 NDK 构架

本实例是基于 DM642 的网络传输系统，将给定数据存储在 DM642 扩展的 SDRAM 中，利用 NDK 开发基于 EMAC+PHY 的 TCP/IP 网络传输通路，传输给定数据到上位机中，反之亦然。要求数据存储和传输采用乒乓结构，以达到实时效果。

2. EMAC 与网口的硬件连接

EMAC/MDIO 与 LXT971A 的硬件连接如图 4-78(a)所示，LXT971A 是一种网口物理层协议芯片。在 LXT971A 与网络接口 RJ-45 之间使用网络隔离变压器 S558-5999-T7，它可以有效防止外部过强信号窜入而损坏芯片。

当 DM642 有数据需要发送的时候，首先通过 MTXEN 引脚使能 TX_EN 信号，然后通过 DM642 的 EDMA 搬移待发数据从 DM642 的 SDRAM 中，通过发送总线 MTXD[3:0]传输到 LXT971A 内，通过 LXT971A 内部逻辑，将封装数据发送到以太网上。

发送时钟 TX_CLK 由 LXT971A 产生，当发送过程有冲突产生时，冲突检测信号 COL 置高，状态指示信号 CRS 置高，DM642 受到冲突信息，并进行相应的处理，以保证数据传输按照网络协议正常工作。

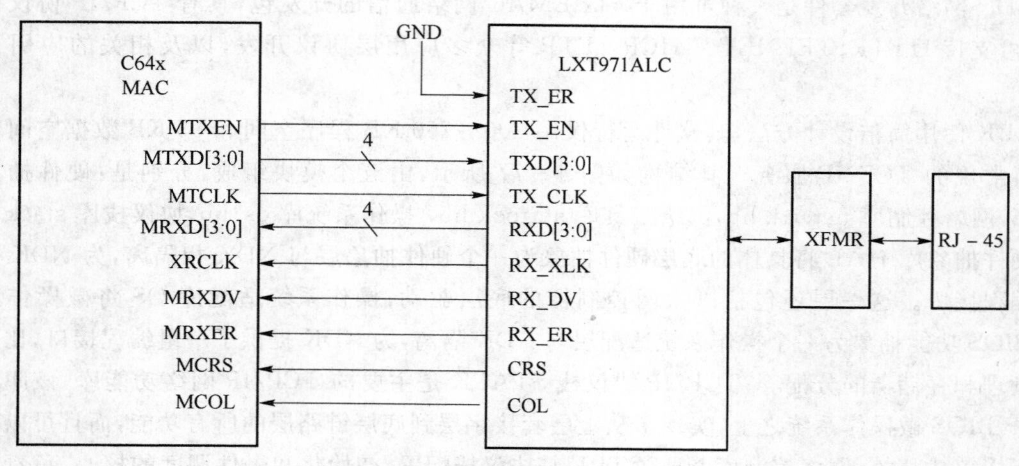

(a) EMAC_LXT971A硬件连接

图 4-78 DM642_EMAC_RJ45

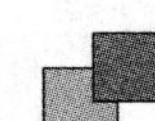

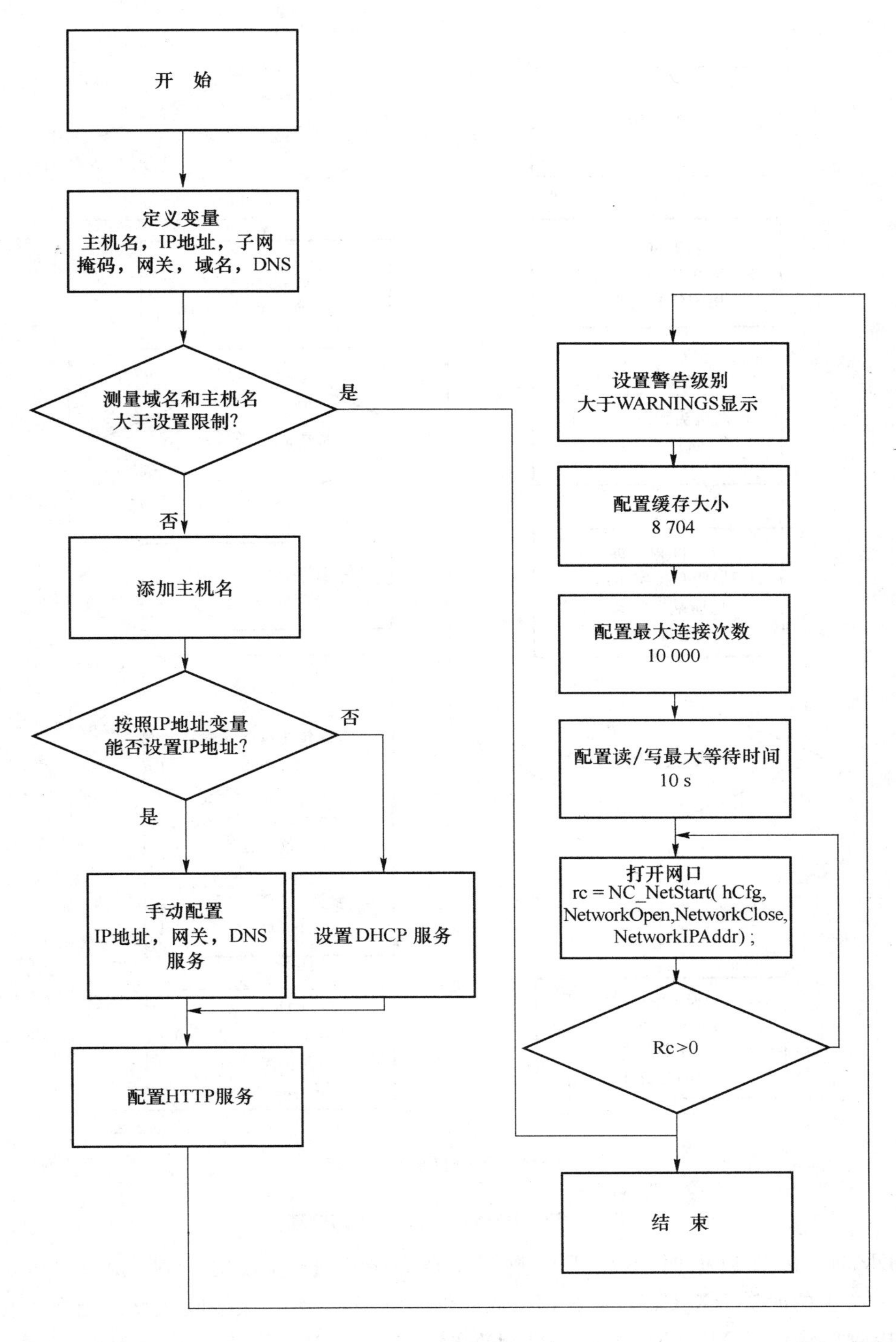

(b) TCP/IP配置流程

图 4－78　DM642_EMAC_RJ45(续)

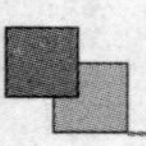

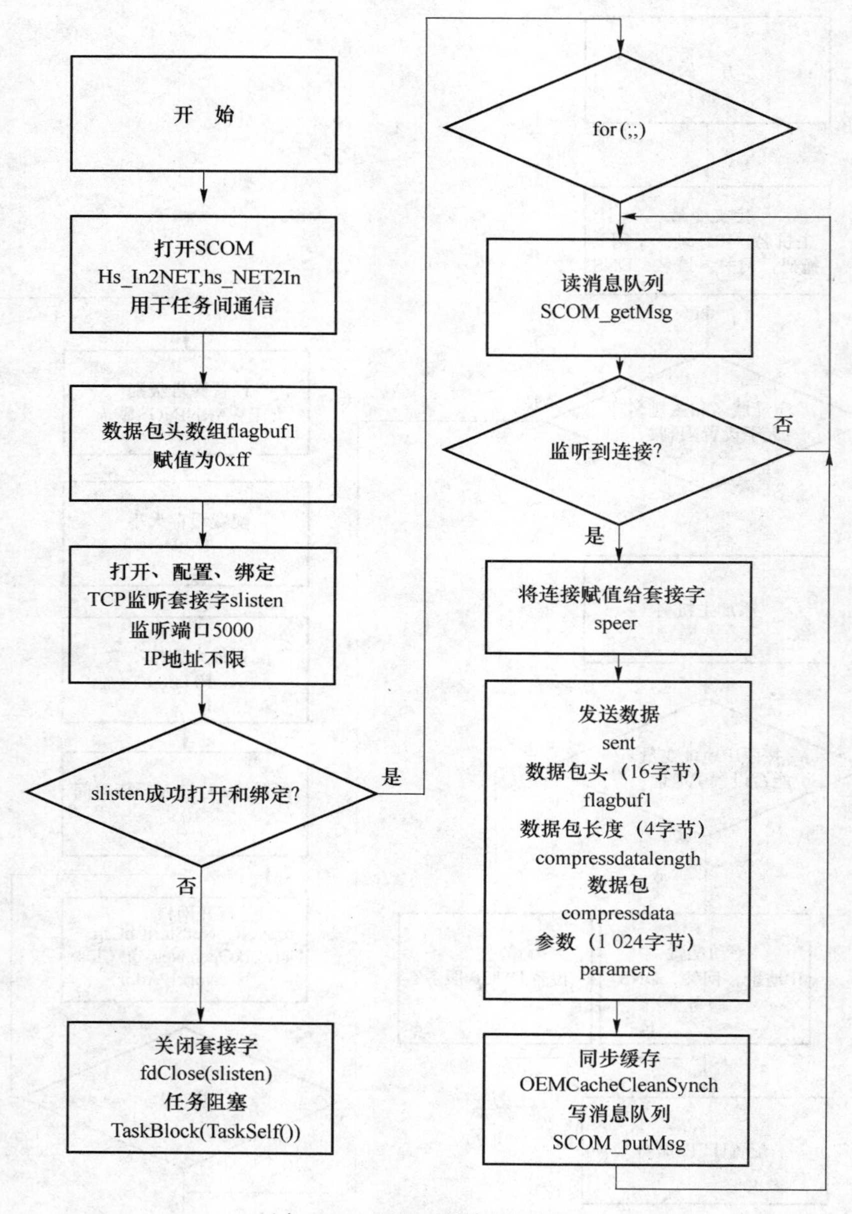

(c) EMAC_PC网口通信程序流程

图 4-78　DM642_EMAC_RJ45(续)

当 DM642 接收数据时，RX_DV 数据接收端在数据有效时置高，提示 DM642 按照 LXT971A 产生的时钟 RX_CLK，从数据接收总线 MRXD[3：0]上接收数据。当数据接收发生错误时，接收出错信号 MRXER 置高，随后 DM642 按照与 PHY 协议进行处理。

MDIO 模块的时钟信号 MDCLK 和数据信号 MDIO 用于 LXT971A 芯片控制参数的写入和读取。相关时序详细说明请查阅 LXT971A 的数据文件。

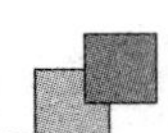

3. 软件设计

本实例主要是在 DM642 EMAC_LXT971A 上实现 TCP/IP 传输协议，利用 NDK 完成。与常规的 TCP/IP 应用开发不同，基于 NDK 的网络功能开发，需要对网络环境和应用需求进行设置。其主要任务是：创建系统配置。系统配置协议栈的控制和管理，可用 NDK 库函数 CfgNew()和 CfgLoad()等函数操作实现。调用 NDK 的网络启动函数 NC_etStart()，此函数参数中包含 3 个回调函数指针，分别处理“Start”、“Stop”、“IP Address Event”事件，其中“Start”和“Stop”只执行一次，“IPAddress Event”则响应每次 IP 地址的变化。由于 NDK 已经提供了完整的 TCP/IP 库函数，开发代码只要按需要进行配置即可。下面给出参考例程：

```
//////////////////////////////////////////////////////////////////////////////////////////
///头文件
//////////////////////////////////////////////////////////////////////////////////////////
#include <stdio.h>                                   //标准输入、输出支持库
#include <netmain.h>                                 //网络支持库
#include <_stack.h>                                  //stack 支持库
#include "scom.h"                                    //scom 支持库
#include "..\console\console.h"                      //console 支持库
#include "..\servers\servers.h"                      //servers 支持库
#include "client.h"                                  //client 支持库

/*变量声明*/
char *VerStr = "\nTCP/IP Stack Example Client\n";    //版本信息
char *HostName     = "tidsp";                        //主机名
char *LocalIPAddr = "192.168.0.11";                  //IP 地址
char *LocalIPMask = "255.255.255.0";                 //子网掩码
char *GatewayIP    = "192.168.0.1";                  //网关
char *DomainName   = "demo.net";                     //域名
char *DNSServer    = "0.0.0.0";                      //DNS 服务器地址
char flagbuf1[16];                                   //数据包头数组
static char *TaskName[]  = {"Telnet","HTTP","NAT","DHCPS","DHCPC","DNS"};
//枚举类型变量 TaskName
static char *ReportStr[] = {"","Running","Updated","Complete","Fault"};
//枚举类型变量 ReportStr
static char *StatusStr[] = {"Disabled","Waiting","IPTerm","Failed","Enabled"};
//枚举类型变量 StatusStr
extern int paramers[1024];                           //参数数组，外部变量
extern unsigned char compressdatalength[4];          //数据长度，外部变量
extern unsigned char linkflag;                       //连接标志，外部变量
extern unsigned char compressdata[200*1024];         //数据包，外部变量

//////////////////////////////////////////////////////
/////子函数声明/////////////////////////////////
static void NetworkOpen();                           //网络打开时响应的函数
```

```
static void NetworkClose();                                  //网络关闭时响应的函数
static void NetworkIPAddr( IPN IPAddr, uint IfIdx, uint fAdd );
//添加或删除 IP 地址时响应的函数
static void ServiceReport( uint Item, uint Status, uint Report, HANDLE hCfgEntry );
//服务状态打印函数
void tskNetworkTx();                                         //数据接收函数

int main()
{
    SCOM_init();                                             //SCOM 初始化
    SCOM_create("IN2NET", NULL);                             //建立 IN2NET 队列通道,用于任务之间通信
    SCOM_create("NET2IN", NULL);                             //建立 NET2IN 队列通道,用于任务之间通信
}

//////////////////////////////////////////////////////////////////////////////
//函数名:StackTest
//功  能:配置 MAC 网络接口
//说  明:配置 MAC 网口,并创建数据发送函数,本函数由 bios 启动
//////////////////////////////////////////////////////////////////////////////

int StackTest()
{
    int rc;                                                  //保存返回值的变量
    HANDLE hCfg;                                             //配置句柄
    CI_SERVICE_HTTP   http;                                  //http 服务结构体变量

    NC_SystemOpen();                                         //初始化运行环境
    printf(VerStr);                                          //打印版本信息
    C62_enableIER(1<<8);                                     //EDMA 中断使能
    hCfg = CfgNew();                                         //创建一个配置句柄
    if(! hCfg)                                               //如果创建失败,打印错误信息,退出
    {
        printf("Unable to create configuration\n");          //打印错误信息
        goto main_exit;                                      //退出
    }

if(strlen(DomainName)> = CFG_DOMAIN_MAX || strlen(HostName)> = CFG_HOSTNAME_MAX)
//判断域名和主机名的大小是否超过最大值
    {
        printf("Names too long\n");                          //打印错误信息
        goto main_exit;                                      //退出
    }

    CfgAddEntry( hCfg, CFGTAG_SYSINFO, CFGITEM_DHCP_HOSTNAME, 0,
                 strlen(HostName), (UINT8 *)HostName, 0 );   //添加主机名
```

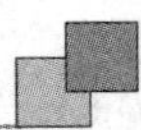

```
if( inet_addr(LocalIPAddr) )                    //如果 IP 可以配置,则手工配置
{
    CI_IPNET NA;                                //IPNet 数据结构体变量
    CI_ROUTE RT;                                //路由数据结构体变量
    IPNIPTmp;                                   //IP 地址变量

    bzero(&NA,sizeof(NA));                      //清空 NA 变量
    NA.IPAddr = inet_addr(LocalIPAddr);         //NA 的 IP 地址赋值为 LocalIPAddr
    NA.IPMask = inet_addr(LocalIPMask);         //NA 的子网掩码地址赋值为 LocalIPMask
    strcpy(NA.Domain,DomainName);               //NA 的域名赋值为 DomainName
    NA.NetType = 0;                             //NA 的网络类型为 0

    CfgAddEntry(hCfg,CFGTAG_IPNET,1,0,sizeof(CI_IPNET),(UINT8 * )&NA,0);
                                                //将 NA 的值添加到 interface1 中

    bzero(&RT,sizeof(RT));                      //清空 RT 变
    RT.IPDestAddr = 0;                          //RT 的目标地址为默认,值为 0
    RT.IPDestMask = 0;                          //RT 的目标子网掩码为默认,值为 0
    RT.IPGateAddr = inet_addr(GatewayIP);       //RT 的网关设置为 GatewayIP

    CfgAddEntry(hCfg,CFGTAG_ROUTE,0,0,
                       sizeof(CI_ROUTE),(UINT8 * )&RT,0);
                                                //将 RT 的值添加到 interface1 中

    IPTmp = inet_addr(DNSServer);               //配置域名解析服务 DNS
    if(IPTmp)
        CfgAddEntry(hCfg,CFGTAG_SYSINFO,CFGITEM_DHCP_DOMAINNAMESERVER,
                    0, sizeof(IPTmp),(UINT8 * )&IPTmp,0);
}
else
{
    CI_SERVICE_DHCPC dhcpc;                     //dhcp Client 数据结构体变量
    bzero(&dhcpc,sizeof(dhcpc) );               //清空 dhcpc 变量
    dhcpc.cisargs.Mode    = CIS_FLG_IFIDXVALID; //dhcpc 的模式设置为 CIS_FLG_IFIDXVALID
    dhcpc.cisargs.IfIdx   = 1;
    dhcpc.cisargs.pCbSrv  = &ServiceReport;
    CfgAddEntry(hCfg,CFGTAG_SERVICE,CFGITEM_SERVICE_DHCPCLIENT,0,
            sizeof(dhcpc),(UINT8 * )&dhcpc,0 );  //添加 dhcp 服务
}

bzero(&http,sizeof(http));                      //清空 http 变量
http.cisargs.IPAddr = INADDR_ANY;               //输入 IPaddr 为 any
http.cisargs.pCbSrv = &ServiceReport;
CfgAddEntry(hCfg,CFGTAG_SERVICE,CFGITEM_SERVICE_HTTP,0,
            sizeof(http),(UINT8 * )&http,0);    //添加 http 服务
```

```
    rc = DBG_WARN;
    CfgAddEntry( hCfg, CFGTAG_OS, CFGITEM_OS_DBGPRINTLEVEL,
  CFG_ADDMODE_UNIQUE, sizeof(uint), (UINT8 * )&rc, 0 );  //低于 Warning 级别的警告不显示

    rc = 8704;
    CfgAddEntry( hCfg, CFGTAG_IP, CFGITEM_IP_SOCKBUFMAX,
    CFG_ADDMODE_UNIQUE, sizeof(uint), (UINT8 * )&rc, 0 ); //改变 socket buffer 为 8 704

    rc = 100000;
    CfgAddEntry( hCfg, CFGTAG_IP, CFGITEM_IP_SOCKTIMECONNECT,
     CFG_ADDMODE_UNIQUE, sizeof(uint), (UINT8 * )&rc, 0 );//最大连接次数为 100 000

    rc = 10;
    CfgAddEntry( hCfg, CFGTAG_IP, CFGITEM_IP_SOCKTIMEIO,
     CFG_ADDMODE_UNIQUE, sizeof(uint), (UINT8 * )&rc, 0 );//读/写最大等待时间为 10 s

    do
    {
        rc = NC_NetStart( hCfg, NetworkOpen, NetworkClose, NetworkIPAddr );
        //循环尝试打开网口,直到打开为止
    } while( rc > 0 );

    CfgFree(hCfg);                                              //删除配置变量

main_exit:
    NC_SystemClose();                                           //关闭
    return(0);
}

////////////////////////////////////////////////////////////////////////////////////
//函数名:NetworkIPAddr
//功  能:当 IP 地址被添加或者删除绑定时,调用该函数
//说  明:IP 地址添加或删除时,显示信息
////////////////////////////////////////////////////////////////////////////////////
static void NetworkIPAddr( IPN IPAddr, uint IfIdx, uint fAdd )
{
    static uint fAddGroups = 0;
    IPN IPTmp;

    if( fAdd )                                                  //如果是添加,打印添加信息
        printf("Network Added: ");
    else                                                        //如果是删除,打印删除信息
        printf("Network Removed: ");

    IPTmp = ntohl( IPAddr );                                    //IP 格式转换
```

```
    printf("If-%d:%d.%d.%d.%d\n", IfIdx,
            (UINT8)(IPTmp>>24)&0xFF, (UINT8)(IPTmp>>16)&0xFF,
            (UINT8)(IPTmp>>8)&0xFF, (UINT8)IPTmp&0xFF );          //打印 IP 地址

    if( fAdd && ! fAddGroups )
    {
        fAddGroups = 1;
        TaskCreate( tskNetworkTx, "Net",5, 0x2000, 0, 0, 0 );
//创建数据发送任务,优先级为 5,名字为'Net'
    }
}

//////////////////////////////////////////////////////////////////////////////
//函数名:ServiceReport
//功  能:显示服务器状态函数
//说  明:显示服务器状态,当使用 DHCP 客户端时,手动添加 DNS 服务
//////////////////////////////////////////////////////////////////////////////


static void ServiceReport( uint Item, uint Status, uint Report, HANDLE h )
{
    printf( "Service Status: %-9s: %-9s: %-9s: %03d\n",
            TaskName[Item-1], StatusStr[Status],
            ReportStr[Report/256], Report&0xFF );

    if( Item == CFGITEM_SERVICE_DHCPCLIENT &&
        Status == CIS_SRV_STATUS_ENABLED &&
        (Report == (NETTOOLS_STAT_RUNNING|DHCPCODE_IPADD) ||
         Report == (NETTOOLS_STAT_RUNNING|DHCPCODE_IPRENEW)) )
        //当使用 DHCP 客户端时,并且配置结束时,手动添加 DNS 服务
    {
        IPN IPTmp;
        IPTmp = inet_addr(DNSServer);
        if( IPTmp )
            CfgAddEntry( 0, CFGTAG_SYSINFO, CFGITEM_DHCP_DOMAINNAMESERVER,
                         0, sizeof(IPTmp), (UINT8 *)&IPTmp, 0 );
    }
}

//////////////////////////////////////////////////////////////////////////////
//函数名:tskNetworkTx
//功  能:数据发送函数
//说  明:监听端口,发送数据
//////////////////////////////////////////////////////////////////////////////
void tskNetworkTx()
```

```
{
    SOCKET   slisten = INVALID_SOCKET;                   //监听套接字 slisten
    SOCKET   speer   = INVALID_SOCKET;                   //发送数据套接字 speer
    struct   sockaddr_in sin1;                           //套接字地址数据结构体变量 sin1
    struct   timeval timeout;                            //超时时间结构体 timeout
    int       tmp;                                       //临时变量 tmp
    fd_set   ibits;                                      //fd_set 变量 ibits

    ScomMessage * pMsgBuf;                               //消息变量 pMsgBuf
    SCOM_Handle hs_In2NET,hs_NET2In;                     //消息队列句柄

    hs_In2NET = SCOM_open("IN2NET");                     //打开消息队列句柄 IN2NET
    hs_NET2In = SCOM_open("NET2IN");                     //打开消息队列句柄 NET2IN

    if( ! hs_In2NET || ! hs_NET2In )                     //如果没有消息,一直等待
    {
        for(;;);
    }


    for(tmp = 0;tmp<16;tmp++)                            //数据包头数组赋值
        flagbuf1[tmp] = 0xff;
    fdOpenSession(TaskSelf());

    slisten = socket(AF_INET, SOCK_STREAMNC, IPPROTO_TCP);  //创建监听套接字 slisten
    if( slisten == INVALID_SOCKET )                      //如果创建失败,退出
        goto leave;

    bzero( &sin1, sizeof(struct sockaddr_in) );          //清空 sin1 变量
    sin1.sin_family = AF_INET;                           //family 类型为 Internet
    sin1.sin_len     = sizeof( sin1 );                   //长度为自身长度
    sin1.sin_port    = htons(5000);                      //端口为 5000

    if ( bind( slisten, (PSA) &sin1, sizeof(sin1) ) < 0 )   //将监听套接字和地址绑定
        goto leave;

    if ( listen( slisten, 1) < 0 )                       //打开监听套接字 slisten
        goto leave;
  printf("Network Transmit OK\n");

    for(;;)                                              //死循环
    {
        pMsgBuf = SCOM_getMsg( hs_In2NET, SYS_FOREVER );  //从 hs_In2NET 消息队列中获取消息
        FD_ZERO(&ibits);                                 //清空 ibits
        FD_SET(slisten, &ibits);
        timeout.tv_sec   = 0;
```

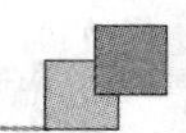

```
timeout.tv_usec = 0;
tmp = fdSelect( 2, &ibits, 0, 0, &timeout );
if( tmp && FD_ISSET(slisten, &ibits) )
{
    if( speer != INVALID_SOCKET )
        fdClose( speer );
    tmp = sizeof(sin1);
    speer = accept( slisten, (PSA)&sin1, &tmp );    //将监听套接字的结果赋给 speer
    if( speer != INVALID_SOCKET )                   //如果连接
    {
        tmp = sizeof(sin1);
        timeout.tv_sec  = 5;
        timeout.tv_usec = 0;
        setsockopt( speer, SOL_SOCKET, SO_SNDTIMEO,
                    &timeout, sizeof(timeout) );
        getpeername( speer, &sin1, &tmp );          //获取连接的名字
    }
}

if(( speer != INVALID_SOCKET ))                     //如果连接正常,不是 - 1
{
    if( send( speer, flagbuf1, 16, 0 )<0)           //发送数据包头数组 flagbuf1
    {
        fdClose( speer );
        speer = INVALID_SOCKET;
    }
    if( send( speer,compressdatalength, 4, 0 )<0)   //发送数据长度 compressdatalength
    {
        fdClose( speer );
        speer = INVALID_SOCKET;
    }
    if( send( speer,compressdata, length, 0 )<0)    //发送数据 compressdata
    {
        fdClose( speer );
        speer = INVALID_SOCKET;
    }
    if( send( speer, paramers, 1024, 0 )<0)         //发送参数 paramers
    {
        fdClose( speer );
        speer = INVALID_SOCKET;
    }
}
OEMCacheCleanSynch();                               //同步缓存
linkflag = 1;                                       //连接标志位置 1
SCOM_putMsg( hs_NET2In, pMsgBuf );                  //hs_NET2In 消息队列写入消息 pMsgBuf
```

```
        TSK_sleep(1);                                      //任务间隙
    }

leave:                                                     //跳转标志
    if( slisten != INVALID_SOCKET )                        //如果监听套接字有错误
        fdClose( slisten );                                //关闭 slisten
    printf("tskNetwork Fatal Error\n");
    TaskBlock( TaskSelf() );                               //任务阻塞

}
```

4.9.4 运行结果与分析

1. EMAC_LXT971A 运行结果

本实例的运行结果是通过网络接口输出前端摄像头采集到的视频信息，局域网内的任意一台 PC 都可通过 DM642 的 IP 地址读取该视频信息。若运行后未能获取相应的视频信息，则可参照以下方法进行软硬件的测试。

(1) 硬件连接测试

硬件连接主要包括两个部分，第一部分是 DM642 与 LXT971A 的连接；第二部分是 LXT971A 与 RJ-45 的连接。测试主要分以下 3 个步骤进行：

- 连接测试，测试所有引脚是否正常连接，并且引脚间是否出现短路现象。若网络传输信号线间采用排阻连接时，应检测相邻的排阻引脚间的阻抗是否过小，通常应大于 1 MΩ 以上。
- 功能测试，测试芯片是否正常工作，首先测试 LXT971A 晶振是否正常输出，其次根据实际情况测试 LXT971A 各个引脚是否正常输出相应的信号。
- 整体测试，若前两项测试正常，则可进行整体测试，该测试通过网线将 DM642 目标板的网口与 PC 机网口连接。若硬件正常，在上电时，PC 机的网络连接部分会显示网络已经连接上，显示的连接速度以 PC 机设置为准，速度在 100 Mbit/s 之内。

(2) 程序功能测试

程序中的每个功能模块运行结果不一定都能够很好地观察到，因此采用添加 GPIO 信号的方式，当运行了程序中的某一功能模块时，则可以在示波器上观察到相应 GPIO 引脚的方波输出。

程序正常运行后，若要测试网络传输速度可通过以下两种方式来实现：

- 上位机视频数据测试，通过计算单位时间内上位机稳定获取的视频信息数据来计算整体的网络传输速度。
- 示波器测试，通过在程序的采集传输功能起始与结束位置添加一个 GPIO 信号，当完成一帧图像传输时，输出一个方波信号，则通过示波器可读取 GPIO 的频率，从而算出单位时间内的数据发送量，测试时，需保证上位机处于正常接收状态。

编写程序通过 VPORT 接口采集图像，经网络传输至上位机。输出结果如图 4-79 所示。

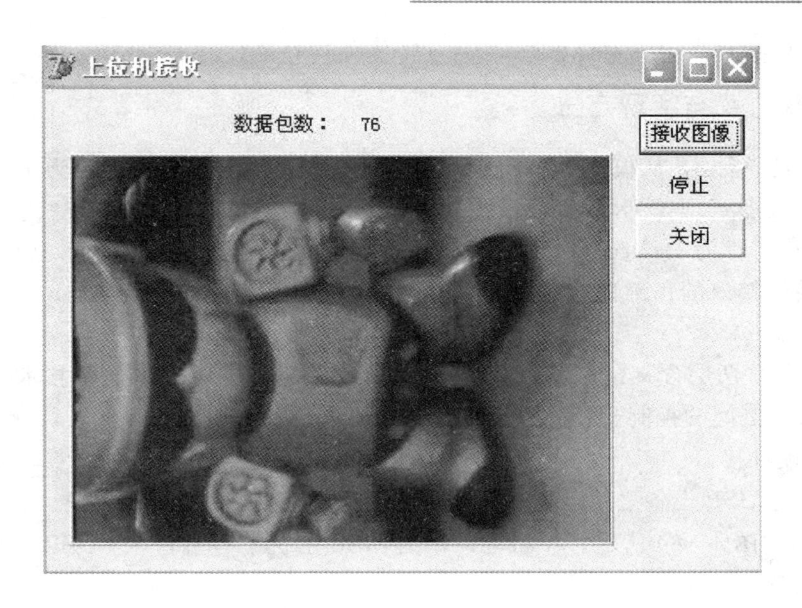

图 4-79 上位机接收图像

2. EMAC 网络传输设计要点

基于 TCP/IP 的网络传输模式由于协议的复杂，使得必须利用 64x 的 EMAC 与外部物理层芯片配合才能实现传输功能。这里关键的问题是：外部物理层芯片 PHY 仅完成了物理层协议，其他协议必须由 EMAC 完成，因此，从完成协议的多少来说，EMAC 的工作占有较大的比重。由于协议实现的复杂性，采用 NDK 网络开发套件。NDK 的使用需要在 CCS3.1 下安装 NDK 操作系统 DSPBIOS，这个软件构架隔离了 EMAC 底层寄存器配置及协议调用操作，封装了 TCP/IP 协议栈。开发时，只要初始化必要的网络参数，调用 NDK 应用层函数即可。

但是，由于 NDK 建立了隔离层，其操作机制的理解就变成程序开发的必要步骤。而且，NDK 占用的内存空间及程序调度的透明性变得不可控制。

4.10 USB 应用实例

USB(Universale Serial Bus)是一种高速串行接口，具有快速、双向、同步、低成本、即插即用的动态串行接口特点。USB2.0 传输速率可达到 480 Mbit/s，可以提供+5 V/500 mA 总线供电，可同时支持 127 个设备，具有 4 种传输模式，包括控制传输、同步传输、中断传输、批量传输。

本实例剖析 64x 扩展 USB 接口方法。由于 64x 中没有 USB 片上外设驱动模块，因此，需要提供额外的 USB 驱动芯片，所以，本实例中硬件部分包括了 USB 驱动芯片与 64x 的无缝连接时序逻辑电路。64x 与 USB 驱动芯片一起构成了 USB 设备，其软件部分包括 64x 相关片上外设的配置以及 USB 驱动芯片的配置，64x 根据工作需要编写 USB 设备驱动程。显然，64x 的 USB 传输是一个复杂的混合基体。

通过本实例，读者可以掌握 64x 与片外外设的连接要点及其驱动编写规则及设计要点。实例中 USB 驱动芯片采用的是 CPRESS 公司的 CY7C68001(简称 C68001)，C68001 是通用

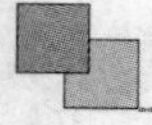

USB2.0 从设备，具有应用层编程接口，可与 64x 无缝连接。

4.10.1 USB 协议与实现方法

USB 接口是一种主-从模式的多路串行总线通信结构，USB 的主机称为 Host 主要用于总线电源管理、从设备管理等 USB 传输系统的主控工作。一个 USB 传输系统只能有一个主设备，其他都是外部设备称为 Device。USB 主设备与系统中的其他设备通过 USB 通信协议进行数据传输，以保证传输结果的正确性。两个 USB Host 之间无法建立通信联系。

1. USB 协议

USB 接口包含两层含义：一是 USB 设备之间的硬件连接方式及其电气技术要求；二是 USB Host 与端点设备之间的控制、监测、数据传输基本要求。

(1) USB 硬件接口

USB 主机与 USB 设备之间需要使用特定规格的数据双绞线屏蔽电缆。USB 连接器有 A 型和 B 型两种，如图 4-80 所示。A 型接口作为 USB 主机下行端口，与 USB 设备相连；B 型接口作为 USB 设备上行端口。

(a) A型USB接口　　(b) B型USB接口

图 4-80 USB 接口类型

USB 接口共 4 条总线：总线电源 Vbus(红色)，总线地 GND(黑色)，两条差分数据线对 D+(绿色)和 D-(白色)。

(2) USB 协议

USB 协议主要包括事务管理、数据传输类型、USB 设备配置三部分，由于本实例利用 C68001 作为 USB 协议物理及链路层芯片，因此，仅对协议中与外部处理相关内容作基本描述，以方便对实例剖析的理解。

1) USB 事务

USB 事务处理是 USB 主机与 USB 设备之间数据通信模式。USB 事务处理模式分成三个阶段：①令牌发送阶段，USB 主机发送规定格式的令牌数据包，对应的 USB 设备获取令牌后，返回 USB 主机设备描述符，然后，USB 主机根据总线设备分布情况，枚举回应的 USB 设备，并分配相应的传输地址及描述符；②数据传输阶段，USB 主机与 USB 设备之间按照数据包格式进行数据传输，数据多少与端点和传输类型相关；③传输握手阶段，数据接收端向数据发送端报告本次数据传输的校验结果，如果校验有误，要求重发。

2) USB 信息传输格式

由于 USB 为串行数据协议，因此，必须通过特定格式的不同功能信号字段构成信息包，以保证数据传输的可靠性。USB 数据格式如图 4-81 所示。每次数据传输中都包括 6 个部分：①同步字段，低速为 8 bit，高速为 32 bit，固定发送 80h/8000000h 作为数据传输开始的标志；②包标识字段，1 个 8 bit 数据，低 4 位表示传输数据类型及其传输数据的特性，其中低 2 位为数据类型，包括令牌、握手、数据、特殊四种类型，高 2 位为传输数据特性，根据传输数据类型不同，传输数据特性不同，高 4 位为低 4 位的补码，用于传输类型校验；③USB 设备地址，7 bit，可配置 127 个 USB 设备，0 为默认值，所有设备共用，用于 USB 设备初始化；④端点序号，16 bit，低速可配置 3 个，高速可配置 16 个，0 端点用于所有 USB 上电复位时与 USB 主机的通信；⑤帧数，11 bit，用于表示当前帧或小帧序号，最大值 07FFh；⑥数据，最大长度 1 024 字节，数据传输时低字在前，字节传输时低位在前。⑦CRC 校验，令牌包中采用 5 bit 循环冗余校验，数据包中采用 16 bit 循环冗余校验。

同步 8 bit（低速） 32 bit（高速）	包标识PID 包类型（低4位） 包类型补（高4位）	地址 7 bit（127个） 默认0:初始化地址	端点 4 bit （16个）	帧数 11 bit （07FFh）	数据 8 bit （1 024 byte）	CRC校验 令牌:5 bit 数据:16 bit
	PID[1:0]类型 PID[1:0]=01:令牌 PID[3:2]=00:输出 PID[3:2]=10:输入 PID[3:2]=01:帧开始 PID[3:2]=11:配置 PID[1:0]=10:握手 PID[3:2]=00:应答 PID[3:2]=10:出错 PID[3:2]=11:端点挂起 PID[3:2]=01:无应答	PID[1:0]=11:数据 PID[3:2]=00:偶数包 PID[3:2]=10:奇数包 PID[3:2]=01:高速包 PID[3:2]=11:SPLIT包	端点0 上电初始化 所有USB设备 PID[1:0]=11:特殊 PID[3:2]=00:检测 PID[3:2]=10:握手错误 PID[3:2]=01:数据检测 PID[3:2]=11:高速包			

图 4－81　USB 数据传输格式

3）USB 信息传输类型

如图 4－82 所示，USB 主机与 USB 设备之间的通信分为正反两个方向的数据传输，一是 USB 主机向 USB 设备传输数据；二是 USB 设备向 USB 主机传输数据。两个反方向的数据传输过程操作步骤相同，数据发送端发出总线请求，总线驱动程序响应，组装发送数据为 USB 事务处理格式，再根据事务属性及传输类型重新组装数据为 USB 信息包，传输类型包括：批量传输、中端传输、同步传输、控制传输。

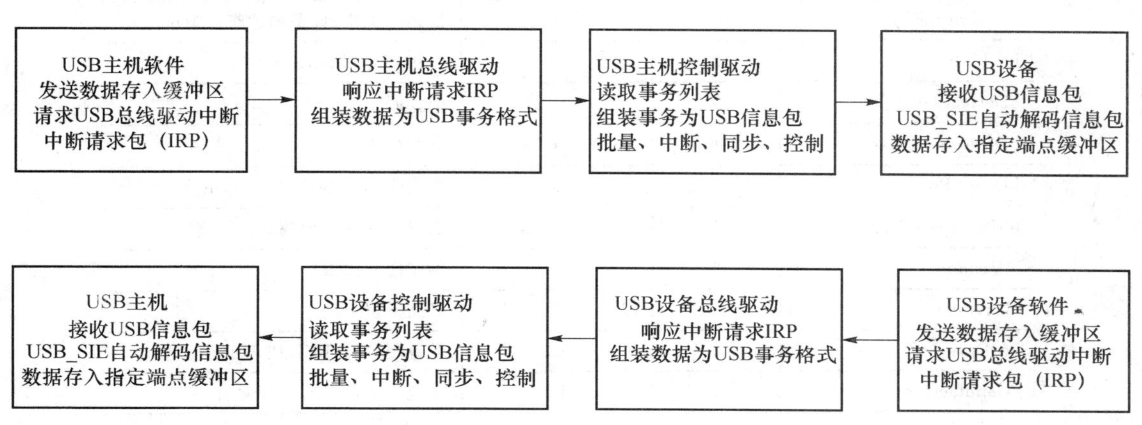

图 4－82　USB 数据传输过程

USB 协议中的四种数据传输类型及其应用范围如表 4－35 所列。

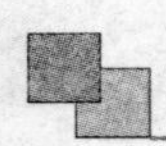

表 4-35　USB 数据传输类型

传输类型	数据包特性	应用范围
同步传输	端点描述符：wMaxPacketSize 全速端点数据长度＜1 023 字节 全速端点数据长度＜1 024 字节	仅用于高速/全速 USB 设备，适用于传输大批量、恒速、服务周期短的情况
中断传输	端点描述符：wMaxPacketSize 低速端点数据长度＜8 字节 全速端点数据长度＜64 字节 全速端点数据长度＜1024 字节	可用于高速/全速/低速 USB 设备，适用于传输少、中量，对服务周期有要求的情况
控制传输	端点描述符：wMaxPacketSize 低速端点数据长度＜8 字节 全速端点数据长度＜8,16,32,64 字节 全速端点数据长度＜64 字节	可用于高速/全速/低速 USB 设备，适用于传输少、中量，对服务周期无要求的情况
批量传输	端点描述符：wMaxPacketSize 全速端点数据长度＜8,16,32,64 字节 全速端点数据长度＜512 字节	仅用于高速/全速 USB 设备，适用于传输大批量、对速度/服务周期无要求的情况

4）USB 设备配置

USB 协议中将 USB 设备作为一个配置、端点、接口的集合，通常采用描述符对 USB 设备的功能进行描述。USB 设备描述符包括标准描述符、HID 描述符、Hub 描述符。

标准 USB 描述符包括：设备描述符、配置描述符、字符串描述符、接口描述符、端点描述符、设备限定描述符、速率配置描述符。这些描述符按固定的顺序排列，其长度固定为 18 字节，其定义如表 4-36 所列。

表 4-36　USB 设备描述符

字段名	长度/字节	地址偏移量/字节	说　明
blength	1	0	描述符长度（18 字节）
bDescriptorType	1	1	描述符类型：设备描述符＝01h
bcdUSB	2	2	USB 版本号（BCD 码表示）
bDeviceClass	1	4	类代码
bDeviceSubClass	1	5	子类代码
bDevicePortocol	1	6	协议代码：USB2.0＝0200h
bMaxPackerSize0	1	7	端点 0 支持最大数据包长度
idVendor	2	8	供应商标识 ID
idProduct	2	10	产品标识 ID
bcdDevice	2	12	设备版本号（BCD 码表示）
iManufacturer	1	14	供应商字符串描述符索引
iProduct	1	15	产品字符串描述符索引
iSerialNumber	1	16	设备序列号字符串描述符索引
bNumConfigurations	1	17	支持的配置数

USB配置中这些描述符是配置的关键。

2. USB设备实现方法

一般的USB设备与USB主机(Host)连接需要5个步骤，经过6个状态。

① 连接状态，USB设备连接到USB主机端口，USB主机通过总线电源向USB设备提供电源。

② 上电状态，连接稳定后，USB设备处于上电状态，并通过电源配置描述符wMaxPower向USB主机指定和报告其所需总线电流大小。

③ 缺省状态，USB设备上电后，响应USB主机发出的复位信号，复位后，进入缺省状态；缺省状态下，USB设备可以获得100 mA总线电流，并使用缺省设备地址处理一些USB事务。

④ 地址状态，USB设备复位结束后，USB主机重新为USB设备分配一个设备地址，这个地址是唯一的。

⑤ 配置状态，USB设备复位及配置地址后，主机发出SetConfiguration请求，使用新地址进行总线传输；配置状态下，所有寄存器返回默认状态，主机软件可以与USB设备的功能单元进行数据传输。

⑥ 挂起状态，USB协议规定，如果USB设备在3 ms内没有检测到总线活动，将自动进入挂起状态；挂起状态下，USB保持原有的设备地址和配置值。USB连接的任何时候都可以进入挂起状态，USB总线的任何活动都可以使其退出挂起状态。

通常情况下，利用USB物理层驱动芯片与CPU连接实现USB协议，CPU只需要对USB驱动芯片的某些寄存器进行规定配置即可。因此，本实例选用C68001 USB驱动芯片与64x连接，构成USB设备，与PC机的USB Host进行数据传输。

4.10.2 USB接口与功能描述

C68001作为USB协议底层协议控制芯片可以提供一种标准外部接口，简化USB设备实现过程。本实例中USB接口扩展方式是：C6416通过EMIFB+GPIO组合与C68001的控制端口相连，将控制命令和数据写入C68001中，C68001通过USB总线连接PC机的USB Host，实现和PC的通信。

1. C68001功能及工作原理

C68001是一款高速USB协议物理层实现芯片，可以与C6416一起实现USB设备功能。C68001支持两种USB传输速率：全速12 Mbit/s、高速480 Mbit/s；4种传输方式：批量传输、同步传输、中断传输、控制传输。

(1) C68001功能

C68001主要功能及特点如下：

- 具有USB设备功能，其内部不含微处理器，因此，需要外部CPU配置其工作状态；
- 集成了USB 2.0收发器物理层、串行接口引擎SIE链路层，用以实现USB底层通信协议；
- 自带4 KB FIFO缓存、电压调节器、锁相环；
- 3.3 V电压，24 MHz外部晶振；
- 可以选择8位/16位外部CPU总线传输方式，用于控制命令/数据的输入或输出；
- 具有同步/异步FIFO接口，可以提供端口、缓冲区、传输速度。

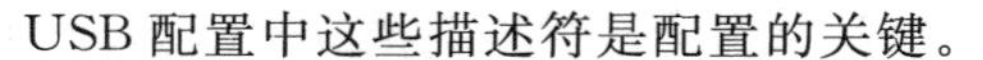

C68001 芯片功能模块框图如图 4－83 所示。

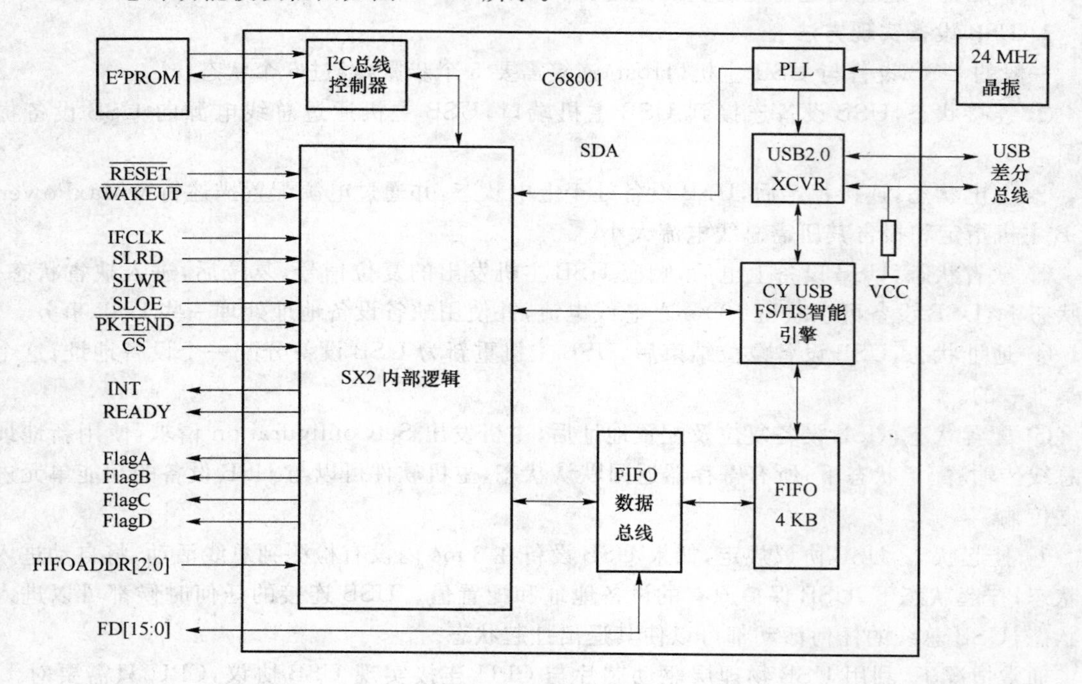

图 4－83　C68001 功能框图

图 4－83 中左半部分的引脚与 C6416 的 EMIFB 和 GPIO 引脚相连，用于配置 C68001 的工作模式。同时，C68001 的 I²C 接口与外部的 E²PROM 相连，E²PROM 中预先写入 C68001 的固件程序，包括 C68001 的引导代码以及 USB 设备描述符，这些可根据需要进行编写。图 4－83 中右半部分连接 24 MHz 晶振，作为 C68001 工作频率，USB 总线差分数据线[D＋，D－]与 USB 主机对应差分线相连。如果 C68001 正常工作，必须通过 C6416 对其工作模式进行编程，同时，USB 数据传输内容也需要 C6416 控制。本实例中 C68001 与 C6416 引脚连接如表 4－37 所列。

表 4－37　C68001 与 64x 引脚连接功能表

C68001	C6416	功　能
INT#	GPIO05/INT5	中断：SX2 中有数据，触发中断事件
READY	GPIO04/INT4	READY 通知 DSP 读或写命令
Flag A	GPIO1	FIFO 中数据量到编程设置大小的时候，Flag A 置位
Flag B	GPIO2	FIFO 满的时候，Flag B 置位
Flag C	GPIO3	FIFO 空的时候，Flag C 置位
Flag D	BCE0 CS#	Flag D 连接 DSP 的片选引脚 CE
WAKEUP	GPIO0	WAKEUP 唤醒低功耗状态的 SX2
SLOE	BOE	SX2 使能信号
SLRD	BRE	SX2 读使能信号
SLWR	BWE	SX2 写使能信号
FD[15：0]	BED[15：0]	数据总线
FIFOADR[2：0]	BEA[13：11]	选择 FIFO 空间的地址总线
IFCLK	BECLKOUT2	接口时钟，Slave FIFO 的数据输入、输出的时钟同步

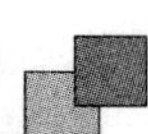

(2) C68001 工作原理

由于 C68001 集成了 USB 协议底层逻辑，所以，通过 C6416 与 C68001 的接口，按照设计的 USB 数据传输特性，初始化 C68001 的 USB 设备描述符，并将其写入 E^2PROM 中，或者不连接 E^2PROM，C68001 将利用内置的 USB 设备描述符枚举，与 USB Host 建立 USB 总线传输通道。

注意： C68001 内置设备描述符的传输速率是全速 12 Mbit/s，如果需要高速传输，就必须更改相应的描述字段。

USB 设备配置完成后，C6416 根据中断 INT 和 FLAG 标志位信息，建立对 C68001 FIFO 的读/写机制，由于这些 FIFO 作为 USB 设备的数据缓冲区，C68001 中的 SX2 逻辑电路将自动通过 USB 总线，将 FIFO 中的数据传送到 USB Host，或者将 USB Host 传输过来的数据存入 FIFO，C6416 再将数据取出。

USB 协议要求的 USB 事务处理、USB 信息包格式等都能在 C68001 中自动完成。

2. C6416 与 C68001 接口

C6416 自身不带 USB 外设模块，因此，如果要依据 USB 通信协议，实现 C6416 的 USB 数据传输，需要通过 C6416 的 EMIF 和 GPIO 接口与 C68001 连接，并配合相应的 USB 设备驱动与应用软件实现 USB 设备的扩展，并与 USB Host 建立通信联系。

(1) EMIFB 和 GPIO 与 USB 接口

C6416 的 EMIFB 具有异步/同步多字并行数据传输能力，可扩展为 FIFO 接口，而 C68001 的内部缓冲区外部接口为 FIFO 模式，因此，可利用其 EMIFB 与 C68001 的数据传输接口相连，实现 C6416 与 C68001 的数据传输。如图 4-84 所示，C68001 具有 16 bit 数据总线，用于控制命令或数据的输入/输出，EMIFB 也是 16 bit 数据线，EMIFB 与 C68001 可无缝连接，并设置为异步读/写方式，实现数据传输和命令交换。C6416 具有 16 个 GPIO，可用于 C68001 工作状态监测、中断输入；本实例中，4 个 GPIO 与 C68001 的状态/中断信号连接，C6416 通过查询 GPIO，或者 GPIO 中断，获取 C68001 的状态信息，实现对 C68001 的控制和侦听功能。

本实例硬件电路如图 4-84 所示，C6416 控制 C68001 实现与 PC 机的 USB 通信。其中 C6416 的 GPIO 负责侦听和检测 C68001 的工作状态，而 EMIFB 与 C68001 的 FIFO 数据接口和命令接口分别进行数据传输和命令交换，PC 通过 USB Host 接口与 C68001 的 USB 设备直接相连，进行数据传输。这里的关键问题是 C6416 与 C68001 组合构成了 USB2.0 设备，PC 机作为 USB Host，PC 机通过 USB2.0 接口读/写 C6416 存储器中的数据，实现高速串行传输。

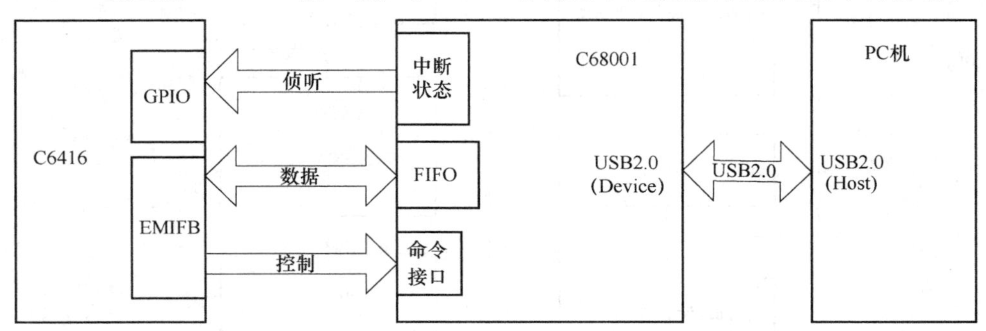

图 4-84　C6416 的扩展 USB 驱动电路

C6416 的 USB 接口扩展设计主要包括四部分：C6416 与 C68001 的硬件连接；C6416 对 C68001 控制；C68001 与 PC 和 C6416 间的通信进程分配；C68001 与 PC 和 C6416 间的通信固件代码编写与固化。

(2) C6416 与 C68001 硬件连接

C68001 配置在 C6416 的 GPIO 和 FIFO 空间，通过 EMIFB 与 C68001 的 FIFO 进行数据交换，其硬件连接如图 4－85 所示。

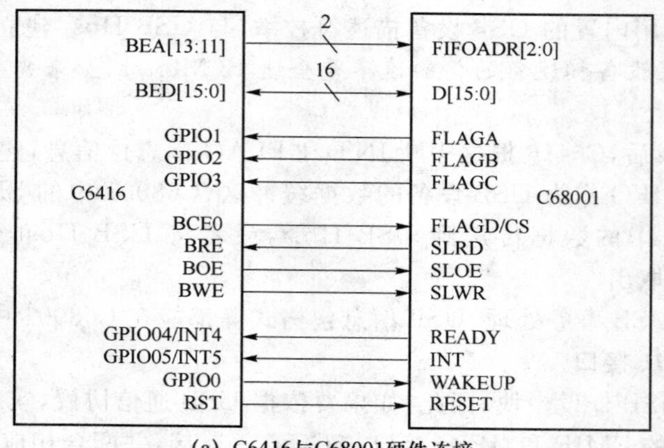

(a) C6416与C68001硬件连接

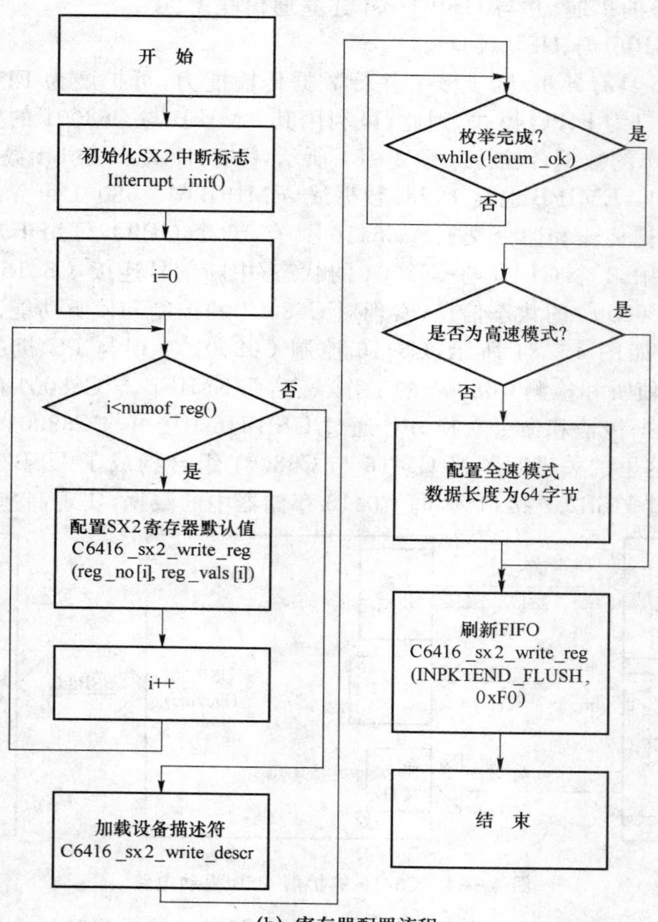

(b) 寄存器配置流程

图 4－85 C68001 与 C6416 的硬件连接

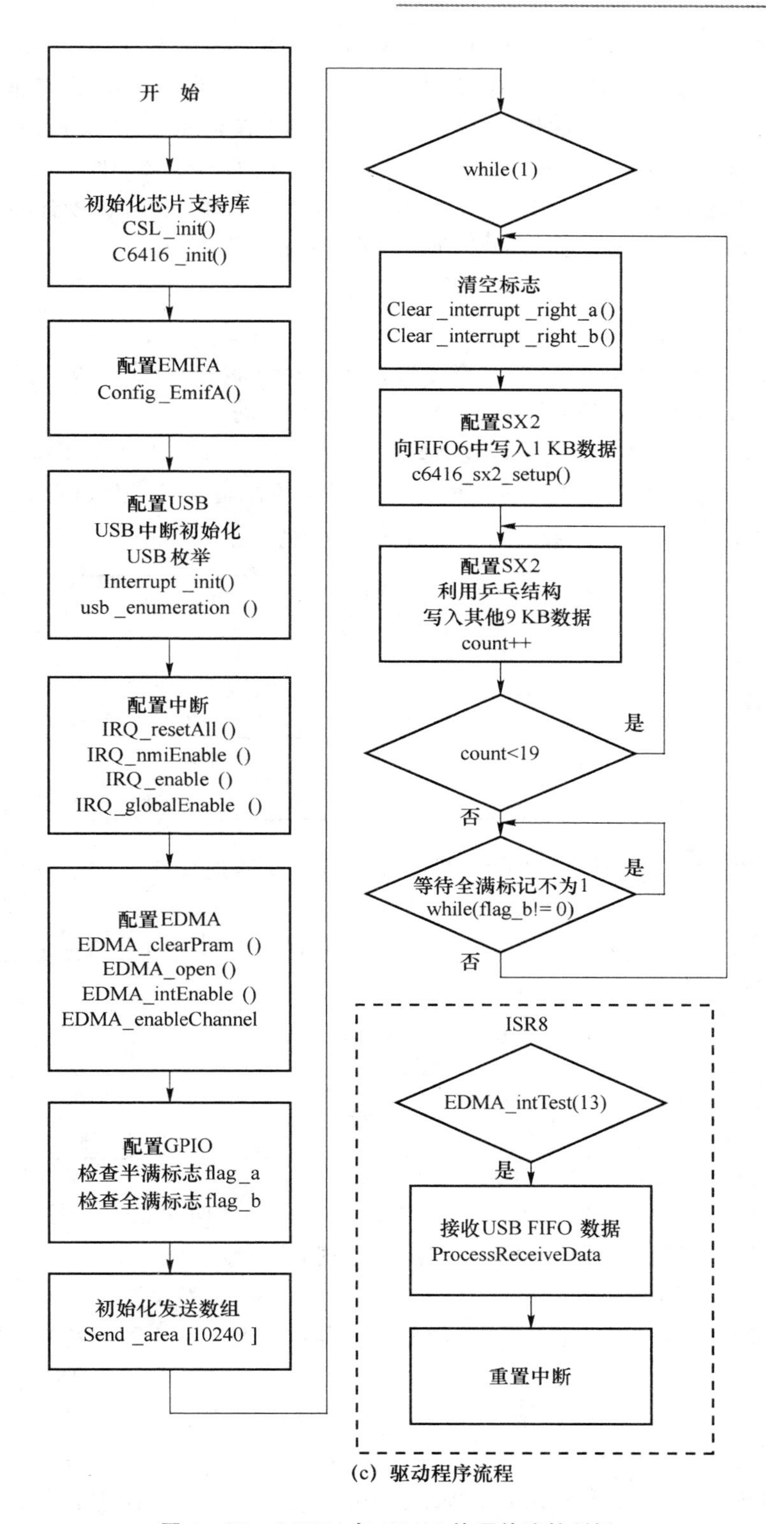

(c) 驱动程序流程

图 4－85　C68001 与 C6416 的硬件连接(续)

C68001 FIFO 的地址线与 C6416 的 EMIFB 地址线 BEA[13：11]相连,可选择 8 个 FIFO

地址，EMIFB 的数据线 BED[15：0]与 FIFO 的数据线 FD[15：0]相连，每次存取 16 bit；中断信号 INT 与 C6416 的 GPIO05/INT5 相连，设置为下降沿触发。当 C68001 中断被读走之后，其中断输出引脚自动变为高，以等待下一次的中断。状态信号 READY、FLAGA、FLAGB 和 FLAGC 配置在 C6416 的 I/O 空间中，C6416 通过查询这些 GPIO 来判断 C68001 的工作状态。在实际操作中，由于通信速度 480 Mbit/s，电源需进行退耦处理，电路板设计中对 C6416 的 40 MHz 和 C68001 的 24 MHz 有源晶振的接地端附近要有抗干扰处理。

(3) C68001 控制

C68001 有两种存取格式：

- 命令格式，用来访问 C68001 控制寄存器、Endpoint0 缓冲器、描述表；
- 数据格式，用来访问 FIFO 中 4 个 1 KB 数据缓存空间。

C64116 通过 FIFOADR[2：0]地址线，选择独立的 FIFO 地址或者命令地址，两种格式分别对应 EMIFB 的 CE0 存储空间和 GPIO 空间。地址对应的存储空间分配如表 4－38 所列。

表 4－38 地址对应的存储空间

端点名称	起始地址	结束地址
FIFO2	0x6000 0000	0x6000 03FF
FIFO4	0x6000 0800	0x6000 0BFF
FIFO6	0x6000 1000	0x6000 13FF
FIFO8	0x6000 1800	0x6000 1BFF
端点 0(命令端点)	0x6000 2000	0x6000 203F

FIFO2、FIFO4、FIFO6、FIFO8 和命令端点对应 C6416 的地址线 BEA[13：11]地址分别为 000、001、010、011、100，地址 101、110、111 保留。

两个外部端点均可以通过同步或异步的方式进行访问，本实例中采用异步方式，命令端点的命令字如表 4－39 所列。

表 4－39 命令字格式

Bit7	Bit6	Bit5	Bit4	Bit3	Bit2	Bit1	Bit0
Addr/Data	R/W	D5	D4	D3	D2	D1	D0

Addr/Data：地址/数据选择，为 0 时表示数据读或写，为 1 时表示地址写。

R/W：读/写操作选择，为 0 时执行写操作，为 1 时执行读操作。

D[5：0]：地址/数据线，当 Addr/Data＝0 时，D[3：0]为数据半字节，D[5：4]未用；当 Addr/Data＝1时，D[5：0]包含将要寻址的命令寄存器的地址；由于命令字为 8 位，故命令字数据分二次读出或写入。

C68001 的 FIFOADR[2：0] 地址线信号由 C6416 的地址线 BEA[13：11]提供，当 FIFOADR[2：0]为 100B 时，选中 C68001 的命令端点。通过 C68001 的命令端点，可以访问 C68001 的 3Ch 个内部寄存器、Endpoint0 缓冲器(64 个字节 FIFO)、描述表(500 个字节 FIFO)等，如果将 Endpoint0 缓冲器和描述表也看成是寄存器。对这些寄存器进行读、写访问，采用二次寻址方式，即首先通过命令端点将要寻址的寄存器子地址和操作类型(读操作还是写操作)写

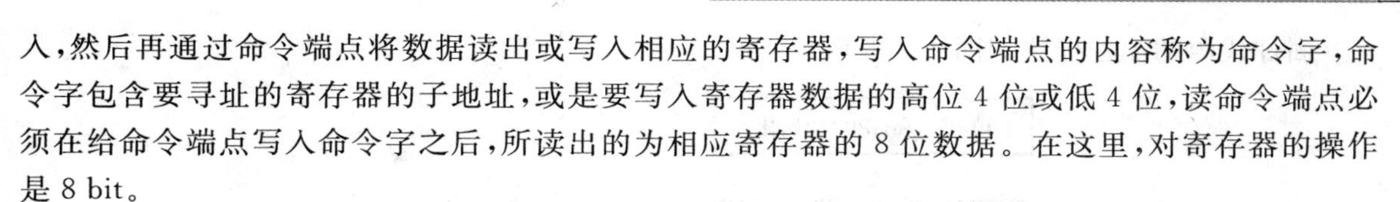

入,然后再通过命令端点将数据读出或写入相应的寄存器,写入命令端点的内容称为命令字,命令字包含要寻址的寄存器的子地址,或是要写入寄存器数据的高位4位或低4位,读命令端点必须在给命令端点写入命令字之后,所读出的为相应寄存器的8位数据。在这里,对寄存器的操作是8 bit。

4.10.3 USB应用实例剖析

C68001是PC和C6416进行通信的桥梁,C6416想要把数据传入PC,必须先将数据写入C68001的FIFO中,然后,由C68001将数据通过USB总线传输到PC中。

1. C68001与PC、C6416间的通信进程

本实例中,C68001的FIFO包长度为1 KB,也就是说只要C68001 FIFO中的数据达到了1 KB,PC机就可以以同步方式批量将所有数据取走。数据从C6416到C68001再到PC的传送的详细过程及要点如下:

- C6416对C68001的FIFO进行写操作,直到写满1 KB数据;
- PC机的USB Host发出命令,查询C68001的FIFO状态,每次查询都使用USB控制传输,故每次查询都会对C6416产生一次中断;
- 如果USB Host查询发现C68001的FIFO为满状态,则PC机驱动USB Host将FIFO中的数据取走,若为非满,则重复继续查询。

在上述通信过程中需要特别注意的是在USB Host从FIFO取数据时,C6416禁止向FIFO的写操作,直到FIFO数据全部取完后,C6416才可以进行下一次数据的写入操作。同样,当USB Host向C68001 FIFO发送数据时,C6416禁止读FIFO,当USB Host发送完后,C6416才能读FIFO。

C6416向C68001的FIFO进行数据传输的过程要快于数据输入速度。另一点要注意的是PC端从C6416取数据和查询C68001的FIFO状态的时间要短,如果太长了会发生采集好的数据被覆盖的误操作,原因是C68001为USB2.0协议的器件。

2. C68001与PC、C6416间通信的固件代码

C68001的固件驱动代码实现C68001与C6416之间的底层通信,此代码实现USB设备初始化和事务处理。PC机作为USB Host,C68001与C6416组合作为USB设备。固件代码基于C语言,代码结构易于重复开发。

固件代码的各个文件功能如表4-40所列,表中sx2即代表C68001。

表4-40 固件代码功能表

文件名	功 能
Vectors. asm	定义中断向量表
C6416_ sx2_descriptors. c	定义默认描述符信息,它将被下载到C68001,用于枚举USB设备
C6416_ sx2_low_level_io. c	实现GPIO输入、输出功能,用于C6416和C68001间的通信
C6416_ sx2_regs_init. c	初始化C68001所有的寄存器
C6416_ sx2_setup. c	执行端点0的数据处理
C6416_ sx2_process. c	执行USB设备和PC机之间的数据循环
C6416_ sx2_main. c	执行主要功能,包括枚举USB设备和调用数据处理功能

固件代码的流程框图如图 4-86 所示。

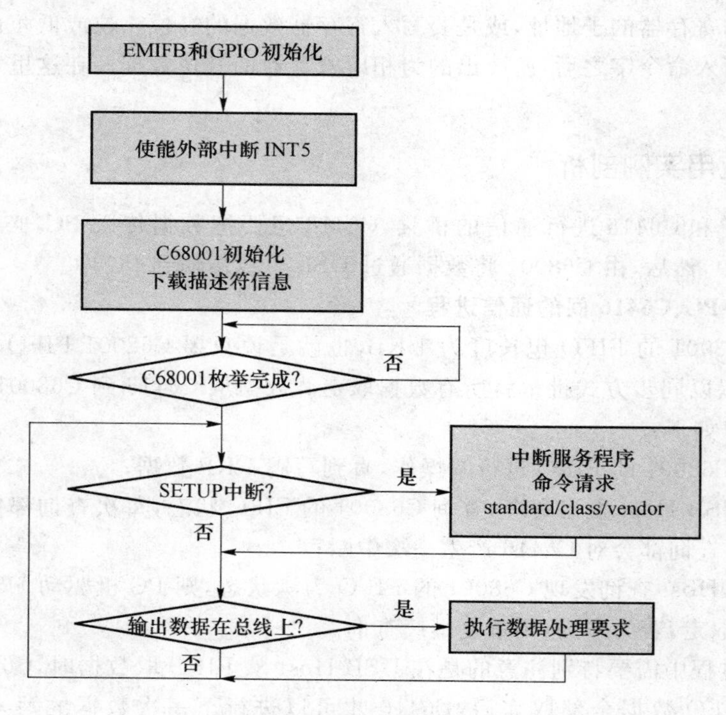

图 4-86　固件代码流程图

3. C6416_C68001 配置

C6416 的寄存器配置主要是 GPIO 和 EMIFB,配置方法见 4.4 节。

C68001 的配置主要是 USB 设备描述符初始化,由于 C68001 中集成了默认的设备描述符,其工作模式为全速,数据批量为 512 B,而本实例设计 USB 工作模式为高速,数据批量为 1 KB,因此,只需要在 USB 设备描述符中修改相应字段即可。详细内容参见本实例参考例程。

4. C6416_C68001 与 PC 的 USB 通信程序

C6416 与 PC 的 USB 通信驱动程序流程如图 4-86 所示。C6416_ sx2_low_level_io. c 文件用于执行底层输入/输出功能,实现 C6416 和 C68001 设备间的通信。

主要函数及其功能如下：

```
/******************************************************************/
/* 函数 c6416_ sx2_low_level_write( ) 执行写命令要求              */
/******************************************************************/
Void c6416_ sx2_low_level_write (LgUns addr, SmUns data)
{
    MdUns junk;
    While ( ! ( * (LgUns * ) GPVAL_REG & (1 << READY)));                //等待 READY 信号变高
    * (SmUns * ) addr = data;
    junk = * (SmUns * )JUNK_ADDR;
}
```

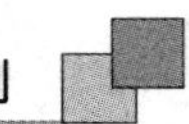

```
/ *************************************************************** /
/ *  函数 c6416_ sx2_low_level_read( )执行读命令要求               * /
/ *************************************************************** /
SmUns c6416_ sx2_low_level_read(LgUns addr)
{
    SmUns data =  * (SmUns * )addr;
    return data;
}
/ **************************************************************** /
/ *  函数 Function: c6416_ sx2_write_reg( )写 C68001 寄存器         * /
/ **************************************************************** /
void c6416_ sx2_write_reg(SmUns reg, SmUns data)
{
    c6416_ sx2_low_level_write(CMDADDR, reg | WR_REQ);                //写请求
    c6416_ sx2_low_level_write(CMDADDR, (data & 0xf0) >> 4);          //写高四位数据
    c6416_ sx2_low_level_write(CMDADDR, data & 0x0f);                 //写低四位数据
}
/ ***************************************************************** /
/ *   函数 c6416_ sx2_read_reg( )读 C68001 寄存器                   * /
/ ***************************************************************** /
SmUns c6416_ sx2_read_reg(SmUns reg)
{
    read_interrupt = TRUE;
    c6416_ sx2_low_level_write(CMDADDR, reg | RD_REQ);                //读请求
    while(read_interrupt);                                            //等待 C68001 中有数据
    return c6416_ sx2_low_level_read(CMDADDR);                        //读数据
}
/ *************************************************************** /
/ *  函数 c6416_sx2_write_descr( )下载 SX2 描述符,枚举 USB 设备    * /
/ *************************************************************** /
void c6416_ sx2_write_descr(void)
{
    MdUns len, i;
    len = (MdUns)sizeof_descr();                                      //描述符长度
    len = len/sizeof(SmUns);
    c6416_ sx2_low_level_write(CMDADDR, DESC | WR_REQ);               //描述符请求
    c6416_ sx2_low_level_write(CMDADDR, (len & 0x00f0) >> 4);
    c6416_ sx2_low_level_write(CMDADDR, (len & 0x000f));
    c6416_ sx2_low_level_write(CMDADDR, (len & 0xf000) >> 12);
    c6416_ sx2_low_level_write(CMDADDR, (len & 0x0f00) >> 8);
    for(i = 0; i < len; i++)
    {
        c6416_ sx2_low_level_write(CMDADDR, (descriptor[i] & 0xf0) >> 4);
        c6416_ sx2_low_level_write(CMDADDR, descriptor[i] & 0x0f);
    }
```

```
}
```

C6416_ sx2_main.c 文件只有一个函数 c6416_ sx2_setup(void)，此函数实现操作端点 0 的数据，如果 C68001 收到一个无法操作的初始化请求，它触发 SETUP 中断。在收到初始化数据后，此函数支持 standard、class 和 vendor 请求。C6416_ sx2_main.c 文件执行的主要功能，包括枚举 USB 设备和调用数据处理功能。

主要相关函数及其功能如下：

```
/ ******************************************************************** /
/ * usb_enumeration() 函数用于枚举 USB 设备                              * /
/ ******************************************************************** /
void usb_enumeration()
{
    int i;
    for(i = 0; i < numof_reg(); i ++)                   //初始化 C68001 所有的寄存器
        c6416_ sx2_write_reg(reg_no[i], reg_vals[i]);
    c6416_ sx2_write_descr();                           //下载描述符信息到 SX2,枚举 USB 设备
    while(! enum_ok);                                   //等待枚举完成
    printf(" * enumeration is okay * \n");
    if(! (c6416_ sx2_read_reg(FNADDR) & HSGRANT))        //检查是否没枚举成高速
    {
        printf(" * Set IN packet length to 64 * \n");
        c6416_ sx2_write_reg(EP2PKTLENH, ZEROLEN);
        c6416_ sx2_write_reg(EP2PKTLENL, 0x40);
        c6416_ sx2_write_reg(EP4PKTLENH, ZEROLEN);
        c6416_ sx2_write_reg(EP4PKTLENL, 0x40);
        c6416_ sx2_write_reg(EP6PKTLENH, ZEROLEN);
        c6416_ sx2_write_reg(EP6PKTLENL, 0x40);
        c6416_ sx2_write_reg(EP8PKTLENH, ZEROLEN);
        c6416_ sx2_write_reg(EP8PKTLENL, 0x40);
    }
    c6416_ sx2_write_reg(INPKTEND_FLUSH,0xF0);
}
/ ******************************************************************** /
/ * interrupt_init() 函数初始化所有中断标志                                * /
/ ******************************************************************** /
void interrupt_init()
{
    / * 初始化所有中断标志 * /
    C68001_ready = FALSE;
    no_activity = FALSE;
    enum_ok = FALSE;
    got_out_data = FALSE;
    ep0buf_ready = FALSE;
    got_setup = FALSE;
    read_interrupt = FALSE;
```

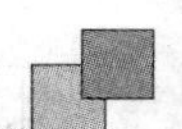

```
    ep6shortpacket = FALSE;
    ep8shortpacket = FALSE;

    error = 0;
}
/ ************************************************************ /
/ * 函数 c6416_init() 初始化 C6416 GPIO 和 EMIFB 寄存器        * /
/ ************************************************************ /
void c6416_init(void)
{
    / * 初始化 EMIFB * /
    * (int * )EMIFB_CE3 = 0xFFEFFF1E;
    * (int * )EMIFB_CE0SECCTL = 0x00000040;
    * (int * )EMIFB_CE0CTL = 0x51E10319;
    / * 初始化 GPIO * /
    * (int * )GPEN_REG   = 0x000000FE;
    * (int * )GPDIR_REG = 0x00000001;
    * (int * )GPVAL_REG = 0x00000000;
    * (int * )GPGC_REG   = 0x00000010;
    * (int * )GPLM_REG   = 0x00000020;
    * (int * )EXTPOL_REG = 0x00000002;          //使能外部中断 5
}
/ ****************************************************************** /
/ * 函数 int_isr(void)是外部中断 5 对应的函数,识别 C68001 的中断类型 * /
/ ****************************************************************** /
interrupt void int_isr(void)
{
    MdUns i;
    if(read_interrupt)                          //读请求后,触发的中断
    {
        read_interrupt = FALSE;
        return;
    }
    i = * (SmUns * )CMDADDR;
    switch(i)
    {       case 0x01:                          //读中断
            C68001_ready = TRUE;
            break;
        case 0x02:                              //总线活动中断
            no_activity = ! no_activity;
            break;
        case 0x04:                              //枚举完成中断
            enum_ok = TRUE;
            break;
        case 0x20:                              //标志位中断
```

```
            got_out_data = TRUE;
            break;
        case 0x40:                                          //端点 0 缓存中断
            ep0buf_ready = TRUE;
            break;
        case 0x80:                                          //初始化中断
            got_setup = TRUE;
        default:
            break;
    }
}


////////////////////////////////////////////////
/*头文件*/
#include <std.h>                                           //C 语言标准支持库
#include <c6x.h>                                           //c6x 支持库
#include <csl.h>                                           //芯片支持库
#include <csl_irq.h>                                       //irq 支持库
#include <csl_emifa.h>                                     //emifa 支持库
#include <csl_edma.h>                                      //edma 支持库
#include "usb.h"                                           //自定义头文件,包括宏定义、数组和结构体声明
/*变量声明*/
Bool got_setup,ep0buf_ready,enum_ok,read_interrupt,ep6shortpacket,ep8shortpacket;
                                                           //状态变量
EDMA_Handle hEdma13;                                       //EDMA13 句柄
unsigned char send_area[10240];                            //测试数据数组
unsigned char recv_msg_f[BUFFER_SIZE];                     //接收消息
unsigned short recvbuf_f[EDMA_SIZE];                       //接收数据数组
/*子函数声明*/
void interrupt_init();                                     //中断初始化
void Config_EmifA();                                       //配置 EMIFA
void Clear_interrupt_right_a();                            //FIFO 半满标志重置
void Clear_interrupt_right_b();                            //FIFO 全满标志重置
void c6416_init(void);                                     //c6416 初始化
void c6416_sx2_setup(void);                                //配置 sx2 USB 接口
void c6416_sx2_write_descr(void);                          //写入描述符函数
void c6416_sx2_write_reg(SmUns reg, SmUns data);           //sx2 写寄存器函数
void c6416_sx2_low_level_write(LgUns addr, SmUns data);    //sx2 底层写函数
SmUns c6416_sx2_read_reg(SmUns reg);                       //sx2 读寄存器函数
SmUns c6416_sx2_low_level_read(LgUns addr);                //sx2 底层读函数
void ProcessReceiveData(unsigned short *recvbuf,unsigned char *recv_msg);   //USB 接收数据函数
void usb_data_send_process();                              //USB 发送数据函数
void usb_enumeration();                                    //USB 等待枚举
short VoteLogic(unsigned short value);                     //投票逻辑函数
```

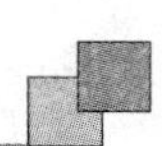

```
Uns numof_reg(void);                                   //获得数组 reg 的长度
Uns sizeof_descr(void);                                //获得 deser 的长度
interrupt void int_isr(void);

void main(void)
{
    unsigned int flag_a,flag_b;                        //半满标志变量和全满标志变量
    int i;
    CSL_init();                                        //初始化 CSL
    c6416_init();                                      //初始化 C6416
    interrupt_init();                                  //初始化中断变量
    Config_EmifA();                                    //配置 Emif
    usb_enumeration();                                 //usb 枚举
    IRQ_resetAll();                                    //重置所有中断
    IRQ_nmiEnable();                                   //打开 NMI 中断
    IRQ_globalEnable();                                //中断开启
    IRQ_map(IRQ_EVT_EDMAINT,8);                        //打开中断 8
    IRQ_reset(IRQ_EVT_EDMAINT);                        //重置中断 8
    *(int *)GPEN_REG |= 1<<1;                          //使能半满标志
    *(int *)GPDIR_REG &= ~(1<<1);
    *(int *)GPEN_REG |= 1<<2;                          //使能全满标志
    *(int *)GPDIR_REG &= ~(1<<2);
    flag_a= *(volatile int *)GPVAL_REG & 0x02;
    while(flag_a)                                      //等待半满标记不为 1
    {
        flag_a= *(volatile int *)GPVAL_REG & 0x02;
    }
    flag_b= *(volatile int *)GPVAL_REG & 0x03;
    while(flag_b)                                      //等待全满标记不为 1
    {
        flag_b= *(volatile int *)GPVAL_REG & 0x03;
    }
    for(i=0;i<10240;i++)                               //初始化发送数组
    {
        send_area[i]=i;
    }
    while(1)
    {
        Clear_interrupt_right_a();                     //重置半满标记
        Clear_interrupt_right_b();                     //重置全满标记
        usb_data_send_process();                       //发送数据
        flag_b= *(volatile int *)GPVAL_REG & 0x03;     //获得全满标记
        while(flag_b != 0)                             //等待全满标记不为 1
        {
            flag_b= *(volatile int *)GPVAL_REG & 0x03;
```

```
        }
    }
}

/*************************************************************************/
//函数名:c_int08
//功  能:中断 8
//说  明:用于接收 USB 的数据
/*************************************************************************/

interrupt void c_int08(void)
{
    unsigned short * recvbuf;                          //指针变量
    unsigned char * recv_msg;                          //指针变量
    if (EDMA_intTest(13))                              //如果是 EDMA13 中断,则接收数据
    {
    recvbuf = recvbuf_f;                               //获取指针
        recv_msg = recv_msg_f;                         //获取指针
        EDMA_disableChannel(hEdma13);                  //关闭通道 13
        EDMA_intClear(13);                             //清空中断
        ProcessReceiveData(recvbuf,recv_msg);          //接收数据
        EDMA_intEnable(13);                            //使能中断
        EDMA_enableChannel(hEdma13);                   //打开通道 13
    }
}

/*************************************************************************/
//函数名:usb_data_send_process
//功  能:USB 数据发送
//说  明:利用乒乓结构发送数据
/*************************************************************************/

void usb_data_send_process()
{
    unsigned int count,num;
    unsigned char enter_flag;
    unsigned short * ptr_send_area;
    unsigned int flag_a;
    enter_flag = 0;
    count = 0;
    ptr_send_area = (unsigned short * ) send_area;     //获取需要发送数据的首地址
    c6416_sx2_setup();                                 //配置 sx2
    for(num = 0;num<1024;num ++ )                      //先发送 1 KB 的数据,1 个 FIFO 的容量是 1 KB
        {
                * (unsigned short * )FIFO6ADDR =  * (ptr_send_area ++ );
```

```
        }
    while(count<19)                                      //剩下9 KB的数据用乒乓结构发送
    {
        c6416_sx2_setup();                                //配置sx2
        flag_a= *(volatile int *)GPVAL_REG & 0x02;        //获取半满标志
        while(flag_a != 0)                                //等待半满标志不为1
            {
                flag_a= *(volatile int *)GPVAL_REG & 0x02;
            }

        while(! flag_a)                  //如果不为1,则发送512字节数据,即半个FIFO的大小
            {
                    for(num = 0;num<512;num ++ )
                    {
                        *(unsigned short *)FIFO6ADDR =  *(ptr_send_area++);
                    }
                flag_a= *(volatile int *)GPVAL_REG & 0x02;    //获取半满标记
                enter_flag = 1;                                //输入完成标志
            }
        if(enter_flag ==1)
            {
                enter_flag = 0;
                count++;                                       //计数增加1
            }
      }
}

/ ******************************************************************** /
//函数名:ProcessReceiveData
//功  能:USB数据接收
//说  明:接收数据
/ ******************************************************************** /

void ProcessReceiveData(unsigned short * recvbuf,unsigned char * recv_msg)
{
    int  i,j;
    unsigned char recv_char = 0;
    short cnt = -1;
    short recv_val;
    unsigned short  raw_data = 0;
    unsigned short  * recvbufptr;                          //接收数据的指针
    unsigned char  * data_saver;                           //消息的指针
    recvbufptr = recvbuf;                                  //获取地址
    data_saver = recv_msg;                                 //获取地址
    for (i = 0; i < BUFFER_SIZE; i++)
```

```
    {
        recv_char = 0;
        raw_data = 0;
        for (cnt = -1; cnt < 10; cnt++)
        {
            if(cnt == -1 || cnt == 8 || cnt == 9)
            {
              for(j=0;j<4;j++)                                     //取消开始和停止标志
                  *recvbufptr++;
            }
            else
            {
                raw_data  |=  ((*recvbufptr & 0x1)>>0);   //从接收缓存中获取 16 位数据
                raw_data  |=  ((*recvbufptr & 0x10)>>3);
                raw_data  |=  ((*recvbufptr & 0x100)>>6);
                raw_data  |=  ((*recvbufptr & 0x1000)>>9);
                recvbufptr++;
                raw_data  |=  ((*recvbufptr & 0x1)<<4);
                raw_data  |=  ((*recvbufptr & 0x10)<<1);
                raw_data  |=  ((*recvbufptr & 0x100)>>2);
                raw_data  |=  ((*recvbufptr & 0x1000)>>5);
                recvbufptr++;
                raw_data  |=  ((*recvbufptr & 0x1)<<8);
                raw_data  |=  ((*recvbufptr & 0x10)<<5);
                raw_data  |=  ((*recvbufptr & 0x100)<<2);
                raw_data  |=  ((*recvbufptr & 0x1000)>>1);
                recvbufptr++;
                raw_data  |=  ((*recvbufptr & 0x1)<<12);
                raw_data  |=  ((*recvbufptr & 0x10)<<9);
                raw_data  |=  ((*recvbufptr & 0x100)<<6);
                raw_data  |=  ((*recvbufptr & 0x1000)<<3);
                recvbufptr++;
                recv_val  =  VoteLogic(raw_data);                 //获取多数位的值
                recv_char  += recv_val << cnt;                    //将接收到的位放进目标位置
                raw_data = 0;
            }
        }
        *(data_saver++)  = recv_char;
    }
}

/**********************************************************************/
//函数名:c6416_init
//功  能:初始化 c6416
//说  明:初始化 6416 的外设
```

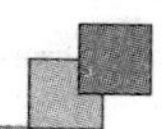

```
/ ********************************************************************** /

void c6416_init(void)
{
    *(int *)EMIFB_CE3 = 0xFFEFFF1E;                  //初始化 EMIF,SX2 与 EMIF 相连
    *(int *)EMIFB_CE0SECCTL = 0x00000040;
    *(int *)EMIFB_CE0CTL = 0x51E10319;
    *(int *)GPEN_REG   = 0x000000FE;                 //初始化 GPIO 接口
    *(int *)GPDIR_REG = 0x00000001;
    *(int *)GPVAL_REG = 0x00000000;
    *(int *)GPGC_REG   =  0x00000010;
    *(int *)GPLM_REG   =  0x00000020;
    *(int *)EXTPOL_REG = 0x00000002;
}

/ ********************************************************************** /
//函数名:interrupt_init
//功　能:初始化中断变量
//说　明:初始化用于中断判断的全局变量
/ ********************************************************************** /

void interrupt_init()
{
    enum_ok = FALSE;                                 //初始化设置所有全局变量为 FALSE
    ep0buf_ready = FALSE;
    got_setup = FALSE;
    read_interrupt = FALSE;
    ep6shortpacket = FALSE;
    ep8shortpacket = FALSE;
}

/ ********************************************************************** /
//函数名:Config_EmifA
//功　能:配置 EMIFA
//说　明:配置 EMIFA
/ ********************************************************************** /

void Config_EmifA()
{
    EMIFA_config(&EMIFA_RAM);
}

/ ********************************************************************** /
//函数名:usb_enumeration
//功　能:usb 枚举函数
```

```
//说　明:usb枚举以及配置
/***************************************************************************/

void usb_enumeration()
{
    int i;
    for(i = 0; i < numof_reg(); i++)                      //初始化 SX2 为默认配置
        c6416_sx2_write_reg(reg_no[i], reg_vals[i]);
    c6416_sx2_write_descr();                              //向主机写描述符
    while(! enum_ok);                                     //等待配置枚举完成
    if(! (c6416_sx2_read_reg(FNADDR) & HSGRANT))          //如果不是高速传输模式
    {
        c6416_sx2_write_reg(EP2PKTLENH, ZEROLEN);         //设置全速模式传输长度为 64
        c6416_sx2_write_reg(EP2PKTLENL, 0x40);
        c6416_sx2_write_reg(EP4PKTLENH, ZEROLEN);
        c6416_sx2_write_reg(EP4PKTLENL, 0x40);
        c6416_sx2_write_reg(EP6PKTLENH, ZEROLEN);
        c6416_sx2_write_reg(EP6PKTLENL, 0x40);
        c6416_sx2_write_reg(EP8PKTLENH, ZEROLEN);
        c6416_sx2_write_reg(EP8PKTLENL, 0x40);

    }
    c6416_sx2_write_reg(INPKTEND_FLUSH,0xF0);             //刷新所有 FIFO
}

/***************************************************************************/
//函数名:c6416_sx2_low_level_write
//功　能:SX2 底层写函数
//说　明:底层写函数
/***************************************************************************/

void c6416_sx2_low_level_write(LgUns addr, SmUns data)
{
    while(! (*(LgUns *)GPVAL_REG & (1 << READY)));       //如果写状态为 READY,写入数据
    *(SmUns *)addr = data;
}

/***************************************************************************/
//函数名:c6416_sx2_low_level_read
//功　能:SX2 底层读函数
//说　明:底层读函数
/***************************************************************************/

SmUns c6416_sx2_low_level_read(LgUns addr)
{
```

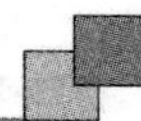

```
    SmUns data =  * (SmUns * )addr;                          //读函数
    return data;
}

/ ****************************************************************** /
//函数名:c6416_sx2_write_reg
//功  能:SX2 写寄存器函数
//说  明:写寄存器函数
/ ****************************************************************** /

void c6416_sx2_write_reg(SmUns reg, SmUns data)
{
    c6416_sx2_low_level_write(CMDADDR, reg | WR_REQ);        //写操作请求,bit 7 = 1, bit 6 = 0
    c6416_sx2_low_level_write(CMDADDR, (data & 0xf0) >> 4);  //写高四位
    c6416_sx2_low_level_write(CMDADDR, data & 0x0f);         //写低四位
}

/ ****************************************************************** /
//函数名:c6416_sx2_read_reg
//功  能:SX2 读寄存器函数
//说  明:读寄存器函数
/ ****************************************************************** /

SmUns c6416_sx2_read_reg(SmUns reg)
{
    read_interrupt = TRUE;                                   //读中断为 TRUE
    c6416_sx2_low_level_write(CMDADDR, reg | RD_REQ);        //写入读操作请求 bit7 = 1, bit6 = 1
    while(read_interrupt);                                   //等待 SX2 有数据到来
    return c6416_sx2_low_level_read(CMDADDR);                //读取数据
}

/ ****************************************************************** /
//函数名:c6416_sx2_write_descr
//功  能:写描述符
//说  明:向主机写入描述符等待枚举 SX2
/ ****************************************************************** /

void c6416_sx2_write_descr(void)
{
    MdUns len, i;
    len = (MdUns)sizeof_descr();                             //获得描述符大小
    len = len/sizeof(SmUns);                                 //计算相当于多少个无符号 CHAR 型数据
    c6416_sx2_low_level_write(CMDADDR, DESC | WR_REQ);       //写请求, bit7 = 1, bit6 = 0
    c6416_sx2_low_level_write(CMDADDR, (len & 0x00f0) >> 4);
    //写入长度变量的 5~8 位
```

```
    c6416_sx2_low_level_write(CMDADDR, (len & 0x000f));
    //写入长度变量的 1～4 位
    c6416_sx2_low_level_write(CMDADDR, (len & 0xf000) >> 12);
    //写入长度变量的 13～16 位
    c6416_sx2_low_level_write(CMDADDR, (len & 0x0f00) >> 8);
    //写入长度变量的 9～12 位
    for(i = 0; i < len; i++)                                    //循环写入描述符
    {
        c6416_sx2_low_level_write(CMDADDR, (descriptor[i] & 0xf0) >> 4);
//写入每个数据的高 4 位
        c6416_sx2_low_level_write(CMDADDR, descriptor[i] & 0x0f);
//写入每个数据的低 4 位
    }
}

/*****************************************************************/
//函数名:Clear_interrupt_right_a
//功  能:清空半满标记
//说  明:清空半满标记
/*****************************************************************/

void Clear_interrupt_right_a()
{
    unsigned char *prt = NULL;
    unsigned char clear;
    prt = (unsigned char *)0x9001FFFF;
    clear = *prt;
  clear = 0;
  clear++;
}

/*****************************************************************/
//函数名:Clear_interrupt_right_b
//功  能:清空全满标记
//说  明:清空全满标记
/*****************************************************************/

void Clear_interrupt_right_b()
{
    unsigned char *prt = NULL;
    unsigned char clear;
    prt = (unsigned char *)0x8001FFFF;
    clear = *prt;
  clear = 0;
  clear++;
```

```
}

/ ******************************************************************* /
//函数名:c6416_sx2_setup
//功  能:配置 SX2
//说  明:配置 SX2
/ ******************************************************************* /

void c6416_sx2_setup(void)
{
    MdInt i;                                           //16 bit 整型变量
    MdUns setupdirection, setuplength, len;            //16 bit 无符号数变量
    MdUns setup[8];
    MdUns setupdata[64];
    if(got_setup)                                      //如果有 got_setup 配置中断
    {
        got_setup = FALSE;                             //清空中断标记
        for(i = 0; i < 8; i++)                         //读取 8 位的配置数据
            setup[i] = c6416_sx2_read_reg(SETUP) & 0xff;
        setupdirection = setup[0] & 0x80;              //获取方向数据，In = 1,Out = 0
        setuplength = setup[6];                        //获取配置长度
        setuplength |= (setup[7] << 8);
        if((setup[0] & 0x60) == 0)                     //这是标准操作请求
        {
                                                       //根据 setup 的数值进行配置
            switch(setup[1] & 0xff)
            {
                case 0x01:                             //清除特征
                    switch(setup[0] & 0xff)
                    {
                        case 0x02:                     //结束端点
                            if((setup[2] & 0xff) == 0)
                            {
                                switch(setup[4] & 0x7f)
                                {
                                    case 2:
                                        c6416_sx2_write_reg(EP2CFG, VALID|TYPE1|BUF1);
                                        //清空 EPxCFG 中的阻塞位
                                        c6416_sx2_write_reg(EP0BC, 0);
                                        //响应请求
                                        break;
                                    case 4:
                                        c6416_sx2_write_reg(EP4CFG, VALID|TYPE1);
                                        //清空 EPxCFG 中的阻塞位
                                        c6416_sx2_write_reg(EP0BC, 0);
```

```
                                //响应请求
                                break;
                            case 6:
                                c6416_sx2_write_reg(EP6CFG, VALID|TYPE1|BUF1|0x40);
                                //清空 EPxCFG 中的阻塞位
                                c6416_sx2_write_reg(EP0BC, 0);
                                //响应请求
                                break;
                            case 8:
                                c6416_sx2_write_reg(EP8CFG, VALID|TYPE1|0x40);
                                //清空 EPxCFG 中的阻塞位
                                c6416_sx2_write_reg(EP0BC, 0);
                                //响应请求
                                break;
                            default:
                                c6416_sx2_write_reg(SETUP, 0xff);
                                //阻塞请求
                                break;
                        }
                    }
                    else
                        c6416_sx2_write_reg(SETUP, 0xff);
                        //阻塞请求
                    break;
                }
                break;
            case 0x03:                                          //设置特征
                switch(setup[0] & 0xff)
                {
                    case 0x02:                                  //结束端点
                    if((setup[2] & 0xff) == 0)
                    {
                        switch(setup[4] & 0x7f)
                        {
                            case 2:
                                c6416_sx2_write_reg(EP2CFG, VALID|TYPE1|STALL|BUF1);
                                //清空 EPxCFG 中的阻塞位
                                c6416_sx2_write_reg(EP0BC, 0);
                                //响应请求
                                break;
                            case 4:
                                c6416_sx2_write_reg(EP4CFG, VALID|TYPE1|STALL);
                                //清空 EPxCFG 中的阻塞位
                                c6416_sx2_write_reg(EP0BC, 0);
                                //响应请求
```

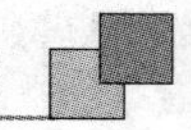

```
                    break;
                case 6:
                    c6416_sx2_write_reg(EP6CFG, VALID|TYPE1|STALL|BUF1|0x40);
                    //清空 EPxCFG 中的阻塞位
                    c6416_sx2_write_reg(EP0BC, 0);
                    //响应请求
                    break;
                case 8:
                    c6416_sx2_write_reg(EP8CFG, VALID|TYPE1|STALL|0x40);
                    //清空 EPxCFG 中的阻塞位
                    c6416_sx2_write_reg(EP0BC, 0);
                    //响应请求
                    break;
                default:
                    c6416_sx2_write_reg(SETUP, 0xff);
                    //阻塞请求
                    break;
            }
        }
        else
            c6416_sx2_write_reg(SETUP, 0xff);
            //阻塞请求
        break;
    }
    break;
  }
}
else if((setup[0] & 0x60) == 0x20)                  //这是一个扩展请求,可以添加操作
{
}
else if((setup[0] & 0x60) == 0x40)                  //用作扩展的向量请求
{
    switch(setup[1] & 0xff)
    {
        case 0xAA:                                  //如果 0xAA,并且长度是 0
            if(! setuplength)
                c6416_sx2_write_reg(EP0BC, 0);      //响应请求
            else
                c6416_sx2_write_reg(EP0BC, 0xff);   //阻塞请求
            break;
        case 0xAB:                                  //如果 0xAB
            if(setuplength > 64)                    //长度大于 64,阻塞请求
                c6416_sx2_write_reg(SETUP, 0xff);
            else
            {
```

```
                    while(! ep0buf_ready);                        //等待缓存变成可用
                    ep0buf_ready = FALSE;                         //清除标记
                    if(setupdirection)                            //入请求
                    {
                        for(i = 0; i < setuplength; i++)
                            c6416_sx2_write_reg(EP0BUF, setupdata[i]);
                                                                  //写入缓存
                        c6416_sx2_write_reg(EP0BC, 64);
                    }
                    else                                          //出请求
                    {
                        len = c6416_sx2_read_reg(EP0BC);
                                                                  //读寄存器
                        for(i = 0; i < len; i++)
                            setupdata[i] = c6416_sx2_read_reg(EP0BUF);
                    }
                }
                break;
            case 0xb6:
                ep6shortpacket = TRUE;
                c6416_sx2_write_reg(EP0BC, 0);                    //响应请求
                break;
            case 0xb8:
                ep8shortpacket = TRUE;
                c6416_sx2_write_reg(EP0BC, 0);                    //响应请求
                break;
            default:                                              //如果请求不能被识别
                c6416_sx2_write_reg(SETUP, 0xff);                 //阻塞请求
                break;
        }
    }
    else                                                          //其他未定义请求
        c6416_sx2_write_reg(SETUP, 0xff);                         //阻塞请求
  }
}

/*********************************************************************/
//函数名:sizeof_descr
//功  能:获取描述符的长度
//说  明:获取描述符的长度
/*********************************************************************/

Uns sizeof_descr(void)
{
    return(sizeof(descriptor));
```

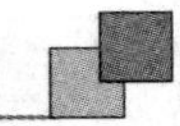

```
}

/ ****************************************************************** /
//函数名:numof_reg
//功　能:获取数组 reg_no 的长度
//说　明:获取数组 reg_no 的长度
/ ****************************************************************** /

Uns numof_reg(void)
{
    return(sizeof(reg_no));
}

/ ****************************************************************** /
//函数名:int_isr
//功　能:中断向量函数
//说　明:根据不同的中断响应不同的函数
/ ****************************************************************** /

interrupt void int_isr(void)
{
    MdUns i;
    if(read_interrupt)                                  //读完请求中断变量
    {
        read_interrupt = FALSE;
        return;
    }

    i = *(SmUns *)CMDADDR;
    switch(i)
    {
        case 0x04:                                      //枚举完成中断变量
            enum_ok = TRUE;
            break;
        case 0x40:                                      //EP0Buf 中断变量
            ep0buf_ready = TRUE;
            break;
        case 0x80:                                      //Setup 中断变量
            got_setup = TRUE;
        default:
            break;
    }
}

//头文件 usb.h
```

```
/*读写要求命令宏定义/
#define   ADDRESS          0x0080
#define   READ             0x0040
#define   WR_REQ           ADDRESS
#define   RD_REQ           (ADDRESS | READ)
#define GPVAL_REG          0x01B00008

/* DSP源和SX2 FIFO地址宏定义 */
#define   FIFO2ADDR        0x60000000
#define   FIFO4ADDR        0x60000800
#define   FIFO6ADDR        0x60001000
#define   FIFO8ADDR        0x60001800
#define CMDADDR            0x60002000
#define GPEN_REG           0x01B00000
#define GPDIR_REG          0x01B00004
#define GPVAL_REG          0x01B00008
#define GPDH_REG           0x01B00010
#define GPHM_REG           0x01B00014
#define GPDL_REG           0x01B00018
#define GPLM_REG           0x01B0001C
#define GPGC_REG           0x01B00020
#define GPPOL_REG          0x01B00024
#define EMIFB_GBLCTL       0x01A80000
#define EMIFB_CE0CTL       0x01A80008
#define EMIFB_CE3          0x01A80014
#define EMIFB_CE3SECCTL    0x01A80054
#define EMIFB_CE0SECCTL    0x01A80048
#define EXTPOL_REG         0x019C0008
#define T0_counter         0x01940008
#define BUFFER_SIZE        15
#define EDMA_SIZE          BUFFER_SIZE*11*4
#define JUNK_ADDR          0x6c000000

/*不同标志状态宏定义*/
#define FLAGB              0x02
#define INT                0x05
#define READY              0x04
#define FLAGA              0x01
#define FLAGC              0x03
#define WAKEUP             0x00
#define USBCNET_OK 0x0E
/*寄存器偏移宏定义*/
#define   IFCONFIG         0x0001
#define   FLAGSAB          0x0002
#define   FLAGSCD          0x0003
```

```
#define   POLAR              0x0004
#define   REVID              0x0005
/*结束端点寄存器*/
#define   EP2CFG             0x0006
#define   EP4CFG             0x0007
#define   EP6CFG             0x0008
#define   EP8CFG             0x0009
#define   EP2PKTLENH         0x000a
#define   EP2PKTLENL         0x000b
#define   EP4PKTLENH         0x000c
#define   EP4PKTLENL         0x000d
#define   EP6PKTLENH         0x000e
#define   EP6PKTLENL         0x000f
#define   EP8PKTLENH         0x0010
#define   EP8PKTLENL         0x0011
#define   EP2PFH             0x0012
#define   EP2PFL             0x0013
#define   EP4PFH             0x0014
#define   EP4PFL             0x0015
#define   EP6PFH             0x0016
#define   EP6PFL             0x0017
#define   EP8PFH             0x0018
#define   EP8PFL             0x0019
#define   EP2ISOINPKTS       0x001a
#define   EP4ISOINPKTS       0x001b
#define   EP6ISOINPKTS       0x001c
#define   EP8ISOINPKTS       0x001d
/*标记宏定义*/
#define   EP24FLAGS          0x001e
#define   EP68FLAGS          0x001f
/*FLUSH 宏定义*/
#define   INPKTEND_FLUSH     0x0020
/*USB 配置宏定义*/
#define   USBFRAMEH          0x002a
#define   USBFRAMEL          0x002b
#define   MICROFRAME         0x002c
#define   FNADDR             0x002d
/*配置宏定义*/
#define   INTENABLE          0x002e
/*描述符宏定义 */
#define   DESC               0x0030
/*端点 0*/
#define   EP0BUF             0x0031
#define   SETUP              0x0032
#define   EP0BC              0x0033
```

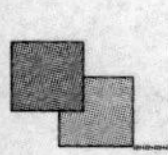


```
/*SX 数据操作的位定义*/
#define  STANDBY          0x0004
#define  VALID            0x0080
#define  TYPE1            0x0040
#define  BUF1             0x0002
#define  STALL            0x0004
#define  EP2PF            0x0004
#define  EP4PF            0x0040
#define  EP6PF            0x0004
#define  EP8PF            0x0040
#define  EP2EF            0x0002
#define  EP4EF            0x0020
#define  EP6EF            0x0002
#define  EP8EF            0x0020
#define  EP2FF            0x0001
#define  EP4FF            0x0010
#define  EP6FF            0x0001
#define  EP8FF            0x0010
#define  HSGRANT          0x0080
#define  ZEROLEN          0x0020
#define  EP0              0x0001
#define  EP1              0x0002
#define  EP2              0x0004
#define  EP3              0x0008
#define  FIFO2            0x0010
#define  FIFO4            0x0020
#define  FIFO6            0x0040
#define  FIFO8            0x0080
#define VIDLSB            0xB4
#define VIDMSB            0x04
/*产品 ID 宏定义*/
#define PIDLSB            0x02
#define PIDMSB            0x10
/*设备 ID 宏定义*/
#define DIDLSB            0x01
#define DIDMSB            0x00

/*SX2 控制寄存器的地址数组*/
SmUns reg_no[] = {0x01, 0x02, 0x03, 0x04,
                  0x06, 0x07, 0x08, 0x09,
                  0x0a, 0x0b, 0x0c, 0x0d,
                  0x0e, 0x0f, 0x10, 0x11,
                  0x12, 0x13, 0x14, 0x15,
                  0x16, 0x17, 0x18, 0x19,
                  0x1a, 0x1b, 0x1c, 0x1d,
```

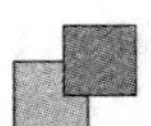

```
                0x2e};

/ * SX2 控制寄存器的初始化值 * /
MdUns reg_vals[] ={0xc8, 0xa6, 0x00, 0x00,
                0x22, 0x22, 0xe0, 0x62,
                0x02, 0x00, 0x02, 0x00,
                0x32, 0x00, 0x22, 0x00,
                0x81, 0x00, 0x81, 0x00,
                0x81, 0x00, 0x81, 0x00,
                0x01, 0x01, 0x01, 0x01,
                0xff};
SmUns descriptor[] = {                  //设备描述符
   18,                                  //描述符长度
   1,                                   //描述符类型
   00,02,                               //USB 版本号(BCD 码表示)
   00,                                  //设备类
   00,                                  //设备子类
   00,                                  //设备子类的子类
   64,                                  //最大数据包长度
   VIDLSB,VIDMSB,                       //供应商标识 ID
   PIDLSB,PIDMSB,                       //产品标识 ID
   DIDLSB,DIDMSB,                       //设备版本号(BCD 码表示)
   1,                                   //供应商字符串描述符索引
   2,                                   //产品字符串描述符索引
   0,                                   //设备序列号字符串描述符索引
   1,                                   //支持的配置数
                                        //DeviceQualDscr
   10,                                  //描述符长度
   6,                                   //描述符类型
   0x00,0x02,                           //USB 版本号(BCD 码表示)
   00,                                  //设备类
   00,                                  //设备子类
   00,                                  //设备子类的子类
   64,                                  //端点 0 支持最大数据包长度
   1,                                   //其他速度配置数量
   0,                                   //保留
                                        //高速配置描述符
   9,                                   //描述符长度
   2,                                   //描述符类型
   46,                                  //全部长度(LSB)
   0,                                   //全部长度(MSB)
   1,                                   //接口数
   1,                                   //配置数
   0,                                   //配置字符串
   0x40,                                //属性 (b7 - buspwr, b6 - selfpwr, b5 - rwu)
```

```
50,                                //电压要求(div 2 mA)
//接口描述符
9,                                 //描述符长度
4,                                 //描述符类型
0,                                 //接口索引(从 0 开始算)
0,                                 //间隔配置
4,                                 //端点号
0xFF,                              //接口类型
0x00,                              //接口子类型
0x00,                              //接口子类型的子类型
0,                                 //接口描述符索引
//端点描述符
7,                                 //描述符长度
5,                                 //描述符类型
0x02,                              //端点号和方向
2,                                 //端点类型
0x00,                              //最大包大小 (LSB)
0x02,                              //最大包大小 (MSB)
0x00,                              //投票间隔
//端点描述符
7,                                 //描述符长度
5,                                 //描述符类型
0x04,                              //端点号和方向
2,                                 //端点类型
0x00,                              //最大包大小 (LSB)
0x02,                              //最大包大小 (MSB)
0x00,                              //投票间隔
//端点描述符
7,                                 //描述符长度
5,                                 //描述符类型
0x86,                              //端点号和方向
2,                                 //端点类型
0x00,                              //最大包大小 (LSB)
0x02,                              //最大包大小 (MSB)
0x00,                              //投票间隔
//端点描述符
7,                                 //描述符长度
5,                                 //描述符类型
0x88,                              //端点号和方向
2,                                 //端点类型
0x00,                              //最大包大小 (LSB)
0x02,                              //最大包大小 (MSB)
0x00,                              //投票间隔
//全速配置描述符
9,                                 //描述符长度
```

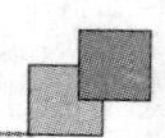

```
2,                          //描述符类型
46,                         //全部长度（LSB）
0,                          //全部长度（MSB）
1,                          //接口数
1,                          //配置号
0,                          //配置字符串
0x40,                       //属性（b7 - buspwr, b6 - selfpwr, b5 - rwu）
50,                         //电压要求（div 2 mA）
//接口描述符
9,                          //描述符长度
4,                          //描述符类型
0,                          //接口索引(从 0 开始算)
0,                          //间隔配置
4,                          //端点号
0xFF,                       //接口类型
0x00,                       //接口子类型
0x00,                       //接口子类型的子类型
0,                          //接口描述符索引
//端点描述符
7,                          //描述符长度
5,                          //描述符类型
0x02,                       //端点号和方向
2,                          //端点类型
0x40,                       //最大包大小（LSB）
0x00,                       //最大包大小（MSB）
0x00,                       //投票间隔
//端点描述符
7,                          //描述符长度
5,                          //描述符类型
0x04,                       //端点号和方向
2,                          //端点类型
0x40,                       //最大包大小（LSB）
0x00,                       //最大包大小（MSB）
0x00,                       //投票间隔
//端点描述符
7,                          //描述符长度
5,                          //描述符类型
0x86,                       //端点号和方向
2,                          //端点类型
0x40,                       //最大包大小（LSB）
0x00,                       //最大包大小（MSB）
0x00,                       //投票间隔
//端点描述符
7,                          //描述符长度
5,                          //描述符类型
```

```
0x88,                           //端点号和方向
2,                              //端点类型
0x40,                           //最大包大小 (LSB)
0x00,                           //最大包大小 (MSB)
0x00,                           //投票间隔
//字符串描述符 0
4,                              //字符串描述符长度
3,                              //字符串描述符
0x09,0x04,

//字符串描述符 1
36,                             //字符串描述符长度
3,                              //字符串描述符
'T',00,
'e',00,
'x',00,
'a',00,
's',00,
'',00,
'I',00,
'n',00,
's',00,
't',00,
'r',00,
'u',00,
'm',00,
'e',00,
'n',00,
't',00,
's',00,

//字符串描述符 2
40,                             //字符串描述符长度
3,                              //字符串描述符
'C',00,
'6',00,
'4',00,
'1',00,
'6',00,
'',00,
'S',00,
'X',00,
'2',00,
'',00,
'I',00,
```

```
    'n',00,
    't',00,
    'e',00,
    'r',00,
    'f',00,
    'a',00,
    'c',00,
    'e',00,

};

EMIFA_Config EMIFA_RAM = {      //EMIFA 配置结构体
    /* gblctl */
    EMIFA_GBLCTL_RMK(
    EMIFA_GBLCTL_EK2RATE_DEFAULT,
    EMIFA_GBLCTL_EK2HZ_OF(1),
    EMIFA_GBLCTL_EK2EN_DISABLE,
    EMIFA_GBLCTL_BRMODE_DEFAULT,
    EMIFA_GBLCTL_NOHOLD_ENABLE,
    EMIFA_GBLCTL_EK1HZ_DEFAULT,
    EMIFA_GBLCTL_EK1EN_DISABLE,
    EMIFA_GBLCTL_CLK4EN_DEFAULT,
    EMIFA_GBLCTL_CLK6EN_DEFAULT
    ),
    /* cectl 0 */
    EMIFA_CECTL_RMK(
    EMIFA_CECTL_WRSETUP_OF(0x3),
    EMIFA_CECTL_WRSTRB_OF(0x01),
    EMIFA_CECTL_WRHLD_OF(0x1),
    EMIFA_CECTL_RDSETUP_OF(0x5),
    EMIFA_CECTL_TA_OF(0x1),
    EMIFA_CECTL_RDSTRB_OF(0x03),
    EMIFA_CECTL_MTYPE_ASYNC8,
    EMIFA_CECTL_WRHLDMSB_OF(0x1),
    EMIFA_CECTL_RDHLD_OF(0x2)
    ),
    /* cectl 1 */
    EMIFA_CECTL_RMK(
    EMIFA_CECTL_WRSETUP_OF(0x3),
    EMIFA_CECTL_WRSTRB_OF(0x01),
    EMIFA_CECTL_WRHLD_OF(0x1),
    EMIFA_CECTL_RDSETUP_OF(0x5),
    EMIFA_CECTL_TA_OF(0x1),
    EMIFA_CECTL_RDSTRB_OF(0x03),
```

```
    EMIFA_CECTL_MTYPE_ASYNC8,
    EMIFA_CECTL_WRHLDMSB_OF(0x1),
    EMIFA_CECTL_RDHLD_OF(0x2)
    ),
    /* cectl 2 */
    EMIFA_CECTL_DEFAULT,
    /* cectl 3 */
    EMIFA_CECTL_DEFAULT,
    /* sdctl */
    EMIFA_SDCTL_DEFAULT,
    /* sdtim */
    EMIFA_SDTIM_DEFAULT,
    /* sdext */
    EMIFA_SDEXT_DEFAULT,
    /* cesec0 */
    EMIFA_CESEC_DEFAULT,
    /* cesec1 */
    EMIFA_CESEC_DEFAULT,
    /* cesec2 */
    EMIFA_CESEC_DEFAULT,
    /* cesec3 */
    EMIFA_CESEC_DEFAULT,
};

////////////////////////////////////////////////////
```

4.10.4 运行结果与分析

1. USB 传输结果分析

由于此 USB 芯片有 4 个独立的数据存储空间，因此支持 4 个通道的独立读/写数据功能，即可以实现与 PC 机间的多通道数据交互。C6416 通过 FIFO2 和 FIFO4 将数据从 SX2 读出，空间大小分别为 1 KB，通过 FIFO6 和 FIFO8 将数据写入 SX2，空间大小分别为 1 KB，流程图如图 4-87 所示。

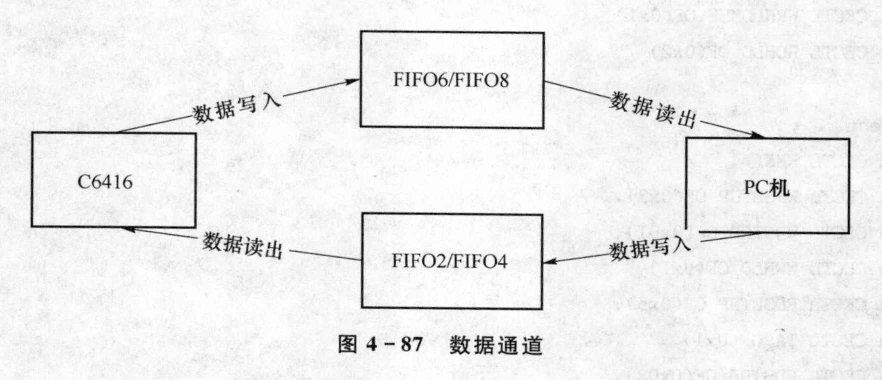

图 4-87　数据通道

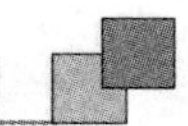

传输正确性、传输速率的测试方法:上传数据一帧图像,与接收到的图像对比,一致性相同,正确性 100%;PC 定时器,显示接收一帧图像时间,计算可否达到 480 Mbit/s。

本实例中,最终实现数据传输速率为 100 Mbit/s,这比 USB 的高速传输速率 480 Mbit/s 要低一些,分析原因有以下几点:

- 480 Mbit/s 是 USB 传输时的最高速率,但在实际工程中,每传输一个模块的数据需要重复执行函数 c6416_sx2_setup(void),这将占用一部分时间;
- 在实例中,DSP 读、写 FIFO 中的数据是基于异步传输,速率也受到 EMIF 总线频率的限制。

2. USB 扩展配置与驱动程序设计要点

由于 64x 没有 USB 片上外设,因此,USB 协议功能只能依赖于片外外设 C68001 实现,64x 通过 EMIFB 和 GPIO 与 C68001 的主控制接口(Master Interface)无缝连接,这里需要注意的是 EMIFB 的配置要与 C68001 的缓冲类型一致,C68001 为 FIFO,EMIFB 必须配置成异步/同步 FIFO 时序模式,才能正常操作 C68001。GPIO 的配置主要是 C68001 的工作状态与中断服务请求,只要按照要求设置即可。另外,一般 64x 中数据传输不希望占用 CPU 的更多时间,因此,在这种传输模式下,往往使用 EDMA 通道,构成与 CPU 工作的并行工作模式,传输过程不占用 CPU 资源。所以,内存可以设置成乒乓结构。

需要强调的是 USB 的硬件协议与通路由 64x 的 EDMA+EMIFB+GPIO+C68001 构成,尽管利用了 64x 的三种片上外设,但是,主要功能是 C68001 实现。作为混合基体,USB 设备实现的软件配置简单,但是,高速工作模式下,增加的主要是 C68001。与 100 Mbit/s 网口相比,高速 USB 可达 480 Mbit/s,高于网口传输速度。另外,由于 USB 的协议简单,其工作的整机功耗低于 EMAC+PHY。如果不考虑传输距离,采用 USB 传输优于网口传输。

4.11　BootLoader 程序引导实例

任何 DSP 应用系统,当系统调试成功后,都需要将最终程序烧写到程序存储空间,通常情况下这个空间为 FLASH、ROM、E^2PROM 当掉电后数据可以保存的存储芯片,以便系统可以脱离仿真环境而自主工作。本实例以 FLASH 为例剖析 64x 程序引导方法。程序上电引导有两种模式:①程序直接在 FLASH 上运行,上电过程启动 Reset 不可屏蔽中断,只要在中断向量表中相应位置中写入程序跳转语句,使程序直接跳转至 FLASH 程序开始地址即可,这也是大多数对于算法运行速度没有苛刻要求的系统采用的程序方式。②程序二次引导,程序装载在 FLASH 中,由于一般 FLASH 读取速度比 64x 内存速度慢很多,因此,在大数据量运算时,在 FLASH 上运行程序会大大降低程序运行速度,因此,为了解决这个问题,大多数 DSP 引导程序都会根据程序运行时间要求,将高速运行的程序部分搬移至内存或 SDRAM 中,如果内存或 SDRAM 空间足够,也可以将程序全部搬移至内存或 SDRAM 中,这就需要程序的二次引导;二次引导是指在 FLASH 程序的开始处,写入一个引导程序,将需要高速运行的程序进一步引导进内存或 SDRAM 中。由于 DSP 中的算法一般要求较高的运行时间效率,因此,大部分 DSP 应用系统,尤其是 64x 等针对图像处理的系统都使用第二种引导方式,以满足系统设计要求。另外,引导过程还可以根据程序时间效率、代码效率,以及系统的硬件存储器资源的优化组合,重新分配程序的装载空间和运行空间,使系统性能得到充分优化。

本实例详解 64x 的程序引导加载方式。通过本实例，读者可以了解 64x DSP 的引导模式、系统配置、以及可用引导加载过程等，其中将重点介绍两种常用的引导方法——FLASH 二次引导加载与 HPI 引导加载。

4.11.1 程序引导模式

64x 有不同的引导模式，主要由不同中断触发事件的引导过程进行区分，如 I/O 引导、I^2C 引导、EMIF 引导、FLASH 引导等，这些都是通过触发不同的中断向量，使程序跳转至二次引导程序地址，然后，再通过二次引导程序实现应用程序的运行空间装载。不同引导方式主要有两个关键点：一是哪一个中断引发系统重新装载；二是引导程序存储的固化空间。其他的部分，所有的装载程序区别不大。下面以 DM642 为例进行说明。

1. 引导模式

DM642 有三种引导模式：EMIF 引导、HPI 引导、直接引导。EMIF 引导是指系统在上电复位时，通过 EMIF 接口，从外部的 FLASH 中将程序搬入到内存或 SDRAM 的地址 0 处。HPI 引导是指外部主机 Host 通过 DM642 的 HPI 使其核心 CPU 处于复位状态后，将程序通过 HPI 搬移到 DM642 内存或 SDRAM 中的方式来完成引导过程。直接引导是指 CPU 直接开始执行地址 0 处的片内/片外存储器的指令。

2. 器件配置

DM642 器件需要通过配置来决定复位时芯片的运行方式。这些配置包括引导模式、输入时钟模式、端点模式以及其他一些特殊配置。

引导配置：EMIFA 地址总线上的地址锁存 AEA[22：21]两个引脚的上拉/下拉电阻给出的高低电平决定了引导模式配置，如表 4-41 所列。

表 4-41　DM642 引导配置设置

AEA[22：21]电平	引导方式
00	无
01	主机引导(通过 HPI 或 PCI)
10	EMIFA 8 位宽 ROM，默认时序
11	保留

注：表中的"0"表示该位为低电平，对应引脚接下拉电阻；"1"表示高电平，对应引脚接上拉电阻。

输入时钟模式：片内锁相环 PLL 频率乘法器通过 CLKMODE 输入引脚电平配置，具体需参考输入时钟模式数据表，如表 4-42 所列。

表 4-42　DM642 系统时钟选择配置

系统输入时钟＝30～75 MHz		
CLKMODE1	CLKMODE0	倍数
0	0	1
0	1	6
1	0	12
1	1	保留

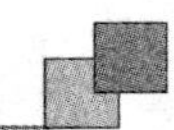

芯片的运行方式中除了上述两个重要配置外，还需包括 EMIF 时钟配置引脚 AEA[20：19]与外部设备选择配置，如表 4－43 与表 4－44 所列。

表 4－43　DM642 EMIFA 时钟配置选择

AEA20	AEA19	EMIFA 时钟
0	0	系统输入时钟
0	1	6×系统输入时钟
1	0	12×系统输入时钟
1	1	保留

表 4－44　外部设备配置

配置设备				配置结果					
PCI_EN	PCI_EEA1	HD5	MAC_EN	HPI DATA 低 16 位	HPI DATA 高 16 位	32 位 PCI	E²PROM	EMAC MDIO	GPIO[15：9]
0	0	0	0	√	高阻	×	×	×	√
0	0	0	1	√	高阻	×	×	√	√
0	0	1	0	√	√	×	×	×	√
0	0	1	1	×		×	×	√	√
1	1	×	×	×		√	√	×	×
1	0	×	×	×		√	√	×	×

注：表中“×”表示无效状态，“√”表示有效状态。

3. 引导过程

引导过程由引导配置的选择决定，三种引导加载过程操作如下：

(1) EMIF 引导

引导程序位于外部 CE1 空间的 FLASH 程序的开始部分，上电后，通过 DMA/EDMA 将引导程序先搬入到内存地址 0 处，然后，引导过程从复位信号被释放以后开始，此时，CPU 仍处于复位状态，引导过程是一个单帧数据块传输，传输完成之后，CPU 退出复位状态，开始执行地址 0 处的指令。需要注意的是 DM642 只支持 8 位的 ROM 加载，且 ROM 中的程序存储格式应当与 DM642 的端点模式一致，在加载时 EDMA 只能从 CE1 空间复制 1 KB 数据到地址 0 处，所以通常的 DM642 都需要进行二次引导。EMIF 引导模式的硬件连接如图 4－88 所示。

(2) HPI 引导

HPI 引导时，首先使被引导的 DM642 的 CPU 处于复位状态，其余部分保持正常状态。在这期间，外部主机通过 HPI 接口初始化 CPU 的存储空间，包括片内配置寄存器。主机完成所有的初始化工作后，向 HPI 控制寄存器的 DSPINT 位写 1，结束引导过程。此时 CPU 退出复位状态，开始执行地址 0 处的指令。由于这个过程中 CPU 处于复位状态，在 HPI 引导模式下，可以对 DM642 所有的存储空间进行读/写。DM642 支持主机的 HP 与 PCI 引导。HPI 引导的硬件连接如图 4－89 所示。

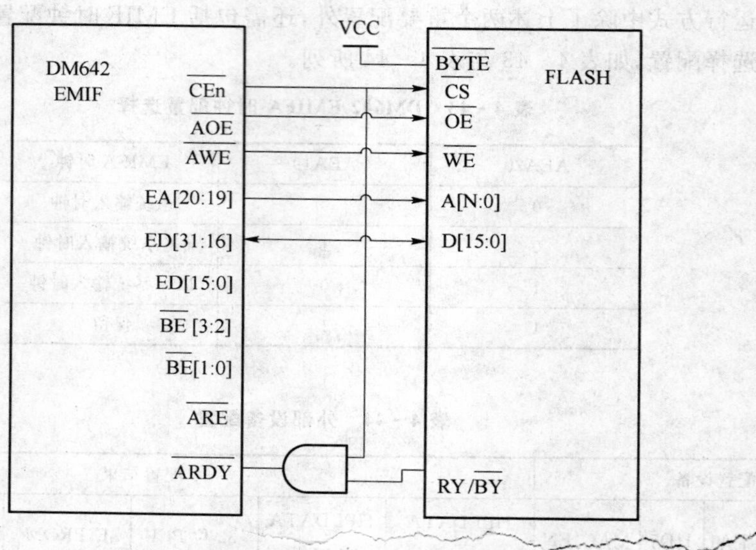

图 4-88 EMIFA 与 8 bit 的 FLASH 接口

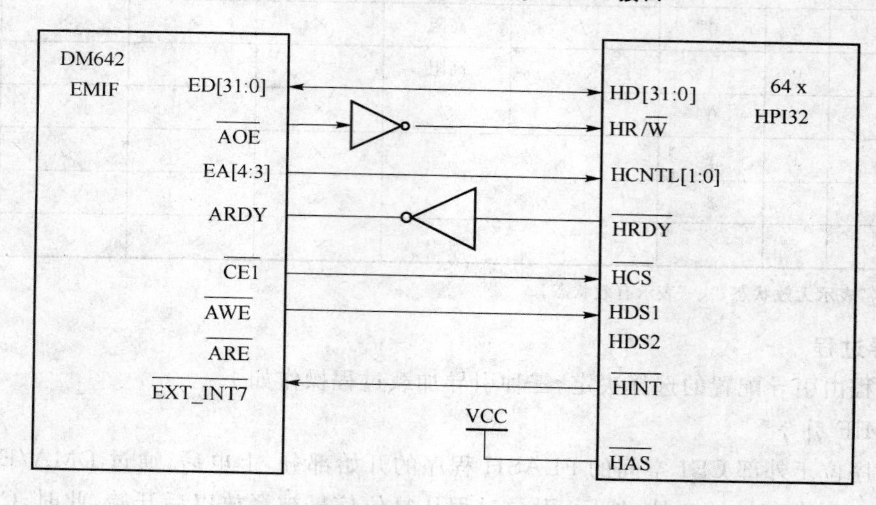

图 4-89 EMIFA 与 32 bit 的 HPI 接口图

(3) 直接引导

CPU 直接开始执行地址 0 处的存储器中的指令。如果该处为外部存储器,那么 CPU 会先挂起,等候该外部存储器的初始化完成。

4.11.2 程序引导实例剖析

本实例剖析两种常用的引导方式:FLASH 程序引导及 HPI 程序引导。前者属于 ROM 引导方式,常用于单个 DSP 的上电引导;后者则属于主机引导方式,常用于多 DSP 主从模式的程序引导。

1. FLASH 程序二次引导

FLASH 程序二次引导的过程包括三部分:

- 存储区、代码段和数据段的配置;

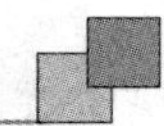

● 编写二次引导程序,生成复制表;

● COFF 文件转换为十六进制文件.hex。

(1) 存储空间分配

在 CCS3.1 下对 64x 程序进行在线编程和调试时,程序的存储空间和各代码段、数据段一般都默认分配在内部 RAM 中。当程序调试完毕后,首先需要对其原先的分配进行修改,以满足脱机后自动引导程序的要求。不管源程序分配了多少存储空间,都要增加一个 BOOT _RAM 存储区,对于 DM642 其定义见表 4-45。

表 4-45 存储区分配

存储区名称	基地址	长 度
BOOT_RAM	0x0	0x400
RUN_RAM	0x400	0x20000

其中 BOOT_RAM 用于存放二次引导程序,其起始地址为内存地址 0。系统上电复位时,自动将 FLASH 中程序开始处的 1 KB 字节的二次引导程序复制到 BOOT_RAM 区内,复位结束后,DM642 从地址 0 开始执行二次引导程序,将其他数据从 FLASH 中复制到 RAM 或 SDRAM 中相应的运行地址处,最后跳转到入口函数 c_int00()。

(2) 二次引导程序的编写

二次引导程序主要是将加载于 FLASH 中的源程序搬移到内存或 SDRAM 中相应的运行地址指向的存储空间中。由于系统启动的一次引导程序(即系统固化的引导程序)不包含 C 语言环境初始化功能,因此二次引导程序一般用汇编语言编写,步骤如下:

● 配置 EMIF 寄存器,使其可以访问所连接的外部 FLASH 存储器,对于 DM642 来说要将其 EMIF 的 CE1 空间配置成 8 bit 异步模式,因为它的 ROM 加载模式只支持这一种;

● 根据各段的加载和运行地址信息,将其程序从 FLASH 复制到 RAM 或 SDRAM 对应的位置,这些信息以字节数表示运行地址,加载地址的顺序定义在复制表(copytable)中;

● 跳转到 C 程序入口函数 c_int00( )。

二次引导程序参考代码如下:

```
; ////////////////////////////////////////
;DM642 FLASH 引导程序
; ////////////////////////////////////////
.title  "DM642 FLASH Bootloader Utility"           ;列表文件.lst 页开头打印标题
.option  D, T      ;.lst 文件中显示格式
.length  102       ;.lst 文件页高 102
.width   140       ;.lst 文件页宽 140
; ////////////////////////////////////////////////////////
;DM642 的 EMIFA 寄存器地址设置
; ////////////////////////////////////////////////////////
EMIF_GCTL        .equ  0x01800000                  ;EMIFA 全局控制寄存器地址
EMIF_CE0          .equ  0x01800008                 ;EMIFA CE0 空间控制寄存器地址
EMIF_CE1          .equ  0x01800004                 ;EMIFA CE1 空间地址寄存器地址
EMIF_SDRAMCTL   .equ  0x01800018                   ;EMIFA SDRAM 控制寄存器地址
```

```
EMIF_GCTL_V         .equ  0x00000078        ;EMIFA 使能 ECLKOUT1,ECLKOUT1,SDCLK
EMIF_CE0_V          .equ  0x11514599        ;EMIFA  CE0 时序参数配置 FLASH
EMIF_CE1_V          .equ  0x32A3CA02        ;EMIFA  CE1 时序控制参数配置 SDRAM
EMIF_SDRAMCTL_V .equ  0x63326000            ;EMIFA  SDRAM 刷新时序控制
;////////////////////////////////////////////////////////////
.sect ".boot_load"                          ;引导加载段
.global  _text_size                         ;汇编代码长度变量
.global  _text_ld_start                     ;汇编代码装载地址
.global  _text_rn_start                     ;汇编代码运行地址
.global  textSize                           ;C 代码长度
.global  textLoad                           ;C 代码装载地址
.global textRun                             ;C 代码运行地址
.ref _c_int00                               ;外部函数 C 初始化函数
zero B1                                     ;B1 = 0
nop  6                                      ;等待 6 个时钟周期
; ////////////////////////////////////////////////////////////
;配置 EMIFA 寄存器
;EMIF_GCTL = EMIF_GCTL_V;
        mvkl  EMIF_GCTL,A4
        ||    mvkl  EMIF_GCTL_V,B4
              mvkh  EMIF_GCTL,A4
        ||    mvkh  EMIF_GCTL_V,B4
              stw   B4, * A4
; ////////////////////////////////////////////////////////////////////////
; * EMIF_CE1 = EMIF_CE0_V 配置 FLASH 时序
              mvkl   EMIF_CE0,A4
        ||    mvkl   EMIF_CE0_V,B4
              mvkh   EMIF_CE0,A4
        ||    mvkh   EMIF_CE0_V,B4
              stw    B4, * A4
; ////////////////////////////////////////////////////////////////////////
; EMIF_CE1 = EMIF_CE1_V 配置 SDRAM 时序
              mvkl  EMIF_CE1,A4
        ||    mvkl  EMIF_CE1_V,B4
              mvkh  EMIF_CE1,A4
        ||    mvkh  EMIF_CE1_V,B4
              stw    B4, * A4
; ////////////////////////////////////////////////////////////////////////
; EMIF_SDRAMCTL = EMIF_SDRAMCTL_V 配置 SDRAM 刷新模式
              mvkl   EMIF_SDRAMCTL,A4
        ||    mvkl   EMIF_SDRAMCTL_V,B4
              mvkh  EMIF_SDRAMCTL,A4
        ||    mvkh  EMIF_SDRAMCTL_V,B4
              stw    B4, * A4
```

```
; ////////////////////////////////////////////////////////////////////////////////
; copy sections   复制段
; ////////////////////////////////////////////////////////////////////////////////
         mvkl   copyTable, A3       ;装载复制表 copyTable 首地址指针低位到 A3 低位
         mvkh   copyTable, A3       ;装载复制表 copyTable 首地址指针高位到 A3 高位
         ldw    * A3 ++ , B0        ;A3 指向的 copyTable 中第 1 个字节送入 B0 寄存器,字节计算值
         ldw    * A3 ++ , B4        ;A3 指向的 copyTable 中第 2 个字节送入 B4 寄存器,FLASH 装载起始地址
         ldw    * A3 ++ ,A4         ;A3 指向的 copyTable 中第 3 个字节送入 A4 寄存器,RAM 起始运行地址
         nop   2
[!B0]    B copy_done                ;如果 B0 = 0,表明已将所有段都搬完,跳转到 copy_done
         nop   5
copy_loop:                          ;如果 B0≠0,搬移 opyTable
         ldb    * B4 ++ ,B5         ;FLASH 地址→B5 寄存器
         sub    B0,1,B0             ; 计数器值递减 B0 = B0 - 1
[ B0]    B      copy_loop           ;B0≠0,程序跳转到 copy_loop
[!B0]    B    copy_section_top      ;如果 B0 = 0,跳转到 copy_section_top
         zero   A1                  ;A1 = 0
[!B0]    and    3,A3,A1             ;
         stb    B5, * A4 ++         ; B5→RAM 运行起始地址
[!B0]    and    - 4,A3,A5           ;
[ A1]    add    4,A5,A3             ;
;////////////////////////////////////////////////////////////////////////////////
; 跳转到 C 程序入口地址处 c_int00
copy_done:
         mvkl   .S2 _c_int00, B0 ;
         mvkh   .S2 _c_int00, B0 ;
         b      .S2 B0           ;
         nop      5
boo t_table:
         .word textSize             ;代码长度
         .word textLoad             ;FLASH 程序装载地址
         .word textRun              ;RAM 运行地址
         …. …. …. …
         .word 0                    ;复制结束字符
         .word 0
         .word 0
;////////////////////////////////////////////////////////////////////////////////
```

(3) 二次引导表生成

二次引导表有如下两种生成方式:

1) 方式一

在上述程序编译链接之后,CCS3.1 软件除了生成可执行的目标文件.out 之外,还会生成一个程序映射文件.map。在.map 文件中,记载了各个段的具体地址以及段的大小,二级引导程序根据这些信息来完成程序的复制。在引导程序文件的结尾处,加上一个 boot_table 程序段,把上述段信息按顺序写在 boot_table 中。boot_table 的格式如下:

```
////////////////////////////////////////////////////////////////
boot_table:
                .word 0x20000                ;第一段的大小
                .word 0x9000400              ;第一段的加载地址
                .word 0x00000000             ;第一段的运行地址
                ..............
                .word 0                      ;引导程序复制结束
                .word 0
                .word 0
////////////////////////////////////////////////////////////////
```

引导程序顺序地提取 boot_table 中的信息，并进行复制。

用这种方法取得段信息时，每次编译程序后，都要察看. map 文件中的段信息，然后，手动修改 boot_ table 中的相关内容。

2）方式二

为了简化 boot_ table 生成步骤，在 CCS3. 1 版本中，提供了 LOAD START、RUN START、SIZE 这三条指令。

以. text 段为例，将链接命令文件. cmd 的格式修改如下：

```
////////////////////////////////////////////////////////////////
    .text load = FLASH_REST,  run = ISRAM
    LOAD START(textLoad),
    RUN START(textRun),
    SIZE(textSize)
////////////////////////////////////////////////////////////////
```

编译后，LOAD _START、RUN _START、SIZE 指令会自动提取段的相应信息并存到_text _ld_start、_text_rn_star、_text_size 中去。相应地，boot_table 中的内容也要改为：

```
////////////////////////////////////////////////////////////////
    boot_table:
    .word textSize                          ;第一段的大小
    .word textLoad                          ;第一段的加载地址
    .word textRun                           ;第一段的运行地址
    ...........
////////////////////////////////////////////////////////////////
```

用这个方法省去了察看. map 文件的步骤，简化了引导程序编写步骤。

(4) cmd 文件编写

在二次引导程序中指定 boot_table 地址，boot_table 在. out 转. hex 时的. cmd 文件中指定。加入 boot_loader 之后，需将以前自动生成的 * cfg. cmd 文件从工程中去掉，另外再建立一个. cmd文件，该. cmd 文件为：

```
////////////////////////////////////////////////////////////////
-l ledcfg.cmd
```

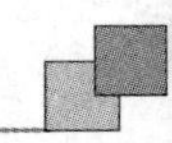

```
Sections
{
.boot_load {}> BOOT_RAM
}
////////////////////////////////////////////////////
```

(5) 文件格式的转换

将二次引导程序和原来的程序一起在CCS3.1下编译链接后，生成格式.out文件，再用转换工具hex6x.exe对.out进行转换，转换结果用于FLASH烧写。使用hex6x.exe时，要编写hex.cmd文件，它将做为hex6x.exe的参数被调用。hex.cmd文件代码如下：

```
//////////////////////////////////////////////////////
    led.out                                   ;输入led.out文件
    - map led.map                             ;生成映射文件led.map
    - a
    - image
    - zero
    - memwidth 8
    - boot
    - bootorg 0x90000400                      ;复制表的地址,FLASH地址
    - bootsection.boot_load 0x90000000        ;引导表装载地址

//////////二次引导程序段////////////////////////////
    ROMS
    {
        FALSH:org = 0x90000000, len = 0x20000, romwidth = 8,
        Files = {led.hex}
    }
///////////////////////////////////////////////////////////////////
```

运行hex6x.exe后，生成.hex格式文件，可以烧写FLASH。

2. HPI程序引导

64x的16/32 bit HPI接口可与主机相连。主机通过HPI可以直接访问64x的存储空间(包括映射的片内外设)，从而实现主机与64x之间的数据传输。在多核64x通信中，通过HPI进行程序引导是一种重要方式。

HPI引导程序主要包括：HPI加载、引导程序编写。

(1) HPI加载

当处理HPI引导模式时，64x核处于复位状态，主机通过HPI访问64x的全部存储空间以及片内的外设寄存器。当主机加载程序到64x中相应位置，初始化工作寄存器后，置HPIC寄存器中的DSPINT位为1使64x脱离复位状态，64x开始运行，程序引导完毕。

(2) 引导程序编写

基于上述HPI的引导过程进行相应的程序设计，实现HPI的引导操作，核心代码如下：

```
////////////////////////////////////////
// HPI引导主程序
```

```
void HPI_BOOTLOAD()
{
    Drive_Delay(10000);                          //延时
    Drive_ResetDSP1();                           //使 DSP 内核处于复位状态
    Drive_HPI_BootDSP1();                        //调用引导程序加载
}
void Drive_HpiBoot(volatile Uint32 * EMIF_HPIBaseAddr, const Uint32 * pBootFile)
{
    Uint32 enter_point = 2;
    while(pBootFile[enter_point - 1] != 0)
    {
      Drive_HPI_WriteBlock(  EMIF_HPIBaseAddr,
                             pBootFile[enter_point],
                             &pBootFile[enter_point + 1],
                             pBootFile[enter_point - 1]
                           );

      if(pBootFile[enter_point - 1] % 4 == 0)
         enter_point = enter_point + pBootFile[enter_point - 1]/4 + 2;
      else
       enter_point = enter_point + pBootFile[enter_point - 1]/4 + 3;
    }

/////////////////从内核复位状态中唤醒 DSP /////////////////
    *(volatile Uint32 *)(EMIF_HPIBaseAddr + DRIVE_SETUP_EMIF_HPIRegOffset_HPIC ) = 0x00020002;
//Uint32 enter_point1 = 2;
}
/////////////////////////////////////////////////////////
/// 主机向 64x HPI 写程序
/////////////////////////////////////////////////////////
void Drive_HPI_WriteBlock(volatile Uint32 * EMIF_HPIBaseAddr, Uint32 SlaveMemAddr, const Uint32 *
pSrcBuf, Uint32 ByteNum)
{
   Uint32 i;
   volatile unsigned long j;
   volatile Uint32 * HPIC_Address = EMIF_HPIBaseAddr + DRIVE_SETUP_EMIF_HPIRegOffset_HPIC;

volatile Uint32 * HPIA_Address = EMIF_HPIBaseAddr + 16384;           //HPI 地址寄存器选择
* HPID_AUTO_Address = EMIF_HPIBaseAddr + 8192 ;                      //HPI 数据寄存器选择
*(volatile Uint32 *)HPIC_Address = 0x00000000;
*(volatile Uint32 *)HPIA_Address = SlaveMemAddr;

j= *(volatile Uint32 *)HPIC_Address;
Delay(10);
```

```
for(i = 0;i<ByteNum/4;i ++ )
{
  * (volatile Uint32  * )HPID_AUTO_Address  =  pSrcBuf[i];
}
}
////////////////////////////////////////////////////////////
```

4.11.3　运行结果与分析

将第一种方法的 FLASH 引导驱动程序源代码存为 Flash.c 源文件，添加在 CCS 工程选项 project 之下，编译生成.out 文件，加载并运行程序。FLASH 烧写程序运行结果如图 4-90 和图 4-91 所示。

将第二种方法的程序源代码存为 Flash_hpi.c 源文件，添加在 CCS 工程选项 project 之下，编译生成.out 文件，加载并运行程序。程序运行结果与 FLASH 烧写结果类似，可参考图 4-90 和图 4-91。

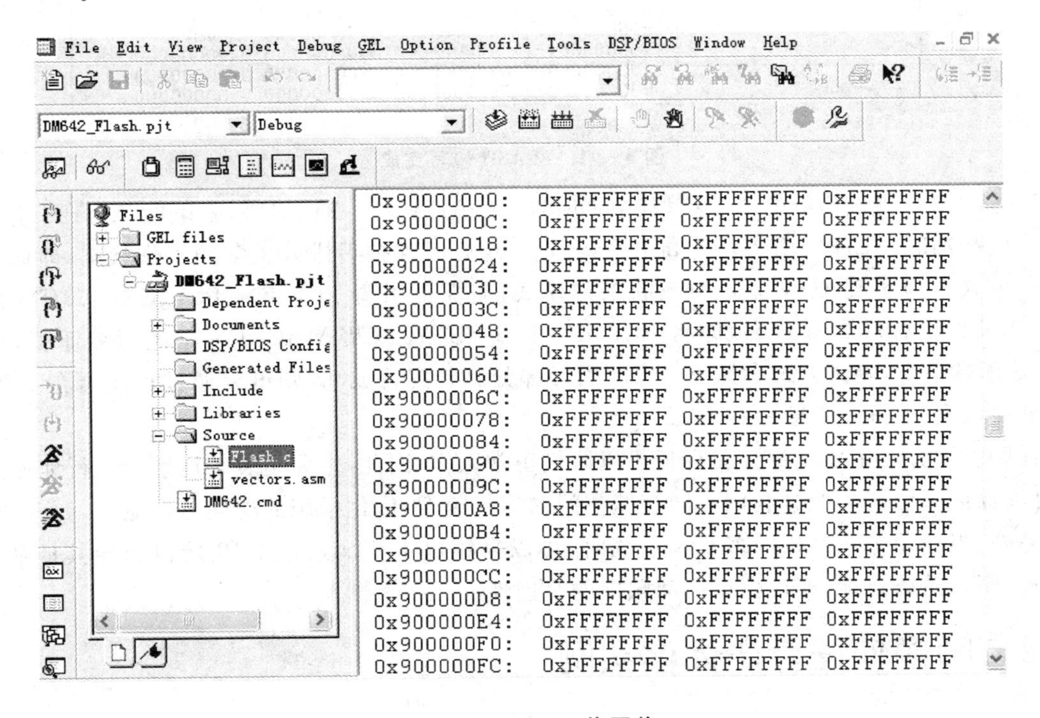

图 4-90　FLASH 烧写前

① 通过 FLASH 程序二次引导加载，实现脱机(脱离仿真器在 CCS 下的调试)下程序连续稳定运行。

通过示波器测试相应的测试点，其中 DM642 为 AEA[22：21]引脚，上电时 AEA22 引脚应保持高电平同时 AEA21 引脚保持低电平，经过一定延时保持后进入正常的工作状态，即地址总线工作模式。若配置成功，则在上电时可以通过示波器观察到 CE1 信号有效。

② 通过 HPI 程序引导加载后目标板连续稳定运行。

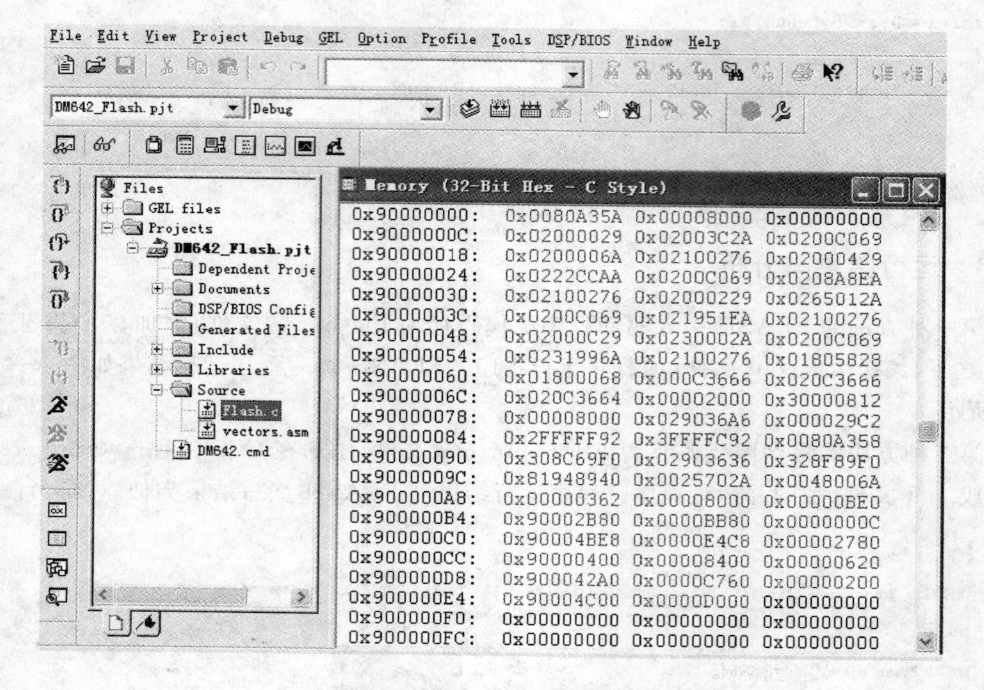

图 4-91　FLASH 烧写完成

通过示波器测试相应的测试点，其中 DM642 为 AEA[22：21]引脚，上电时 AEA22 引脚应保持低电平同时 AEA21 引脚保持高电平，经过一定延时保持后进入正常的工作状态，即地址总线工作模式。为实现 HPI 引导加载的工作模式，需保证引脚 PCI_EN、PCI_EEAI、HD5 以及 MAC_EN 处于有效配置状态，即将 PCI_EN、PCI_EEAI 以及 MAC_EN 上电时处于低电平，HD5 处于高电平，测试方式参照 FLASH 引导部分。若配置成功，则可以通过示波器在 HPI 引导加载时观察到 CE3 信号有效。

程序引导方法主要是保证目标板可以脱机正常工作，因此，主要是装载地址和运行地址的分配，可以保证系统能够充分利用不同存储空间的运行速度，优化系统的功耗与性能。

另外，当使用主从结构的多 64x 系统时，可以采用以主 64x 通过 HPI 接口引导其他从 64x 的方式，便于系统自检，亦可保证启动顺序的合理性。

4.12　图像处理算法优化实例

任何计算机系统都是软硬件结合的有机整体，单纯软件只考虑算法数学实现的设计模式在实际应用中会遇到硬件资源不足、运算速度难以提高、运算精度不够等棘手问题，解决这类问题的方法是软硬件协同设计。除非硬件资源十分充沛，才能不考虑硬件只单纯进行软件设计。但是，这样会增加系统的硬件开销，造成系统资源的浪费，同时，软硬件的不匹配也会使得系统的性价比大大下降，降低产品的市场竞争力。通常硬件系统提供了软件工作环境及各种运算机制，在软件编程过程中利用这些机制是提高算法的时间效率和代码效率的重要保证。因此，DSP 应用系统设计中软件的优化占有十分重要的位置，尤其是，软基体设计中，硬件配置及资源规模是制约算法实现的主要因素。DSP作为信号处理工具，其重要的一点就是算法的快速实现可以满足系统实时性的要求。一般用C语言编写算法仅考虑功能的实现问题，对于算法的代码效率和时间效率很少顾及，认为那是硬件性能的问题。但是，如果算法编写水平不高，仅通过硬件资源扩展及硬件性能的无限制提高是很难使系统具有优化性能。尤其是在嵌入式系统的设计中，由于硬件资源有限，对于算法的性能及与所选硬件系统的配合就成了及其重要的技术方法，否则，几乎不可能设计出性能卓越的嵌入式系统。

本实例通过图像处理算法的优化过程，剖析CCS3.1平台下，如何使用CCS集成的工具优化C语言编写的程序代码。本实例以图像边界检测的SOBEL算法为例，在以DM642为核心的系统中，引导读者熟悉常用的64x程序优化方法，了解CCS的优化工具，掌握程序优化的基本流程。此方法可用于各种基于64x的软基体设计。

4.12.1 基于CCS3.1的C语言优化原则

在CCS3.1环境下，当CPU处理速度或者存储器资源限制使程序无法达到实时性要求时，可以通过优化工具加入优化选项，使程序尽可能利用64x硬件流水线结构，提高算法的运行速度。有效的优化策略是利用编译器流水化所编写的C语言64x代码。

1. 基于CCS3.1的AT工具剖析

CCS3.1开发平台集成了常用的C程序算法优化工具，即分析工具包analysis toolkit（以下简称AT），它可以用来分析影响软件性能的关键因素。该分析工具的优点是针对整体系统需求，可自动分析程序的运行信息，例如，模块或函数的执行周期数、指令流水线结构等。开发者可以通过该工具了解自己所写的每段代码对硬件资源的利用程度，并提供改进代码的方法，节省人工调试和试验时间，是嵌入式系统中软基体设计与分析的有效帮手。

利用AT分析程序的具体操作方法如下：

① 打开CCS，加载工程，并进行编译。

② 单击菜单栏Profile→Setup，弹出AT分析设置界面如图4-92所示，其中上半部分给出分析目标，包括程序的时间周期数和代码长度（Collect Appliacation Level Profile for Total Cycles and Code Size ），剖析总周期的所有功能和循环（Profile all Functions and Loops for Toltel Cycles），采集缓存中指定地址范围的数据（Collect Data on Cache Accesses Over a Specific Address Range），采集运行时间内的缓存信息（Collect Cache Information over time），采集运行时间循环信息（Collect Run Time Loop Information），采集代码覆盖率和执行配置文件数据（Collect Code Coverage and Exclusive Profile Data）。

③ 勾选图4-92中的左列方框，设定需要分析的程序目标，图中的选项是分析程序的总的代码效率和执行配置文件数据。

④ 单击图4-92中左上角的⏱图标，激活profile。

⑤ 完成运行程序。

⑥ 单击图4-92中左上角的⏱图标，中止profile。

⑦ 单击菜单栏Profile下的Analysis toolkit→Code Coverage and Exclusive Profiler，可见分析结果，如图4-93所示。其中第一项为函数名列表（Function），第二项为函数所在的源文件

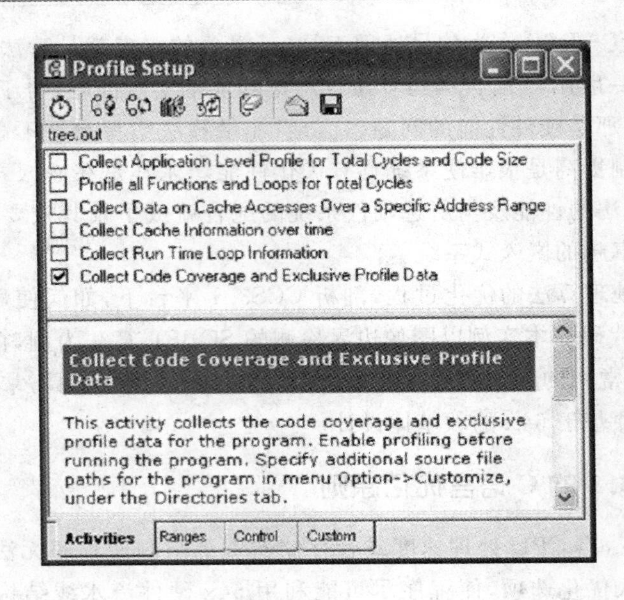

图 4-92　AT 分析设置界面

名 File，第三项为函数在源文件中的起始行 Line no.，第四项为函数大小 Size(bytes)，第五项为用十六进制表示的起始地址 Start address(hex)，第六项为调用次数 # Times called，第七项为执行的行数%coverage，第八项为总指令数 Total Instructions，第九项为 CPU 执行包 CPU. execute_packet，第十项为 CPU 周期 cycle. CPU。

	A	B	C	D	E	F	I	K	L	M
1	Function	File	Line no.	Size(bytes)	Start address(hex)	#times called	%coverage	Total Instructions	CPU. execute_packet	cycle. CPU
2	ASM$	unpack32. asm	166	293	0x0001613a	0	0	0	0	0
3	cbrev32	cbrev32. asm	28	117	0x00015e70	0	0	0	0	0
4	cfft32_SCALE	cfft32_scale. asm	65	504	0x00015ee5	0	0	0	0	0
5	dec_pca_final	fun. c	9	193	0x000101a6	0	0	0	0	0
6	dec_pca	fun. c	107	839	0x000103e4	0	0	0	0	0
7	do_fft	fun. c	47	381	0x00010267	0	0	0	0	0
8	fft_seg_write	main. c	344	718	0x000119d5	0	0	0	0	0
9	main	main. c	30	116	0x00011232	1	100	310331	310329	569182
10	mean5_3	main. c	262	817	0x000116a4	0	0	0	0	0
11	mul32_1	mul32. asm	40	97	0x00000200	0	0	0	0	0
12	mul32	mul32. asm	40	93	0x000160dd	0	0	0	0	0
13	my_fft	main. c	209	349	0x00011435	0	0	0	0	0
14	my_mean_L	main. c	232	112	0x00011592	0	0	0	0	0
15	my_rms_L	main. c	247	162	0x00011602	0	0	0	0	0
16	read_fft	fun. c	186	532	0x0001072b	0	0	0	0	0
17	read_u	fun. c	229	2291	0x0001093f	0	0	0	0	0
18	sobel	main. c	53	399	0x000112a6	1	90	13353867	11044566	23594984
19	sqrt_int32	sqrt_int32. asm	54	148	0x00000261	0	0	0	0	0
20	Others							729962	654527	1810150
21	Total							14394160	12009422	25974316
22										

图 4-93　AT 分析结果界面

2. C 程序优化方法

CCS3.1 下的 C 语言程序优化主要是通过指定编译器优化选项，以及根据编译器要求书写程序代码，使得通过编译器编译的 C 语言程序能更充分地利用 DSP 的快速运算硬件资源，例如，指令执行的流水线并行处理功能、硬件乘法器等。

编译器要求将一些常规的 C 程序书写风格，转换为便于编译器优化硬件并行处理的程序书

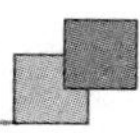

写风格，以提高C语言编译机器代码的执行效率。64x优化程序书写风格主要包括如下几种程序类型。

（1）循环展开

在信号处理程序中，循环运算大量存在，而循环运算对于64x来说，相当于对同一数据块执行重复运算，因此，可以通过64x的寄存器设置充分利用其并行运算机制提高程序的执行速度。所以，基于CCS3.1的C语言程序书写风格要求对于程序中的一些长度不大的循环尽量展开。但是，过多的展开可能产生资源占用过多的问题，因为循环展开需要大量的寄存器和执行单元，如果寄存器不够，处理器用栈存储数据，而对于栈的存取时间可能抵消掉循环展开节省的时间。为了减少对寄存器的占用，可以将独立的循环拆分，只有当每一次循环没有占用全部寄存器资源时，才可以使用循环展开。循环展开的主要问题是代码长度增加。

（2）减少循环嵌套

将双层循环转化为单层循环。CCS3.1的编译器只能为多层循环中的最内层循环进行软件流水线并行处理，使得多层循环的效能降低。因此，在编写64x程序时，需要深入理解算法原理，将多层循环尽量改进为单层循环，以提高算法的运行效率。改为单层循环后，程序减少了循环损耗，可提高软件速度。

（3）复合操作代替判断

if语句是C语言中程序流程控制的主要表达形式，而64x指令系统对于这种判断语句一般采用相减结果判别，无法使用并行方法提高运算速度，而采用复合操作代替if语句，CCS3.1编译器可以利用运算方式替代判断跳转，从而提高程序的运行效率。

（4）编译器优化选项，使用关键字

使用关键字是CCS3.1程序优化的主要方法之一，常用的程序优化关键字如下。

restrict：用以给出程序的输入和输出变量之间的限定关系，如果输入和输出没有因果关系，编译器可以分别对两变量进行流水线优化，不影响程序运行结果。通常编译器是保守假定，默认循环的输入依赖于上次产生的输出，因此，一般的循环变量编译器不对其进行流水线优化。而restrict指定了变量之间不存在因果关系，此时，编译器便会针对这些变量自动进行流水线优化。例如，如果已知输入不取决于输出，可以用restrict关键字声明输入a和输入b，告知编译器可以进行软件流水编译，书写格式如下。

```
void sobel(unsigned char * restrict src, unsigned char * restrict dst, int height, int width)
```

上述语句中restrict src，restrict dst告诉编译器这两个变量之间不存在因果关系，对存储器的读和写不会冲突。程序编译时，可以对其进行流水线优化。

const：用以声明一个常量，它限定一个变量不允许被改变。如果一个const声明对象的地址不被获取，允许编译器不对它分配存储空间，可以使代码更有效率。书写格式如下。

```
const float threshold = 0.6 * 255;
```

上述语句中const float threshold告诉编译器这个阈值为常量，此常量分配在内存中的只读区域。

pragma：可以设定编译器的状态或者是指示编译器完成一些特定的动作，有多个参数可以设置，具体内容参见第3章的相关内容。

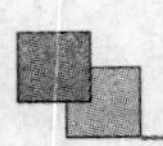


```
#pragma MUST_ITERATE()
```

上述语句中，MUST_ITERATE 告诉编译器自动展开循环（如果认为有益），这样软件流水化能提高循环的执行周期。

4.12.3 SOBEL 算法优化实例剖析

图像边缘是一种重要的视觉信息，图像边缘检测是图像分析、模式识别、计算机视觉的基本处理方法之一。有多种常用边缘检测方法，其中 SOBEL 边缘检测是其中方法之一。本实例利用 4.10 节实例采集的图像，实现 CCS3.1 下的 SOBEL 边缘检测。通过 AT 工具分析算法的优化可能性，并采取上述优化方法对算法进行优化，使读者掌握软基体优化的主要步骤及分析要点。图像处理是 64x 应用最为广泛的领域之一，本实例以图像处理中常用的 SOBEL 边界检测算法为例，介绍三种优化方法。

1. SOBEL 图像边缘检测原理

图像定义为二维函数 $f(x,y)$，x 和 y 为图像的空间坐标，在任何一对空间坐标(x,y)上的幅值 $f(x,y)$为该点图像的灰度或强度。SOBEL 边缘检测是通过求取 $f(x,y)$的梯度得到灰度变化剧烈的点来检测图像中的边缘。

本实例采用像素点 3×3 邻域的模板计算边缘，SOBEL 水平模板与垂直模板如图 4-94 所示，模板中的 9 个数字分别是各个像素的权值，每次将模板所覆盖的像素灰度值与模板中的权值相乘后求和，得到模板中心像素的 SOBEL 值，以此方式遍历整个图像的所有像素，便得到图像的 SOBEL 结果，是原图像的边缘。

1	0	-1
2	0	-2
1	0	-1

1	2	1
0	0	0
-1	-2	-1

图 4-94 SOBEL 垂直模板与水平模板

2. 优化之前的 SOBEL 程序

根据 SOBEL 检测原理，选取 3×3 模板，采用固定的二值化阈值。程序分为三步：

- 第一步，计算每个像素 3×3 邻域内垂直方向与水平方向的加权和 egv、egh；
- 第二步，求 egv 与 egh 的两者较大的值；
- 第三部，根据阈值 threshold 求二值化边界。

程序的输入图像如图 4-95(a)所示，图像的空间分辨率为 240×320，灰度分辨率为 256。C 语言编写的程序源代码如下：

```
////////////////////////////////////////////////////////////////////////////////
/*src 为输入图像地址指针,dst 为输出图像地址指针,height 与 width 分别为图像的高与宽*/
void sobel(unsigned char *src, unsigned char *dst, int height, int width)
{
  int i,j,m,n;
  int opv[9] = {1,2,1,0,0,0,-1,-2,-1};                    //定义垂直模板数组
  int oph[9] = {1,0,-1,2,0,-2,1,0,-1};                    //定义水平模板数组
```

```
float threshold = 0.6 * 255;                    //定义二值化阈值
int egv,egh;                                    //定义模板计算临时变量
int pix;                                        //定义像素计算临时变量
 int width,height;                              //定义图像宽度和高度
/* 模板计算 */
for(i = 1; i<height - 1; i++)
    {
    for(j = 1;j<width - 1;j++)
        {
        egh = 0;
        for(m = -1;m<2;m++)
            {
            for(n = -1;n<2;n++)
                egh += *(src + (i + m) * width + j + n) * ( *(oph + (m + 1) * 3 + (n + 1));
            }
        }
    egv = 0;
    for(m = -1; m<2; m++)
        {
        for(n = -1;n<2;n++)
                egv += *(src + (i + m) * width + j + n) * ( *(opv + (m + 1) * 3 + (n + 1));
        }
    }
  /*取两者之中的较大值*/
    if(egv>egh)
        pix = egv;
    else
        pix = egh;
    /*二值化,若大于阈值,则为255,否则为0*/
    if(pix>threshold)
         *(dst + i * width + j) = 255;
    else
         *(dst + i * width + j) = 0;
  }
 }
}
```

程序运行结果如图 4－95(b)所示，其较好地提取了图 4－95(a)图像的边缘。

AT 工具分析上述算法的运行效率，结果如图 4－96 所示，其中第 1 列是分析的函数名；第 2 列是所分析工程中的文件名；第 3 列是文件中程序的行数；第 4 列是分析函数的代码长度；第 5 列是程序运行的开始地址；第 6 列是函数调用时间；第 7 列是函数运行的代码覆盖率；第 8 列是函数包含的总指令数；第 9 列是 CPU 执行包(packet)；第 10 列是函数执行时间。

(a) 输入图像

(b) SOBEL处理结果

图 4-95　输入图像与 SOBEL 处理结果

观察图中第 9 行 sobel 函数，可以看到：第 4 列 sobel 函数的代码长度为 399 字节；第 10 列 sobel 函数的运行时间为 23 594 984 个时钟周期。

	A	B	C	D	E	F	I	K	L	M
1	Function	File	Line no.	Size(bytes)	Start address(hex)	#times called	%coverage	Total Instructions	CPU.execute_packet	cycle.CPU
2	ASM$	unpack32.asm	166	293	0x0001613a	0	0	0	0	0
3	cbrev32	cbrev32.asm	28	117	0x00015e70	0	0	0	0	0
4	cfft32_SCALE	cfft32_scale.asm	65	504	0x00015ee5	0	0	0	0	0
5	dec_pca_final	fun.c	9	193	0x000101a6	0	0	0	0	0
6	dec_pca	fun.c	107	839	0x000103e4	0	0	0	0	0
7	do_fft	fun.c	47	381	0x00010267	0	0	0	0	0
8	fft_seg_write	main.c	344	718	0x000119d5	0	0	0	0	0
9	main	main.c	30	116	0x00011232	1	100	310331	310329	569182
10	mean5_3	main.c	262	817	0x000116a4	0	0	0	0	0
11	mul32_1	mul32.asm	40	97	0x00000200	0	0	0	0	0
12	mul32	mul32.asm	40	93	0x000160dd	0	0	0	0	0
13	my_fft	main.c	209	349	0x00011435	0	0	0	0	0
14	my_mean_L	main.c	232	112	0x00011592	0	0	0	0	0
15	my_rms_L	main.c	247	162	0x00011602	0	0	0	0	0
16	read_fft	fun.c	186	532	0x0001072b	0	0	0	0	0
17	read_u	fun.c	229	2291	0x0001093f	0	0	0	0	0
18	sobel	main.c	53	399	0x000112a6	1	90	13353867	11044566	23594984
19	sqrt_int32	sqrt_int32.asm	54	148	0x00000261	0	0	0	0	0
20	Others							729962	654527	1810150
21	Total							14394160	12009422	25974316
22										

图 4-96　SOBEL 程序剖析

上述程序直接编程，没有考虑算法的优化问题。如果利用前述优化方法对 Sobel.c 函数进行优化可以得到什么结果？下面进行分析。

3. SOBEL 程序优化

针对上述算法，进行程序优化，在原来的程序中依次使用四种优化工具。

(1) 循环展开

本例中 SOBEL 边缘检测程序中的水平模板运算使用了双层循环实现，C 程序代码如下：

```
//////////////////////////////////////////////////
///双层循环模板程序段//////
for(m = -1;m<2;m++)
  {
    for(n = -1;n<2;n++)
      {
        egh+ = *(src+(i+m)*width+j+n) *(*(oph+(m+1)*3+(n+1));
```

```
        }
    }
////////////////////////////////////////////////
```

其编程思路如图4-97所示，由图4-97(a)可见，算法对于图像中的每一个像素点，用水平模板循环计算时，m为模板的列，n为模板的行，i,j为图像模板中心像素位置的行、列坐标，width为图像宽度，height为图像高度。水平模板的循环计算要进行一次3×3的循环，依次将模板中每一点的值与图像中相应像素点的灰度值相乘并相加。

1	0	-1
2	0	-2
1	0	-1

(a) 水平模板的循环计算

*(src+i-1-width)×1	0	-1×*(src+i-1+width)
*(src+i-width)×2	0	-2×*(src+i+width)
*(src+i+1-width)×1	0	-1×*(src+i+1+width)

(b) 水平模板的展开计算

图4-97 模板的循环计算与展开计算示意图

水平模板的展开计算不再使用循环而是直接将图像中相应像素点的灰度值乘以规定的参数，如图4-97(b)所示，并将乘得结果依次相加，其C程序代码如下所示：

```
//////////循环展开结果////////////////////////////////////////////////////////////////////////////////////
egh =   *(src + i - 1 - width)  +  *(src + i - width) * 2  +  *(src + i + 1 -  width)
     -   *(src + i - 1 + width)  -  *(src + i + width) * 2  -  *(src + i + 1 +  width);
////////////////////////////////////////////////////////////////////////////////////////////////////
```

显然，这样的程序编写方法，只用了一次多项式乘加运算就实现了SOBEL的水平模板计算，而乘加运算是64x指令系统的主要并行指令之一，因此，大大提高了算法的运算速度。垂直模板egv也可以进行同样处理。改进后经AT分析得到：程序代码长度为382字节；代码运行时间为5 775 263个时钟周期。两者都有了一定程度的减少。

(2) 减少循环嵌套

仍以上述SOBEL算法程序编写为例，阐述减少循环嵌套的方法。将上述SOBEL水平模板egh和垂直模板egv用直接乘除代替双层循环后，整个图像的SOBEL程序只保留对于图像空间的一个大循环计算，因此，编译器可以对这个大循环进行流水线并行处理。为了使得编译器效率更高，还可以利用左移/右移运算取代乘/除计算，提高程序的代码效率，下面的程序就进行了这种改进。

```
/////////////////////////双循环合并为单循环/////////////////////////////////////////////
for (x = 1 + width;x<(height - 1) * width - 1;x ++ )                  //单层循环
  {
  /* 用移位操作代替乘除法 */
    egh =   *(src + x - 1 - width)  +  *(src + x - width)<<1  +  *(src + x + 1 -  width)
         -  *(src + x - 1 + width)  -  *(src + x + width)<<1  -  *(src + x + 1 +  width);
                                                                       // 第2项用右移1位代替乘以2
    egv =   *(src + x - 1 - width)  -  *(src + x + 1 -  width)
         +  *(src + x - 1 )<<1  -  *(src + x + 1 )<<1                  //用右移1位代替乘以2
         +  *(src + x - 1 + width)  -  *(src + x + 1 +  width);
```

```
    …
}
////////////////////////////////////////////////////////////////////////////////////////////////////////
```

显然，这样的程序编写方法，只用了一个循环就实现了 SOBEL 的水平和垂直模板计算，利用移位运算代替了乘除运算，因此，提高了算法的运算速度。改进后经 AT 分析得到：程序代码长度为 377 字节；代码运行时间为 5 304 053 个时钟周期。两者的减少比单纯的循环展开效率有所提高。

(3) 复合操作代替判断

以 SOBEL 算法为例，采用“c＝a＞b？ a：b”代替 if 语句。SOBEL 程序中二值化阈值程序片段如下：

```
///////二值化判断语句原程序段//////////////////////////////////////////////////
    if(pix>threshold)
        *(dst+i)=255;
    else
        *(dst+i)=0;
////////////////////////////////////////////////////////////////////////////////////////////////////
```

用“c＝a＞b？ a：b”方法，改进后的程序如下：

```
////////复合操作代替判断(二值化)///////////////////////////////////////////
    *(dst+i)=pix>threshold? 255:0;
//////////////////////////////////////////////////////////////////////////////////////////////////
```

显然，这样的程序编写方法，只用了一个运算式 SOBEL 的阈值计算就可以完成，改进后经 AT 分析得到：程序代码长度为 348 字节；代码运行时间为 5 126 407 个时钟周期。两者的减少比单纯的循环展开效率有所提高。

(4) 编译器优化选项

使用关键字，在 SOBEL 算法程序中，还可以使用上文中介绍的关键字对程序进行优化。未经优化的 SOBEL 算法程序的函数头与声明部分如下：

```
///////////////////源程序////////////////////////////////////////
void sobel(unsigned char *src, unsigned char *dst, int height, int width)
{
    int i,j,m,n;
    int opv[9]={1,2,1,0,0,0,-1,-2,-1};
    int oph[9]={1,0,-1,2,0,-2,1,0,-1};
    float threshold=0.6*255;
    int egv,egh;
    int pix;
    int width,height;
    …
}
////////////////////////////////////////////////////////////////////////////////////////
```

使用关键字优化后的程序如下：

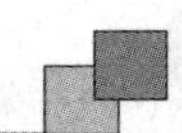

```
////////////////////关键字优化后程序////////////////////////////////////////
void sobel(unsigned char * restrict src, unsigned char * restrict dst, int height, int width)
{
    int i,j;
    const float threshold = 0.3 * 255;
    int egv,egh;
    int pix;
    _nassert((int) &(src[0]) % (4)  == 0);
    _nassert((int) &(dst[0]) % (4)  == 0);
    #pragma MUST_ITERATE(4, ,4)
      …
    }
/////////////////////////////////////////////////////////////////////////////
```

显然，这样的程序编写方法，用了 2 个关键字 SOBEL 算法，改进后经 AT 分析得到：程序代码长度为 320 字节；代码运行时间为 5 126 384 个时钟周期。两者的减少比单纯的循环展开效率有所提高。

经过以上优化，最终优化程序如下：

```
/////////////////////////////////////SOBEL 函数优化程序////////////////////////////////////////////////////////////
void sobel(unsigned char * restrict src, unsigned char * restrict dst, int height, int width)
{
    int i,j;
    const float threshold = 0.3 * 255;
    int egv,egh;
    int pix;
    _nassert((int) &(src[0]) % (4)  == 0);
    _nassert((int) &(dst[0]) % (4)  == 0);
    #pragma MUST_ITERATE(4, ,4)
    for (i = 1 + width;i<(height - 1) * width - 1;i++)              //单层循环
    {
        egh =   *(src + i - 1 - width) +  *(src + i - width)<<1 +  *(src + i + 1 -  width)
              - *(src + i - 1 + width) -  *(src + i + width)<<1 -  *(src + i + 1 +  width);
        egv =   *(src + i - 1 - width)      -  *(src + i + 1 -  width)
              + *(src + i - 1       )<<1  -  *(src + i + 1       )<<1
              + *(src + i - 1 + width)      -  *(src + i + 1 +  width);
        egh = _abs(egh);                                            //采用 DSP 库函数
        egv = _abs(egv);
                                                                    //取两者之中的较大值
          pix = egv>egh? egv:egh;                                   //用复合运算代替 if 语句
          *(dst + i) = pix>threshold? 255:0;
      }
    }
//////////////////////////////////////////////////////////////////////////////////////////////////
```

4.12.3　运行结果与分析

如图 4-98(a)为优化前输出图像结果,4-98(b)为优化后输出图像结果,比较可知优化后与优化前边缘检测效果一致。

(a) 优化前输出图像结果　　(b) 优化后输出图像结果

图 4-98　优化前、后图像处理结果比较

由 AT 剖析工具得到的算法优化前后的运算时间及代码量比较见表 4-46,表中从左到右每一项优化措施都是在前面的优化结果上进行的,最后的总结部分将未经优化的算法与使用四种优化措施优化后的算法进行比较。其中运行时间单位为时钟周期,代码量单位为字节。可见,优化后算法速度提高了 4.60 倍,同时代码量减少了 1.25 倍。

表 4-46　SOBEL 算法优化前后程序的时间效率和代码效率对比

对比项	优化措施								总　结	
	循环展开		减少嵌套		复合操作		关键字			
	运行时间	代码量	运行时间	代码量	运行时间	代码量	运行时间	代码量	运行时间	代码量
优化前	23 594 984	399	5 775 263	382	5 304 053	377	5 126 407	348	23 594 984	399
优化后	5 775 263	382	5 304 053	377	5 126 407	348	5 126 384	320	5 126 384	320
性能比:前/后	4.09	1.04	1.09	1.01	1.03	1.08	1.00	1.09	4.60	1.25

4.13　本章小结

本章通过 11 个实例剖析了 64x 应用系统的单元基体设计方法,包括硬基体的实例(4.3 节),软基体的实例(4.2 节,4.11 节和 4.12 节),以及混合基体的实例(4.4 节至 4.10 节)。

硬基体设计的关键是电路模块之间的电气接口的一致性,以及整体功耗的考量,尤其是电源电路的设计是实现系统功能优化主要部分。由于 64x 具有不同电源等级,当扩展片内外设或者片外外设时,功耗的增加是必须考虑的问题。硬基体描述如图 4-99(a)所示,可以用 n 元数组表述:

```
HARD(Input[],Output[],Vin,Power,Soft_Contral)
```

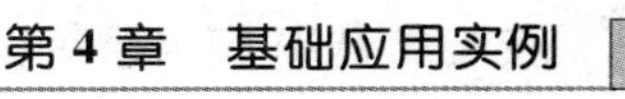

Input[] ——HARD 的输入信号数组，维数由实际情况确定；

Output[]—— HARD 的输出信号数组，维数由实际情况确定；

Vin——HARD 电源电压；

Power——HARD 功耗；

Soft_Contral——软件控制端。

软基体设计的关键是算法的优化，包括不同优化工具的使用，以保证算法在给定硬件平台上的最优运行。软基体描述如图 4-99(b)所示，也是一个多元描述数组：

```
SOFT(Input_data[],Outpu[],Buffer,Time,Clock, Code_Size)
```

Input[]——SOFT 的源数组(输入)，维数由实际情况确定；

Output[]——SOFT 的目标数组(输出)，维数由实际情况确定；

Buffer——SOFT 运算所需最大缓存；

Time——SOFT 最小运行时间；

Clock——SOFT 需要最快时钟的时钟频率；

Code_Size ——SOFT 代码长度。

混合基体设计关键是理解并掌握所研究问题的硬件工作原理以及相应的 64x 接口及寄存器配置。纵观混合基体实例特性可以发现，所有 64x 的混合基体都是数据的外部传输方式，如表 4-47所列。

表 4-47　64x 混合基体设计要点

实例序号	数据传输方式	64x 片上外设	片外外设	特　点
4	并行	EMIF	SDRAM,FIFO,SBSRAM	寄存器配置直接完成无缝连接，无需编写驱动程序
5	并行	EDMA		与 EMIF,McBSP,HPI 配合工作
6	串行	McBSP		寄存器配置完成后，必须编写驱动程序
7	并行	HPI	Host	Host 配置，无需编写驱动程序
8	并行-串行	VPORT,GPIO	COMS,CCD	寄存器配置完成后，必须配置外设寄存器，编写驱动程序
9	网口	EMAC	PHY	64x 寄存器、网口驱动芯片寄存器配置，必须编写驱动程序，可用 NDK
10	串行	EMIF、GPIO	C68001	64x 寄存器、驱动芯片寄存器配置，必须编写驱动程序

混合基体描述如图 4-99(c)所示，也可以用多元描述数组如下：

```
MIX(Input[],Output[],register[],Driver_prog,Power,Parallel)
```

Input[]——MIX 的输入信号数组，维数由实际情况确定；

Output[]—— MIX 的输出信号数组，维数由实际情况确定；

register[]——MIX 的配置寄存器组，按需要配置；

Driver_prog——MIX 的驱动程序；

Power——MIX 的功耗；

Parallel——MIX 与 CPU 并行。

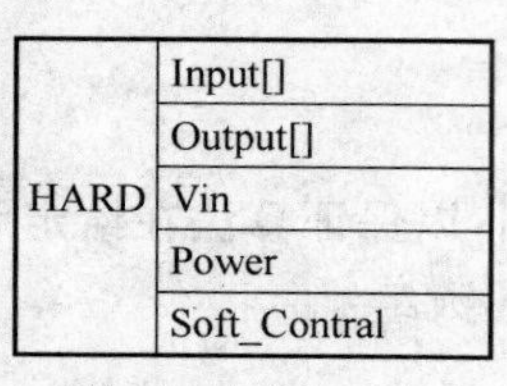

(a) 硬基体

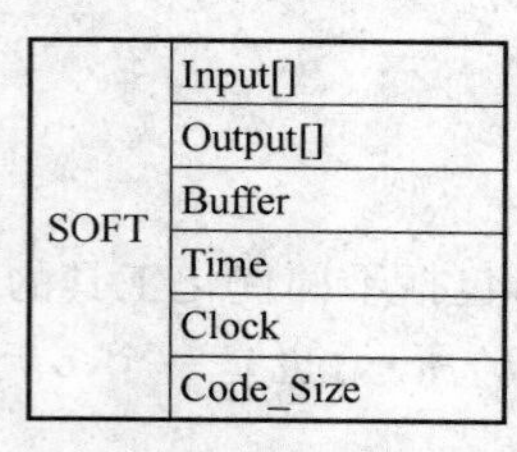

(b) 软基体

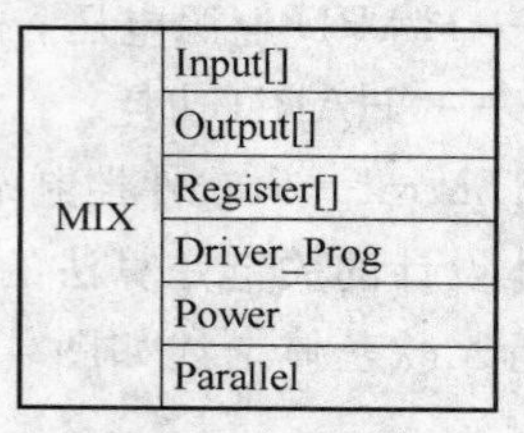

(c) 混合基体

图 4-99 单元基体描述格式

从基于电路系统设计角度分析，上述三种单元基体构成了所有智能系统的基础。后续章节中，系统的构建都是建立在这些单元基体之上的，它们是系统搭建的砖块。

第5章 简单系统应用实例

5.1 概 述

自然界的任何信号,例如温度、振动、应力、声音、图像以及各种生物学信号等,只要转换成数字信号并输入到计算机,就能用数字信号处理的方法对其进行变换和处理,从而满足设计者对信号输出的要求。数字信号处理方法的应用非常广泛,对各种不同类型的数字信号都能根据信号的特性及输出要求进行必要的处理,如滤波、变换、频谱分析、相关分析、特征提取以及数据压缩、信号识别、信号合成等。

简单智能系统组成如图 5-1 所示,是一类子功能体,它由一些硬基体、软基体、混合基体有机组合而成,可以实现某类简单功能。图 5-1 是子功能体结构框图,图中被测量的任何物理量,如图像或声音通过传感器转换为电信号,这些传感器通常为硬基体,再经信号调理硬基体将输入信号范围调整到适合 A/D 转换的范围,通过 A/D 转换混合基体将信号转换为适合 DSP 处理的数字信号,再送到 64x 中的软基体进行处理,处理结果通过人机交互子功能体进行显示和键盘输入。

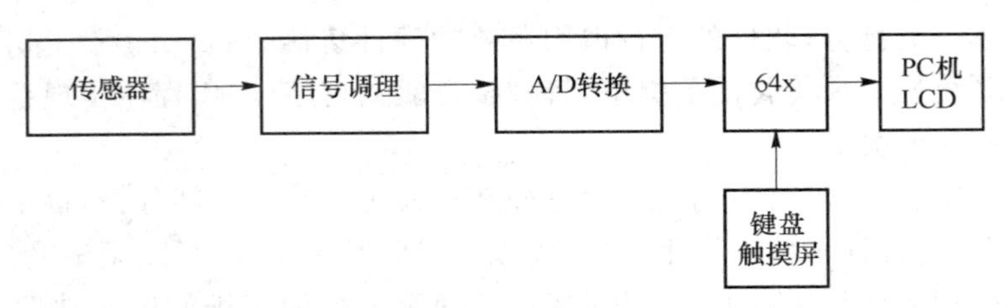

图 5-1 简单智能系统硬件功能结构

简单智能系统子功能体一般都可以详细分成硬基体、软基体、混合基体三个部分。这里的硬基体是指图 5-1 各部分的硬件电路,包括电路构成、电路连接;软件基体和混合基体主要是指图 5-1 各部分的软件系统要求,如图 5-2 所示,包括管理程序、应用程序、硬件驱动程序,这里系统管理程序是上层软基体,是软件运行的主线,它根据系统硬件资源分配及系统功能要求,根据软件各部分运算空间、时间调度等设计要求,调用各功能及运算模块,并将它们联系起来形成一个有机的整体,从而实现信号检测、分析、处理、显示等功能;混合基体的软硬件协同是指软硬件资源的合理配置,设计过程中根据系统功能要求,分析软件对硬件资源的需求,按照性能最优化

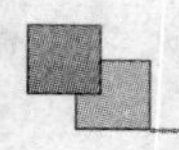

选择和配置硬件。

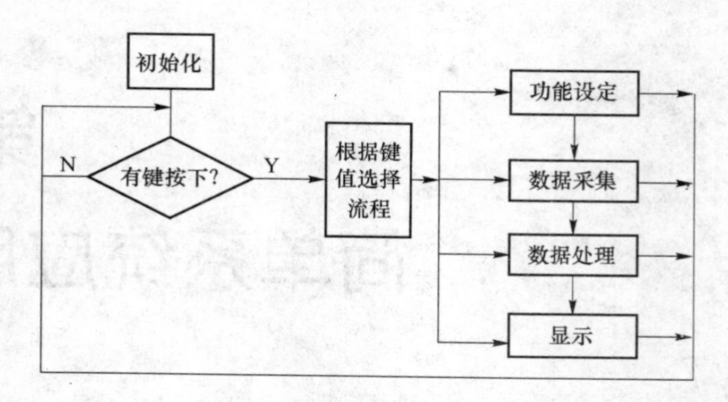

图 5-2　简单智能系统软件结构

简单智能系统子功能体构建的关键问题有 4 个：

① 系统硬件连接，由于系统硬件的各个功能都可以用基本硬件电路模块的硬基体实现，因此，在简单系统中，系统性能的优劣主要由各硬基体之间的连接及配合决定，所以，系统所选定各个硬基体之间的连接要求、注意事项、及其对系统性能的影响就成为系统硬件成功的关键。

② 系统配置及驱动程序编写，由于系统的硬件工作，尤其是 64x 片上外设的工作必须依赖配置和驱动程序的控制，它们属于一类混合基体，而这些控制需要对片上外设的工作原理有一定的了解，即对混合基体的硬件结构的充分理解。因此，混合基体的配置和驱动程序编写成了系统功能实现的重要组成部分，它关系到混合基体中软件对硬件系统的控制与硬件连接的关系协调。

③ 应用程序的编写及调试，由于系统的功能实现主要是通过应用程序实现，它属于一类软基体，但是，一般的应用程序，尤其是图像处理程序或语音处理程序都比较复杂，无论是程序的空间还是时间占用都比较大。因此，要满足智能系统的实时性，必须考虑算法的快速实现问题，包括高速运行软件模块的汇编实现，C 语言算法的优化，以及算法运算原理的快速实现等，所以，系统应用程序的实时性成为软基体系统技术指标实现的关键。

④ 系统管理程序编写及调试，由于系统包括了软基体组成的纯软件，硬基体组成纯硬件，软硬结合的混合基体三大部分，软件的运行占用系统的硬件资源，各部分软件占用不同时段、不同空间，因此，考虑系统性能最优化的前提下，管理整合驱动程序、应用程序实现系统资源的合理分配是系统性能最优化的关键。

一般的智能系统主要包括信息获取、信息处理和人机交互三大部分，本章主要针对以 64x 为核心的简单智能系统，设计了两个应用实例，借以阐述此类系统的设计、调试、实现要点。这两个实例分别是图像处理系统和语音处理系统，通过这两个实例的剖析使读者掌握一类基于 64x 的图像处理系统和基于 TMS320LF28x(以下简称 LF28x)的语音处理系统设计方法。

5.2　图像处理系统实例

本实例通过设计以 DM64x 为核心的图像处理系统，了解一般图像处理系统的结构、接口模式、关键问题分析及系统的性能评估方法。本实例图像处理系统是一类子功能体，它由若干单元基体组合而成，包括系统硬基体、图像捕获混合机体、SOBEL 图像处理算法软基体、网络传输混合机体、系统管理软基体，从这些单元基体的组合过程中，读者可以掌握图像处理系统从设计到

实现的各个环节，建立图像处理系统设计的系统观念。

5.2.1　图像处理系统构架

本实例图像处理系统的主要功能是通过图像传感器OV7670实时采集图像视频，经过对每帧图像进行SOBEL处理，再通过网口与PC机连接通道，将SOBEL处理后的边缘检测图像或原始图像上传到PC机，并实时显示。

1. 图像处理系统结构

图像处理系统结构如图5-3所示，包括图像传感器（CCD或CMOS，二者选一）、图像视频捕获、图像处理、图像输出等部分。

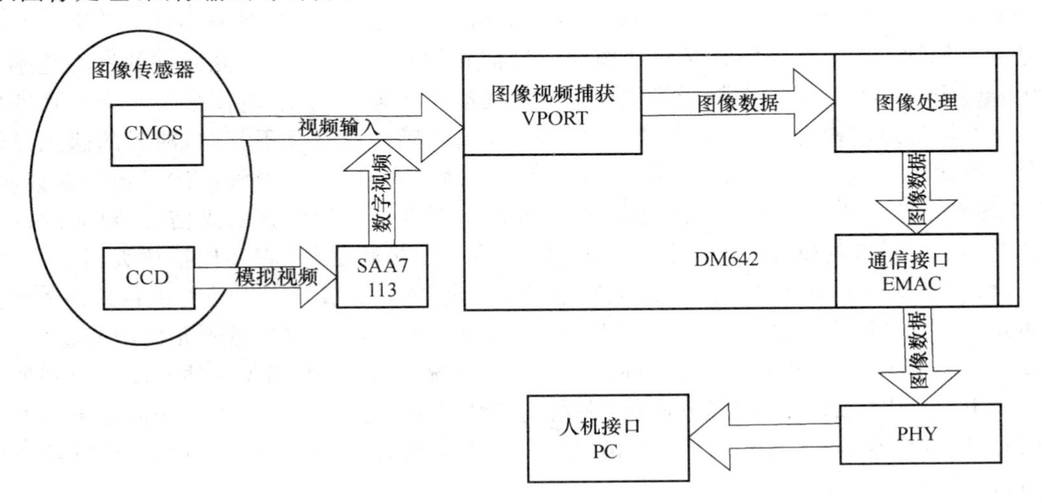

图5-3　图像处理系统结构

图像处理系统各部分功能如下：

(1) 图像传感器

其功能是将自然界的光信号转换为对应图像的电信号，连续采集的图像信号构成视频信号，即图像序列。从制造工艺上分，图像传感器分为CCD和CMOS两种，CCD主要产生模拟视频信号，其输出接口一般为标准的BNC接口，一条模拟信号线，一条地线，模拟视频信号通过信号线传输；CMOS主要产生的是数字视频信号，其输出格式包括数据线、帧同步、行场同步、像素同步等时序信号，因此，两种图像传感器的接口电路完全不同。

(2) 图像视频捕获

DM642中集成了VPORT接口，它可以与一般的图像A/D电路，如SAA7xxx芯片，或者CMOS芯片，OV系列芯片等进行无缝连接，将图像传感器获取的视频信号捕获到DM642的内存中。

(3) 图像处理

根据系统设计要求对捕获的图像进行处理，本实例采用SOBEL算法对图像进行边缘提取。DM642集成了硬件乘法器、流水线指令集等便于高速处理的硬件计算单元和并行处理结构，可以保证图像数据的高速处理，尤其是采集、传输都是利用集成的片上外设，因此，通过软件结构调整，可以实现图像的采集、处理、传输并行工作，有利于CPU的高效工作。

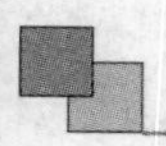

(4) 网络传输

DM642 中集成了 EMAC 片上外设，它可以通过网口扩展芯片 PHY 直接与 PC 网口无缝连接。

(5) 人机接口

主要用于输入控制命令及显示处理结果，智能系统常用的人机接口可以是 PC 机或者是 LCD+触摸屏（键盘、鼠标等），DM642 提供了 EMAC、VPORT、McBSP 等多种接口形式，可以与外部设备无缝连接实现人机交互。

2. 图像传感器原理

图像传感器按工作原理及制造工艺不同分为 CCD(Charge Couple Device，电荷耦合器件）和 CMOS(Complementary Metal Oxide Semiconductor，互补金属氧化物半导体）两种。无论是 CCD 还是 CMOS，它们都采用感光元件作为影像捕获的基本单元，其感光元件的核心是感光二极管(photodiode)，该二极管在接受光线照射之后能够产生输出电流，电流强度与光照强度成比例。但在整体电路结构上，CCD 的感光元件与 CMOS 的感光元件并不相同，前者的感光元件除了感光二极管之外，包括一个用于控制相邻电荷的存储单元，感光二极管占据了绝大多数面积。即 CCD 感光元件中的有效感光面积较大，在同等条件下可接收到较强的光信号，对应的输出电信号也更明晰。后者的感光元件结构比较复杂，除感光二极管之外，它还包括放大器与模/数转换电路，每个像点由 1 个感光二极管和 3 个晶体管构成，感光二极管占据的面积只是整个元件的一小部分，造成 CMOS 传感器的开口率（开口率：有效感光区域与整个感光元件的面积比值）远低于 CCD。这样在接受同等光照及元件大小相同的情况下，CMOS 感光元件所能捕捉到的光信号就明显小于 CCD 元件，灵敏度较低；体现在输出结果上，就是 CMOS 传感器捕捉到的图像内容不如 CCD 传感器丰富，图像细节丢失情况严重且噪声明显，这也是早期 CMOS 传感器只能用于低端场合的一大原因。

(1) CCD 图像采集原理

CCD 在接受光照之后，感光元件产生对应的电流，电流大小与光强对应，因此感光元件直接输出模拟电信号。在 CCD 传感器中，每一个感光元件都不对感光结果做进一步的处理，而是将它直接输出到下一个感光元件的存储单元，结合该元件生成的模拟信号，再输出给第三个感光元件，依次类推，直到结合最后一个感光元件信号，才能形成统一的输出。由于感光元件生成的电信号微弱，无法直接进行模/数转换工作，因此，这些输出信号必须做统一的放大处理，这项任务由 CCD 传感器中的放大器专门负责，经放大器处理之后，每个像素点的电信号强度都获得同样幅度的增大，因此，CCD 输出的是模拟信号，必须经过图像 A/D 转换器才能与 DM64x 连接。

(2) CMOS 图像采集原理

CMOS 传感器中每一个感光元件都直接整合了放大器和模/数转换逻辑，当感光二极管接受光照，产生模拟的电信号之后，电信号首先被该感光元件中的放大器放大，然后直接转换成对应的数字信号。由于 CMOS 感光元件中的放大器属于模拟器件，无法保证每个像点的放大率都保持严格一致，致使放大后的图像数据无法完全复现拍摄物体的原貌，体现在最终的输出结果上，就是图像中出现大量的噪声，品质明显低于 CCD 传感器，但是，CMOS 输出的是标准数字图像信号，可以与 DM64x 无缝连接。

(3) OV7670 图像传感器

本实例中采用 OV7670 CMOS 传感器作为视觉传感器，它具有功耗低、集成度高、体积小、结构简单、可靠性高、直接输出数字信号等优点。OV7670 特点是：30 万像素（640×480）图像空

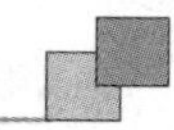

间分辨率，信噪比大于 48 dB，采集速度可达 30 fps(每秒 30 帧)，标准图像数据接口，图像采集过程可以通过功能寄存器实现，通过其 SCCB 接口，可以编程上述功能寄存器实现曝光控制、灰度校正、白平衡调节、饱和度调节、色调调节等操作；具有 10 位 ADC 图像采集模块，转换频率可达 12 MHz；面积小($4\ mm^2$)，功耗低(40 mW)，接口简单。OV7670 支持的图像输出格式有：YUV/YCbCr 4：2：2，RGB 4：2：2，Raw RGB Data。本实例选用 YUV/YCbCr 4：2：2 格式，其中 Y 表示明亮度，即灰阶值，而 U 和 V 表示的则是色度，作用是描述影像色彩及饱和度，用于指定像素的颜色。OV7670 可与 DM642 的 VPORT 接口无缝连接，8 bit 图像数据线并行传输，传输速度快。详细内容见 4.8 节实例。

3. DM64x 视频捕获

DM64x 提供通用视频接口，可与数字视频格式无缝连接，具体内容参见 4.8 节实例。

4. DM64x 网络接口

DM642 集成了 EMAC/MDIO，可与以太网无缝连接，具体内容参见 4.9 节。

5. DM64x 串口

DM642 集成了 McBSP，本实例在 McBSP 接口上引出 RS232 接口，扩展系统外部通信能力。具体内容见 4.6 节实例。

5.2.2　图像处理系统剖析

图像处理系统设计的关键在于硬件接口与软件结构，本实例以 DM642 为核心构成图像处理系统，如图 5-3 所示，其硬件接口主要包括视频输入、图像处理、网口与 PC 连接。

1. 系统硬件结构

系统硬件以 DM642 为核心，其硬件结构如图 5-4 所示。主要包括用作光电转换的摄像头，用作图像采集处理核心的 DM642 及其外围电路，用作人机交互的 PC 机。各部分的主要功能如下：

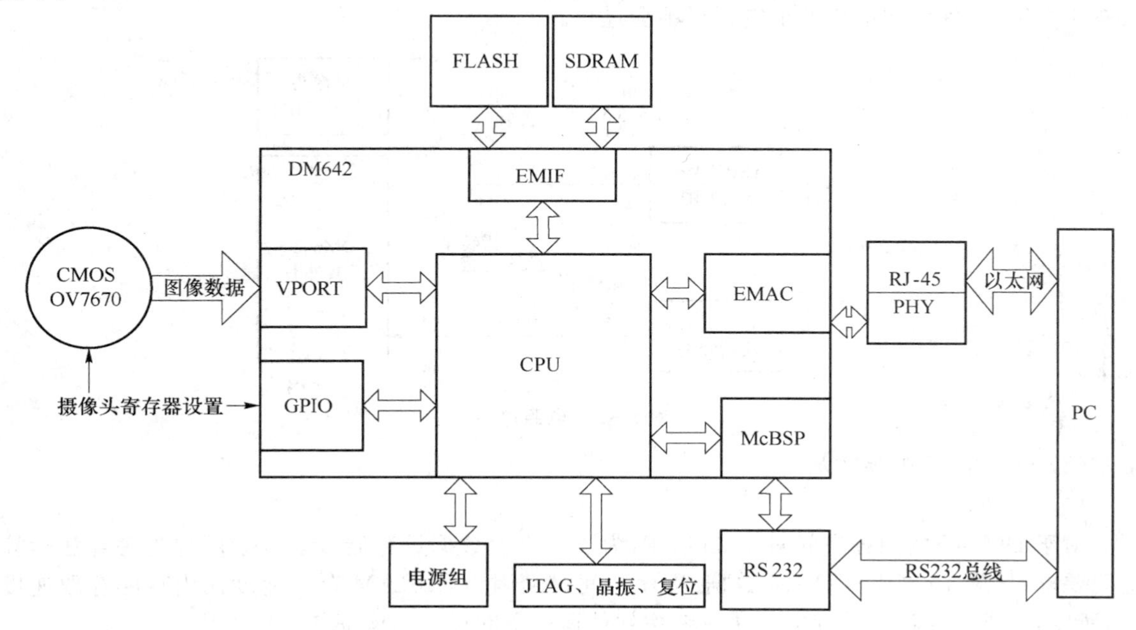

图 5-4　图像处理系统硬件结构

① 摄像头，是一个集成光学镜头与OV7670 CMOS图像传感器的微型摄像头，用于产生视频数据，其输出格式可以通过外部总线SBBC进行设置。

② DM642及其外围电路，由于DM642上集成了不同的外设接口，使得整个系统的设计变得更为简洁。因此，本系统中DM642的VPORT0与OV7670 CMOS图像采集芯片的输出无缝连接，采集光学图像或视频；GPIO模拟SCCB协议设置OV7670的工作模式寄存器，控制摄像头工作；EMAC连接外部的PHY，并通过RJ-45与PC的网口无缝连接，构成视频网络输出通道；通过McBSP作为RS232串口与PC的串口连接，构成串口数据传输通道；通过EMIF扩展了16 MB FLASH程序空间，以及32 MB SDRAM数据空间，用以满足图像处理要求；JTAG、晶振、复位用于DM642的基本工作环境建立及调试方式控制。

③ 电源组，提供系统各环节工作电压，包括DM642的核电压和I/O电压、摄像头工作电压。

2. 硬件关键技术

硬件系统中的关键技术主要包括电源电路及接口电路两大部分。从单元基体出发，硬件系统由电源组硬基体、OV7670传感器硬机体、EDMA_VPORT_GPIO图像捕获混合基体、EMIF_FLASH混合基体、EMIF_SDRAM混合基体、EDMA_EMAC_PHY网络传输混合基体，EDMA_McBSP_RS232混合机体构成，硬基体的电气参数一致性是必须考量的问题。混合基体硬件之间时序的无缝连接是系统正确工作的关键，主要是混合基体寄存器配置功能。

(1) 电源电路

DM642的电压等级分两种：一是提供I/O及片上外设工作的3.3 V电压；二是提供CPU工作的1.4 V核心电压。由于DM642需要稳定的电源供电以及与外部电源的隔离，同时，考虑硬件系统电源管理的可靠性、低功耗、可控性等因素，选择5 V电压作为系统电源标准输入，然后，经若干电源管理芯片构成电源管理芯片组，分别提供3.3 V和1.4 V电压。其中TPS62046输出固定电压为3.3V，而TPS62040输出电压可通过外部分压电阻调节，如图5-5所示。DM642供电要求在某一电压未能正常供电时，另一电压的供电时间不可超过1 s，采用肖特基二极管将两电压绑定，以保证两电压的上电延迟不会过长。

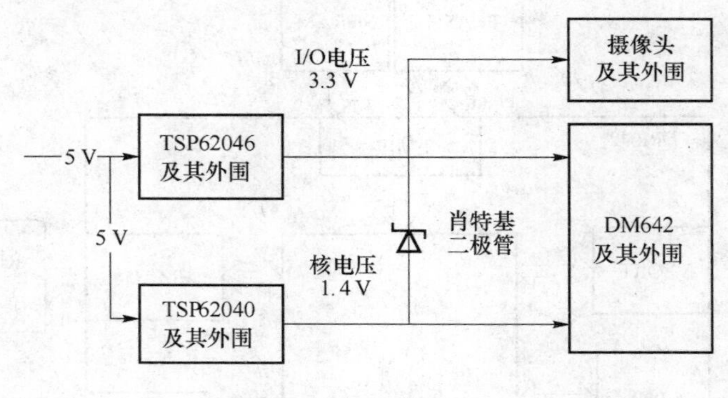

图5-5 电源电路

(2) DM642存储器扩展

1) SDRAM扩展

由于DM642的内存空间只有256 KB，为了适应大数据量存储以及复杂图像处理算法运算空间要求，扩展16 MB SDRAM数据/程序空间。又因为SDRAM存取速度比内存的存取速度低，所以，要求高速运行时间的算法应考虑软件运行空间设置上保证其工作于片内。

与实例4.4节的C6416不同，DM642只有一条EMIF总线。DM642的EMIF_SDRAM扩

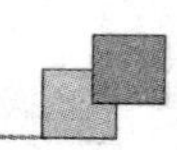

展，如图 5－6 所示，EMIF 的数据总线 ED[15：0]与 SDRAM 数据总线 DQ[15： 0]连接；地址总线 EA[14： 3]与 A[11：0]连接，EA[2：0]用于 DM642 内部片选地址空间分配，EA[16：15]与存储体块地址 BA[1：0]相连；SDRAM 占用 CE0 空间，时钟为 ECLKOUT2；读/写刷新控制如图 5－6 所示，图中信号线物理意义参考 4.4 节实例。

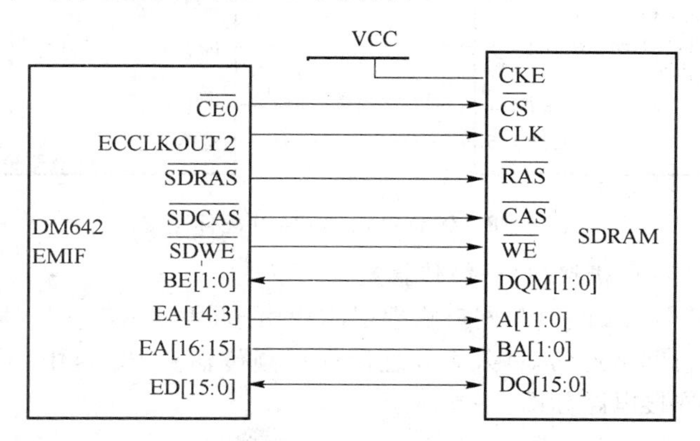

图 5－6 DM642 EMIF_ SDRAM 硬件连接

2）FLASH 扩展

由于 DM642 没有片上程序存储空间，仅具有片上程序运行空间，因此，基于 DM642 构建的应用系统必须扩展外部的程序空间，可以是并行引导的 FLASH，也可以是 I^2C 串行引导的 EPROM，本实例采用 FLASH。所用 FLASH 存储容量为 1 MB，接口满足 CFI 协议。DM642 通过 EMIF 扩展 FLASH，与 SDRAM 复用 EMIF 总线。硬件连接如图 5－7 所示。因为 CE0 用于 SDRAM，所以 EMIF_FLASH 空间为 CE1 空间；EA[22：3]地址线与 FLASH 地址线 A[18：0]相连；数据线 ED[7：0]与 DQ[7：0]相连。

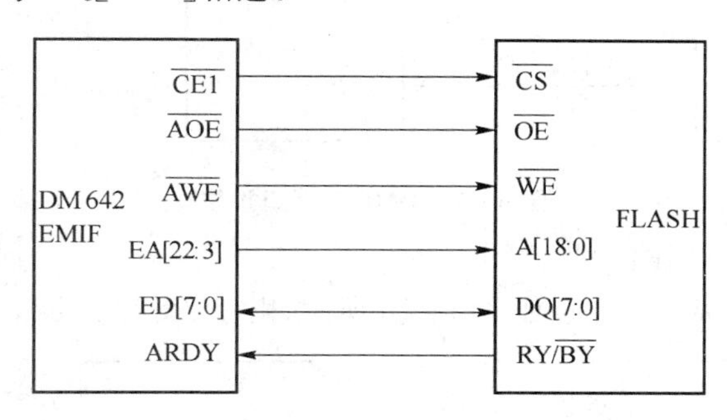

图 5－7 DM642 EMIF_FLASH 扩展硬件连接

EMIF 接口的内部时钟频率需通过 EMIFINSEL[0：1]（EA[19：20]引脚的复用）位上拉/下拉电阻，配置为 DM642 时钟频率的 1/6，即 100 MHz，详细内容参见 4.4 节实例。

（3）DM642 片上外设接口

1）VPORT 与 GPIO、OV7670 接口（视频捕获）

DM642 有三个 VPORT 视频捕获接口，选择 VPORT1 与 OV7670 CMOS 视频采集芯片相连，硬件连接如图 5－8 所示。VP0D[9：2]数据线与 OV7670 数据线 D[7：0]连接；CLK0，CTL0，CTL1 分别与 OV7670 的像素时钟 PCLK，行同步 HREF，场同步 VSYNC 等信号相连；DM642 GPIO 的 GPIO14，GPIO15 两个引脚分别与 OV7670 模拟 I^2C 总线 SBBC 的 SCL，SDA

两个引脚连接，用于配置 OV7670 的工作状态，用 GPIO 模拟 SCCB 时序见 4.8 节实例。

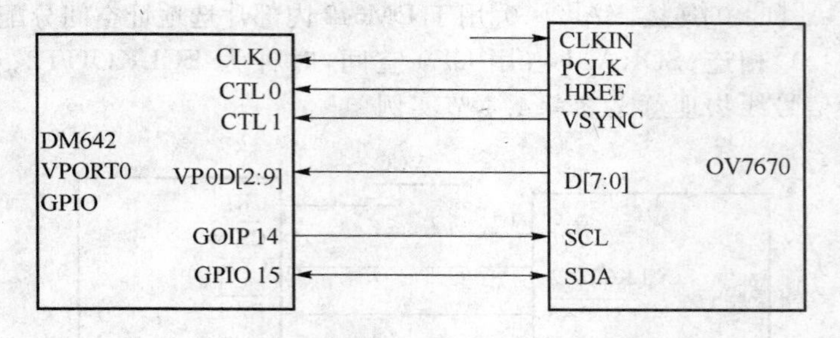

图 5-8　DM642 与 OV7670 硬件连接

2) EMAC_PHY 与 PC 机接口(网络传输)

DM642 的 EMAC 与 LXT971A 网口物理层芯片相连，通过隔离变压器和 RJ-45 构成网络传输接口，与 PC 机进行网络通信，将采集处理后的视频传输到 PC 机中，并实时显示。EMAC_LXT971A_RJ45 接口连接电路如图 5-9 所示。

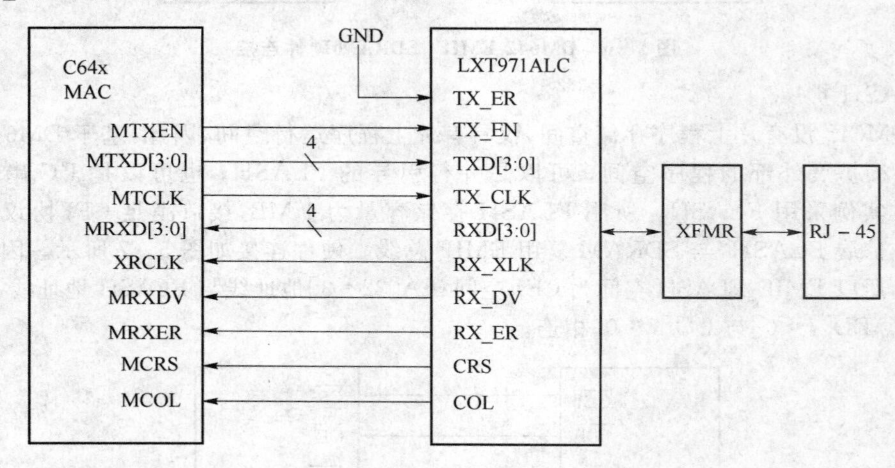

图 5-9　DM642 网口扩展

3) McBSP 用作 RS232 接口

McBSP 用作 RS232 接口的连接如图 5-10 所示，由于 RS232 接口与 PC 串口连接时需要

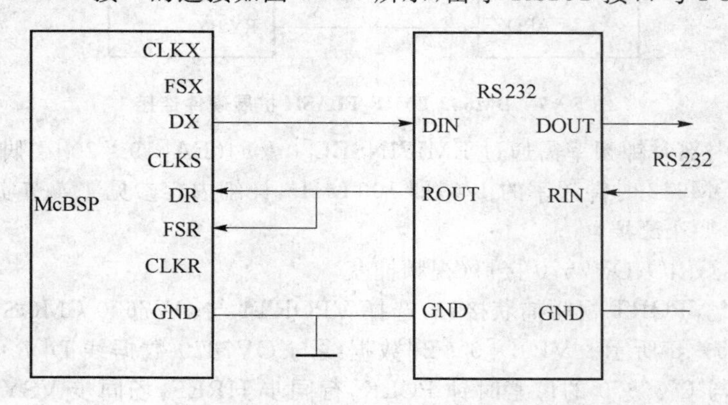

图 5-10　McBSP_RS232 扩展硬件连接

3.3 V 电压到 10 V 电压的转换，利用 MAX3221 芯片实现，MAX3221 的 ROUT 引脚接至 McBSP 的 DR0 与 FSR0 脚，DIN 脚接至 McBSP 的 DX0 脚。

(4) JTAG 接口及其他电路

JTAG 接口用于实现 ISP(In－System Programmable)系统在线编程，因此，所有 DSP 系统的调试端口都需要这种连接模式。标准的 JTAG 接口是 4 线：TMS、TCK、TDI、TDO，分别为模式选择、时钟、数据输入和数据输出线。

选择 DM642 时钟频率为 600 MHz，需外接 50 MHz 有源晶振，经 DM642 内部 PLL 锁相环倍频后可达 600 MHz(需要配置 CLKMODE[0∶1]端口为 12 倍频)。PLL 的电源要求足够稳定，因此，增加电压滤波元件 U3 对 PLL_VDD 端口电压进行滤波，其连接如图 5－11 所示。

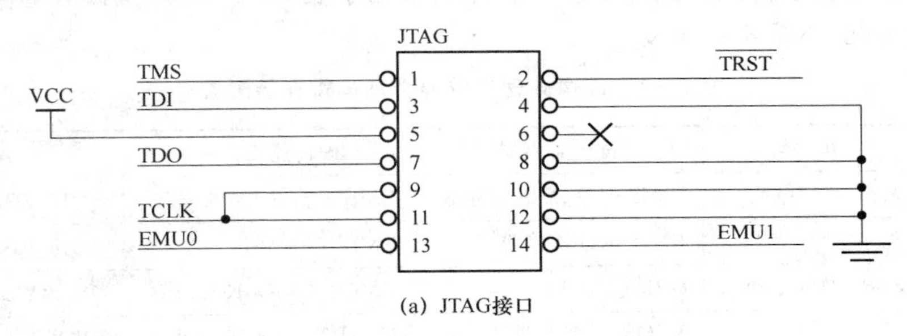

(a) JTAG接口

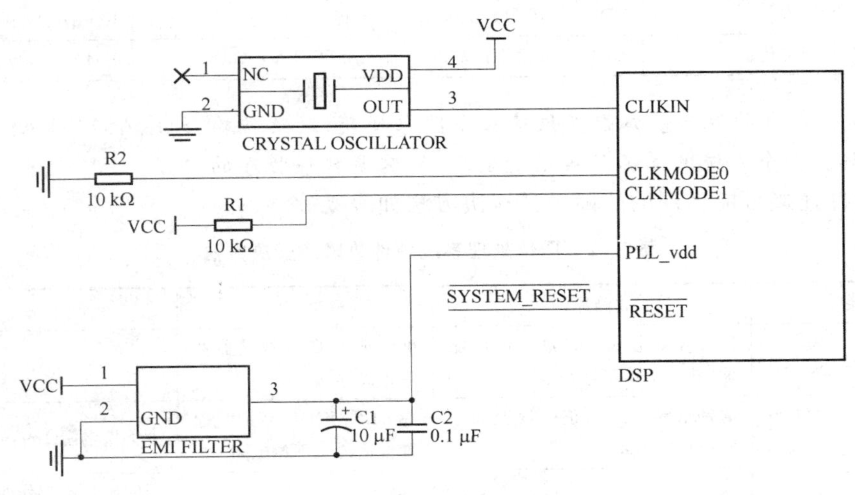

(b) 晶振及相关电路

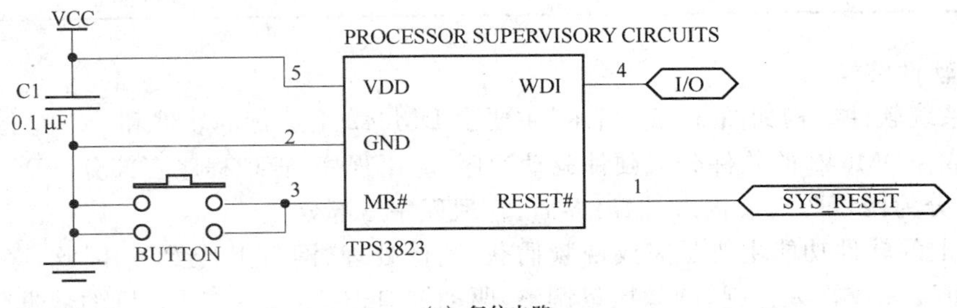

(c) 复位电路

图 5－11 DM642 与 JTAG、晶振、复位连接图

复位电路部分采用复位控制芯片 TPS3823 实现稳定的复位控制。

以上硬件电路，电源电路，外扩存储器，JTAG 接口、复位及晶振电路是 DM642 系统工作的基础，而 DM642 片上外设接口部分则针对系统的专门应用，如 VPORT 接口用于图像采集，EMAC 接口用于网络传输，McBSP 接口用于串行通信等，实际应用过程中除了保证硬件电路的完备，还需从软件方面对各外设分别设置，包括 EMIF 扩展的 SDRAM 和 FLASH，这些都是混合基体，相关硬件的配置需要软件进行寄存器配置。

(5) 混合基体的寄存器配置

64x 所有混合基体应用方法都在第 4 章中有详细剖析，一些配置程序也在相关章节中给出，因此，本实例中的混合基体配置要求及参考程序目录列于表 5-1 中，以供读者查阅，为了节省篇幅，除非有特殊情况，本章不再重复。

表 5-1　图像处理系统混合基体寄存器配置

名　称	功　能	配置寄存器	硬件连接关系	配置程序
EMIF_SDRAM	数据/程序空间	EMIF 时序、刷新寄存器	EMIF - SDRAM 无缝	EMIF_SDRAM.c，4.4 节
EMIF_FLASH	程序空间	EMIF 时序寄存器	EMIF - FLASH 无缝	EMIF_FLASH.c，4.3 节
OV7670	SBBC 总线驱动	GPIO[15：14]	DM642 GPIO[15：14]	OV_SCCB.c，4.8 节
VPORT0	捕获视频	VPORT0 寄存器组 EDMA[10,11,12]通道	VPORT0_VO7670 视频捕捉	VPORT0.c EDMA_VP0.c，4.8 节
EMAC	网络传输	NDK 开辟网络传输进程	EMAC_LXT971A	EMAC.c，4.9 节

注意： 这一部分的混合基体配置仅建立了图像捕获、网络传输、SDRAM、FLASH 等硬件平台数据流通路。整个系统的图像处理功能实现，还需要软件程序的配合。

另外，硬件连接可能出现的故障及其解决方法如表 5-2 所列。

表 5-2　图像处理系统硬件故障及解决方法

故障现象	故障原因	解决方法	备　注
系统时钟不稳定	PLL_vdd 输入端未进行电压滤波，输入电压不够稳定	确认加入 EMI 滤波器件并正确连接	
DM642 的 CPU 时钟与预期不符	时钟倍频模式未正确设置如图 5-11(b)所示	为 CLKMODE[0：1]配置合适的上下拉电阻	上下拉电阻 1～10 kΩ 即可
McBSP 不工作时输出端(DX)为低电平	输出端缺上拉电阻	在 DX 端接上拉电阻(1～10 kΩ)	若输出端不工作时为低电平，将导致目标接收端接收到无意义的 0 数据

3. 系统软件结构

本实例系统软件结构如图 5-12 所示，主要由 DM642 上运行的软件和 PC 机上运行的软件两大部分组成。DM642 的软件分成硬件驱动程序、应用程序、管理程序三部分。PC 机软件主要是人机接口，分为网口驱动及输入/输出界面、管理程序三部分。

DM642 上的软件功能主要是完成视频捕获、图像处理、网口上传 PC。因此，必须先通过硬件驱动 OV7670 完成视频捕捉、图像质量调整，驱动网口连接，建立与 PC 机的数据传输通道，这部分是图像处理系统必须的基本功能。然后，如果需要 DM642 完成某种图像处理功能，就必须增加图像处理应用程序环节，而这些环节往往需要扩展数据/程序空间与内存分配的密切配合。

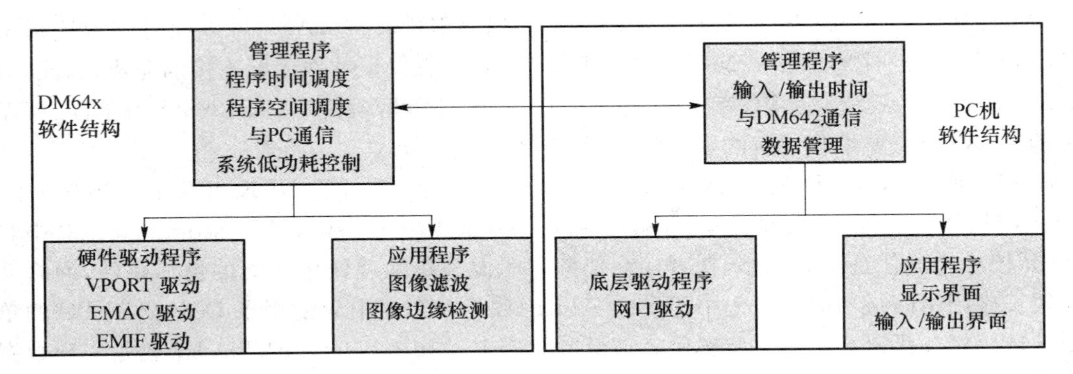

图 5-12 系统软件结构

由于大多数情况下，基于 DM642 的图像处理系统需要将图像压缩、预处理等功能运行于 DM642 上。因此，这部分软件虽然是附加功能，但却是 DM642 系统必备的功能。最后，由于驱动程序、应用程序之间需要时间和空间的合理调度才能保证系统的高效工作，与 PC 的通信方式必须考虑所有程序的交互调度，以实现系统的优化设计，因此，管理程序也是系统软件的重要组成部分。DM642 软件工作流程如图 5-13 所示，系统初始化主要完成硬件的数据流通路配置，包括通过 SBBC 进行 OV7670 配置，保证其工作于适合 VPORT0 所配置的工作模式以及捕获图像质量的调整；EDMA_VPORT0 图像捕获通道配置，一旦配置完成，图像捕获通过 EDMA10，11，12 通道自动捕获图像并以乒乓结构的存储方式交替在两个图像缓冲区内存储捕获的图像数据，图像格式 BT.656，可以与 CPU 并行工作；EDMA_EMAC_LXT971A 配置，一旦完成配置，网口数据传输通过 EDMA8，9 建立与 PC 机的数据传输通道，可并行于 CPU 工作；只有图像处理通道由 CPU 主要参与处理，将 VPORT0 捕获到输入缓存的图像数据取出，进行 SOBEL 边缘检测处理，处理过程中另外开辟处理缓存空间，处理完成后，将处理结果存入输出缓存；网口传输通道将输出缓存的图像处理结果上传至 PC 机。

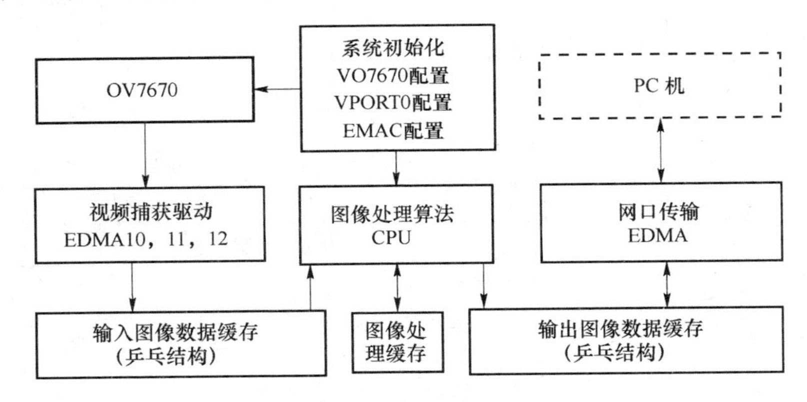

图 5-13 DM642 软件流程图

由图 5-13 可见，硬件系统中的数据流具有三条并行处理通道，可以为 CPU 提供足够的图像处理时间和空间，使得系统的时间空间利用率有可能达到最优。

4. 软件关键技术

(1) 硬件驱动程序

OV7670 驱动和 VPORT 驱动程序详见 4.8 节实例。

EMIF 驱动：DM642 通过 EMIF 接口外接了 FLASH 和 SDRAM，可以同时配置这两个不同存储空间的接口时序，由于 EMIF 本身一旦配置完成，就保证硬件无缝连接的完成，因此，对于 SDRAM 来说，不需要驱动程序就能够直接进行 SDRAM 读/写操作。FLASH 由于读/写需要特殊指令，因此，需要编写相应的驱动程序，细节详见 4.4 节。

EMAC 网络驱动：DM642 的 EMAC 接口驱动设计，调用了 NDK 开发包，Project 使用 BIOS系统构架，调用的头文件有<netmain.h>，<sem.h>，<csl.h>，<scom.h>。其中利用 BIOS 系统构架的任务跳转机制，实现网络任务和图像采集处理任务之间的灵活跳转，网络功能的实现直接调用网络功能开发包中提供的 API 函数。本实例中只使用了 DM642 对 PC 的单向数据发送。相关代码详见 4.9 节实例。该部分代码中 void tskNetworkTx()函数是实现数据网络发送的重要子函数，数据以数据包的形式发送，若发送数据量需要变化，只需调整数据包的大小和发送数据包的个数。数据发送的形式与图像各通道数据发送形式一致。

(2) 应用程序

本实例图像捕获后以数组的形式存到 DM642 的内存区，此时，调用 4.12 节的实例算法 SOBEL.c，对捕获的图像进行边缘检测，然后，以数据的形式存入输出缓存区，以备网口通过 EDMA 控制将处理后的图像上传到 PC 机上。这里的关键问题是图像处理函数的运行时间与代码长度的优化，以充分利用硬件系统提供的资源。

(3) 管理程序

由于本书的重点是 DM64x 图像处理系统设计，因此，PC 机管理程序的内容略去，只介绍 DM642 中程序管理的实现。

图像处理系统软件部分各程序模块的执行是结合 DSP/BIOS 的任务优先级和信号灯机制实现并行处理和传输。如图 5-14 所示，系统建立三个进程，图像捕获进程、图像处理进程、网络

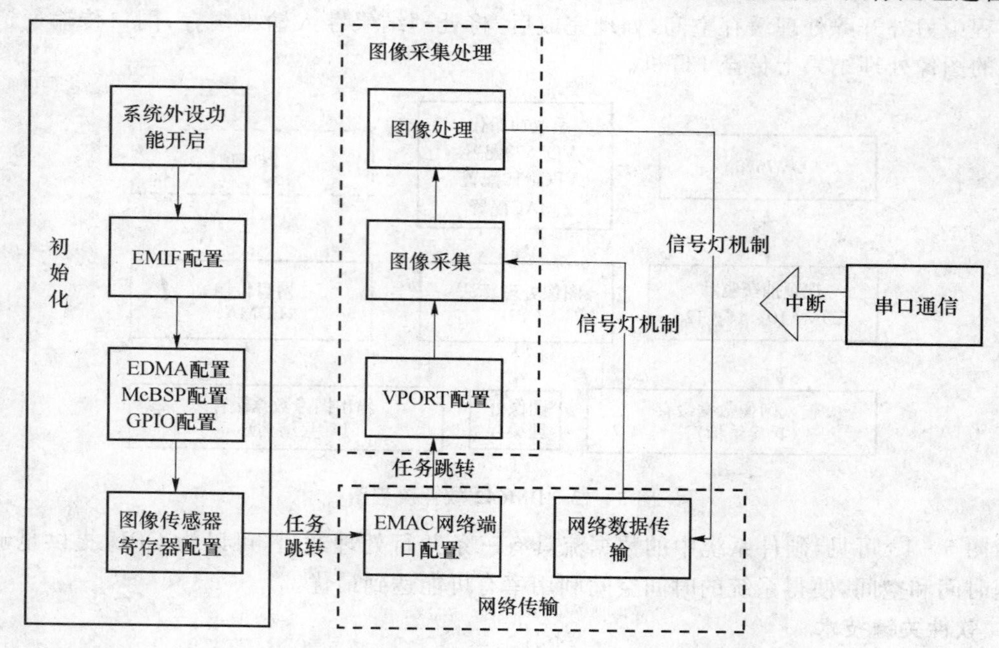

图 5-14　图像处理系统管理程序流程

传输进程，进程之间通过信号灯机制进行信息交互，保证系统的协调一致。首先执行初始化程序，完成外设的启动和配置；其次进行任务跳转，启动网络传输程序；启动图像捕获程序；每次捕获完成后，中断通知图像处理程序，开始 SOBEL 检测，同时，图像捕获再次进行下一幅视频的捕捉，注意，这里捕捉与处理同时进行；图像处理完毕，通过信号灯机制，启动网络数据传输，将处理后的图像数据上传 PC 机，同时，CPU 等待图像捕获完成信号；网络传输完成后，再由信号灯机制通知 CPU 网络传输完成，如此往复循环。在程序循环执行期间，串口通信会经由硬件中断，触发中断服务程序，实现串口数据通信。而模块内部的程序则是按先后次序顺序执行。

5.2.3　运行结果与分析

1. 捕获图像质量分析

DM642 捕获图像分辨率 640×480。改变 OV7670 相应寄存器的值，可调整图像亮度、色度、曝光、白平衡、饱和度等参数，不同对比度设置下，捕获图像如图 5－15 所示。

(a) 对比度低于20

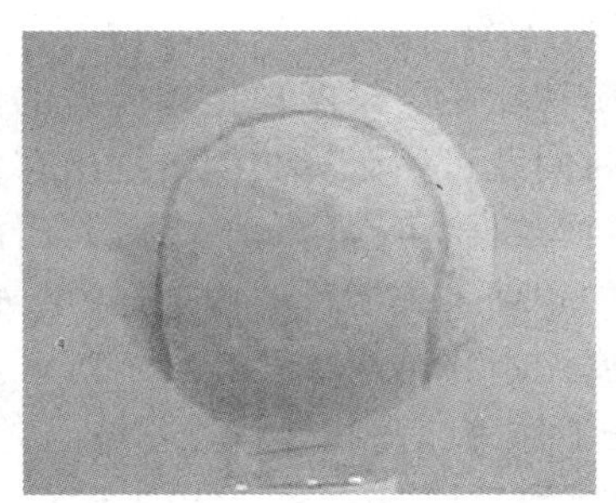

(b) 对比度120

图 5－15　捕获图像不同对比度

图像捕获过程中需注意 OV7670 的图像采集质量受光照条件影响较大，相关图像参数需在采集过程中根据实际环境调整。

2. 图像处理系统时间效率分析

软件利用 SOBEL 边缘检测程序，图 5－15 的边缘检测结果如图 5－16 所示。显然，本实例系统可以圆满地完成应用算法。

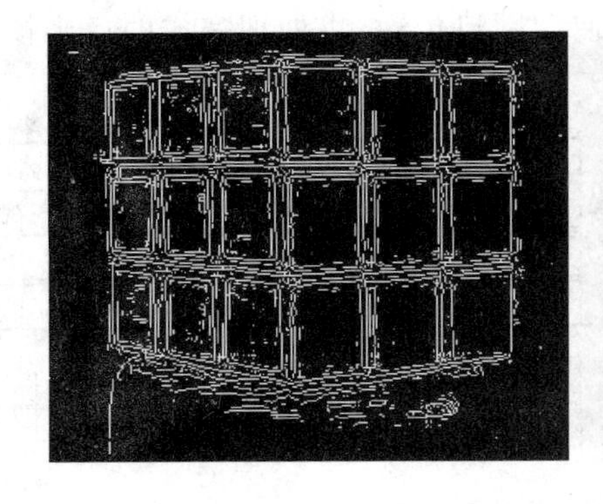

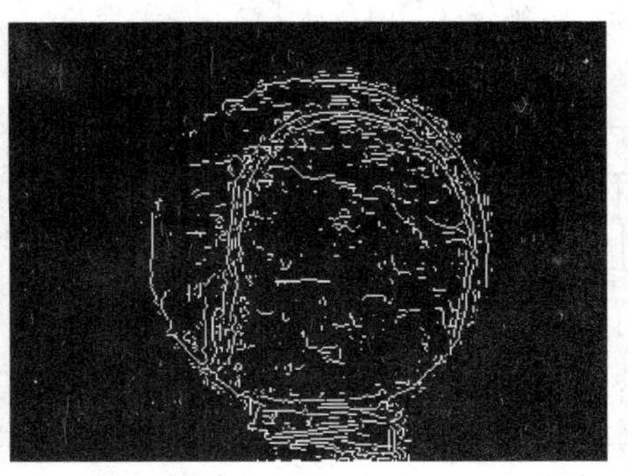

图 5－16　图像处理系统实时 SOBEL 检测结果

本实例中由于具有三个进程，给 SOBEL 算法的运行时间由图像捕获视频流帧间时间决定，

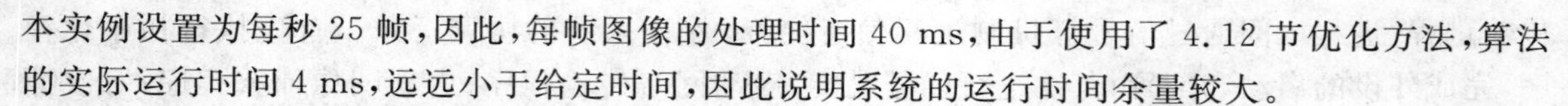

本实例设置为每秒 25 帧，因此，每帧图像的处理时间 40 ms，由于使用了 4.12 节优化方法，算法的实际运行时间 4 ms，远远小于给定时间，因此说明系统的运行时间余量较大。

3. 图像处理系统优化性能评估

（1）功耗评估

系统功耗包括两部分，一是硬件静态功耗，由系统硬件的直接功率消耗决定；二是软件的动态功耗，由高速软件运行采用高速主频引起的系统功耗决定。由于系统留给软件的运算时间达到 40 ms，所以，就本实例的 SOBEL 算法运行时间来说，为了降低功耗，可以采用较低的 CPU 时钟频率。但是，混合基体硬件功耗和驱动程序功耗无法减少。当算法复杂时，为了满足算法的运算速度，就必须增加时钟频率，同时，功耗大幅度增加。所以，对于一个简单智能系统的功耗评估，除了硬件本身必须消耗的功率外，软件的复杂度成为功耗增加的重要内容，也成了通过动态编程减小系统平均功耗的主要技术途径。因此，软基体与混合基体和硬基体配合可使系统在功耗优化的前提下，完成图像处理任务。

（2）功能评估

图像处理系统功能主要是图像处理能力的评价，指可处理算法的最大复杂度，体现在可以提供给算法的运算时间及可用于算法的数据缓存空间。由于数据输入/输出通道的混合基体可通过 EDMA 通道传输数据，不占用 CPU 资源，因此，可以采用应用算法的软基体与输入/输出通道的混合基体结合的软件系统运行结构。通过管理程序实现的大尺度流水线，给出系统可实现的功能评价。大尺度流水线结构如图 5-17 所示。由于图像输入/输出缓冲区都采用乒乓结构，因此，每帧图像的一半作为流水线并行操作节点，工作过程如下：

① 当视频捕获到半帧图像时，给出半满标志 flagV=1。

② 主程序判断 flagV=1 时，图像处理算法启动，处理前半帧图像，处理完成后，给出半帧处理完成标志 flagS=1；与此同时，视频捕获继续捕捉后半帧视频到另一个缓冲区。

③ flagS=1 触发 EDMA 的网口传输事件 1，启动网口传输混合基体，将处理完成的前半帧图像上传至 PC 机。

④ 视频捕捉后半帧满时，给出半满标志 flagV=0。

⑤ 主程序判断 flagV=0 时，图像处理算法启动，处理后半帧图像，处理完成后，给出后半帧处理完成标志 flagS=0；与此同时，视频捕获继续捕捉后半帧视频到另一个缓冲区。

⑥ flagS=0 触发 EDMA 的网口传输事件 2，启动网口传输，将处理完成的后半帧图像上传至 PC 机。

第1帧		第2帧		……	第n-1帧		第n帧	
视频捕捉1/2	视频捕捉2/2	视频捕捉1/2	视频捕捉2/2	……	视频捕捉1/2	视频捕捉2/2	视频捕捉1/2	视频捕捉2/2
	图像处理1/2	图像处理2/2	图像处理1/2	……	图像处理2/2	图像处理1/2	图像处理 2/2	图像处理1/2
		网口传输1/2	网口传输2/2	……	网口传输1/2	网口传输2/2	网口传输1/2	网口传输2/2

flagV=0	flagV=1	flagV=0	flagV=1	flagV=1	flagV=0	flagV=1	flagV=0
flagS=0	flagS=0	flagS=1	flagS=0	flagS=0	flagS=1	flagS=0	flagS=1

图 5-17 基于单元基体的软件系统流水线

从图 5-17 可见，传输处理一帧图像的最长时间由视频捕获帧频决定，当捕获帧频增加时，要求一帧图像的处理时间减小，当帧频增大时，图像处理时间增加。而最大帧频与图像空间分辨

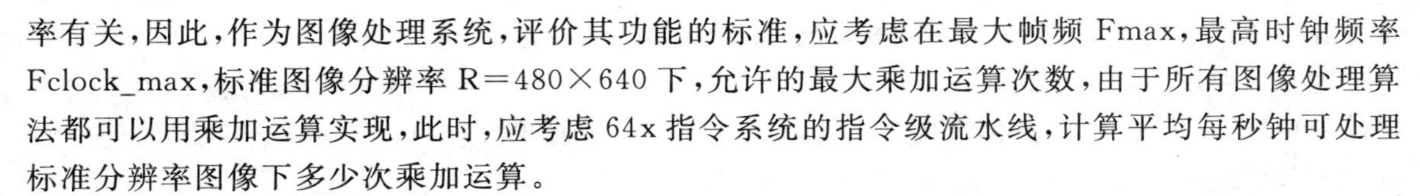

率有关，因此，作为图像处理系统，评价其功能的标准，应考虑在最大帧频 Fmax，最高时钟频率 Fclock_max，标准图像分辨率 R＝480×640 下，允许的最大乘加运算次数，由于所有图像处理算法都可以用乘加运算实现，此时，应考虑 64x 指令系统的指令级流水线，计算平均每秒钟可处理标准分辨率图像下多少次乘加运算。

(3) 基于单元基体的系统功耗及功能优化方法

1) 基于软基体的图像处理系统功耗优化方法

主要是在系统运行时间允许时，尽量使用较低主频；或者在不同运算速度要求的子程序，按照频率划分，实现动态功耗优化。对于图像处理系统来说，由于图像捕获与传输过程与图像处理过程并行工作，因此，基于软基体的图像处理系统功耗优化方法可按照如下步骤进行。

① 根据图像分辨率确定每帧图像数据规模 Dfrme＝mn，m 为行，n 为列。

② 按照标准视频捕获帧频 Ffrme＝25 fps(每秒帧)，确定图像处理软基体每帧图像处理最大消耗时间。

③ 最大允许时间确定：

- 利用 4.2 节编程实例中的算法剖析工具，分析所有图像处理算法软基体占用的时钟机器周期，按照机器周期时间长短列表。
- 再按照不同软基体需要的运算速度列表，例如，一般在数据量相同的情况下，希望运算复杂度高的算法具有更高的运算速度。
- 找出表中运算复杂度最高，运算时间最长的软基体，首先按照 4.12 节实例中的方法，优化软基体的运行时间，然后，根据帧频确定算法运行允许的最大时间。
- 以此类推，按照新的时间重新排列不同软基体的运行时钟频率，将所有时间相加得到算法最大允许时间。

④ 基于帧频进行系统功耗优化：

- 比较算法最大允许时间与帧间时间。
- 如果最大允许时间＞帧间时间，找出算法最大允许时间列表中的最短时间算法，提高该算法的运行时钟频率，直到找出主频提高的算法软基体数目最少情况下，能够满足帧间时间要求的算法时间匹配结果。
- 如果最大允许时间＜帧间时间，找出算法最大允许时间列表中的最长时间算法，降低该算法的运行时钟频率，直到找出主频降低的算法软基体数目最多情况下，能够满足帧间时间要求的算法时间匹配结果。

2) 基于软硬基体协同的图像处理系统功耗优化方法

当图像处理系统的某些功能不需要使用时，可以通过软基体控制硬基体的某些接口，关闭某些硬件模块，以减小系统功耗。例如，本实例中，如果网络传输速度远远大于图像捕获半帧的时间，则前面所采用方法的功耗有较大部分会连续消耗在网络传输混合基体上，此时，可采用动态启停 EMAC 方法，减小系统平均功耗。另外，本实例中的 McBSP 部分，不使用时，尽量关闭，以减小系统静态功耗。

5.3　语音处理系统实例

虽然 DM64x 广泛应用于多媒体处理领域，但是，由于 DM64x 中没有集成 A/D 采集模块，使得其用于语音处理时，必须考虑增加额外的 A/D 转换器，另外，考虑语音信号复杂处理时，语音处理算法可能占用更多的 CPU 资源。本实例中，设计一个以 DM64x+F28x 为核心的集成多媒体处理系统，DM642 通过网口向 PC 机同步上传图像和语音信息，基于 DM642 的图像处理部分 5.2 节已经进行了详细的剖析，本实例不再赘述。

针对语音信息处理的声能与电能转换的特点，本实例采用 TMS320F28x(以下简称 F28x)与 DM642 结合构成语音采集、处理、传输系统。本实例中 DM642 和 F28x 分别构成子功能体，F28x 中的结构分析可以同样利用单元基体的方法，将整个系统分解为硬基体、混合基体、软基体的集合，以便于系统作为子功能体的整体优化。并能够从软硬件结合的角度，剖析系统的特点，评估系统的性能，并从系统设计的角度给出基于功耗和功能的系统优化和参数平衡方法。

通过本实例的学习，读者可以发现简单智能系统设计的关键问题，了解掌握语音处理系统从设计到实现的各个环节，建立语音处理系统设计的整体观念。

5.3.1 语音处理系统构架

本实例剖析以 F28x 为核心的语音处理系统，其主要功能是通过语音传感器硬基体与片上外设混合基体 ADC 实时采集语音信号，然后，通过语音滤波软基体处理，去除背景噪声，再通过异步串口混合基体 SCI 与 DM642 的 McBSP_RS23 混合基体构建两个 DSP 64x 与 F28x 的数据传输通道，将处理后的语音信号传入 DM642，与 DM642 中的图像数据一起，通过网口同步上传至 PC 机并实时显示。由于 DM642 结构已在 5.2 节实例中详细剖析，相关内容这里不再赘述。

1. 语音系统结构

一般的语音处理系统(以下简称语音系统)主要由语音传感器(MIC)将语音信号转换为与之幅值和相位对应的模拟电信号；然后，通过 A/D 模数转换电路将模拟点信号转换为离散数字信号，再进入具有 CPU 的智能处理器中进行处理；最后，通过数据传输通道将处理结果输出到给定部分进行分析。本实例采用基于 F2812 的语音系统，利用 F2812 的片上外设 ADC 混合基体实现语音信号的模/数转换，语音处理结果通过串行接口 SCI 混合集体将语音处理结果传输给 DM642，DM642 通过 McBSP_RS232 混合基体接受 F2812 发送的语音数据。

图 5-18 是语音系统的基本组成，两路语音信号分别通过两个 MIC 硬基体实现声/电信号的转换，由于转换出的信号微弱，需要再经过信号调理硬基体进行放大，为了消除信号采集过程出现的高频混淆现象，通过抗混淆滤波器硬基体去除高频噪声，然后，直接通过 F2812 的 ADC 混合基体实现声音信号的数字化。最后，利用滤波器软基体处理数字语音信号，再将处理结果通过 SCI_RS232 混合基体传入 DM642，DM642 将语音与图像合成通过网口上传到 PC。

2. 声音传感器原理

声音传感器简称传声器，英文名称 Microphone，通常用其英文发音的汉语注释“麦克风”来代替。传声器是一种将声音能量转换为电能的换能器。人通过控制喉部肌肉的张弛发出声音，声音是一种振动，可使周围空气以一定的频率和幅度压缩和舒张，从而通过空气振动将声音传播出去。因此，传声器的工作原理主要是将声波的振动转换为与其幅度和频率对应的电信号。根据采用的空气振动转换为电能的原理不同，传声器主要分为两类：其一，动圈式，它的结构是一片非导电薄膜连接一个金属线圈置于电磁铁或永久磁铁的磁场中，当声波引起的空气振动驱动薄膜振动时，薄膜带动金属线圈切割磁场中的磁力线，根据电磁感应原理，金属线圈中产生感应电势，感应电势的幅值和频率与薄膜振动幅度和频率相关，因此，将声波转换成了电信号。其二，电

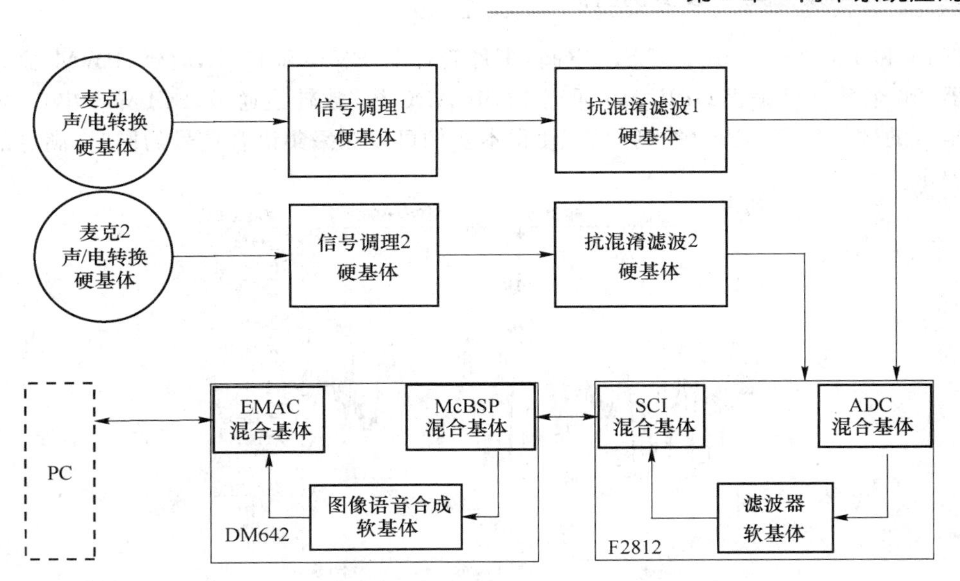

图 5-18　语音处理系统

容式，它的结构是电容的一个电极用金属薄膜制成，另一电极为固定平面，当声波引起的空气振动驱动薄膜电极振动时，电容两个极板之间的距离随之变化，从而引起电容容量的变化，在电容两端施加固定幅值和频率的电压，当电容的容量不变时，通过电容的电流幅值与电路中的容抗成反比，当电容的容值随声波变化时，电路中的容抗变化，使得原来的电流信号幅值被调制，通过检波电路可以获得这个调制信号的波形；还有一种利用驻极体构成的电容式传声器，其结构是将一片高分子材料制成的驻极体薄膜置于金属外壳中，薄膜一面与金属外壳相连，薄膜的另一面与金属极板之间用薄的绝缘衬圈隔离开，根据驻极体两面电荷永久异性的性质，就在驻极体一个端面与金属外壳之间形成一个带有一定电荷的电容，电容中的电场强度与驻极体薄膜与外壳的距离有关，而电容两端的电压与电容中电场的强度有关，当声波驱动薄膜振动时，电容两极的距离变化，从而引起电容内部的电场变化，电场变化引起电容两端的电压变化，通过放大器放大这个电压就可以获得声波的幅值和频率，由于驻极体薄膜与金属极板之间的电容量一般为几十 pF，因而它的输出阻抗值约几十兆欧以上，因此，通常驻极体电容式传声器都需要接入一只结型场效应进行阻抗变换，所以，驻极体电容式传声器都需要直流偏置电压。

动圈式传声器结构牢固、性能稳定、经久耐用、频率特性良好、50～15 000 Hz 频率范围内幅频特性曲线平坦、指向性好、无需直流工作电压、使用简便、噪声小。电容式传声器电声性能较好、抗振能力强、易于小型化。本实例采用驻极体电容式传声器，获取的语音信号如图 5-19 所示。

由图 5-19 可见，语音信号是幅值随时间不断变化的模拟信号，其幅值由语音大小及麦克的转换效率决定，通常情况下，直接由传声器获取的语音信号幅值非常微弱，一般在几十毫伏左右；其变化频率在 30～1 000 Hz 之间，比一般的音频信号 10 Hz～20 kHz 的频率范围略窄。因此，需要对传声器转换出的模拟电信号进行调理，以获得最好的无失真信号。

3. F2812 片上外设

由于语音信号为模拟信号，如果对其进行数字处理，需要进行 A/D 转换，F2812 是专门用于控制的 32 位定点处理 DSP，最高频率 150 MHz，指令周期为 6.67 ns，其片上外设包括 18K×16 bit 的 RAM 和 128K×16 bit FLASH 空间，事件管理器 EVA 和 EVB，时钟、PWM 脉宽调制信号发生器，56 个独立可编程 GPIO，16 通道 12 bit ADC 模/数转换通道、SCI 异步串口、SPI 同步串口等丰富的数据采集、处理、控制功能，使得本实例可以在采集语音信号的同时，满足语音实时处理的要求。

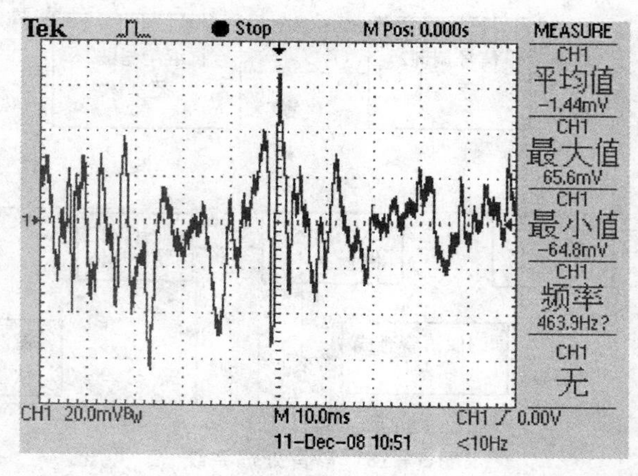

图 5-19　麦克输出的语音信号

(1) ADC 模/数转换器

F2812 的片上外设模/数转换器 ADC 是混合基体，具有如下特点：

- 内置双采样保持 12 bit ADC 内核。
- 可实现同步采样或顺序采样模式。
- 模拟输入幅值 0～3 V。
- 转换速度为 12.5 MHz 时钟/6.25 MSPS。
- 16 条信道，可多路复用输入。
- 自动定序功能，单次可提供 16 次“自动转换”，每次转换可编程为 16 个输入信道中的任何一个。
- 序列发生器可作为 2 个独立的 8 态序列发生器，或作为 1 个 16 态序列发生器使用(即 2 个级联的 8 态序列发生器)。
- 存储转换值的 16 个寄存器可分别寻址。
- 作为转换开始序列 SOC 源的多个触发器。
  - ◆ S/W——软件向该位写 1。
  - ◆ EVA——事件管理器 A。
  - ◆ EVB——事件管理器 B，仅用于级联模式 。
  - ◆ EXT——外部引脚，例如 ADCSOC 引脚 。
  - ◆ 灵活的中断控制允许每个序列结束(EOS)或其他 EOS 上的中断请求。
- 序列发生器可运行于“启动/停止”模式，以便多个“时序触发器”进行同步转换。
- ePWM 触发器可独立运行于双序列发生器模式。
- 采样保持(S/H)采集时间窗口具有独立的预扩展控制。

F2812 ADC 包括模拟电路和数字电路两部分，模拟电路包括模拟多路复用器、采样/保持电路、转换器和其他辅助电路；数字电路包括转换排序器、转换结果寄存器。其内部结构如图 5-20 所示。

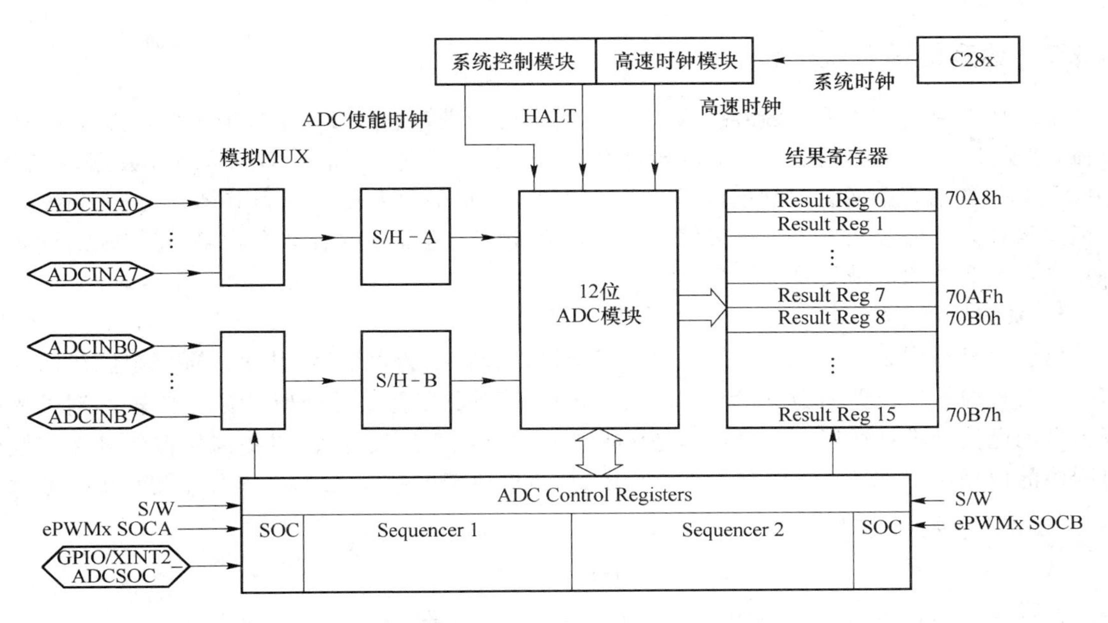

图 5－20　F2812 ADC 结构

ADC 具有 16 个输入信道，可配置为 2 个独立 8 输入信道，也可将 2 个独立的 8 信道模块级联成 1 个 16 信道模块。2 个 8 信道模块可自动对一系列转换定序，每个模块可通过模拟多路选择器 MUX 选择其中一个。在级联模式中，自动序列发生器将作为 16 信道序列发生器使用。一旦序列发生器完成转换，所选的信道值将存储在各自的 ADCRESULT 寄存器中，如图 5－20 的 Result Reg 0 ，……，Result Reg 15。系统可使用自动定序功能多次转换同一信道，利用过采样提高 A/D 转换分辨率。

(2) SCI 异步串口

异步串行通信接口 SCI 是标准的双线通信 UART 接口，支持 CPU 与其他标准非归零 NRZ 数据格式的异步外设进行数据通信。SCI 接收和发送各有一个 16 bit 的 FIFO，具有独立的使能和中断位，在半双工或全双工模式下可独立操作。其结构如图 5－21 所示，为了保证数据完整，SCI 模块对接收的数据进行奇偶、溢出、帧错误校验，可以通过对 16 位的波特率控制寄存器进行编程，配置不同的 SCI 通信速率。SCITXD 为 SCI 数据发送端，SCIRXD 为 SCI 数据接收端，这两个引脚不做 SCI 使用时可作为 GPIO 使用。

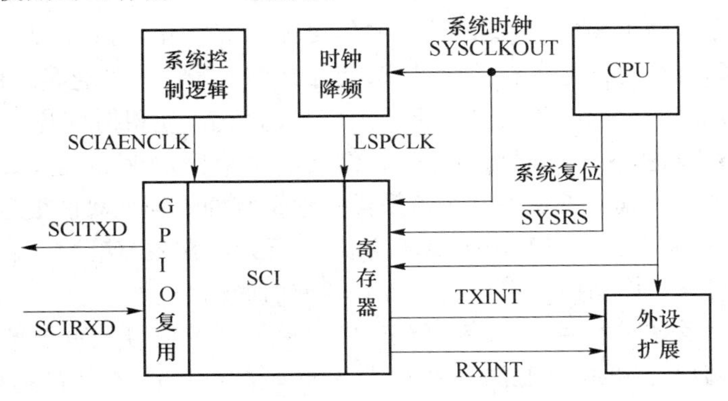

图 5－21　F2812 SCI 接口

5.3.2 语音处理系统剖析

本实例的语音处理系统分为四部分，①前端语音信号转换、调理、预处理等模拟部分，属于硬基体；②基于 F2812 的语音采集、传输部分，属于混合基体；③语音处理部分，数据软基体；④DM642中的语音图像合成软基体及与 F2812 和 PC 机的语音传输混合基体。由于 DM642 的功能及设计方法已经在图像采集实例中完整介绍，因此，这部分内容本章省略，有兴趣的读者请参见本章 5.2 节图像采集系统实例。

1. 系统硬件结构

语音信号检测分为三部分，首先，由传声器将语音转换为电信号；其次，是电信号调理，这一部分主要是根据传声器输出电信号幅值大小和频率范围，以及信号处理所需的信噪比，对输入的模拟微弱电信号进行适当放大；最后，是调理信号的抗混叠滤波处理，以提高模拟信号在离散化过程中的信噪比。这三部分都是模拟硬件电路，所以属于硬基体，设计关键技术指标由硬基体描述单元唯一确定：

```
HARD(Input[],Output[],Vin,Power,Soft_Contral)
```

经过语音检测的三个阶段后，再通过 F2812 的 ADC 模/数转换获得数字语音信号，ADC 原理如图 5-20 所示。经滤波去噪处理，再通过 SCI 配置为异步串口协议，SCI 原理如图 5-21 所示，将处理后的语音信号传输到 DM642 中。ADC 和 SCI 属于混合基体，由混合基体描述单元确定：

```
MIX(Input[],Output[],register[],Driver_prog,Power,Parallel)
```

另外，F2812 还需要对输入语音信号进行滤波或识别等处理，本实例仅进行高斯滤波处理 Gauss_Filter()，属于软基体，由软基体描述单元确定：

```
SOFT(Input_data[],Outpu[],Buffer,Time,Clock, Code_Size)
```

本实例采用两个传声器同时获得语音信息，然后，对于所获得的数字语音信号进行高斯滤波处理处理获得更清晰的语音信息，并通过 SCI 送至 DM642。

(1) 语音信号调理

传声器输出的是模拟语音信号，要对这类信号进行数字化处理需要从两个方面考量：其一是信号的幅值匹配问题，由于微弱信号常常会淹没于噪声之中，以及在模拟信号数字化过程中，信号的量化也需要一定的输出幅值，过低的信号幅值可能引起量化失效，因此，为了提高信号的信噪比，减少信号失真，需要对信号进行放大处理；其二是信号时间离散化过程的抗混淆问题，由于信号的时间离散化是以一定的时间间隔采集模拟信号的数值，使得时间连续的模拟信号可以用时间离散的数字信号表达，这个时间离散化过程需要满足采样定理，但是，采样后的时间离散信号使得连续时间信号在频域上表现为以 2 倍采样频率重复的周期性离散信号。由于实际语音信号带宽有限(30 Hz～1 kHz)，可以利用抗混淆滤波器(低通滤波器)滤除多余的高频信号，避免由于噪声带宽超过 2 倍采样周期而引起信号在有效频域内的混叠。

本实例首先设计运算放大器，放大传声器输出的模拟语音信号。由于输入信号微弱，因此，运算放大器的低失调电压和低温度漂移特性尤为重要，所以，放大电路选用低噪声集成运放 OPA2335，该运放失调电压最大 5 μV，温度零漂移最大值 0.05 μV/℃。另外，由于 ADC 要求输入电压范围为0～3 V(采用内部电压源)，所以要求输入信号必须为单极性，但是，从图5-19可知传声器输出信号是一个交变双极性信号，需要通过电平提升的方法将双极性交变信号变为单极性无失真信号。同时，OPA2335是单电源集成运放，满足上述要求。模拟信号调理电路的前置放大部分如图5-22(a)所示，电压放大倍数可以通过调节可变电阻R8调整，使输出电压在0～3 V量程范围内变化。

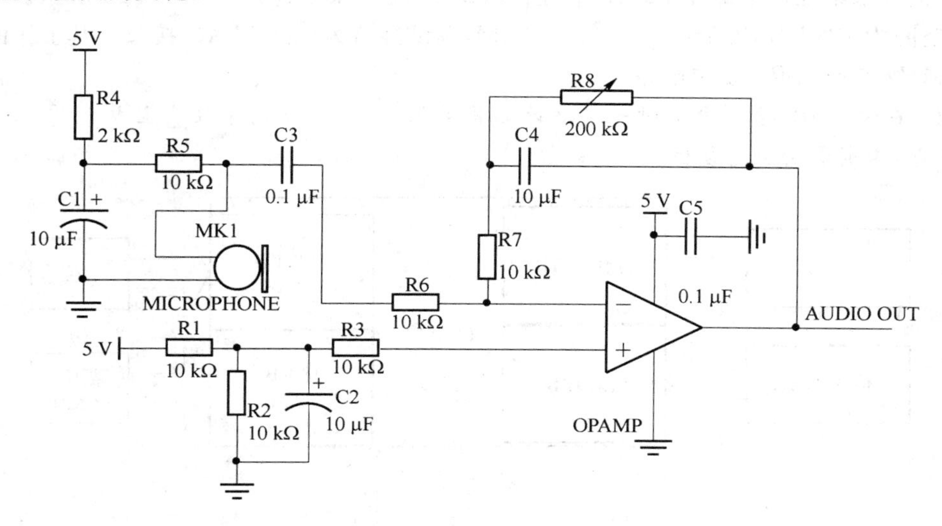

(a) 前置放大电路

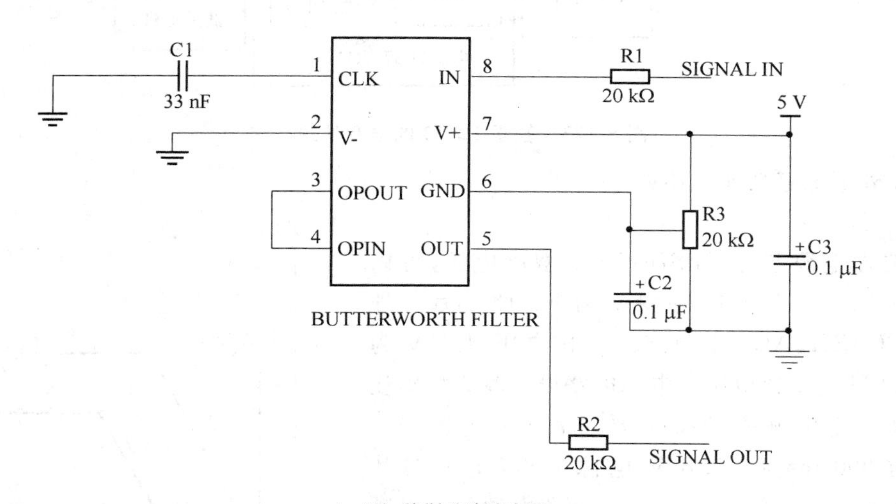

(b) 抗混叠滤波电路

图5-22　信号调理电路

鉴于语音信号的频率一般在3.4 kHz以下，抗混叠通滤波器的截止频率选择5 kHz，选用MAX291巴特沃兹滤波器，该芯片主要用于仪表测量等要求整个通频带内增益恒定的场合，广泛应用在ADC的抗混叠滤波、噪声分析、电源噪声抑制等领域，其连接方式如图5-22(b)所示。

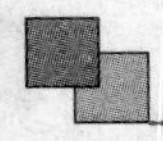

(2) 语音信号采集和传输

语音信号调理后,可以满足模拟信号离散化要求,因此,直接与 F2812 的 ADC 输入端相连,然后,F2812 可以直接根据设计要求对语音信号进行处理,最后,通过 F2812 的 SCI 串口与 DM642 的 McBSP 模拟 RS232 接口通信,将处理结果传入 DM642。

语音信号采集处理全部在 F2812 中进行,F2812 硬件系统连接如图 5-23 所示。F2812 程序/数据空间为 128 KB FLASH 和 18 KB RAM,调试接口为标准 JTAG 接口。其工作的必备条件是 30 MHz 晶振和 RC 复位电路。

注意: 在设计 RC 复位电路时一定要计算其复位时间,以及确保每次上电之前,RC 电路已经完全放电,否则影响上电复位。

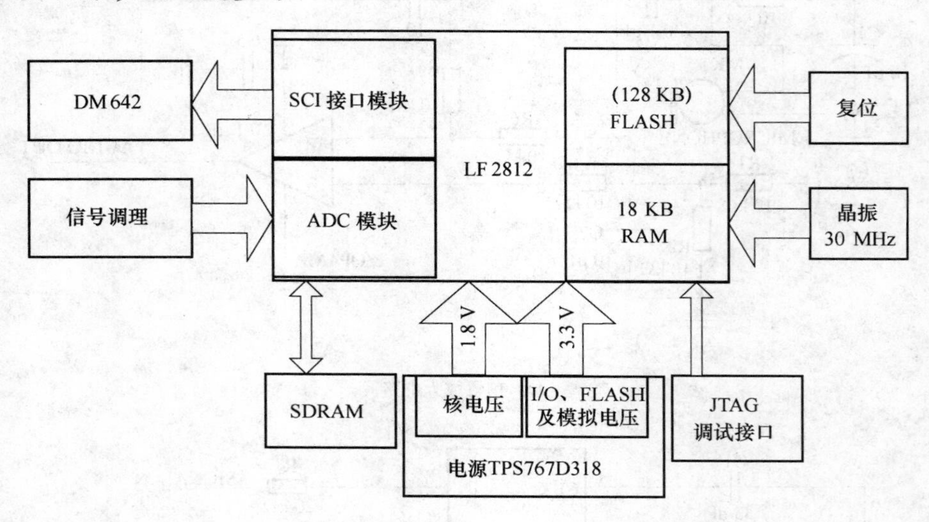

图 5-23　基于 F2812 的语音处理系统

F2812 外围电路功能叙述如下:

1) 电　源

采用线性电源芯片 TPS767D318 双路电源,可以输出 3.3 V 和 1.8 V 电压。3.3 V 为 F2812 的片上外设 ROM、FLASH、ADC、I/O、SCI 提供电压,1.8 V 为 F2812 的 CPU 提供核电压。电源电路设计时应特别注意两种电源的上电顺序,F2812 要求 3.3 V 电源先上电,经过约 200 ms 后,1.8 V 电源上电,电源芯片 TPS767D318 已经具备上述功能,其两路电源的上电顺序如图5-24 所示。

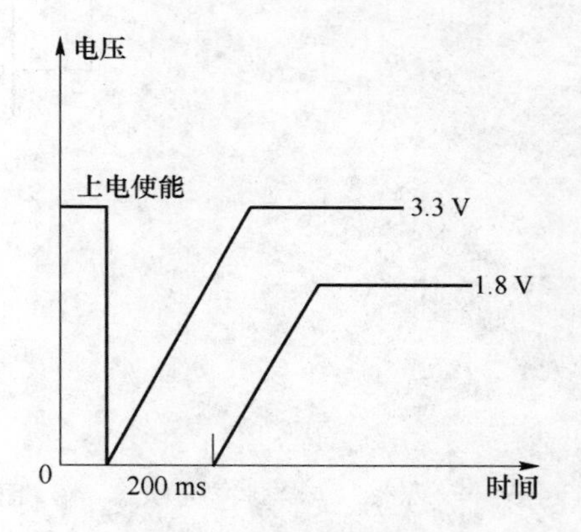

图 5-24　F2812 电源上电顺序

2) A/D 采集

ADC 是混合基体,其硬件设计部分主要是参考电压需要高精度基准源提供,而且其模拟地与数字地不能构成环路,所以,在模拟地与数字地之间用磁珠隔开,以提高 A/D 转换的抗干扰能力。ADC 电路的连接如图 5-25 所示。由于两路信号同时接入,所以两路信号输入的一致性需要在设计中考虑。由于 ADC 为混合基体,在硬件电路完善后,其性能的优化与寄存器配置有关。

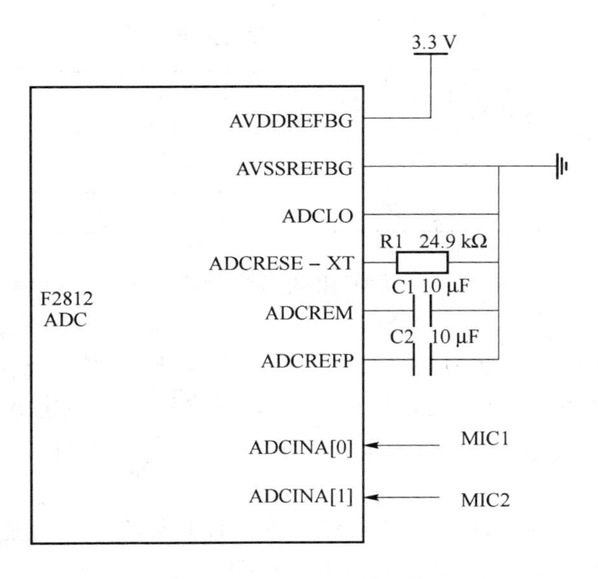

图5－25　ADC硬件连接

3）数据传输

SCI的硬件设计主要是DM642的McBSP需要设置成同类串口通信协议，由于两边电压相同，可以无缝连接，连接方式如图5－26所示。这里需要考虑的是两边的协议配置、校验模式等。本实例将两者连接成RS232模式，由于SCI是混合基体，因此，其关键的问题是通过寄存器配置实现中断模式下的全双工通信。

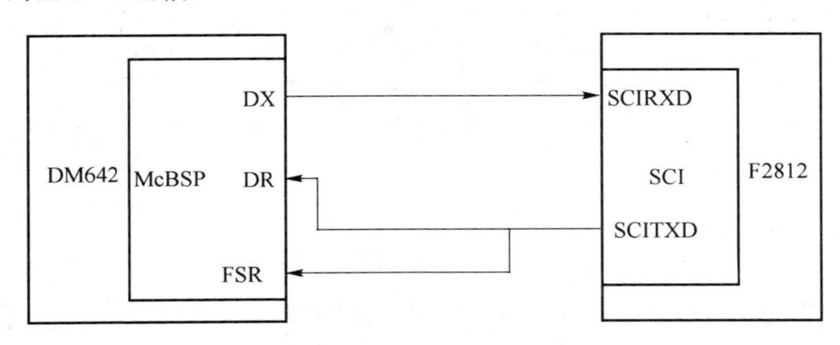

图5－26　F2812_SCI与DM642_McBSP模拟RS232连接

2．硬件关键技术

F2812的硬件关键技术主要是A/D采集的精度和可靠性保证，主要由基准参考源决定，以及模拟地与数字地隔离，串口通信的协议一致性调整。由于ADC和SCI为混合基体，因此，其功能的实现除了硬件准确连接之外，还需要进行相关寄存器配置。

（1）ADC寄存器配置

1）ADC若干概念

● 输入信号比例换算，ADC采用内部参考电压3 V，比较电压ADCLO为模拟地，2路12位输入通道ADCINA0和ADCINA1。转换后的数字电压值换算列于表5－3中。

表 5-3　ADC 转换比例

输出数字电压值 V_o	输入模拟电压值 V_i
$V_o=0(0H)$	$V_i<0$ V
$V_o=4\,096\times\frac{V_i}{3}$	$0\ V<V_i<3\ V$
$V_o=4\,095(0FFFH)$	$V_i>3$ V

- 分辨率(Resolution)是模拟信号数字化的最小量化单位,分辨率又称量化精度,通常以数字信号的位数来表示,F2812 分辨率为 12 位。
- 转换速率(Conversion Rate)是完成一次 A/D 转换所需时间的倒数,积分型 A/D 的转换时间是毫秒级属低速 A/D,逐次比较型 A/D 是微秒级属中速 A/D,并联比较型可达到纳秒级,F2812 的 ADC 采用的是并联比较型 A/D,在 25 MHz ADC 时钟下,其转换速率可达 80 ns。
- 采样时间是指两次转换的间隔,为了保证转换的正确完成,采样速率(Sample Rate)必须小于或等于转换速率,常用单位是 Ksps 和 Msps,表示每秒采样千/百万次(Kilo/Million per Second)。

F2812 具有 12 位分辨率,最高转换速率 80 ns,最高采样率配置为 12.5 MHz。

2) ADCCLK 时钟配置

图 5-27 为 ADC 时钟管理结构,ADCCLK 为 ADC 采样时钟,ACQ_PS 为 ADC 采样保持时钟,为保证采样的可靠性,要求 ACQ_PS<ADCCLK。

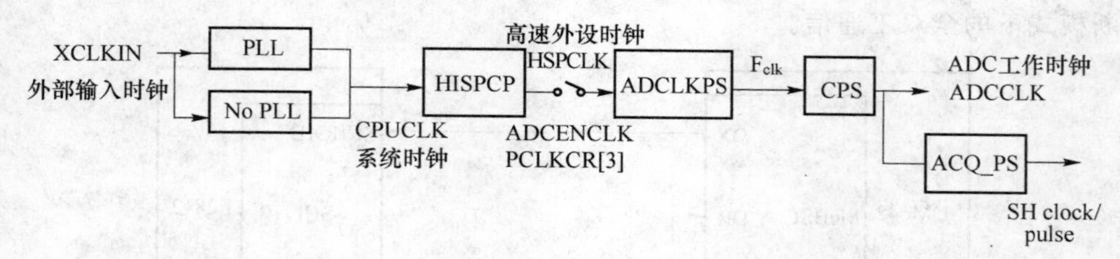

图 5-27　ADC 时钟管理

图 5-27 中,PLL 为锁相环寄存器,用来配置输入时钟 XCLKIN 与系统工作时钟 CPUCLK 的分频系数,可以选择分频,也可以选择不分频;HISPCP 为高速外设时钟倍频寄存器,配置其中的字段 ADCENCLK 和 PCLKCR;ADCLKPS 为核时钟除法器,可以配置合适的核时钟频率;CPS 为核时钟预分频器,与其他寄存器配合完成时钟配置。

各时钟频率之间的关系如下:

$$\text{系统时钟 CPUCLK}=\frac{\text{XCLKIN}\times\text{PLLCR}}{2} \tag{5-1}$$

$$\text{高速外设时钟 HSPCLK}=\frac{\text{CPUCLK}}{\text{HISPCP}\times 2} \tag{5-2}$$

$$\text{ADC 工作时钟 ADCCLK}=\frac{\text{HSPCLK}}{2\times\text{ADCCLKPS}\times(\text{CPS}+1)} \tag{5-3}$$

式中:PLLCR——PLL 控制寄存器;

HISPCP——高速外设时钟倍频寄存器;

ADCLKPS——ADC 时钟除法器；

CPS——ADC 时钟预分频器。

3）采样频率及触发方式配置

ADC 转换有 4 种触发方式，ADC 的工作频率 ADCCLCK 直接影响 EVA 模块工作频率。本实例采用事件管理器 A(EVA)中的通用定时器启动 ADC，每当定时器与计数器发生周期匹配的时候，触发 ADC。ADC 采集及定时器配置如下：

```
//////////////////////////////////////////////////////////////////////////////
    AdcRegs.ADCMAXCONV.all = 0x0003;                    //配置转换通道数为 4
    AdcRegs.ADCCHSELSEQ1.bit.CONV00 = 0x0;              //SEQ1 首先进行模/数转换为 ADCINA0
    AdcRegs.ADCCHSELSEQ1.bit.CONV01 = 0x1;              //依次转换 ADCINA1,2,3 三个通道
    AdcRegs.ADCCHSELSEQ1.bit.CONV02 = 0x2;
    AdcRegs.ADCCHSELSEQ1.bit.CONV03 = 0x3;
    AdcRegs.ADCTRL2.bit.EVA_SOC_SEQ1 = 1;               //使能 EVASOC 启动 SEQ1
    AdcRegs.ADCTRL2.bit.INT_ENA_SEQ1 = 1;               //使能 SEQ1 中断

    EvaRegs.T2CON.bit.TMODE = 2;                        //定时器 2 工作在连续递增计数模式
    EvaRegs.T2CON.bit.TCLKS10 = 0;
    EvaRegs.T2CON.bit.TPS = 1;                          //输入时钟 = HSPCLK/2 = 75 MHz(本实例设置)
    EvaRegs.GPTCONA.bit.T2TOADC = 2;                    //定时中断周期启动 ADC,ADC 工作
//////////////////////////////////////////////////////////////////////////
```

采样频率配置为 20 kHz。

4）采集数据校正

ADC 存在增益误差和失调误差，需要进行校正，否则会影响采集信号精度，其转换方程可以表示为

$$y = x \times \mathrm{ma} \pm \mathrm{b} \tag{5-4}$$

式中：ma 为实际增益，b 为失调误差。

ADC 增益误差一般在 5%以内，可以采用以下方法进行校正：选用 ADC 任意两个通道作为参考输入通道，并分别提供给它们已知直流参考电压作为输入，两个电压不相同，通过读取相应的结果寄存器获取转换值，利用两组输入/输出值求得 ADC 校正增益和校正失调。然后，利用这两个值对其他通道的转换数据进行补偿，从而提高 ADC 转换准确度。具体操作步骤如下：

① 已知，输入参考电压的转换值 $y\mathrm{L}$ 和 $y\mathrm{H}$。

② 利用方程(5—4)及($x\mathrm{L}$，$y\mathrm{L}$)和($x\mathrm{H}$，$y\mathrm{H}$)计算实际增益及失调误差为

$$\text{实际增益 ma} = (y\mathrm{H} - y\mathrm{L})/(x\mathrm{H} - x\mathrm{L})$$

$$\text{失调误差 b} = y\mathrm{L} - x\mathrm{L} \times \mathrm{ma}$$

③ 定义输入 $x = y \times \mathrm{CalGain} - \mathrm{CalOffse}$，则由方程(5—4)得

$$\text{校正增益 CalGain} = 1/\mathrm{ma} = (x\mathrm{H} - x\mathrm{L})/(y\mathrm{H} - y\mathrm{L})$$

$$\text{校正失调 CalOffset} = \mathrm{b}/\mathrm{ma} = y\mathrm{L}/\mathrm{ma} - x\mathrm{L}$$

④ 将所求的校正增益及校正失调应用于其他测量通道，对 ADC 转换结果进行校正。

(2) SCI 寄存器配置

F2812 有两个标准的 SCI 串口，本实例将 SCIA 配置为 RS232 模式与 DMA642 的 McBSP

进行通信。

1）SCI 若干概念

- 发送数据包格式，SCI 是异步接发 UART 接口，能够与多种标准串口进行通信，本实例中配置 SCI 数据发送特征如下：1 个启动位，8 个数据位，1 个偶校验位，1 一个停止位，每个数据包共 11 bits。
- 发送波特率，内部产生串行时钟，由低速外设时钟 LSPCLK 频率和波特率选择寄存器配置，在系统时钟频率确定时，SCI 使用 16 位波特率选择寄存器配置其波特率，因此，SCI 可以采用 64K 种不同的波特率进行通信，配置波特率选择如表 5－4 所列。

表 5－4　SCI 波特率选择

理想的波特率 bits/s	LSPCLK 时钟频率，本实例为 37.5 MHz		
	BRR	实际波特率	错误百分比/%
2 400	1 952(7A0H)	2 400	0
4 800	976(3D0H)	4 798	0.04
9 600	487(1E1H)	9 606	0.06
19 200	243(00F3H)	19 211	0.06
38 400	121(0079H)	38 422	0.06

SCI 波特率计算公式为

$$\text{低速速外设时钟频率 LSPCLK}=\frac{\text{CPUCLK}}{\text{LSPCP}\times 2} \tag{5-5}$$

$$\text{SCI 波特率 SCI}=\frac{\text{LSPCLK}}{(\text{BBR}+1)\times 2} \tag{5-6}$$

其中，BRR 的值是 16 位波特率选择寄存器内的值，所以 BBR 寄存器设置为

$$\text{BBR}=\frac{\text{LSPCLK}}{\text{SCI}}-1 \tag{5-7}$$

注意，上述公式只有在 $1\leqslant \text{BRR}\leqslant 65\,535$ 时成立，如果 BRR＝0，则

$$\text{SCI}=\frac{\text{LSPCLK}}{16} \tag{5-8}$$

本实例配置 SCI 波特率为 38 400 bits/s，所以 BBR 寄存器为 0x0079。

2）SCIA 的初始化参考程序

```
////////////////////////////////////////////////////////
    SciaRegs.SCICCR.all = 0x0027;          //一个停止位，奇校验，奇偶校验使能，自测试模
                                            //式禁止，空闲位模式协议选择，字符长度为 8bit
    SciaRegs.SCIHBAUD = 0x0000;            //波特率
    SciaRegs.SCILBAUD = 0x0079;
    SciaRegs.SCICTL1.all = 0x0023;
////////////////////////////////////////////////////////
```

(3) 系统时钟配置

如图 5－28 所示，F2812 具有两种系统时钟模式，一种是 PLL 未被禁止的情况下，使用外部

晶体提供时钟信号，直接连接到X1/CLKIN引脚和X2引脚；另外一种是PLL被禁止的情况下，旁路片内振荡器，由外部时钟源提供时钟信号，即将外部振荡器的信号输入到X1/XCLKN引脚，X2引脚不使用。本实例采用外部晶体通过片内OSC来产生时钟信号。

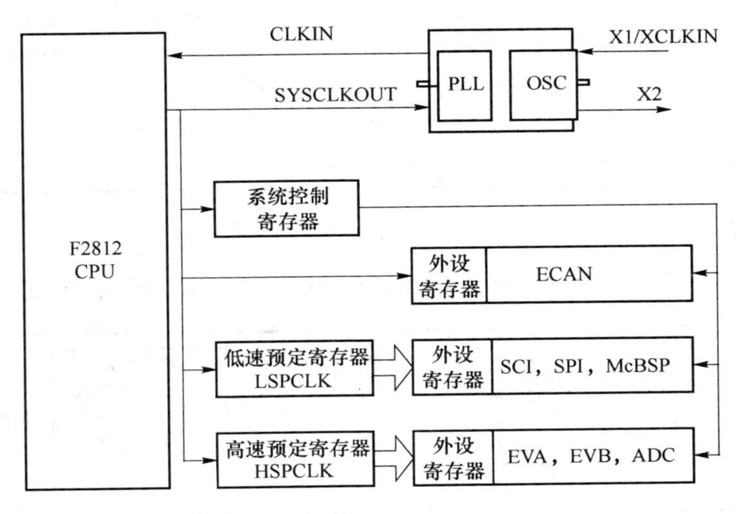

图5-28 系统时钟管理

本实例时钟配置参考程序如下：

```
////////////////////////////////////////////////////////////////////////////////
//// 对外部输入时钟倍频，倍率为 val = 0xA，系统时钟配置为 150 MHz
        EALLOW;                                          //禁止寄存器保护
        SysCtrlRegs.PLLCR.bit.DIV = val;
        EDIS;                                            //使能寄存器保护
////根据倍频后的系统时钟，配置高速/低速时钟，使能各外设时钟
        EALLOW;
//// 高速/低速时钟配置
    SysCtrlRegs.HISPCP.all = 0x0001;                     //高速时钟配置
    SysCtrlRegs.LOSPCP.all = 0x0002;                     //低速时钟配置
//// 为片上外设提供时钟使能控制，本实例中为 EVA、SCIA、ADC，时钟配置如下
    SysCtrlRegs.PCLKCR.bit.EVAENCLK = 1;                 //EVA 时钟使能
    SysCtrlRegs.PCLKCR.bit.EVBENCLK = 0;                 //EVB 时钟关闭
    SysCtrlRegs.PCLKCR.bit.SCIAENCLK = 1;                //SCIA 时钟使能
    SysCtrlRegs.PCLKCR.bit.SCIBENCLK = 0;                //SCIB 时钟关闭
    SysCtrlRegs.PCLKCR.bit.MCBSPENCLK = 0;               //McBSP 时钟关闭
    SysCtrlRegs.PCLKCR.bit.SPIENCLK = 0;                 //SPI 时钟关闭
    SysCtrlRegs.PCLKCR.bit.ECANENCLK = 0;                //ECAN 时钟关闭
    SysCtrlRegs.PCLKCR.bit.ADCENCLK = 1;                 //ADC 时钟使能
    EDIS;
```

3. 硬件调试要点

语音处理系统硬件的主要故障及其解决方法列如表5-5所列。

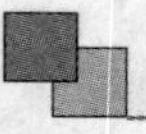

表 5-5　语音处理系统硬件故障及解决方法

故障现象	故障原因	解决方法	备注
程序不能引导	引导模式配置有误	将 F2812 第 155 脚（GPIOF4_SCITXDA）上拉	上拉该引脚将 F2812 配置成为 FLASH 引导模式
手动复位后系统方能正常工作	上电后复位时间过短	调节复位电路参数或使用专门的复位芯片	

4. 系统软件结构

如图 5-29 所示，语音处理系统软件部分主要包括硬件驱动、应用程序、系统管理三大部分。

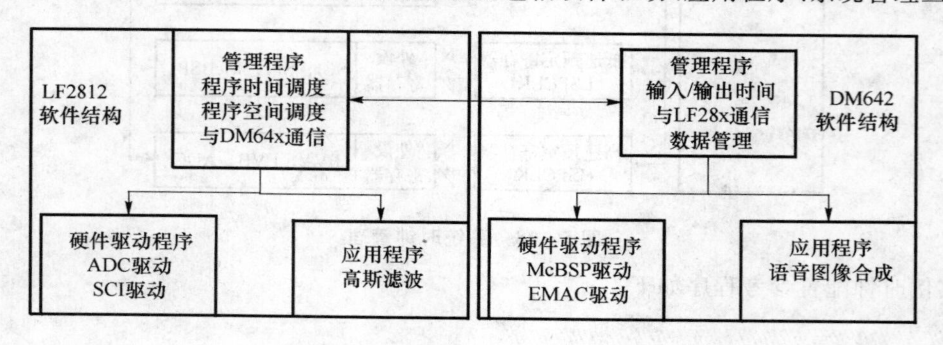

图 5-29　语音处理系统软件结构

F2812 的软件结构及功能

F2812 上的软件功能主要是完成语音采集、处理、传入 DM642，因此，必须先通过硬件驱动程序控制 ADC、SCI 通信端口等完成各自的基本功能，建立模拟信号离散化、数据流存储、数据传输通道，这部分是所有语音处理系统必须的基本功能。其次，如果需要 F2812 完成某种语音处理功能，就必须增加语音处理应用程序环节，而这些环节可能需要数据/程序空间与内存分配的密切配合。由于驱动程序、应用程序之间需要时间和空间的合理调度才能保证系统的高效工作。另外，与 DM642 的通信方式必须考虑所有程序的交互调度，以实现系统的优化设计，因此，管理程序也是系统软件的重要组成部分。

F2812 软件工作流程如图 5-30 所示，由系统初始化、A/D 转换、语音处理、SCI 通信等部分组成。

F2812 上的软件主要功能是完成语音采集、语音信号滤波处理、串口上传 DM642。因此，必须先通过硬件驱动 ADC 完成语音模/数转换、驱动 SCI 数据传输，建立与 DM642 的数据传输通道，这部分是语音处理系统必须的基本功能。然后，如果需要 F2812 完成某种语音处理功能，就必须增加语音处理应用程序环节，而这些环节往往需要扩展数据/程序空间与内存分配的密切配合。由于驱动程序、应用程序之间需要时间和空间的合理调度才能保证系统的高效工作，与 DM642 的通信方式必须考虑所有程序的交互调度，以实现系统的优化设计，因此，管理程序也是系统软件的重要组成部分。

F2812 软件工作流程如图 5-30 所示，系统初始化主要完成硬件的数据流通路配置，包括通过 GPIO 进行输入调理电路的灵敏度调节，保证其工作于适合 ADC 所配置的输入模拟信号工作范围；EDMA_ADC0 和 EDMA_ADC1 两个语音采集通道配置，一旦配置完成，语音采集通过 EDMA 通道自动采集语音数据，并以乒乓结构的存储方式交替在两个语音缓冲区内存储采集的语音数据，可以与 CPU 并行工作；EDMA_SCI_RS232 配置，一旦完成配置，串口数据传输通过 EDMA 建立与 DM642 的数据传输通道，可并行于 CPU 工作；只有语音处理通道由 CPU 主要参与处理，将 ADC0 和 ADC1 采集到输入缓存的语音数据取出，进行高斯滤波处理，处理过程中另外开辟处理缓存空间，处理完成后，将处理结果存入输出缓存；SCI 串口传输通道将输出缓存的语音处理结果上传至 DM642。

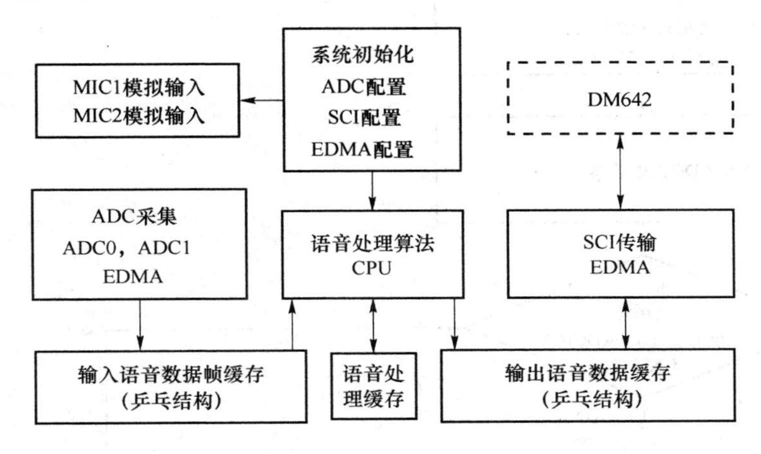

图 5-30　F2812 软件流程

软件部分的程序流程如图 5-31 所示。

5. 软件关键技术

(1) *硬件驱动程序*

1) ADC 驱动程序

硬件配置程序已经将 A/D 采集按照定时中断周期采集输入信号，ADC 驱动程序只需要将采集语音信号从 ADC 结果寄存器中取出，存储到固定的内存缓冲区内即可，缓冲区长度为一个语音帧，本实例定义语音帧长为 $L_{frme}=1$ KB。

2) SCI 驱动

硬件配置程序已经将 SCI 配置成 RS232 协议，所以，SCI 驱动程序只需要定时将处理后的语音信号从处理结果缓冲区取出，发送到 DM642 即可，每次发送字节数为 L_{frme}。

3) FLASH 程序烧写

F2812 具有片内 FLASH，烧写 FLASH 需要特殊操作。因为烧写操作与正常工作不同，因此，在烧写操作之前需要对 F2812 系统的硬件和软件进行配置，然后，通过 CCS 提供的烧写插件进行程序固化。

4) 烧写硬件设置

烧写硬件设置是指在程序烧写之前，选择程序导引模式，F2812 的导引模式如表 5-6 所列。

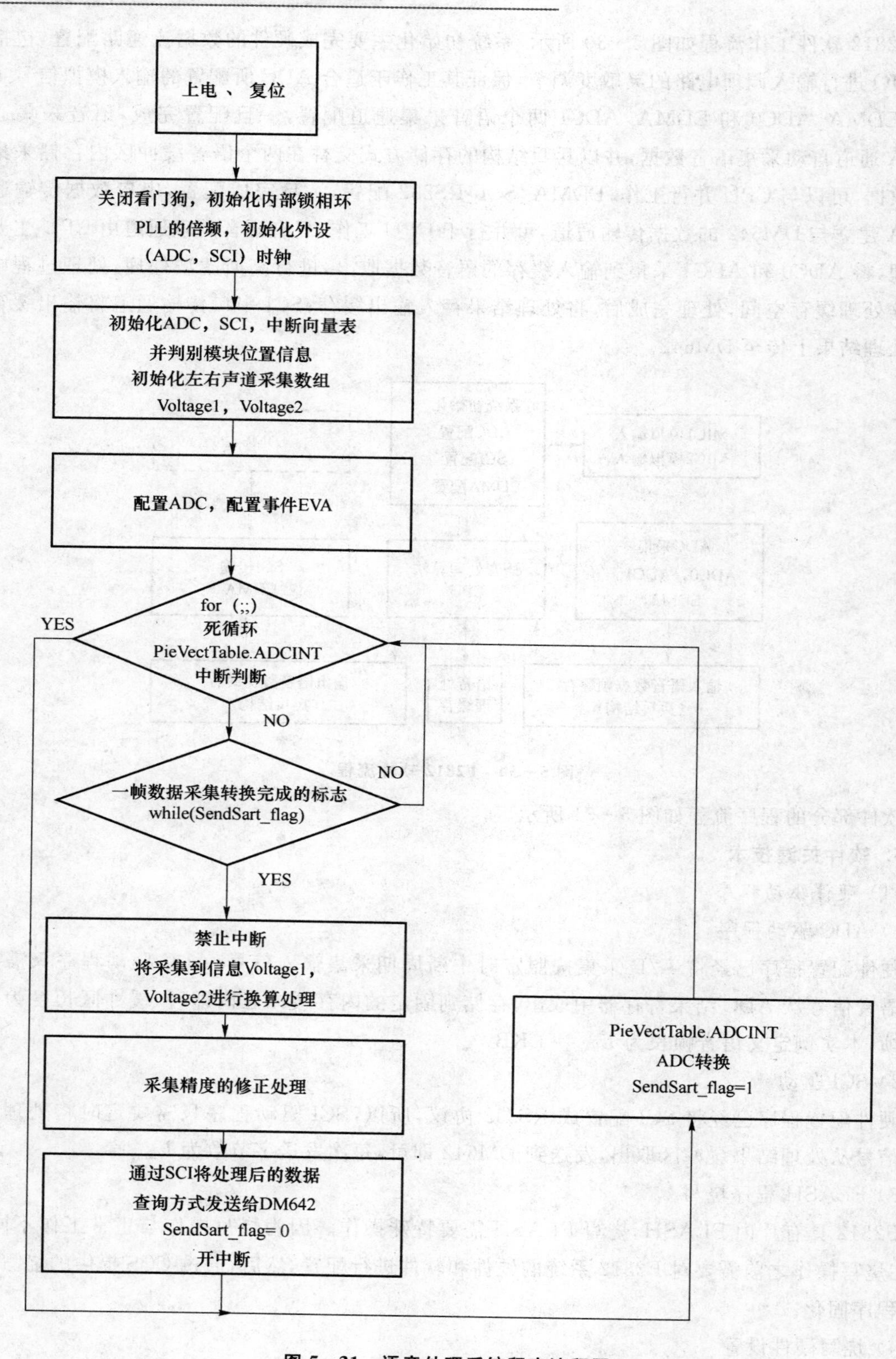

图 5-31　语音处理系统程序流程图

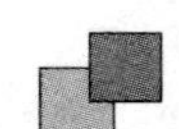

表 5－6　导引模式选择及说明

引脚 模式	SCITXDA GPIOF4	MDXA GPIOF12	SPISTEA GPIOF3	SPICLKA GPIOF2	选择 模式	说　明
1	1	X	X	X	FLASH	跳转到 FLASH 地址 0x3F 7FF6
2	0	1	X	X	SPI	调用 SPI_BOOT 从外部 E^2PROM 下载程序
3	0	1	1	1	SCI	调用 SCI_BOOT 从外部 SCIA 下载程序
4	0	0	1	0	H0	跳转到 SARAM 地址 0x3F8000
5	0	0	0	1	OTP	跳转到 OTP 地址 0x3D 7800
6	0	0	0	0	PARALLEL	调用 PARALLEL_BOOT 从 GPIO PortB 下载程序

实例程序，烧写程序到片内 FLASH 中，所以导引模式为上表第 1 种，将 GPIOF4 设置为高电平。

5）烧写软件设置

设置软件的起始运行程序。在链接命令文件. cmd 中添加 ROM_BOOT 段，起始地址为 0x3f7ff6，再将整个工程的启动程序，配置在 ROM_BOOT 段。

参考程序如下：

```
/////////////////////////////////////////////////////////////////////////////
///// .cmd 文件添加烧写程序项，用黑体标识
MEMORY
{
  PAGE 0:
   ……  ………. ……..
   ROM_BOOT:  origin = 0x3f7ff6, length = 0x2   //FLASH 引导程序
   ……  ………. ……..
   }
SECTIONS
{
   ……  ………. …….
   codestart : > ROM_BOOT, PAGE = 0
   ……  ………. …….
   }
/////////////////////////////////////////////////////////////////
```

引导程序，单独编写为一个. asm 文件，参考程序如下：

```
/////////////////////////////////////////////////////////////////
////// BOOT.sm
WD_DISABLE   .set  1                 ;关闭看门狗
.ref _c_int00                        ;声明_c_int00 为外部函数
```

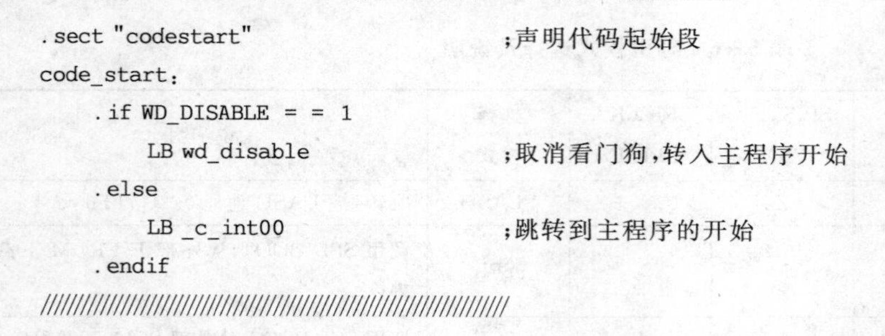

```
.sect "codestart"                    ;声明代码起始段
code_start:
    .if WD_DISABLE = = 1
        LB wd_disable                ;取消看门狗,转入主程序开始
    .else
        LB _c_int00                  ;跳转到主程序的开始
    .endif
////////////////////////////////////////////////////////////////////
```

6）程序烧写

F2812 程序的烧写可以利用 CCS 软件自带插件 F28xx 片上 FLASH 编程器(On－Chip Flash Programmer)如图 5－32 所示。

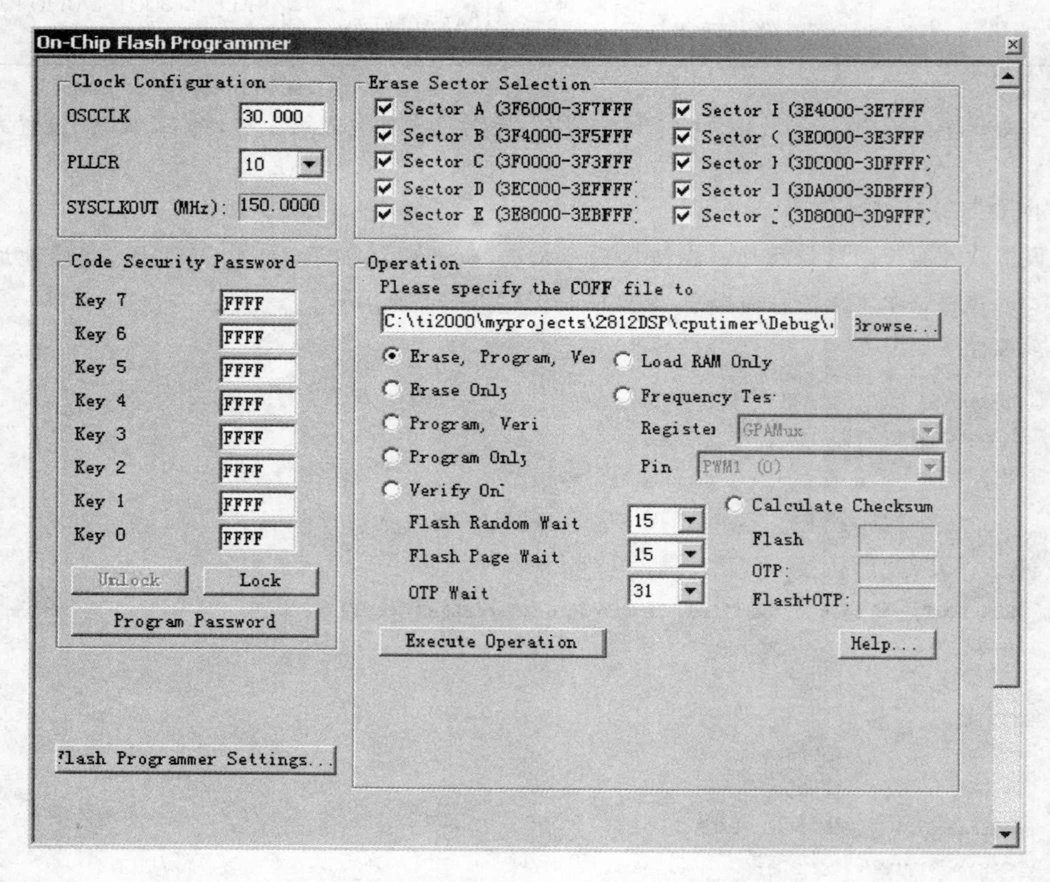

图 5－32　F28xx 片上 FLASH 编程器

注意：在使用该插件的时候，需要设置 Flash Programmer Settings，选择支持 F28xx 系列的烧写库函数，此类函数在 CCS 软件安装后的插件文件夹内。

(2) 应用程序

左右两通路的语音信号采集后，以数组的形式存到 F2812 的内存区域，其长度为 L_{frme}，然后，对内存中语音数据进行高斯滤波处理，处理后的数据存入输出缓冲区，以便由 SCI_RS232 传入 DM642 中。

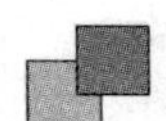

(3) 管理程序

本实例语音波形显示可通过 CCS 提供图形工具观察。语音处理系统的程序管理,各程序模块按系统程序流程图执行,先进行系统初始化,内存分配和外设配置;ADC 驱动读取 ADC 转换后的数字语音信号存入语音帧缓冲区,应用程序处理语音信号,语音处理完成后,存入输出语音帧缓冲区,触发 SCI 驱动,通过串口将数据发送到与 DM642 中。ADC 数据采集过程和 SCI 数据传输过程,不占用 CPU 资源,程序可实现基于单元基体尺度的流水线并行管理。充分利用 F2812 的内部资源,如图 5－30,5－31 所示。

5.3.3　运行结果与分析

1. 双通道语音数据测试

通过该实例可以实现对两路语音信号的采集与处理,然后,经 SCI 串口传出。该实验结果通过 CCS 软件中 view→Graph→Time/Frenquency 选项查看,如图 5－33 所示,voltage1 数组即是声道 1 采集到的声音信号数据。在利用 Time/Frenquency 功能时,选择适当的 DC value 值,能更合理地显示出声音的变化情况,同时注意 DSP data type 应与采集数组的类型一致。

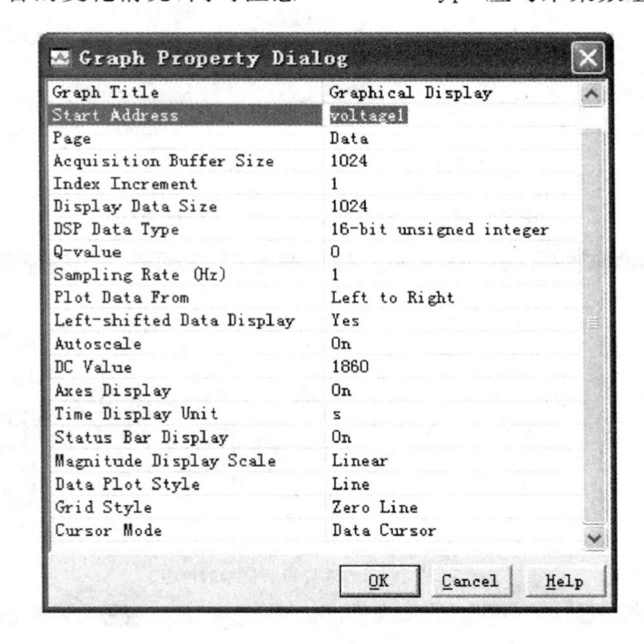

图 5－33　Time/Frenquency 的显示选择

(1) 弱语音输入情况

当麦克附近无明显声音信号变化时,采集的两路声音信号数据显示如图 5－34。显然,两个声道都具有较大的直流分量,主要是信号调理电路中的运放参考电压引起,可以通过滤波器滤除。由于,环境中不可能完全没有声音,因此,图形中会出现直流附近的噪声波形。

(2) 强语音输入情况

在 MIC 附近大声讲话,得到语音波形如图 5－35 所示,显然,两路语音信号都发生了较大幅度的变化。而且,两路语音信号幅值和相位不同,说明 5－35(a)语音距离近,声音幅度大,但是,声音出现晚;5－35(b)语音距离远,声音幅度小,但是,声音出现早,消失晚。

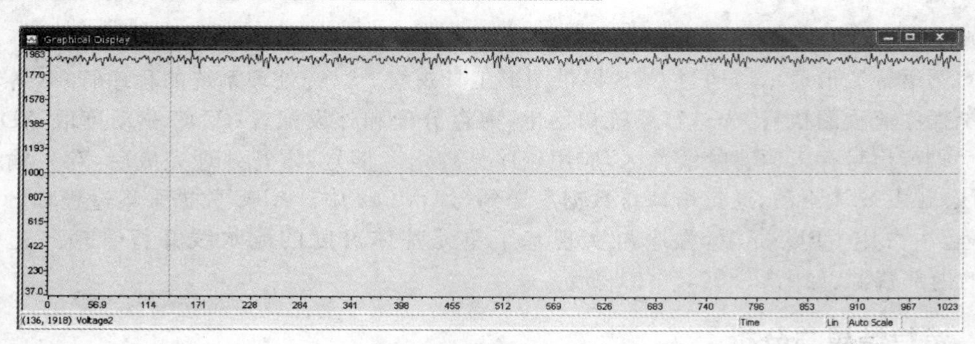

(a) 在麦克附近没有明显声音变化时的声道1

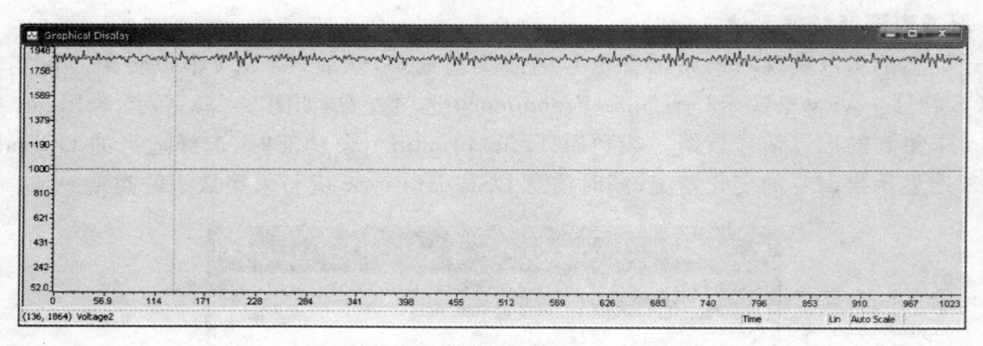

(b) 在麦克附近没有明显声音变化时的声道2

图 5－34　在麦克附近没有明显声音变化

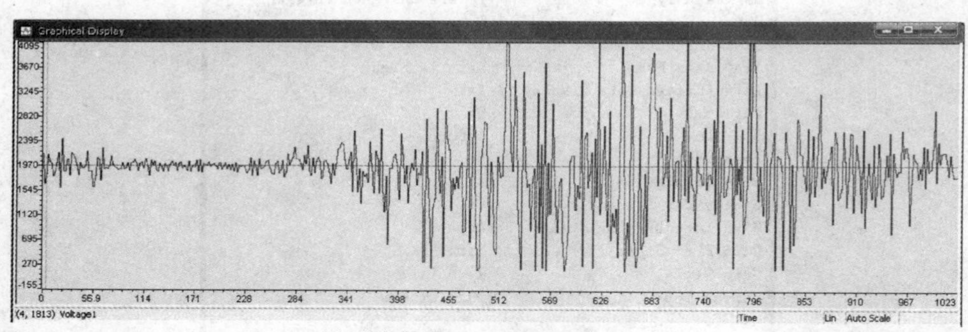

(a) 在麦克附近有明显声音信号的声道1

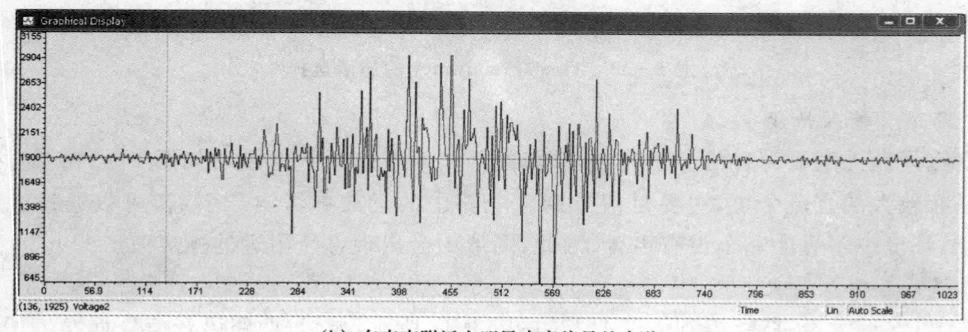

(b) 在麦克附近有明显声音信号的声道2

图 5－35　在麦克附近有明显声音信号

2. 语音处理系统性能评估

(1) 功耗评估

与图像系统一样，语音系统功耗包括硬件静态功耗和软件动态功耗。语音系统中留给软件的运算时间由一个语音帧采集所需时间 $T=L_{frme}/ADCCLK$ 决定。本实例的 Gass_Filter 算法运行时间短，为了降低功耗，可以采用较低的 CPU 时钟频率。混合基体硬件功耗和驱动程序功耗无法减少。当算法复杂度增加时，例如，增建语音识别算法，为了满足算法的运算速度，就必须增加时钟频率，同时，功耗大幅度增加，$P=P_s+P_d$。

(2) 功能评估

语音系统功能主要是语音处理能力的评价。由于 F2812 没有 DMA 功能，数据输入/输出通道的混合基体通道传输数据必须占用 CPU 资源。单元基体流水线结构如图 5-36 所示，由于语音输入/输出缓冲区都采用乒乓结构，因此，每帧语音的一半作为流水线并行操作节点，图 5-36 中的工作过程如下：

① 当语音采集到半帧数据时，给出半满标志 flagA=1。

② 主程序判断 flagA=1 时，语音处理算法启动，处理前半帧数据，处理完成后，给出半帧处理完成标志 flagG=1；与此同时，语音采集继续后半帧数据采集到另一个缓冲区。

③ flagG=1 触发 EDMA 的 SCI 串口传输事件 A，启动串口传输混合基体，将处理完成的前半帧数据上传至 DM642。

④ 语音采集后半帧满时，给出半满标志 flagA=0。

⑤ 主程序判断 flagA=0 时，语音数据处理算法启动，处理后半帧数据，处理完成后，给出后半帧处理完成标志 flagG=0；与此同时，语音采集继续后半帧数据，并存储到另一个缓冲区。

⑥ flagG=0 触发 SCI 串口传输事件 B，启动串口传输，将处理完成的后半帧数据上传至 DM642。

第1帧		第2帧			第n-1帧		第n帧	
语音帧1/2	语音帧2/2	语音帧1/2	语音帧2/2	……	语音帧1/2	语音帧2/2	语音帧1/2	语音帧2/2
	语音处理1/2	语音处理2/2	语音处理1/2	……	语音处理2/2	语音处理1/2	语音处理 2/2	语音处理1/2
		串口传输1/2	串口传输2/2	……	串口传输1/2	串口传输2/2	串口传输1/2	串口传输2/2

flagA=0	flagA=1	flagA=0	flagA=1	flagA=1	flagA=0	flagA=1	flagA=0
flagG=0	flagG=0	flagG=1	flagG=0	flagG=0	flagG=1	flagG=0	flagG=1

图 5-36　语音处理系统的单元基体流水线

从图 5-36 可见，传输处理一帧数据的最长时间由语音帧时间 T 决定，当 T 增加时，要求一帧数据的处理时间减小，当 T 增大时，数据处理时间增加。而最大帧频与语音特性有关，因此，作为语音系统，评价其功能的标准，考虑最大帧频 T_{max}，最高时钟频率 Clock_max 下，允许的最大乘加运算次数，由于所有算法都可以用乘加运算实现，此时，应考虑 F2812 指令系统的指令级流水线，计算平均每秒钟可处理标准分辨率图像下多少次乘加运算。

如果语音帧频 $T_{frme}=10$ ms，F2812 平均一次乘加运算时间 $T_{mp}=5$ ns；则语音系统功能评估用每语音帧处理乘加次数表示为 $N=T_{frme}/T_{mp}=2\times10^6$。

(3) 语音系统功耗/功能优化

基于软基体的动态功耗/功能优化如下：

① 根据语音帧确定每帧数据规模 $D_{frme}=T_{frme}/T_{sample}=100\times10^{-3}/0.05\times10^{-3}=2\,000$。

② 语音软基体每帧时间 $T_{frme}=100$ ms，根据 F2812 的主频 150 MHz，可允许机器周期数为 150M 次。

③ 最大允许时间确定：因为本实例仅使用了 Gauss_Filter，数据量 2 000，150 MHz 主频下占用运算时间 1 ms，因此，最高主频、2 000 数据下 Gauss_Filter 最大机器周期数为 1.5M 次。

④ 基于帧频的系统功耗优化：运行滤波算法，主频可降至 15 MHz，还有 9 倍处理时间余量。但是，主频的降低需要同时调整 ADC 和 SCI 驱动的定时器配置。

5.4 本章小结

本章通过两个实例剖析了基于单一功能实现的 64x/F28xx 简单智能系统的设计要点，给出了系统设计的优化方法。这一类简单功能体是基于软基体、硬基体、混合基体有机结合而成的完整功能实现，主要涉及不同单元基体组合优化。

两个实例从考虑图像/语音数据采集的可靠性，图像/语音数据准确度，传输的实时性，图像/语音数据处理算法可用空间、时间约束等出发，提出了基于单元基体的系统功能和功耗评价及优化方法，包括软基体功能评价及优化方法，混合基体和软基体配合的单元基体流水线功能优化方法，基于软基体时间配合的动态功耗优化方法，基于硬基体的静态功耗优化方法。这些方法均可用于一般的简单嵌入式系统中，作为系统性能的评价标准，也可以用于系统的软硬件协同设计，以保证系统在实现特定功能下的性能及功耗优化设计。

第6章

复杂系统应用实例

6.1 概　述

复杂系统是一类功能体，主要是指具有多信号源输入、多控制量输出、多功能综合的复杂系统，大到汽车、飞机，小到智能手机、掌上电脑等，复杂智能系统无处不在。本章从基于多CPU的智能系统设计角度出发，定义复杂系统为由若干个CPU有机组合而成的一类复杂功能体，它由若干子功能体复合而成。这种系统有时是DSP与单片机的组合，有时是若干DSP之间的组合，有时是DSP与FPGA的组合，除了DSP各自的运行管理外，必须考虑DSP与单片机之间、DSP之间、DSP与FPGA之间的协调通信，以及统一管理，所涉及的是大系统的模块化管理方法。

本章的复杂系统实例主要涉及以64x为主，其他MCU、FPGA、DSP为外围设备的系统，这些系统可以完成特定的复杂功能。本章实例有两个，一个是双目视觉测距系统，另一个是智能感知系统。实例内容包括硬件电路设计（硬基体）、软件配置与驱动程序编写（混合基体）、应用程序优化（软基体）、图像处理、语音处理、嗅觉处理等子功能体，以及视觉测距、智能感知等复杂系统功能实现。通过对本章的学习，使读者掌握使用64x构建复杂数字信号处理系统的方法。读者不仅可以学到DSP的应用，也可以掌握在复杂的嵌入式系统中DSP与其他CPU器件的配合以及与外围应用电路相互作用的方法，并且培养利用DSP进行复杂系统设计的能力，激发设计者的创造想象空间。

6.2 双目视觉测距实例

从视觉感知的角度考量，双目（相距一定距离、视场有重叠部分的双摄像头）视觉系统相较于单目（单摄像头）视觉系统的不同之处，在于其仿人类双眼视觉功能的双目结构具有基于视觉的空间深度感知特性，能够获得目标的距离信息，从而形成三维视觉测量体系，实现视觉测量。

本实例是在前述图像处理系统实例（5.2节）的基础上，将图像传感器扩展为两个，进行双目同时采集实现视觉测量。通常一个基于智能系统的复杂功能体除了硬件的搭建之外，软件设计（软基体）及其性能评估也是系统的重要环节。因此，本章对于所研究视觉测量系统的误差分析等内容进行了详细的讨论，以说明软基体的设计方法，这些内容的讨论尽管与硬件似乎关系不大，但是，当希望系统具有低功耗、小体积、低重量、实时性时，就必须与硬件结合。因此，软硬件协同实现系统优化也是本实例所研究的重要内容。

6.2.1 双目视觉测距原理

双目视觉测距原理主要是模拟人眼立体成像机理，采用两个有一定间距且部分视场的摄像头同时采集同一场景信息，获得两幅具有视差的 2D 图像，然后，根据视差与距离的关系从两幅 2D 图像中计算出目标的距离。在双目立体视觉中，同名像点（同一个空间点，分别在双目投影产生的两幅 2D 图像中的对应像点）的立体匹配是最具挑战性的问题之一。当空间 3D 场景被投影为 2D 图像时，同一景物在不用视角下的图像会有不同，而场景中的诸多因素，如光照条件、景物几何形状和物理特性、噪声干扰和畸变以及摄像机特性等，都会影响视觉测量效果。

1. 双目视觉测量基本概念

现有的绝大多数视觉测量系统均采用双目视差理论，通过各种算法配准两幅具有视差 2D 图像中的像素点对，根据像素对的空间对应关系计算左右双目视差，然后，采用三角原理测量目标中感兴趣点 $P(x,y,z)$ 到观察者之间的距离 Z，如图 6-1 所示。

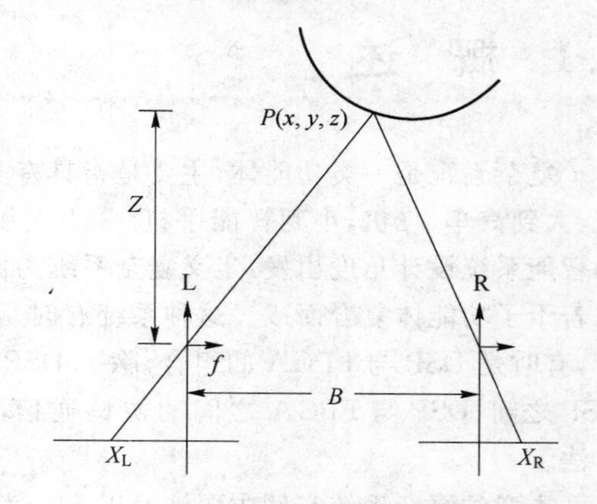

图 6-1　双目立体视觉成像模型

图 6-1 所示双目的光轴平行 L//R，但在一般情况下，这种简单几何关系很难做到，因为在实际摄像机安装时，无法看到摄像机光轴，所以，难以调整摄像机的相对位置到图 6-1 所示的情形。通常可用摄像机定标方法求出任意配置的双目摄像机矩阵。图 6-1 中距离 Z 的计算公式为

$$Z=\frac{Bf}{X_L-X_R}$$

式中：P——目标中感兴趣的点；

Z——深度信息，点 P 到双目连线之间的距离；

B——基线长度，双目焦点之间的距离；

f——焦距，摄像机内部参数；

X_L-X_R——视差(disparity)，双目之间的距离。

通常基线 B 越长，Z 的计算误差越小，但基线不可太长，否则，由于物体各部分的相互遮挡，两个摄像机不能同时观察到 P 点。视差是由于双摄像机位置不同使 P 点在图像中投影点的位置不同所引起，因此，视觉测量中视差的大小与测量精度之间是正比关系。但是，视差与目标距离、摄像头焦距之间不是线性关系，当距离变小时，视觉测量会产生盲点。本实例所研究的视觉测量系统，已经综合考虑了上述问题，假定目标距离、摄像头焦距、基线长度在视觉测量的合理范围内。

2. 双目视觉测量系统

根据上述视觉测量原理，本实例给出双目视觉测量系统如图 6-2 所示。

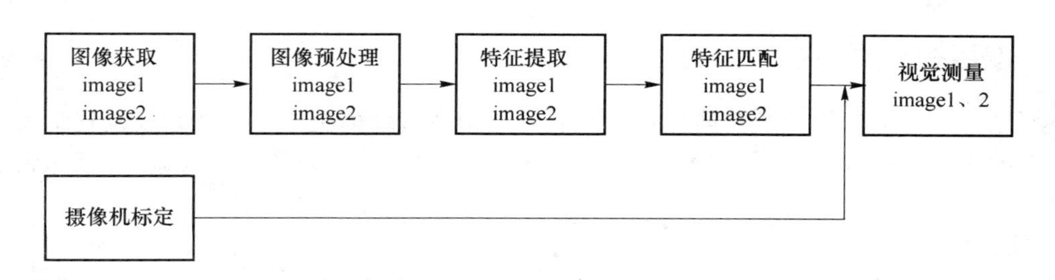

图 6-2　双目视觉测距系统

图 6-2 由六部分组成，各部分功能如下。

图像获取：用两个摄像机同时获取 3D 物体的左右两幅 2D 图像 image1 和 image2，图像采集时可能受到光照条件、天气变化、摄像机几何特性等因素的影响，这里的重点是两幅图像的同步问题，同步越好，上述干扰因素越一致，图像配准越容易。

图像预处理：由于干扰的存在，两幅 2D 图像都需要进行适当的处理，包括图像滤波、增强等，目的在于改善图像质量，提高图像清晰度，将图像转换成更适合于分析处理的形式，为后续处理提供高可信度的输入数据。

特征提取：根据被测量目标特点，提取与测量相关的目标特征，以便于目标辨识。特征提取的具体形式与配准策略紧密相关，在视觉测量研究中，特征提取过程就是提取左右两幅图像中配准基元的过程，选取不同的特征将会产生完全不同的待配准基元，因此根据目标图像特点选取合适、有效的特征算子是此步的重点。本实例中，测量的目标是魔方，魔方最关键的特征是角点，同时，为了避免光线变化的影响，利用 SIFT 算子与其结合，进行特征提取。

特征匹配：特征匹配是指根据所选两幅图像中的特征，建立特征之间的对应关系，将同一空间物理点在不同图像中的成像点对应起来，并由此得到相应的视差图像，用以测量目标距离。特征匹配是视觉测量中最困难的步骤。当空间 3D 场景被投影为 2D 图像时，同一场景在不同视点下的图像会有很大的不同，而且场景中的诸多变化因素，如光照条件、噪声干扰、景物几何形状畸变、表面物理特性以及摄像机特性等，都使得配准更为艰难。

摄像机标定：所谓摄像机标定就是通过确定摄像机的内外部参数，包括摄像机的几何和光学参数、摄像机相对于世界坐标系的方位，建立有效的成像模型，这是一个离线操作过程。双目所获得的两幅 2D 图像中对应点位置差异由景物中点的位置以及双目视觉系统中摄像机的相对位置、方向和物理特性决定。一旦摄像机标定矩阵确定，则图像对的对应点 3D 空间坐标就可以确定。摄像机模型除了提供图像上对应点空间与实际场景空间之间的映射关系外，还可以用于约束寻找对应点时的搜索空间，从而降低匹配算法的复杂性，减小误匹配率。标定的精度将直接影响到最终计算的精度，本实例中因为研究的重点不在这一部分，因此，后续内容仅给出标定结果。

视觉测量：有了正确的匹配特征点后，根据成像几何关系可以求出场景中关注点的距离。一般情况下，距离的测量精度与匹配的定位精度成正比，增大基线长度可以提高测量精度，但同时会增大图像间的差异，增加匹配的困难程度。因此，必须综合考虑各个方面的因素，有机调整各个环节。

本实例是前述图像处理系统实例(5.2 节)的扩展，主要在原有系统上将图像传感器输入部分扩展为两个同步图像采集部分，使用 DM642 的 VPORT1 和 VPORT2 实现图像采集。

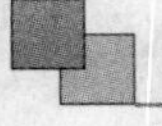

6.2.2 双目视觉测量系统剖析

本实例中设定两个摄像头距离固定，光轴平行，测距目标为魔方。将魔方放置到距离双目摄像机不同的距离，利用双目视觉测量距离，与实际距离比较，分析视觉测距误差，直至达到给定误差要求。

1. 视觉测量硬件系统

视觉测量系统硬件功能要求两个摄像头分别实现实时图像采集。因此，硬件电路分为三大子功能体：两个视觉传感子功能体，一个图像采集处理子功能体。前者包括摄像头及其驱动电路；后者则为 DM642 系统，其结构如图 6－3 所示。

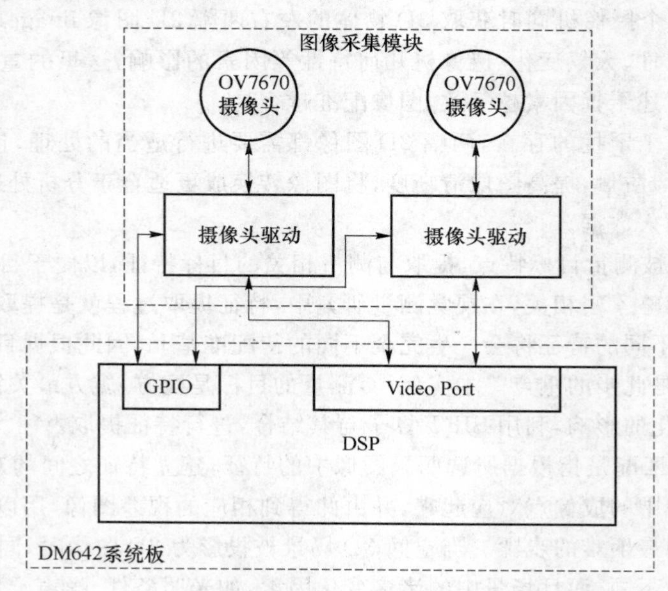

图 6－3　双目视觉系统结构

图像采集模块：由摄像头（图像传感器）及其驱动电路组成。摄像头采用 OV7670，其驱动电路主要为 OV7670 提供电源和晶振，同时完成与 DM642 VPORT 的无缝连接。

DM642 系统板：控制实现两路图像采集及特征提取、图像配准、距离测量等处理。

2. 硬件关键技术

本实例硬件关键技术主要是不同子功能体的配合，以保证双目图像采集的实时同步，以及足够的存储空间以保证算法的运算空间和运算时间。

(1) 图像传感器

图像传感器由 CMOS 摄像头及其驱动电路组成。摄像头采用 OV7670，其驱动电路主要为 OV7670 提供电源和时钟晶振，同时完成接口的转换，详见 5.2 节。

(2) DM642 主控模块

DM642 主控模块引出 GPIO 接至图像传感器的 SCCB 总线接口，而 DM642 的 VPORT 与 OV7670 的图像输出接口无缝连接，直接实现数字信号的传输。VPORT 部分的详细设置见实例 5.2 图像处理系统实例。采用 8 bit 采集格式，VP1_D[9：2]和 VP2_D[9：2]分别分配为两个 CMOS 摄像头的数据端口，VP1_CLK0、VP1_CTL0、VP1_CTL1、VP2_CLK0、VP2_CTL0、

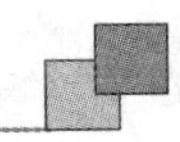

VP2_CTL1 分别依次接入两摄像头的时钟和控制信号端口 VP1_PCLK、VP1_HREF、VP1_VSYNC、VP2_PCLK、VP2_HREF、VP2_VSYNC。

(3) 视觉测量子功能整合

视觉传感系统与 DM642 系统的连接是通过两个 VPORT 口接出的摄像头接口和 GPIO 接口(共 16 个接口)实现。每个摄像头直接接入摄像头驱动电路,驱动电路接入 DM642 系统的摄像头接口(两个摄像头),为了保证图像特征提取及配准的一致性,硬件系统应保证双目图像采集的同步。由于 DM642 具有两个硬件 VPORT 口,因此,时间上两个片上外设可以并行工作,分别存储到 DM642 设定的不同存储空间。

(4) 存储空间扩展

由于视觉测量算法复杂,因此,扩展了 SDRAM 程序/数据空间,以保证算法的正确执行,详细内容参见 5.2 节。

3. 软件系统

软件系统主要由 VPORT1 和 VPORT2 混合基体、若干基于图像处理的视觉测量软基体构成,如图 6-4 所示。

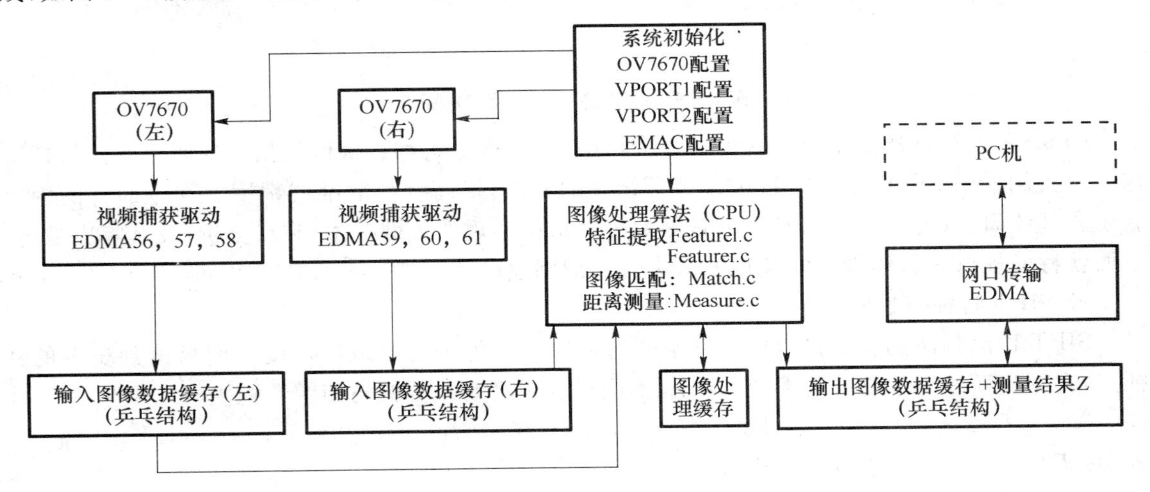

图 6-4 双目视觉测距软件系统结构

4. 软件关键技术

本实例软件关键技术是混合基体的实时管理,以及不同软基体配合实现精确测距。

(1) 图像获取

双目摄像头图像采集原理与单摄像头图像采集类似,区别是控制两个摄像头同时采集图像。两个摄像头被分别接入 VPORT1 和 VPORT2 接口,均采用 8 bit BT.656 采集模式。OV7670 的 SCCB 总线接至 GPIO 端口。这里要注意两个 VPORT 端口同时接收数据时的事件冲突,保证优先级控制,或采用轮流循环接收数据的方式。本实例采集到魔方的左右两幅 2D 图像如图6-5 所示。

(2) 图像特征提取

本实例测量目标是魔方,放置于双目摄像头基线中点垂线上,给定实际距离。通过像素值导出的特征(特征点、特征线段等)实现图像匹配。基于图像特征点配准方法的优点主要体现在三个方面：

- 特征点比图像的像素点要少很多，减少了匹配过程的计算量。
- 特征点的匹配度量值对位置的变化比较敏感，提高了匹配的精度。
- 特征点的提取过程可以减少噪声的影响，对灰度变化、图像形变以及遮挡等都有较好的适应能力。

(a) 左图像

(b) 右图像

图 6－5　采集的原始双目 2D 图像

图 6－5 为双目视觉系统所获得的图像，分别为左摄像头和右摄像头拍摄的同一魔方目标图像。本实例采用 SIFT 特征与 Harris 特征结合的方法，提高特征配准的精度。这一部分的内容属于软基体研究的关键环节，其重点是测量技术指标实现的关键技术、难点分析，及其解决措施。下面就特征提取软基体设计及实现方法进行详细阐述。

1) SIFT 特征点检测方法

SIFT 检测算法的关键是求解尺度空间的极值点。为了有效地在尺度空间检测到稳定的特征点，利用高斯差分尺度空间 DOG 算子，不同尺度的高斯差分核与图像卷积生成结果为

$$D(x,y,\sigma)=G(x,y,\mathrm{k}\sigma)-G(x,y,\mathrm{k}\sigma)*I(x,y)=L(x,y,\mathrm{k}\sigma)-L(x,y,\sigma) \qquad (6-1)$$

式中：$D(\ )$ ——DOG 算子；

$G(\ )$——高斯核函数；

$I(\ )$——输入图像矩阵；

$L(\ )$——图像 $I(\ )$ 的 $G(\ )$ 核卷积结果；

x——输入像素横坐标；

y——输入像素纵坐标；

σ——高斯核方差；

k——方差调整系数。

为了寻找尺度空间的极值点，每一个采样点要和它所有的相邻点比较，看其是否比它的图像域和尺度域的相邻点大或者小。中间的检测点与它同尺度的 8 个相邻点以及上下相邻尺度对应的 9×2 个点共 26 个点比较，如果该像素在这 26 个邻域像素中皆为极值，则作为候选的极值点。

通过拟和三维二次函数以精确确定特征点的位置和尺度，去除低对比度的特征点和不稳定的边缘响应点(因为 DOG 算子会产生较强的边缘响应)，以增强匹配稳定性、提高抗噪声能力。此外还应舍去具有不稳定的边缘响应点，DOG 函数的此类极值点通常在边缘切向有较大的主曲

率，而在边缘的垂直方向有较小的主曲率。

利用特征点邻域像素的梯度方向分布特性，为每个特征点指定方向参数，使算子具备旋转不变性。首先在高斯空间计算特征点的梯度模和方向

$$\left.\begin{aligned} m(x,y)&=\sqrt{[L(x+1,y)-L(x-1,y)]^2+[L(x,y+1)-L(x,y-1)]^2} \\ \theta(x,y)&=\tan^{-1}\left(\frac{L(x,y+1)-L(x,y-1)}{L(x+1,y)-L(x-1,y)}\right) \end{aligned}\right\} \tag{6-2}$$

式中：$m(\ )$——梯度模；

$\theta(\ )$——梯度方向角；

$L(\ )$——图像卷积结果。

在高斯空间中特征点的邻域内采样，创建梯度方向直方图。直方图每10°作为一个柱，共36个柱。然后将邻域内的每个采样点按梯度方向归入适当的柱，以梯度模 m 作为贡献的权重。最后选择直方图的主峰值作为特征点的主方向，选取量值达到主峰值80%以上的局部峰值作为辅助方向。这样一个特征点可能会被指定具有多个方向，可以增强匹配的鲁棒性。

生成特征点描述子：将坐标轴旋转为特征点的方向，以确保旋转不变性。以特征点为中心取8×8的窗口，中央点为当前特征点的位置，每个小格代表特征点邻域所在尺度空间的一个像素，箭头方向代表该像素的梯度方向，箭头长度代表梯度模值。然后在每4×4的小块上计算8个方向的梯度方向直方图，绘制每个梯度方向的累加值，即可形成一个种子点。一个特征点由2×2共4个种子点组成，每个种子点有8个方向向量信息。这种邻域方向性信息联合的思想增强了算法抗噪声的能力，同时对于含有定位误差的特征匹配也提供了较好的容错性。

图6-6分别画出了本实例中SIFT算子计算的左右两图中的特征点集合，并画出了其欧氏距离向量。共获得一个K×128矩阵的描述子集，每行给出一个关键点的不变描述子，这个描述子是个标准化后的单位128维矢量，并且获得了关键点的位置，包括关键点的行、列、模和方向，方向范围为$(-\pi,\pi)$弧度。

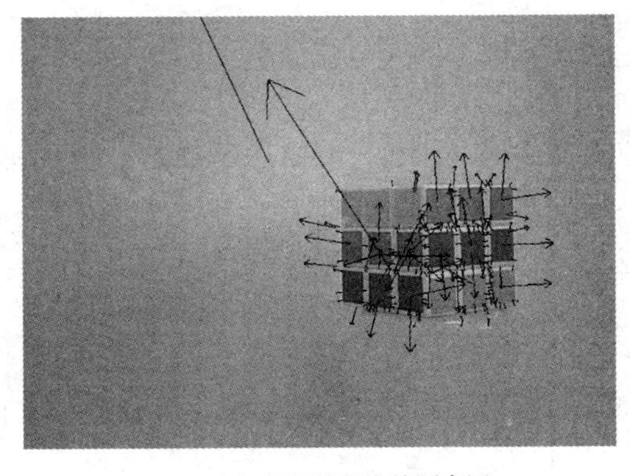

(a) SIFT特征点检测左图

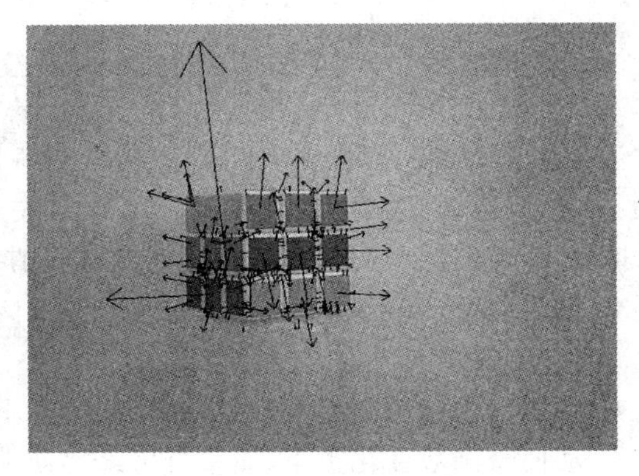

(b) SIFT特征点检测右图

图6-6　SIFT特征点检测结果

2) Harris角点检测方法

一幅二维灰度图像 f，取出一个图像块 $W\in f$，平移 $\Delta x,\Delta y$。图像块 W 内的图像 f 值与其平移后的图像之差的平方和 S 为

$$S_W(\Delta x,\Delta y)=\sum_{x_i\in W}\sum_{y_i\in W}(f(x_i-y_i)-f(x_i-\Delta x,y_i-\Delta y))^2 \tag{6-3}$$

角点不会受光圈问题的影响，对于所有$(\Delta x,\Delta y)$，$S_W(\Delta x,\Delta y)$是高斯响应。如果平移图像用一阶泰勒展开近似，则可表示为

$$f(x_i-\Delta x,y_i-\Delta y)\approx f(x_i,y_i)+\left[\frac{\partial f(x_i,y_i)}{\partial x},\frac{\partial f(x_i,y_i)}{\partial y}\right]\begin{bmatrix}\Delta x\\ \Delta y\end{bmatrix} \tag{6-4}$$

此时，$S_W(\Delta x,\Delta y)$的最小值有解析解。由以上两式可得

$$\begin{aligned}
S(x,y)&=\sum_{x_i\in W}\sum_{y_i\in W}\left(f(x_i-y_i)-f(x_i-y_i)-\left[\frac{\partial f(x_i,y_i)}{\partial x},\frac{\partial f(x_i,y_i)}{\partial y}\right]\begin{bmatrix}\Delta x\\ \Delta y\end{bmatrix}\right)^2\\
&=\sum_{x_i\in W}\sum_{y_i\in W}\left(-\left[\frac{\partial f(x_i,y_i)}{\partial x},\frac{\partial f(x_i,y_i)}{\partial y}\right]\begin{bmatrix}\Delta x\\ \Delta y\end{bmatrix}\right)^2\\
&=\sum_{x_i\in W}\sum_{y_i\in W}[\Delta x,\Delta y]\left(\begin{bmatrix}\frac{\partial f}{\partial x}\\ \frac{\partial f}{\partial y}\end{bmatrix}\left[\frac{\partial f}{\partial x},\frac{\partial f}{\partial y}\right]\begin{bmatrix}\Delta x\\ \Delta y\end{bmatrix}\right)\\
&=[\Delta x,\Delta y]\left(\sum_{x_i\in W}\sum_{y_i\in W}\begin{bmatrix}\frac{\partial f}{\partial x}\\ \frac{\partial f}{\partial y}\end{bmatrix}\left[\frac{\partial f}{\partial x},\frac{\partial f}{\partial y}\right]\right)\begin{bmatrix}\Delta x\\ \Delta y\end{bmatrix}\\
&=[\Delta x,\Delta y]A_W(x,y)\begin{bmatrix}\Delta x\\ \Delta y\end{bmatrix}
\end{aligned} \tag{6-5}$$

其中，Harris 矩阵 $\boldsymbol{A}_W(x,y)$是 S 在点$(x,y)=(0,0)$ 处的二阶导数。$\boldsymbol{A}$ 为

$$\boldsymbol{A}(x,y)=\begin{bmatrix}\sum\limits_{x_i\in W}\sum\limits_{y_i\in W}\frac{\partial^2 f(x_i,y_i)}{\partial x^2} & \sum\limits_{x_i\in W}\sum\limits_{y_i\in W}\frac{\partial f(x_i,y_i)}{\partial x}\frac{\partial f(x_i,y_i)}{\partial y}\\ \sum\limits_{x_i\in W}\sum\limits_{y_i\in W}\frac{\partial f(x_i,y_i)}{\partial x}\frac{\partial f(x_i,y_i)}{\partial y} & \sum\limits_{x_i\in W}\sum\limits_{y_i\in W}\frac{\partial^2 f(x_i,y_i)}{\partial y^2}\end{bmatrix} \tag{6-6}$$

通常会使用一个各向同性窗，比如高斯窗，其响应也是各向同性的，$\boldsymbol{A}$ 描述了在这点上的形状。设 λ_1,λ_2 是矩阵 $\boldsymbol{A}$ 的两个特征值，则 λ_1,λ_2 可表示局部自相关函数的曲率。由于各向同性，所以 $\boldsymbol{A}$ 保持旋转不变性。通过对矩阵 $\boldsymbol{M}$ 的两特征值分析，可得出以下三种情况：

- 如果两特征值都很小，意味着窗口所处区域灰度近似常量，任意方向的移动，函数都发生很小的改变。
- 如果一个特征值很大，而另一特征值很小时，表明呈屋脊状，例如边缘。沿着边缘方向移动使得函数变化很小，而垂直边缘移动则变化较大。
- 如果两特征值均很大，表明成尖峰状，沿任意方向的移动都将使得 E 急剧增大。

对以上三种情况的分析，可大致对角点进行检测，在实际中用来计算角点的响应函数可以写成

$$R=Det(\mathbf{A})-\mathrm{k}Trace^2(\mathbf{A}) \tag{6-7}$$

$$Det(\mathbf{A})=\lambda_1\lambda_2,$$

$$Trace(\mathbf{A})=\lambda_1+\lambda_2$$

这避免了对矩阵特征值的求解，其判断标准为：当某个区域矩阵 **A** 的主对角线之和很大时，则表明这是一条边；当矩阵 **A** 的行列式很大时，则表明这是一条边或一个角点。式中 k 按经验一般取值 0.04～0.15。

Harris 角点检测算子只用到灰度的一阶差分以及滤波，而且光强差异对角点检测影响有限，即使图像存在旋转、灰度变化、噪音影响和视角变化，对角点的提取都比较稳定。

Harris 角点检测的核心是找出图像中曲率变化剧烈的点，而这些点对于光照敏感，因此，先对图像进行高斯滤波，以去除图像中的白噪声。这个过程是对每个像素，估计其垂直两方向的梯度大小值，使用近似导数的核做两次一维卷积。然后，对每一像素和给定的邻域窗口计算局部结构矩阵 **A**，及其计算响应函数 $R(\mathbf{A})$。选取响应函数 $R(\mathbf{A})$ 的一个阈值，以选择最佳候选角点，并完成非最大化抑制。图 6－7 为 Harris 算法检测出的角点图。

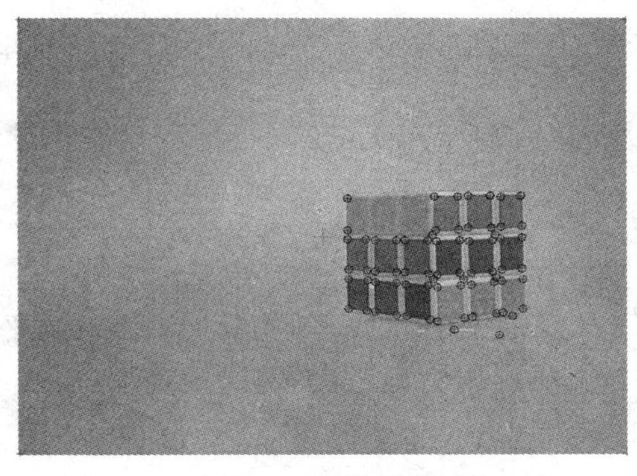

(a) Harris角点检测左图

(b) Harris角点检测右图

图 6－7　Harris 角点检测特征图

(3) 图像特征匹配

本实例中采用基于区域的特征点配准技术。基于区域的图像配准是依据一定的关联规则将采集的两幅 2D 图像的对应区域联系起来，通常采用距离度量方法；关联规则是将距离度量结果按规则处理得到图像配准度。由于区域配准是指特征匹配，而不是基于图像区域各像素点的全局匹配，特征匹配比全局匹配所需的计算量大大减少。

1) SIFT 特征匹配

SIFT 特征向量的匹配主要是对两幅待配准图像的 SIFT 特征向量进行相似性度量，计算第 1 幅图像的每个局部特征点在第 2 幅图像的特征点集中的最邻近匹配。这里使用欧氏距离作为特征点的相似性度量。为了排除因为图像遮挡和背景混乱而产生的无匹配关系的特征点，通过比较最邻近距离和次邻近距离来消除错配。

$$\frac{U_{\min}}{U_1} < R(0 < r \leqslant 1) \tag{6-8}$$

式(6－8)中：$U_{\min}$ 为最邻近距离，U_1 为次邻近距离，当它们的比值小于距离比例阈值 R 时判定为正确匹配，否则为错误匹配。图 6－8 为 SIFT 特征匹配结果，图中交叉线即为错误匹配，显然，匹配准确率并不高，若是做深度测量难以达到设计要求。

下面利用 RANSAC 算法，通过距离信息对错误点进行剔除，使用欧氏距离计算图像中匹配点的相对距离。

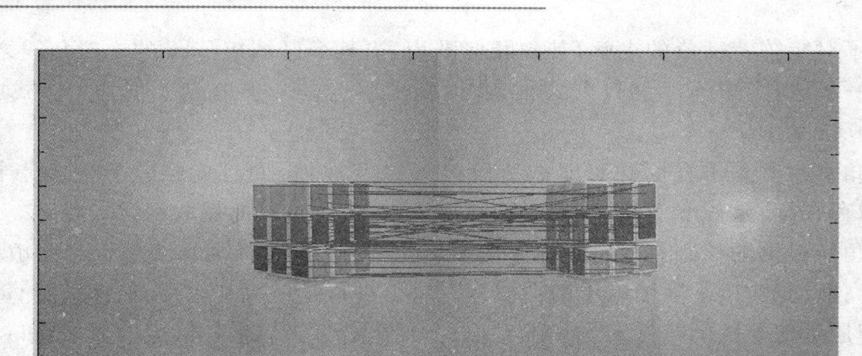

图 6-8 SIFT 角点匹配

$$\hat{D}=\sqrt{(x_1-x_2)^2+(y_1-y_2)^2} \tag{6-9}$$

$$\overline{D}=\frac{1}{n}\sum_{i=1}^{n}\hat{D}_i \tag{6-10}$$

$$\hat{D}_i<t_1\ \overline{D}\text{或}\ \hat{D}_i>t_2\ \overline{D} \tag{6-11}$$

式中：(x_1,y_1)，(x_2,y_2) 为两幅图中匹配点的坐标。$\overline{D}$ 为关键点运动距离的平均值，n 为两幅图像的匹配点数。例如，$t_1=0.5$，$t_2=1.5$。对于满足条件的匹配点，因为其运动距离与平均运动距离差别太大，可以认为是错误匹配点，排除它。循环调用距离法，并将 t_1 逐渐增加，t_2 逐渐减少，最终可将错误匹配降低到一个很小的范围内。

修正以后，图 6-9 中已经没有斜线，错误匹配大大减少。

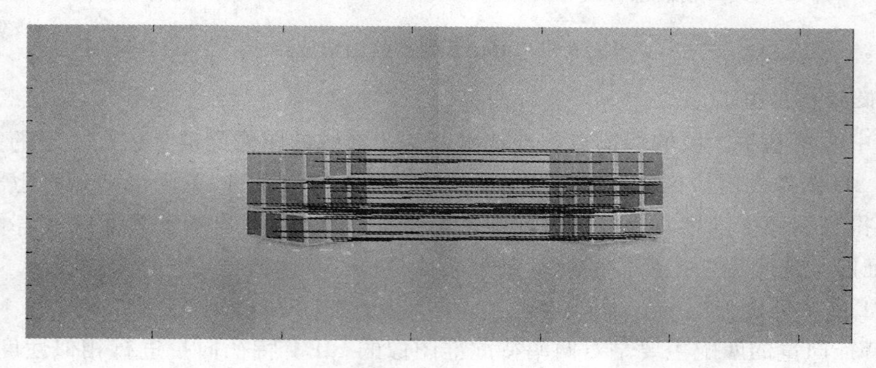

图 6-9 修正后 SIFT 角点匹配

2) Harris 角点匹配

对各点的亚像素位移求二维高阶导数，并将其全导数表示为行与列向量。假设每个特征点标准化，然后估计特征点之间的马氏距离获得一个假定的匹配集，并且这个匹配集中相邻各点的距离也会被检查。对于每对匹配点，在它们邻域点中寻找它们的子匹配，统计有多少匹配具有角约束关系，如果统计数量足够，则认为匹配。得到匹配结果如图 6-10 所示。

同样，利用上述的距离法剔除错误匹配，可得匹配结果如图 6-11 所示。同修正后的 SIFT 算法匹配结果，修正以后，图 6-11 中已经没有斜线，错误匹配大大减少。

由表 6-1 结果可知，SIFT 算法可以获得较多的匹配点，但是以牺牲准确率为代价。事实上调整次近邻与最近邻距离的比值参数 R 也可以获得更多的匹配点，虽然正确匹配点数相应增

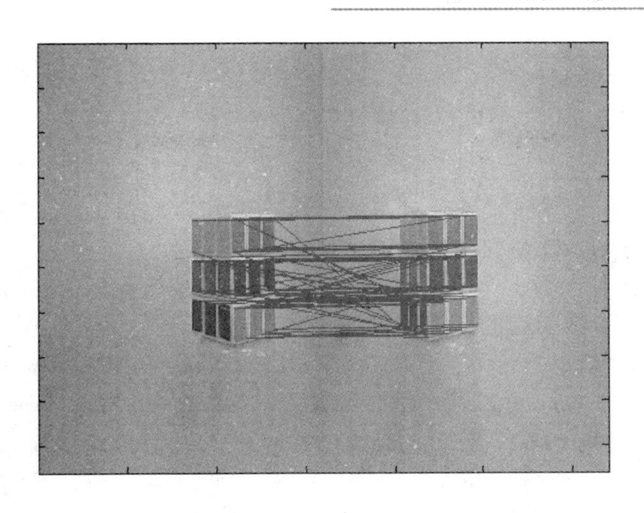

图 6-10　Harris 角点匹配

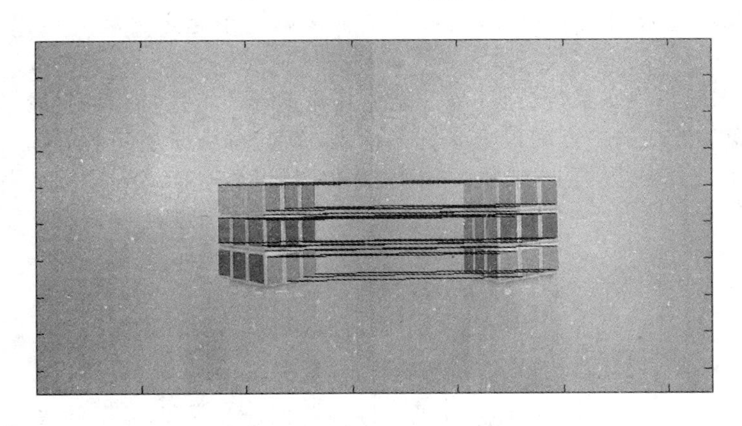

图 6-11　修正后 Harris 角点匹配

加，但其正确率则下降，所以这个方法需要在匹配点数与正确率之间找到平衡。Harris 由于其对梯度检测更为敏感，检测出的角点意义明确，匹配率比 SIFT 算法稍高。

表 6-1　角点检测及匹配结果

算　法	检测匹配点数		初始匹配点数		修正匹配点数		正确率/%
	左	右	正确	总数	正确	总数	
SIFT	208	251	47	85	47	54	87.03
Harris	74	71	30	67	30	34	88.23

(4) 摄像机标定

获得了 2D 图像特征之后，视觉测量需要确定两个摄像机与被测目标之间的几何关系，因此，要进行摄像机标定。摄像机标定有许多方法，本实例中利用透视变换标定法进行标定。透视变换标定法采用线性针孔摄像机模型，这一类标定方法的优点是无需利用最优化方法来求解摄像机的参数，运算速度快，能够实现摄像机参数的实时计算。在已知仿射变换关系中投影后的 2D 坐标点$(u,v)^{\mathrm{T}}$ 与 3D 世界坐标系中的点$(X,Y,Z)^{\mathrm{T}}$ 的对应关系，得出仿射坐标变换矩阵式

(6-12)：

$$Z_c=\begin{bmatrix}u\\v\\1\end{bmatrix}=\begin{bmatrix}m_{11} & m_{12} & m_{13} & m_{14}\\m_{21} & m_{22} & m_{23} & m_{24}\\m_{31} & m_{32} & m_{33} & m_{34}\end{bmatrix}\begin{bmatrix}X\\Y\\Z\\1\end{bmatrix} \tag{6-12}$$

式中：Z_c——3D 目标点在 2D 图像中的仿射坐标；

m_{ij}——摄像机内外参数。

将(6-12)式展开后，做相应的变换可得(6-13)：

$$\left.\begin{aligned}Xm_{11}+Ym_{12}+Zm_{13}+m_{14}-uXm_{31}-uYm_{32}-uZm_{33}=um_{34}\\Xm_{21}+Ym_{22}+Zm_{23}+m_{24}-vXm_{31}-vYm_{32}-vZm_{33}=vm_{34}\end{aligned}\right\} \tag{6-13}$$

如果已知 3D 世界坐标(X,Y,Z)和点对应图像坐标$(u,v,1)$，将变换矩阵看作未知数，则共有 12 个未知数。对于每一个物体点，存在方程(6-13)，假设 $m_{34}=1$，则共有 11 个未知数。取 6 个目标点可得 12 个方程，利用最小二乘法可以求出线性方程组的解。采用更多的已知点，可以使方程的个数大大超过未知数的个数，用最小二乘法解这个超定方程组可以降低误差造成的影响。

本实例中，根据双目视觉系统特点，为了避免其他参数的干扰，提高测量精度，并未解出所有参数。定义两摄像头连线的中点为世界坐标系原点，原点与目标之间的方向为 Z 轴正方向，原点竖直向后为 Y 轴正方向，从左向右为 X 轴正方向。从世界坐标系到摄像机坐标系的转移矩阵为式(6-14)。

$$\boldsymbol{M}_c=\begin{pmatrix}R & \boldsymbol{O}\\0 & 1\end{pmatrix}=\begin{bmatrix}1 & 0 & 0 & t\\0 & 1 & 0 & 0\\0 & 0 & 1 & 0\\0 & 0 & 0 & 1\end{bmatrix} \tag{6-14}$$

其中，旋转矩阵为单位矩阵，表示摄像机坐标系相对于世界坐标系并未旋转。平移矩阵 $\boldsymbol{O}$ 只有一个参数 t，表示两个摄像机相对于世界坐标系，只有 X 轴上的平移。

世界坐标系到图像坐标系转移矩阵可分解为世界矩阵到摄像机坐标系的转移矩阵和摄像机坐标系到图像坐标系转移矩阵的乘积，如公式(6-15)。

$$\boldsymbol{Z}_C p=\begin{bmatrix}\alpha_x & 0 & u_0 & 0\\0 & \alpha_y & v_0 & 0\\0 & 0 & 1 & 0\end{bmatrix}\boldsymbol{M}_c P=\begin{bmatrix}\alpha_x & 0 & u_0 & \alpha_x\cdot t\\0 & \alpha_y & v_0 & 0\\0 & 0 & 1 & 0\end{bmatrix}P \tag{6-15}$$

p 为摄像机像素坐标，P 为目标点在世界坐标系中的坐标。u_0，v_0 为摄像机像素坐标的平移量。由于摄像机内部参数只有 4 个，加上外部参数 t，因此只需求 5 个参数即可得到摄像机参数。因此，实际上只需要 3 对匹配点，即可通过最小二乘法获得摄像机参数。本实例获得的左右两个摄像机的标定矩阵为(6-16)和(6-17)。

$$\boldsymbol{M}_l=\begin{bmatrix}728.7 & 0 & 319.0 & 2\,721.7\\0 & 700.8 & 240.8 & 0\\0 & 0 & 1 & 0\end{bmatrix} \tag{6-16}$$

$$\boldsymbol{M}_r=\begin{bmatrix}737.2 & 0 & 317.9 & -2\,617.0\\0 & 700.8 & 240.8 & 0\\0 & 0 & 1 & 0\end{bmatrix} \tag{6-17}$$

式中：M_l[]——左摄像头标定矩阵；

M_r[]——右摄像头标定矩阵。

OV7670采集图像分辨率为640×480，实际值为320和240，由上述参数可看出两个摄像机测量参数与实际值差别很小。t_l＝2 621.7/728.7＝3.735 0 cm，t_r＝－2 617.0/737.2＝－3.549 8 cm，与实际测量值7.4/2＝3.7 cm相差也很小，其中7.4 cm为两摄像头实际测量间距，说明此参数计算方法简单实用。误差产生的原因可能有系统仪器误差，测量误差，以及算法精度造成的误差。

(5) 距离测量

设空间任意点分别在两个摄像机上的图像点对 p_l 与 p_r 已经通过图像匹配算法确定，摄像机已标定，它们的投影矩阵分别是 M_l 与 M_r。

$$Z_{cl}\begin{bmatrix}u_l\\v_l\\1\end{bmatrix}=\begin{bmatrix}728.7&0&319.0&2\,721.7\\0&700.8&240.8&0\\0&0&1&0\end{bmatrix}\begin{bmatrix}X\\Y\\Z\\1\end{bmatrix}\tag{6-18}$$

$$Z_{cr}\begin{bmatrix}u_r\\v_r\\1\end{bmatrix}=\begin{bmatrix}737.2&0&317.9&-2\,617.0\\0&700.8&240.8&0\\0&0&1&0\end{bmatrix}\begin{bmatrix}X\\Y\\Z\\1\end{bmatrix}\tag{6-19}$$

其中，$(u_l,v_l,1)$与$(u_r,v_r,1)$分别为 p_l 与 p_r 点在各自图像中的齐次坐标；$(X,Y,Z,1)$为 P 点在3D世界坐标系下的齐次坐标；可以消去上式中的 Z_{cl} 和 Z_{cr}，得到关于 X,Y,Z 的四个线性方程：

$$\left.\begin{aligned}-728.7X+(u_l-319.0)Z&=2\,721.7\\-700.8Y+(v_l-240.8)Z&=0\\-737.2X+(u_r-713.9)Z&=-2\,617.0\\-700.8X-700.8Y+(v_r-240.8)Z&=0\end{aligned}\right\}\tag{6-20}$$

由解析几何知，3D空间的平面方程为线性方程，两个平面方程的联立为空间直线方程，所以式(6-20)中的前后两组方程分别表示两个摄像机中连接光心和成像点的两条射线。这两条射线的交点就是要求的空间点 P。对于空间点 $P(x,y,z)$，如果已经通过匹配的方法找到它在左侧摄像机采集到的图像image1(简称左图)中的像点坐标(u_l,v_l)和相应的右侧摄像机采集到的图像image2(简称右图)中的像点坐标(u_r,v_r)，将(u_l,v_l)和(u_r,v_r)代入(6-20)的4个线性方程，则可得到4个超定方程组，其中只有 $P(X,Y,Z)$三个未知数，用最小二乘法对方程组求解，得到空间点 P 的深度信息 Z。

5. 双目视觉测量程序

根据上述双目视觉软件测量要求，编写程序运行于双目视觉测距系统中。参考程序如下：

```
//////////////////////////////////////////////////////////////////////
//双目视觉测距算法
/////////////////////////////////////////////////
# define SPACE_A1 0x80000000               //imgLeft        80 * 60
# define SPACE_A2 SPACE_A1 + 0x4B000       //imgRight       80 * 60
# define SPACE_B1 SPACE_A2 + 0x4B000       //harLeft        100 * 2
# define SPACE_B2 SPACE_B1 + 0xc8          //harRight       100 * 2
```

```
# define SPACE_B3 SPACE_B2 + 0xc8            //harLeftFinal    100 * 2
# define SPACE_B4 SPACE_B3 + 0xc8            //harRightFinal   100 * 2
# define SPACE_D1 SPACE_C18 + 0x40           //Hmod            100 * 2      unsigned char
# define SPACE_D2 SPACE_D1 + 0xC8            //Hobs            100 * 2
# define SPACE_D13 SPACE_D2 + 0x12C0         //voteList        1000 * 2     unsigned char
# define SPACE_D14 SPACE_D13 + 0x7D0         //s1              100          float
# define SPACE_D15 SPACE_D14 + 0x190         //s2              100          float
# define SPACE_D16 SPACE_D15 + 0x190         //o1              100          float
# define SPACE_D17 SPACE_D16 + 0x190         //o2              100          float
# define SPACE_D18 SPACE_D17 + 0x190         //crit            100          float
# define SPACE_D19 SPACE_D18 + 0x9c40        //m               100          unsigned char

# define SPACE_E1 SPACE_D19 + 0x9c40         //vm              1000         unsigned char
# define SPACE_E2 SPACE_E1 + 0x3E8           //vo              1000         unsigned char
# define SPACE_E3 SPACE_E2 + 0x3E8           //aaa             1000 * 8     float
# define SPACE_E4 SPACE_E3 + 0x7D00          //aa              1000 * 8     float
# define SPACE_E5 SPACE_E4 + 0x7D00          //aa2             100 * 8      float
# define SPACE_E6 SPACE_E5 + 0x4B000         //Ix2             80 * 60      double
# define SPACE_E7 SPACE_E6 + 0x4B000         //Iy2             80 * 60      double
# define SPACE_E8 SPACE_E7 + 0x4B000         //Ixy             80 * 60      double
# define SPACE_E9 SPACE_E8 + 0x4B000         //R               80 * 60      float
# define SPACE_E10 SPACE_E9 + 0x258          //ppp             6 * 100      int
# define SPACE_E11 SPACE_E10 + 0x190         //pppp            4 * 100      float
# define SPACE_E12 SPACE_E11 + 0x1189        //an              67 * 67      float
# define SPACE_E13 SPACE_E12 + 0x1189        //bsort           67 * 67      float

void Harris(float * restrict img, int * restrict out, int width, int height);
int Pipei2(float imgLeft[], float imgRight[], int width, int height, unsigned char Hmod[], int cntL,
      unsigned char Hobs[], int cntR, unsigned char voteList[]);
void GaussLvbo(float * restrict in,float * restrict out,int height,int width,const float window[7][7]);
////////////////////////////////////////////////////////////////////////////////////////
//优化后程序
//////////////////////
# include <math.h>
# include "fun.h"
# include <stdio.h>
int cntL,cntR;
main()
{
    float * imgLeft;
    float * imgRight;
    unsigned char * bridge;
    unsigned char * Hmod, * Hobs;
        FILE * file;
        char filename[100];
```

```
    char * filename1 = "D:\\leftcsmall382.dat";
    char * filename2 = "D:\\rightcsmall382.dat";

    int width = 80;
    int height = 60;
    int i,j;
    float juli;

    unsigned char *  voteList;
    int   voteNum;

    imgLeft = (float  * )SPACE_A1;                              //80 * 60
    imgRight = (float  * )SPACE_A2;
    bridge = (unsigned char  * )SPACE_E6;

    Hmod = (unsigned char  * )SPACE_D1;                         //100 * 2
    Hobs = (unsigned char  * )SPACE_D2;                         //100 * 2

    voteList = (unsigned char  * )SPACE_D13;                    //1000 * 2

    strcpy(filename,filename1);
    file  =  fopen(filename,"rb");
        fread(bridge,sizeof(unsigned char),width * height,file);     //读入左图

    for(i = 0;i<height * width;i ++ )
    {
            * (imgLeft + i) = (float)( * (bridge + i));     //将 unsigned char 型图像转换成 float 型
    }
    strcpy(filename,filename2);
    file = fopen(filename,"rb");
    fread(bridge,sizeof(unsigned char),width * height,file);         //读入右图
    for(i = 0;i<height * width;i ++ )
    {
      * (imgRight + i) = (float)( * (bridge + i));              //将 unsigned char 型图像转换成 float 型
    }

    Feature(imgLeft , imgRight , height,  width ,  Hmod ,  Hobs );     //角点提取
      voteNum = Match(imgLeft, imgRight, width, height, Hmod, cntL,  Hobs, cntR, voteList);
                                                                    //角点匹配
      juli =  Measure(voteList ,  Hmod ,  Hobs , voteNum);          //距离计算
      i = 1;
}

void Harris(float  * restrict img, int  * restrict out, int width, int height)
//Harris 角点检测函数,输出矩阵是 Harris 角点的像素,像素最多 100 个
```

```
{
    const int fx[5] = {2,1,0,-1,-2};                          //x,y 方向梯度算子
    float *Ix2;
    float *Iy2;
    float *Ixy;
    float *R;
    const float h[7][7] = {{0.0049 , 0.0092 , 0.0134 , 0.0152 , 0.0134 , 0.0092 ,0.0049},
                           {0.0092 , 0.0172 , 0.0250 , 0.0283 , 0.0250 , 0.0172 ,0.0092},
                           {0.0134 , 0.0250 , 0.0364 , 0.0412 , 0.0364 , 0.0250 ,0.0134},
                           {0.0152 , 0.0283 , 0.0412 , 0.0467 , 0.0412 , 0.0283 ,0.0152},
                           {0.0134 , 0.0250 , 0.0364 , 0.0412 , 0.0364 , 0.0250 ,0.0134},
                           {0.0092 , 0.0172 , 0.0250 , 0.0283 , 0.0250 , 0.0172 ,0.0092},
                           {0.0049 , 0.0092 , 0.0134 , 0.0152 , 0.0134 , 0.0092 ,0.0049}
                              };                              //高斯窗

    float temp1,temp2,temp3,temp4;
    float det,trace;
    float Rmax = 0;
    int cnt = 0;
    int i,j,k;

    Ix2 = (float *)SPACE_E6;
    Iy2 = (float *)SPACE_E7;
    Ixy = (float *)SPACE_E8;
    R = (float *)SPACE_E9;
    for(i = 0;i<width * height;i++)
    {
        Ix2[i] = 0;
        Iy2[i] = 0;
        Ixy[i] = 0;
    }
    for(i = 0;i<width * height;i++)
    {
        R[i] = img[i]/255;
    }
    //x,y 方向滤波同时进行,结果用于角点提取
    for(i = 2;i<width-2;i++)
    {
        temp1 = 0;temp2 = 0;temp3 = 0;temp4 = 0;
        temp2 = R[i-2] * fx[4] + R[i-1] * fx[3] + R[i] * fx[2] + R[i+1] * fx[1] + R[i+2] * fx[0];
        temp1 = R[width+i-2] * fx[4] + R[width+i-1] * fx[3] + R[width+i] * fx[2] + R[width+i
              +1] * fx[1] + R[width+i+2] * fx[0];
        *(Ix2+i) = temp2 * temp2;
        *(Ix2+width+i) = temp1 * temp1;
        temp3 = R[(height-3) * width+i-2] * fx[4] + R[(height-3) * width+i-1] * fx[3]
```

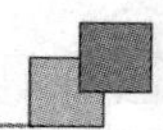

```
                + R[(height - 3) * width + i] * fx[2] + R[(height - 3) * width + i + 1] * fx[1] +
                R[(height - 3) * width + i + 2] * fx[0];
            temp4 = R[(height - 2) * width + i - 2] * fx[4] + R[(height - 2) * width + i - 1] * fx[3]
                + R[(height - 2) * width + i] * fx[2] + R[(height - 2) * width + i + 1] * fx[1] +
                R[(height - 2) * width + i + 2] * fx[0];
            * (Ix2 + (height - 3) * width + i) = temp3 * temp3;
            * (Ix2 + (height - 2) * width + i) = temp4 * temp4;
        }
        for(i = 0;i<height;i ++ )
        {
            temp3 = R[i * width + 0] * fx[2] + R[i * width + 1] * fx[1] + R[i * width + 2] * fx[0];
            * (Ix2 + i * width + 0) = temp3 * temp3;
            temp4 = R[i * width + 0] * fx[3] + R[i * width + 1] * fx[2] + R[i * width + 2] * fx[1] + R[i *
width + 3] * fx[0];
             * (Ix2 + i * width + 1) = temp4 * temp4;
             temp2 = R[i * width - 4] * fx[4] + R[i * width - 3] * fx[3] + R[i * width - 2] * fx[2] + R[i *
width - 1] * fx[1];
             * (Ix2 + i * width - 2) = temp2 * temp2;
             temp2 = R[i * width - 3] * fx[4] + R[i * width - 2] * fx[3] + R[i * width - 1] * fx[2];
             * (Ix2 + i * width - 1) = temp2 * temp2;
        }
        for(i = 2;i<height - 2;i ++ )
        {
            temp1 = 0;temp2 = 0;
              temp2 = R[(i - 2) * width + 0] * fx[4] + R[(i - 1) * width + 0] * fx[3]
                  + R[i * width + 0] * fx[2] + R[(i + 1) * width + 0] * fx[1] + R[(i + 2) * width + 0] * fx[0];
              temp1 = R[(i - 2) * width + 1] * fx[4] + R[(i - 1) * width + 1] * fx[3]
                  + R[i * width + 1] * fx[2] + R[(i + 1) * width + 1] * fx[1] + R[(i + 2) * width + 1] * fx[0];
              * (Iy2 + i * width + 0) = temp2 * temp2;
              * (Iy2 + i * width + 1) = temp1 * temp1;
            temp2 = R[(i - 2) * width + width - 1] * fx[4] + R[(i - 1) * width + width - 1] * fx[3]
                + R[i * width + width - 1] * fx[2] + R[(i + 1) * width + width - 1] * fx[1] + R[(i + 2) *
width + width - 1] * fx[0];
            temp1 = R[(i - 2) * width + width - 2] * fx[4] + R[(i - 1) * width + width - 2] * fx[3]
                + R[i * width + width - 2] * fx[2] + R[(i + 1) * width + width - 2] * fx[1] + R[(i + 2) *
width + width - 2] * fx[0];
            * (Iy2 + i * width + width - 1) = temp2 * temp2;
            * (Iy2 + i * width + width - 2) = temp1 * temp1;
        }
        for(i = 0;i<width;i ++ )
        {
            temp3 = R[i] * fx[2] + R[1 * width + i] * fx[1] + R[2 * width + i] * fx[0];
            * (Iy2 + i) = temp3 * temp3;
            temp4 = R[i] * fx[3] + R[1 * width + i] * fx[2] + R[2 * width + i] * fx[1] + R[3 * width + i] * fx[0];
            * (Iy2 + width + i) = temp4 * temp4;
```

```
    temp2 = R[(height - 4) * width + i] * fx[4] + R[(height - 3) * width + i] * fx[3] + R[(height - 2) * width
+ i] * fx[2] + R[(height - 1) * width + i] * fx[1];
            *(Iy2 + (height - 2) * width + i) = temp2 * temp2;
            temp2 = R[(height - 3) * width + i] * fx[4] + R[(height - 2) * width + i] * fx[3] + R[(height
- 1) * width + i] * fx[2];
            *(Iy2 + (height - 1) * width + i) = temp2 * temp2;
        }
    for(i = 0;i<width;i++)
        {
            *(Ixy + i) = sqrt(*(Ix2 + i)) * sqrt(*(Iy2 + i));
            *(Ixy + width + i) = sqrt(*(Ix2 + width + i)) * sqrt(*(Iy2 + width + i));
            *(Ixy + (height - 1) * width + i) = sqrt(*(Ix2 + (height - 1) * width + i)) * sqrt(*(Iy2
+ (height - 1) * width + i));
            *(Ixy + (height - 2) * width + i) = sqrt(*(Ix2 + (height - 2) * width + i)) * sqrt(*(Iy2
+ (height - 2) * width + i));
        }
        for(i = 2;i<height - 2;i++)
        {
            *(Ixy + i * width) = sqrt(*(Ix2 + i * width)) * sqrt(*(Iy2 + i * width));
            *(Ixy + i * width + 1) = sqrt(*(Ix2 + i * width + 1)) * sqrt(*(Iy2 + i * width + 1));
            *(Ixy + i * width + width - 2) = sqrt(*(Ix2 + i * width + width - 2)) * sqrt(*(Iy2 + i *
width + width - 2));
            *(Ixy + i * width + width - 1) = sqrt(*(Ix2 + i * width + width - 1)) * sqrt(*(Iy2 + i *
width + width - 1));
        }
    //以上对边缘的两行和两列单独进行滤波

    //以下对图像其余部分进行滤波
        for(i = 2;i<height - 2;i++)
        {
            for(j = 2;j<width - 2;j++)
            {
                temp1 = 0;
                temp2 = 0;
                    temp1 = R[i * width + j - 2] * fx[4] + R[i * width + j - 1] * fx[3]
                            + R[i * width + j] * fx[2] + R[i * width + j + 1] * fx[1] + R[i * width + j + 2] * fx[0];
                    temp2 = R[(i - 2) * width + j] * fx[4] + R[(i - 1) * width + j] * fx[3]
                            + R[i * width + j] * fx[2] + R[(i + 1) * width + j] * fx[1] + R[(i + 2) * width
+ j] * fx[0];
                *(Ix2 + i * width + j) = temp1 * temp1;
                *(Iy2 + i * width + j) = temp2 * temp2;
                *(Ixy + i * width + j) = temp1 * temp2;
            }
        }
    //x,y方向滤波结束
```

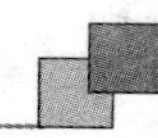

```
    //对上一步中得到的结果 Ix2,Iy2,Ixy 再进行高斯滤波
        GaussLvbo(Ix2,Ix2,height,width,h);
        GaussLvbo(Iy2,Iy2,height,width,h);
        GaussLvbo(Ixy,Ixy,height,width,h);
    //进行角点提取
        for(i = 0;i<200;i++)
        {
            out[i] = 0;
        }
        for(j = 1;j<width - 1;j++)
        {
            for(i = 1;i<height - 1;i++)
            {
                if( cnt<200 && R[i * width + j]>0.001 * Rmax && R[i * width + j]>R[(i - 1) * width + j - 1]
                            && R[i * width + j]>R[i * width + j - 1] && R[i * width + j]>R[(i + 1) *
width + j - 1]
                            && R[i * width + j]>R[(i - 1) * width + j   ] && R[i * width + j]>R[(i + 1) *
width + j ]
                            && R[i * width + j]>R[(i - 1) * width + j + 1] && R[i * width + j]>R[i *
width + j + 1]
                            && R[i * width + j]>R[(i + 1) * width + j + 1] )
                {
                    out[cnt] = i;
                    out[cnt + 1] = j;              //将角点坐标存入 out 中
                    cnt = cnt + 2;
                }
            }
        }
    }

    //图像匹配
    int Match(float  imgLeft[], float  imgRight[], int width, int height,
            unsigned char  Hmod[], int cntL, unsigned char Hobs[], int cntR, unsigned char voteList[])
    {
        unsigned char a,b,c,d;
        float * s1, * s2, * o1, * o2, * crit;
        int i,j,k,l;
        const int w = 5;
        float temp;
        unsigned char * m;
        int voteNum;
        s1 = (float *)SPACE_D14;
        s2 = (float *)SPACE_D15;
        o1 = (float *)SPACE_D16;
        o2 = (float *)SPACE_D17;
```

```
crit = (float *)SPACE_D18;
m = (unsigned char *)SPACE_D19;
for(i = 0;i<100;i++)
{
    s1[i] = 0;
    s2[i] = 0;
    o1[i] = 0;
    o2[i] = 0;
}
for(i = 0;i<10000;i++)
{
    crit[i] = 0;
    m[i] = 0;
}
//左目
for(i = 0;i<cntL/2;i++)
{
    s1[i] = 0;
    o1[i] = 0;
    a = Hmod[2 * i];
    b = Hmod[2 * i + 1];
    for(j = -w;j<w + 1;j++)
    {
        for(k = -w;k<w + 1;k++)
        {
            s1[i] = s1[i] + imgLeft[(b + j) * width + a + k];
            o1[i] = o1[i] + imgLeft[(b + j) * width + a + k] * imgLeft[(b + j) * width + a + k];
        }
    }
    s1[i] = s1[i]/(2 * w + 1)/(2 * w + 1);
    o1[i] = o1[i]/(2 * w + 1)/(2 * w + 1) - s1[i] * s1[i];
}
//右目
for(i = 0;i<cntR/2;i++)
{
    s2[i] = 0;
    o2[i] = 0;
    a = Hobs[2 * i];
    b = Hobs[2 * i + 1];
    for(j = -w;j<w + 1;j++)
    {
        for(k = -w;k<w + 1;k++)
        {
            s2[i] = s2[i] + imgRight[(b + j) * width + a + k];
            o2[i] = o2[i] + imgRight[(b + j) * width + a + k] * imgRight[(b + j) * width + a + k];
```

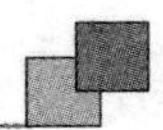

```
            }
        }
        s2[i] = s2[i]/(2 * w + 1)/(2 * w + 1);
        o2[i] = o2[i]/(2 * w + 1)/(2 * w + 1) - s2[i] * s2[i];
    }
    // 左右匹配
    for(i = 0;i<cntL/2;i ++ )
    {
        for(j = 0;j<cntR/2;j ++ )
        {
            a = Hmod[2 * i];
            b = Hmod[2 * i + 1];
            c = Hobs[2 * j];
            d = Hobs[2 * j + 1];
            crit[i * cntR + j] = 0;
            temp = sqrt(abs(o1[i] * o2[j]));
            for(k = - w;k<w + 1;k ++ )
            {
              for(l = - w;l<w + 1;l ++ )
              {
                crit[i * cntR/2 + j] = crit[i * cntR/2 + j]
                  + (imgLeft[(b + k) * width + a + l] - s1[i]) * (imgRight[(d + k) * width + c + l]
- s2[j]) / (2 * w + 1) / (2 * w + 1) / temp;
                }
            }
            if(crit[i * cntR/2 + j]>0.82)
            {
                m[i * cntR/2 + j] = 1;
            }
        }
    }
    k = 0;
    for(i = 0;i<cntL/2;i ++ )
    {
    for(j = 0;j<cntR/2;j ++ )
        {
            if(m[i * cntR/2 + j] = = 1)
            {
                voteList[k] = i;
                voteList[k + 1] = j;
                k = k + 2;
            }
        }
    }
    voteNum = k/2;
```

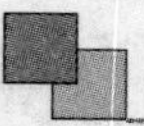


```
    return voteNum;
  }

  void GaussLvbo(float * restrict in,float * restrict out,int height,int width,const float window[7]
[7])                                                    //高斯滤波函数
  {
  int i,j,m,n,m1,n1,m2,n2;
  float temp1;
  float * R;
  R = (float * )SPACE_E9;
  for(i = 3;i<height + 3;i ++ )
  {
      for(j = 3;j<width + 3;j ++ )
      {
          temp1 = 0;
          m1 = i - 6<0? 0:i - 6;
          m2 = i + 1>height? height:i + 1;
          n1 = j - 6<0? 0:j - 6;
          n2 = j + 1>width? width:j + 1;          //边缘部分无法进行完整高斯窗滤波,以上处理使边缘部分
                                                  //的滤波可以顺利进行
          for(m = m1;m<m2;m ++ )
          {
              for(n = n1;n<n2;n ++ )
              {
                  temp1 = temp1 + ( * (in + m * width + n)) * window[i - m][j - n];
              }
          }
          * (R + (i - 3) * width + j - 3) = temp1;
      }
  }

  for(i = 0;i<height * width;i ++ )
  {
      * (out + i) = * (R + i);
  }
  }
  void Feature(float * imgL , float * imgR , int height , int width , unsigned char * Hmod , unsigned
char * Hobs )
  {
      int * harLeft, * harRight;
      int * harLeftFinal, * harRightFinal;
      int i;
      float sig = 5.4;
      harLeft = (int * )SPACE_B1;  //100 * 2
      harRight = (int * )SPACE_B2;
```

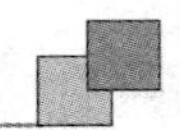

```
    harLeftFinal = (int *)SPACE_B3;
    harRightFinal = (int *)SPACE_B4;
    Harris(imgL, harLeft, width, height);  //对左目图进行 Harris 角点检测,输出矩阵 harLeft 为
                                           //左目图 Harris 角点的像素
    Harris(imgR, harRight, width, height); //对右目图进行 Harris 角点检测,输出矩阵 harLeft 为
                                           //右目图 Harris 角点的像素
    for(i = 0;i<200;i++)
    {
        harLeftFinal[i] = 0;
        harRightFinal[i] = 0;
    }
    for(i = 0,cntL = 0;i<40;i = i + 2)
    {
        if(harLeft[i] + 1>(4 * sig) && harLeft[i + 1] + 1>(4 * sig)
                && harLeft[i] + 1<(height - 4 * sig) && harLeft[i + 1] + 1<(width - 4 * sig))
                                           //用给定阈值对 harLeft 中的角点像素进行筛选
        {
            harLeftFinal[cntL] = harLeft[i];
            harLeftFinal[cntL + 1] = harLeft[i + 1];
            cntL = cntL + 2;
        }
    }
    for(i = 0,cntR = 0;i<40;i = i + 2)
    {
        if(harRight[i] + 1>(4.1 * sig) && harRight[i + 1] + 1>(4.1 * sig)
             && harRight[i] + 1<(height - 4.1 * sig) && harRight[i] + 1<(width - 4.1 * sig))
                                           //用给定阈值对 harRight 中的角点像素进行筛选
        {
            harRightFinal[cntR] = harRight[i];
            harRightFinal[cntR + 1] = harRight[i + 1];
            cntR = cntR + 2;
        }
    }
    for(i = 0;i<cntL;i = i + 2)
    {
        Hmod[i] = harLeftFinal[i + 1];      //将上面选出的左目图角点像素存到矩阵 Hmod 中
        Hmod[i + 1] = harLeftFinal[i];
    }
    for(i = 0;i<cntR;i = i + 2)
    {
        Hobs[i] = harRightFinal[i + 1];     //将上面选出的右目图角点像素存到矩阵 Hobs 中
        Hobs[i + 1] = harRightFinal[i];
    }
}
```

```
float Measure(unsigned char * voteList , unsigned char * Hmod , unsigned char * Hobs , int voteNum)
//计算距离
{
    unsigned char * vm, * vo;
    int s,l[5],ln,p1,c[4] = {0,0,0,0},bn,p;
    float juli;
    int i,j,num,y,s1,ii,k;
    float * an;
    int * bsort;
    float temp;
    float a = 0,a1 = 0,a2 = 0,a3 = 0;
    const float m6[4][6] = {  {0.0008,0, - 0.2599,0.0008,0, - 0.2599},
                              {0,0.0007, - 0.1768,0,0.0007, - 0.1768},
                              {0,0,0.5,0,0,0.5},
                              {0.0002,0,0, - 0.0002,0,0}
                           };
    float * ppp;
    float * pppp;
    float * aaa, * aa, * aa2;
    vm = (unsigned char * )SPACE_E1;          //1000
    vo = (unsigned char * )SPACE_E2;          //1000
    aaa = (float * )SPACE_E3;                 //1000 * 8
    aa = (float * )SPACE_E4;                  //1000 * 8
    aa2 = (float * )SPACE_E5;                 //100 * 8
    ppp = (float * )SPACE_E10;                //6 * 100
    pppp = (float * )SPACE_E11;               //4 * 100
    an = (float * )SPACE_E12;                 //67 * 67
    bsort = (int * )SPACE_E13;                //67 * 67
    for(i = 0;i<voteNum;i ++ )
    {
        vm[i] = voteList[i];
        vo[i] = voteList[i + 1];
    }
    s = 0;
    for(i = 0;i<8000;i ++ )
    {
        aaa[i] = 0;
    }
    for(i = 0;i<voteNum;i ++ )
    {
        if(vo[i]> = 0)
        {
            s = s + 1;
            aaa[s - 1] = Hmod[vm[i] * 2 + 0] - Hobs[vo[i] * 2 + 0];
            aaa[(s - 1) * 11 + 1] = Hmod[vm[i] * 2 + 1] - Hobs[vo[i] * 2 + 1];
```

```
            aaa[(s-1)*11+5] = i;
            aaa[(s-1)*11+6] = Hmod[vm[i]*2+0];
            aaa[(s-1)*11+7] = Hobs[vo[i]*2+0];
            aaa[(s-1)*11+8] = Hmod[vm[i]*2+1];
            aaa[(s-1)*11+9] = Hobs[vo[i]*2+1];
            aaa[(s-1)*11+10] = s;
        }
    }
    for(i=0;i<voteNum;i=i+11)
    {
        a=a+aaa[i];
    }
    a=a/s;
    a1=a*0.8;
    a2=a-a1;
    for(k=0;k<10;k++)
    {
        j=0;
        for(i=0;i<s;i++)
        {
            if(abs(aaa[i]-23.125)<1.875 && abs(aaa[i*11+1])<1.25)
            {
                aa[i*11]=aaa[i*11];
                aa[i*11+1]=aaa[i*11+1];
                aa[i*11+2]=aaa[i*11+2];
                aa[i*11+3]=aaa[i*11+3];
                aa[i*11+4]=aaa[i*11+4];
                aa[i*11+5]=aaa[i*11+5];
                aa[i*11+6]=aaa[i*11+6];
                aa[i*11+7]=aaa[i*11+7];
                aa[i*11+8]=aaa[i*11+8];
                aa[i*11+9]=aaa[i*11+9];
                aa[i*11+10]=aaa[i*11+10];
                j=j+1;
            }
        }
        for(i=0,ii=0;i<s;i=i+11)
        {
            if(aa[i]>0)
            {
                aa2[ii]=aa[i];
                aa2[ii+1]=aa[i+1];
                aa2[ii+5]=aa[i+5];
                aa2[ii+6]=aa[i+6];
                aa2[ii+7]=aa[i+7];
```

```
                aa2[ii+8] = aa[i+8];
                aa2[ii+9] = aa[i+9];
                aa2[ii+10] = aa[i+10];
                ii = ii+11;
            }
        }
        for(i=0;i<ii/11;i++)
        {
            aaa[i*11] = aa2[i*11];
            aaa[i*11+1] = aa2[i*11+1];
            aaa[i*11+5] = aa2[i*11+5];
            aaa[i*11+6] = aa2[i*11+6];
            aaa[i*11+7] = aa2[i*11+7];
            aaa[i*11+8] = aa2[i*11+8];
            aaa[i*11+9] = aa2[i*11+9];
            aaa[i*11+10] = aa2[i*11+10];
        }
        if(j==0)
            j=1;
        s=j;
        a1=0;
        for(i=0;i<j;i=i+11)
        {
            a1 = a1+aaa[i];
        }
        if(a1!=0)
            a=a1/s;
    }
    s1=0;
    for(i=0;i<s;i++)
    {
        if(aaa[i*11+5]>=0)
        {
            s1=s1+1;
            for(j=0;j<11;j++)
            {
                aa[(s1-1)*11+j] = aaa[i*11+j];
                aa[(s1-1)*11+10] = s1;
            }
        }
    }
    num=s1;
    for(i=0;i<600;i++)
    {
        ppp[i]=0;
```

```
}
for(i = 0;i<num;i++)
{
    ppp[i] = aa[i * 11 + 6];
    ppp[num + i] = aa[i * 11 + 8];
    ppp[2 * num + i] = 1;
    ppp[3 * num + i] = aa[i * 11 + 7];
    ppp[4 * num + i] = aa[i * 11 + 9];
    ppp[5 * num + i] = 1;
}
for(i = 0;i<400;i++)
{
    pppp[i] = 0;
}
for(i = 0;i<4;i++)
{
    for(j = 0;j<num;j++)
    {
        for(k = 0;k<6;k++)
        {
            pppp[i * num + j] = pppp[i * num + j] + m6[i][k] * ppp[k * num + j];
        }
    }
}
for(i = 0;i<num;i++)
{
    for(j = 0;j<4;j++)
    {
        pppp[j * num + i] = pppp[j * num + i]/pppp[3 * num + i];
    }
}
for(i = 0;i<num;i++)
{
    aa[i * 11 + 2] = pppp[i];
    aa[i * 11 + 3] = pppp[num + i];
    aa[i * 11 + 4] = pppp[2 * num + i];
}
a2 = a;
s1 = 0;
for(i = 0;i<num * num;i++)
{
    an[i] = 0;
}
for(i = 0;i<num;i++)
{
```

```
        for(j = 0;j<num;j ++ )
        {
            an[i * num + j] = ((aa[i * 11 + 2] - aa[j * 11 + 2]) * (aa[i * 11 + 2] - aa[j * 11 + 2]) * 2
                        + (aa[i * 11 + 3] - aa[j * 11 + 3]) * (aa[i * 11 + 3] - aa[j * 11 + 3]) + (aa
[i * 11 + 4] - aa[j * 11 + 4]) * (aa[i * 11 + 4] - aa[j * 11 + 4]));
        }
    }
    for(i = 0;i<num;i ++ )
    {
        for(j = 0;j<num;j ++ )
        {
            bsort[i * num + j] = i;
        }
    }
    for(i = 0;i<num;i ++ )
    {
        for(k = 0;k<num - 1;k ++ )
        {
            for(j = 0;j<num - 1;j ++ )
            {
                if(an[j * num + i]>an[(j + 1) * num + i])
                {
                    temp = an[j * num + i];
                    an[j * num + i] = an[(j + 1) * num + i];
                    an[(j + 1) * num + i] = temp;
                    temp = bsort[j * num + i];
                    bsort[j * num + i] = bsort[(j + 1) * num + i];
                    bsort[(j + 1) * num + i] = temp;
                }
            }
        }
    }
    for(i = 0;i<num;i ++ )
    {
        aa[i * 11 + 5] = 0;
    }
    for(i = 0;i<num;i ++ )
    {
        p = 0;
        c[0] = 0;
        c[1] = 0;
        c[2] = 0;
        c[3] = 0;
        for(j = 0;j<num;j ++ )
        {
```

```
            bn = bsort[j * num + i];
            if(1.5 * (aa[i * 11 + 2] - aa[bn * 11 + 2]) * (aa[i * 11 + 2] - aa[bn * 11 + 2])
                  + (aa[i * 11 + 4] - aa[bn * 11 + 4]) * (aa[i * 11 + 4] - aa[bn * 11 + 4])<0.15&&aa
[i * 11 + 3] - aa[bn * 11 + 3]>0.1&&c[0] = = 0)
              {
                p = p + 1;
                l[p - 1] = bn;
                c[0] = 1;
              }
            if(1.5 * (aa[i * 11 + 2] - aa[bn * 11 + 2]) * (aa[i * 11 + 2] - aa[bn * 11 + 2])
                + (aa[i * 11 + 4] - aa[bn * 11 + 4]) * (aa[i * 11 + 4] - aa[bn * 11 + 4])<0.15&& - (aa[i
 * 11 + 3] - aa[bn * 11 + 3])>0.1&&c[1] = = 0)
            {
                p = p + 1;
                l[p - 1] = bn;
                c[1] = 1;
            }
            if(aa[i * 11 + 2] - aa[bn * 11 + 2]>0.1&&(aa[i * 11 + 3] - aa[bn * 11 + 3]) * (aa[i * 11 +
3] - aa[bn * 11 + 3])<0.017&&c[2] = = 0)
            {
                p = p + 1;
                l[p - 1] = bn;
                c[2] = 1;
            }
            if( - (aa[i * 11 + 2] - aa[bn * 11 + 2])>0.1&&(aa[i * 11 + 3] - aa[bn * 11 + 3]) * (aa[i *
11 + 3] - aa[bn * 11 + 3])<0.017&&c[3] = = 0)
            {
                p = p + 1;
                l[p - 1] = bn;
                c[3] = 1;
            }
        }
        p1 = p<4? p:4;
        if(p>1)
        {
            for(p = 0;p<p1;p + + )
            {
                s1 = s1 + 1;
                aa[i * 11 + 5] = 1;
                ln = l[p - 1];
                aa[ln * 11 + 5] = 1;
            }
        }
    }
```

```
    for(i = 0;i<num;i ++ )
    {
        aa[i * 11 + 2] = aa[i * 11 + 2] * 10;
        aa[i * 11 + 3] = aa[i * 11 + 3] * 10;
      aa[i * 11 + 4] = aa[i * 11 + 4] * 10;
    }
    juli = aa[4];
    for(i = 0;i<num;i ++ )
    {
        juli = aa[i * 11 + 4]<juli? aa[i * 11 + 4]:juli;
    }
      return juli;
}
//////////////////////////////////////////////////////////////////////////////
```

算法运行结果如表 6-2 所列。

表 6-2　双目视觉测距算法性能分析

函数名	代码长度/字节	调用次数	总指令数	总周期数	CPU 周期数	CPU 指令条件为假
Feature	2 116	1	7 913	36 132	13 234	136
GaussLvbo	892	6	60 321 108	271 587 776	80 749 832	507 624
Harris	13 044	2	4 847 457	26 890 112	6 609 601	38 086
Match	3 968	1	587 083	3 920 133	805 084	728
Measure	10 680	1	121 685	290 076	232 338	131
Others			244 303 696	173 562 480	173 379 376	49 523 980
Total			310 457 920	478 101 984	262 250 496	50 070 688

6. 软硬件协同设计

以上从视觉测量的算法实现上进行了软基体设计，可以看出这些软基体实现原理似乎与硬件结构没有任何关系。但是，对于一个嵌入式智能系统来说，硬件资源对于软件实现的约束是系统算法能否满足技术指标的关键。因此，在已知算法规模及运算复杂度的情况下，分析硬件设计规模是系统优化的必由之路。本实例中，软硬件协同需要考量的关键问题如下。

(1) 特征提取算法的空间与时间资源占用分析

特征提取算法命名为 Feature. c，其功能是分别提取两幅 2D 图像上的匹配特征集合。

1）空间资源占用

因为双目视觉测量中两幅 2D 图像占用了两个独立的固定缓存空间(乒乓结构)，两个 2D 图像的特征提取算法都需要通过 DM642 进行运算，因此，在时间上两个特征提取算法必须串联运行，是单个摄像头处理的两倍。但是，由于串行算法运行的时间不重叠，因此，计算过程中两个算法运算中间量缓存空间可以共用，只需开辟一个共享缓存区，其大小为一帧图像；特征提取结果分别存入不同空间，因此，特征提取结果需开辟 2 倍空间，根据前述分析，图像特征没有超过 80 个，给出 20%设计余量，得 100 字节空间分配。因此，可得特征提取算法的空间计算公式为

$$SPACE_{feature} = 2D_{frme} + D_{frme} + 2D_{feature} \tag{6-21}$$

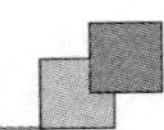

式中：$\text{SPACE}_{\text{feature}}$——算法运算空间占用大小；

D_{frme}——图像数据帧大小，本实例为 80×60 Byte；

D_{feature}——图像匹配特征缓冲区大小，本实例为 100 Byte。

这是最小空间需求，一般情况应留出计算余量，以便于算法的修改。

2）时间资源占用

算法运行时间分析，由于 VPORT1 和 VPORT2 是片上外设，可以独立于 DM642 的 CPU 工作，因此，图像采集时间可以与特征提取同步进行。

特征提取算法的时间资源占用应该从两个方面分析，一是算法本身基于指令级流水线、循环等的优化，尽量使算法占用更少的运算时间，这一部分内容占用的时间可以利用实例 4.12 进行优化，以保证代码的时间效率；二是双目视觉测量的左右两个 2D 图像都需要特征提取，且算法原理相同，但是，由于这两个运算都必须通过 DM642 的 CPU 进行操作，因此，只能串行工作，所以，时间必须是单个特征提取算法的两倍。可得特征提取算法时间资源占用计算公式为

$$\text{TIME}_{\text{feature}} = 2T_{\text{sigle\_feature}} \tag{6-22}$$

式中：$\text{TIME}_{\text{feature}}$——特征提取算法占用的总时间；

$T_{\text{sigle\_feature}}$——单目 2D 图像特征提取占用的时间。

（2）图像匹配算法的空间与时间资源占用分析

图像匹配算法命名为 Match.c，其功能是获得两个 2D 图像之间的点对应集合，找出基于特征描述的感兴趣目标像素点对。

1）空间资源占用

图像配准仅仅在两幅 2D 图像特征空间上进行，同时，由于算法运行时间的串行特点，使得原来特征提取算法的缓存空间可以继续使用，因此，图像配准算法不占用更多的运算空间。

2）时间资源占用

图像匹配算法是两个 2D 图像特征空间上运算，因为需要两个特征空间之间的数据匹配计算，不需要进行两次计算，但是，这个算法是两个特征空间中所有特征之间的欧式距离比较，因此，需要大量循环重复计算，因此，需要对于指令级流水线及循环优化进行详细考量，以减少算法的运算时间。定义 T_{match} 为算法运行时间。

（3）距离测量算法的空间与时间资源占用分析

距离测量算法命名为 Measure.c，其功能是根据求取的目标像素点对坐标及左右摄像机标定矩阵，得到目标距离 Z。由于摄像机标定过程离线进行，因此，测量算法是利用最小二乘法求解公式(6-20)的目标距离 Z。

1）空间资源分配

由于距离测量是在获得的最终匹配点对之间进行计算，一般意义上，只要一个点对就可以解出目标距离，但为了保证测试结果的准确性，减少噪声干扰，可计算多个点对应，以提高算法的鲁棒性。这个算法也可以利用上述两个算法的缓冲空间，不占用新的空间资源。定义 T_{measure} 为测量算法时间。

2）时间资源分配

距离测量算法运行于匹配结果之上，当为了提高测距鲁棒性而增减点对应时，计算时间成倍增加，通常用循环实现，所以，程序指令级优化是节省时间资源的唯一途径。

这里需要特别提到的是算法运行时间的计算与 CPU 主频有关，主频越高，算法运行越快，

但是，系统功耗越大，设计中要综合考虑这些因素。本实例中特征提取、图像配准、距离测量三部分运算时间之和应该小于图像采集间隔 25 帧/秒，否则，运算结果不能连续实时给出。用不等式表示为

$$T_{\text{frme}} > 2T_{\text{feature}} + T_{\text{match}} + T_{\text{measure}} \tag{6-23}$$

本实例系统可以完全达到实时测量要求。另外，本实例中系统存储空间为 64 MWord，用于视觉测量有一些浪费。

6.2.3 双目视觉测量结果与分析

双目视觉测距系统的主要评价指标是测距的准确度，通过测量误差分析可以发现系统中的设计缺陷。然后，根据误差产生原因，修改系统设计以达到最终设计目标。另外，对于嵌入式系统来说，其功耗、体积也是重要的评价指标。因此，在保证视觉测距准确度和精度的前提下，使得系统功耗、体积最小才能实现优化设计。

1. 双目视觉测距误差分析

为了使得距离测量对于魔方具有唯一性，将魔方一面面向摄像头摆放，如图 6-12 所示。同时，为了分析目标实际距离与摄像头焦距之间的关系，选取五组不同距离进行测量。图 6-12 中五组图像分别为魔方在不同距离下左右摄像头获得的 2D 图像。

(a) 距魔方400.0 mm距离测得的2D图像

(b) 距魔方350.0 mm距离测得的2D图像

(c) 距魔方300.0 mm距离测得的2D图像

(d) 距魔方250.0 mm距离测得的2D图像

(e) 距魔方200.0 mm距离测得的2D图像

图 6-12　不同距离获得的双目魔方图像

通过图像特征提取、配准、仿射变换，计算出视觉测量的距离。分别将实际数据与测量数据列于表 6-3 中，比较本实例视觉测量误差。

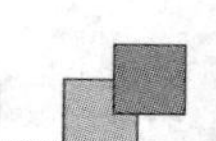

表 6-3　不同距离的测量结果与实际数据对比

图像序号	实际距离/mm	测量距离/mm	绝对误差/mm	误差/%
a	200.0	199.589	+0.411	0.206
b	250.0	250.582	−0.582	0.233
c	300.0	299.167	+0.833	0.278
d	350.0	350.995	+0.995	0.284
e	400.0	400.171	+0.171	0.043

由于目标为一平面，各点距离相同，因此计算时将各点距离求平均值可得到表 6-3 中的结果。由表 6-3 可知，魔方各位置的距离测量误差在 1 mm 以内，相对误差＜0.5%，能够满足测量精度要求。

影响视觉距离测量的因素主要有：摄像机标定误差、特征提取与匹配定位精度，这些都是软基体设计需要特别考量的问题。一般来讲，距离的测量精度与匹配定位精度成正比，与摄像机基线长度成反比，要设计一个精确的视觉测量系统必须综合考虑各方面的因素，保证各个环节都有较高的精度。

2. 双目视觉测距系统性能评估

(1) 功耗评估

硬件静态功耗：由系统硬件的直接功率消耗，包括电源、2×OV7670、EMAC+LXT971A、VPORT1、VPORT2，各部分功耗如表 6-4 所列。

表 6-4　硬件功耗表

单元基体名称	静态功耗/mW	动态功耗/mW	功耗/mW
电源	10	750	760
OV7670(左)	7	58	65
OV7670(右)	7	58	65
VPORT1(左)	5	32	37
VPORT2(右)	5	32	37
EMAC+LXT971A	135	332	467
综合	169	1 262	1 431

软件动态功耗：由高速软件运行功耗，与系统主频有关。图像帧间间隔 $T_{frme}=160$ ms，所有软基体需要的时钟周期数、最佳主频组合如表 6-5 所列。

(2) 功能评估

本实例中可以提供给算法的运算时间为帧间时间 $T_{frme}=160$ ms，可用于算法的数据缓存空间包括 SDRAM 和内存空间，$SPACE_{soft}=16$ MB+1 MB。最大运算功能时，主频 CPUclk=600 MHz，允许的机器周期数 $T_{max}=24\times10^6$，即最大帧频 f_{max}，最高时钟频率 Fclock_max，标准图像分辨率 $R=60\times80$ 下，允许的最大乘加运算次数。

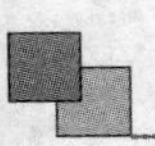

表 6-5　软基体功耗优化表

软基体名称	机器周期数	时钟频率/MHz	运行时间/s	功耗/%	备　注
Feature. c	13 234	600	0.000 022	1	假设:600 MHz 对应最大动态功耗为 1。则按照频率平方与功耗成正比计算,550 MHz 对应功耗为 0.84
Gausslvbo. c	80 749 832	550	0.146 818	0.84	
Harris. c	6 609 601	600	0.011 016	1	
Match. c	805 084	600	0.001 342	1	
Measure. c	232 338	600	0.000 387	1	
综合软基体	88 410 089	550/600	0.159 585	0.852 8	

(3) 基于单元基体的系统功耗及功能优化方法

基于软基体的系统功耗优化主要是在系统运行时间允许时,尽量降低主频;或者不同运算速度要求的子程序,按照频率划分,实现动态功耗优化。对于图像处理系统来说,由于图像捕获与传输过程与图像处理过程并行工作,因此,基于软基体的图像处理系统功耗优化方法按照如下步骤进行。

① 每帧图像数据规模 $D_{\mathrm{frme}}=60\times80$。

② 图像处理软基体最大时间 T_{frme}。

6.3　智能感知系统实例

智能感知系统以多源信息采集及综合处理为目标,包含多种传感器以获得多源信息,并以 DM642 和 F2812 为运算处理控制核心,实现多源信息的高速处理及综合。本实例中,多传感器涉及视觉、听觉、嗅觉,并设计为双目双耳系统,包括 DM642、F2812、MCU,因此,涉及到多 CPU 之间的并行处理系统优化评估方法。单 CPU 系统的软基体、硬基体、混合基体的设计优化方法,前面实例已详细剖析,这里不再赘述。

6.3.1　智能感知系统原理

1. 传感器

(1) 视觉传感器

视觉传感器采用两路 OV7670,进行立体视觉 3D 重构,详细内容见 6.2 节。

(2) 听觉传感器

听觉传感器采用两路传声器,进行声源定位,声音采集详细内容见 5.3 节。

(3) 嗅觉传感器

嗅觉是指对环境中空气化学成分的感知度,通常相对于某些特定气体浓度的检测和感知。本例中主要是针对空气中 CO_2 浓度进行测量,通过 CO_2 浓度分布推测所处位置的危险程度,可用来判断空气质量。CO_2 的浓度测量技术中比较常用和成熟的是非色散红外光谱分析技术(NDIR,Non-Dispersive Infrared),主要是根据气体浓度与红外光衰减量之间的对应关系,通过检测得到的红外光衰减量计算气体浓度。

2. 系统结构

本实例智能感知系统包括三个 CPU 器件：DM642、F2812、MCU。它们的作用分别是：DM642 用于视觉感知，F2812 用于听觉感知，MCU 用于嗅觉感知。在这些 CPU 中，MCU 由于资源最少，只实现单一的 CO_2 浓度探测，并将探测结果以 PWM（脉宽调制）波的形式送入 F2812；F2812 主要功能是声音感知，在本实例中声音感知内容为在一定的距离内击掌，通过获得的双通道声源信号进行声源定位，包括声源的方位和距离。同时，F2812 还接收 MCU 以 PWM 波上传的 CO_2 浓度信息，然后，以一定的节奏将计算的声源方位和 CO_2 浓度上传给 DM642；DM642 主要功能是视觉信息感知，本实例中视觉感知内容为在 6.2 节基础上的魔方 3D 重构，同时，接收 F2812 通过 RS232 协议上传的声源定位和 CO_2 浓度信息，并通过网口上传至 PC 机。

DM642 主要与两个 OV7670 视觉传感器相连获取视觉信息，通过 McBSP 与 F2812 相连，接收声音及 CO_2 信息，然后，通过网口上传至 PC 机；F2812 主要通过 ADC 与两个传声器相连，获得声音信息，通过 GPIO 与 MCU 相连，捕获嗅觉信息；再通过 SCI 与 DM642 相连，送出声源定位及 CO_2 浓度信息；MCU 主要是检测 CO_2 浓度，并通过 PWM 波形式输出。

6.3.2　智能感知系统剖析

1. 硬件结构

系统以 DM642、F2812、MCU 为核心，分别进行视觉、听觉、CO_2 浓度信号的采集和相关运算，故整个系统硬件可分为传感器信号获取部分和信号处理部分。

- 传感器系统包括：视觉传感系统、听觉传感系统、嗅觉传感系统。
- 处理器系统包括：DM642 处理系统、F2812 处理系统。

系统结构如图 6-13 所示。

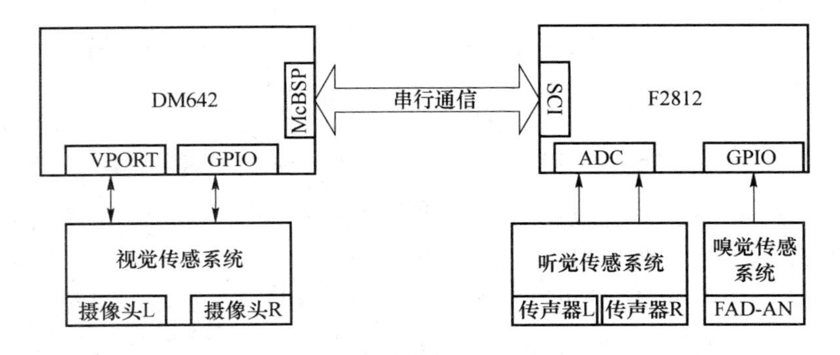

图 6-13　智能感知系统硬件结构

图中 DM642 和 F2812 为两个运算控制核心，二者之间通过串行通信进行数据交互。视觉传感系统通过两个摄像头获取图像，通过 DM642 的 VPORT 接口捕获图像数据，同时 DM642 通过其 GPIO 接口对视觉传感系统进行控制。听觉传感系统获得的声信号为模拟电压信号，其接入 F2812 的 ADC 接口转换为数字信号由 F2812 处理，而嗅觉传感系统输出的 CO_2 浓度信息以 PWM 波形式输出，由 F2182 通过其 GPIO 接口接收转换，获取 CO_2 浓度信息。

2. 硬件关键技术

智能感知系统的硬件关键技术与前述其他系统一样，对于单 CPU 的情况，包括硬基体的电源、混合基体的寄存器配置，本实例中的视觉、听觉部分在前述章节都有详细讨论，不再赘述。只

有嗅觉感知的 MCU 是本实例中硬件增加的特殊部分。

嗅觉感知部分采用基于 NDIR 的红外 CO_2 浓度检测方法，仅测量环境的 CO_2 浓度。其 CO_2 浓度测量范围为 $0\sim2\times10^{-3}$，其对 CO_2 浓度变化的反应速度为 30 s，每 1.5 s 更新一次浓度信号输出，存在一定延时，但已保证了连续实时测量。可将 CO_2 浓度信息以 PWM 波形式输出，PWM 波占空比反应了浓度大小，分辨率可达 2×10^{-6}，PWM 输出的占空比与 CO_2 的浓度关系如图 6-14 所示，可表示的 CO_2 浓度范围从 $0\sim2\times10^{-3}$。F2812 的 I/O 接收 PWM 信号得到 MCU 测得的 CO_2 浓度。

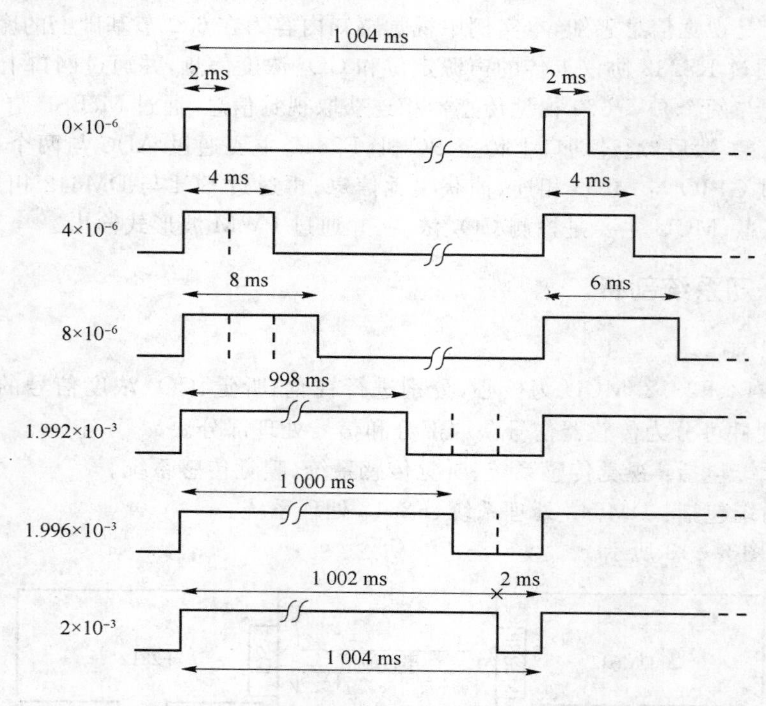

图 6-14　PWM 波的占空比与 CO_2 的浓度关系

由于视觉、听觉、嗅觉各部分的硬件关键技术已经详述，因此，本实例中剖析的硬件关键技术是 DM642、F2812、MCU 的电源管理及通信方式的合理性。

电源管理，输入电压为＋5 V，输出电压为 DM642：＋3.3 V，＋1.4 V；F2812：＋3.3 V，＋1.8 V；MCU：＋3.3 V(具省电模式)，因此，电源管理硬基体设计时，应考虑各个 CPU 工作情况，确定是否给出独立电源。本实例中由于嗅觉感知环境中的 CO_2 信息变化缓慢，尽管其电源也是＋3.3 V，但是，最好单独设计供电电路以便使用省电模式，随时开断嗅觉功能，可降低系统平均功耗。同样，F2812 的电源管理部分也可以采取同样措施，由于 F2812 的 3.3 V 和 1.8 V 之间有上电顺序要求，而其他 CPU 没有，分离设计可以保证系统功能划分清晰。这样一来由于电源管理芯片数目的增多可能会增加系统功耗。

CPU 通信，通信选择主要是指数据传输单元基体的选择，一般都是混合基体。首先，从单元基体的硬件规模、寄存器配置、数据传输速度、驱动占用 CPU 资源等方面考虑，针对系统技术指标，选择通信方式。因此，从基于单元基体的基础模块，到基于子功能体的简单智能系统，直至本实例的复杂智能功能系统，硬件设计关键环节构成一个分层金字塔结构。最底层是单元功能体

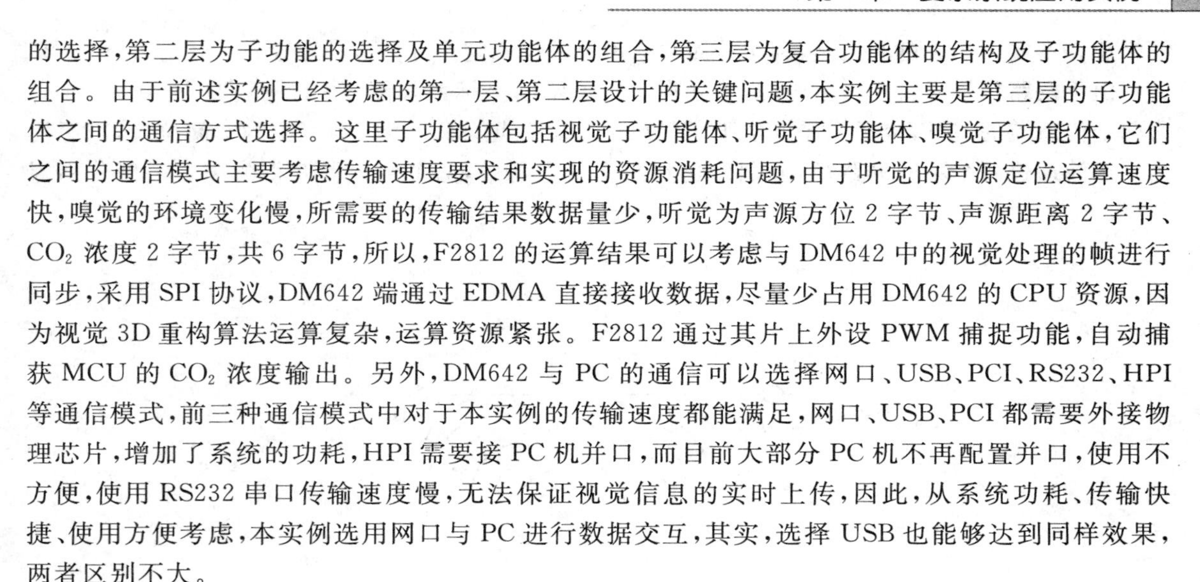

的选择，第二层为子功能的选择及单元功能体的组合，第三层为复合功能体的结构及子功能体的组合。由于前述实例已经考虑的第一层、第二层设计的关键问题，本实例主要是第三层的子功能体之间的通信方式选择。这里子功能体包括视觉子功能体、听觉子功能体、嗅觉子功能体，它们之间的通信模式主要考虑传输速度要求和实现的资源消耗问题，由于听觉的声源定位运算速度快，嗅觉的环境变化慢，所需要的传输结果数据量少，听觉为声源方位 2 字节、声源距离 2 字节、CO_2 浓度 2 字节，共 6 字节，所以，F2812 的运算结果可以考虑与 DM642 中的视觉处理的帧进行同步，采用 SPI 协议，DM642 端通过 EDMA 直接接收数据，尽量少占用 DM642 的 CPU 资源，因为视觉 3D 重构算法运算复杂，运算资源紧张。F2812 通过其片上外设 PWM 捕捉功能，自动捕获 MCU 的 CO_2 浓度输出。另外，DM642 与 PC 的通信可以选择网口、USB、PCI、RS232、HPI 等通信模式，前三种通信模式中对于本实例的传输速度都能满足，网口、USB、PCI 都需要外接物理芯片，增加了系统的功耗，HPI 需要接 PC 机并口，而目前大部分 PC 机不再配置并口，使用不方便，使用 RS232 串口传输速度慢，无法保证视觉信息的实时上传，因此，从系统功耗、传输快捷、使用方便考虑，本实例选用网口与 PC 进行数据交互，其实，选择 USB 也能够达到同样效果，两者区别不大。

3. 软件结构

本实例中软件内容主要完成对各传感器信号的采集和处理以及 CPU 之间的通信驱动，如图 6-15 所示。

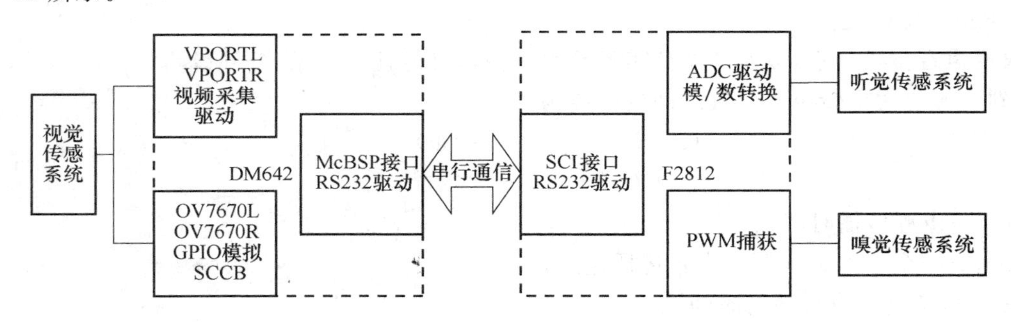

图 6-15　智能感知系统软件结构图

4. 软件关键技术

本实例软件关键技术是混合基体的实时管理，以及不同软基体配合实现多源信息融合目标及环境探测，包括基于双目视觉的目标 3D 重构，基于双耳听觉的目标声源定位，基于 CO_2 浓度的环境危险性探测。

(1) 视觉 3D 重构

该部分的主要内容是 3D 目标重构。6.2 节“双目视觉测距实例”中对视觉测量进行了详细讨论。视觉测量给出了目标中感兴趣点的深度信息，因此，建立描述目标关键点的深度信息集合，并用三维坐标表示，就可以实现目标的视觉 3D 重构。本实例中视觉目标为魔方，在 6.2 节基础上进行魔方的 3D 重构，这一部分与 6.2 节的不同在于点对应集合中，所有点对应的准确性，以及点对应都是目标形状的关键点。

(2) 声源定位

该部分的主要内容是基于 F2812 的双声道声源定位，在相距系统一定范围内击掌，系统通过双耳听觉计算确定击掌处的方位和距离。前述 5.3 节“语音处理系统实例”对声源采集已有详细描述。本实例的关键问题是，利用检测的双声道数据确定声源方位与距离。

由于两路信号来自同一个声源，建立声源定位空间坐标系如图 6-16 所示。图中 x_1 和 x_2 为两个传声器的位置，坐标系原点位于 x_1 与 x_2 连线中点，$S(x,y,z)$ 为声源的空间位置，声源发出的声波通过两个不同的路径，分别传送到两个传声器中，两个传声器获得的声音强度分别为 P_1 和 P_2。

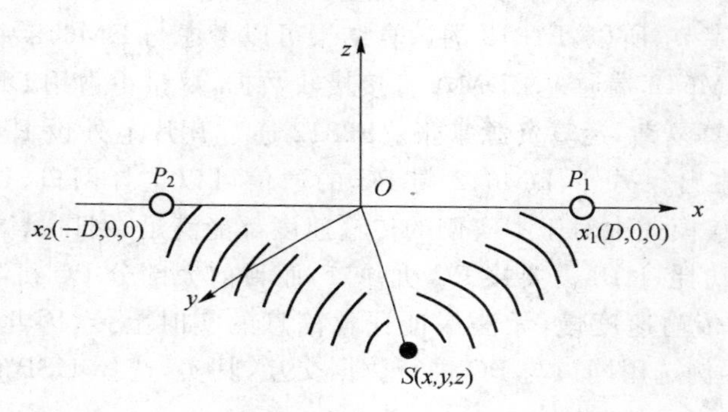

图 6-16 声源定位坐标系

已知，声音在空气中的传播速度为：一个标准大气压下，ε=340 m/s 。声音在空气中的衰减系数，可查阅 GB_T_17247.1_2000 中表 C1，选择频谱中强度最大声音频率 f_{max} 的空气衰减系数 α 作为声源定位标准。

根据声音传播特点，以及两个传声器获得声源信号的几何关系，分别以两个传声器位置为球心，得到声源与两个传声器位置之间的距离为

$$\left.\begin{array}{l}(x-D)^2+y^2+z^2=(\varepsilon t)^2\\(x+D)^2+y^2+z^2=[\varepsilon(t+\tau)]^2\end{array}\right\}\tag{6-24}$$

式中：t——声源传播时间；

ε——一个标准大气压下声音传播速度；

τ——两路声音传播的时间差。

求解上述方程组得到：

$$x=\frac{\varepsilon^2\tau(2t+\tau)}{4D}\tag{6-25}$$

$$y^2+z^2=(\varepsilon t)^2-\left(\frac{\varepsilon^2\tau(2t+\tau)}{4D}-D\right)^2\tag{6-26}$$

声源传播时间 t 可以根据两个声源之间的时间延时与声音衰减系数的关系，得到如下计算公式：

$$\left.\begin{array}{l}P_1=P_s\mathrm{e}^{-\mathrm{k}\alpha\varepsilon t}\approx P_s-P_s\mathrm{k}\alpha\varepsilon t\\P_2=P_s\mathrm{e}^{-\mathrm{k}\alpha\varepsilon(t+\tau)}\approx P_s-P_s\mathrm{k}\alpha\varepsilon(t+\tau)\end{array}\right\}\tag{6-27}$$

$$t=\frac{P_1-P_2-P_1\mathrm{k}\alpha\varepsilon\tau}{(P_1-P_2)\mathrm{k}\alpha\varepsilon}=\frac{1}{\mathrm{k}\alpha\varepsilon}-\frac{P_1}{P_1-P_2}\tau\tag{6-28}$$

$$y^2+z^2=\left(\frac{1}{\mathrm{k}\alpha}-\frac{P_1\varepsilon}{P_1-P_2}\tau\right)^2-\left(\varepsilon^2\tau\left(\frac{2}{\mathrm{k}\alpha\varepsilon}-\frac{2P_2}{P_1-P_2}\tau\right)\frac{1}{4D}-D\right)^2\tag{6-29}$$

式中：α——声音衰减系数；

k——衰减比 k=−0.115 1。

显然，在图 6-16 给定的坐标系下，图中的两个传声器，所得到的声源位置在 $y-z$ 平面上为一个圆柱，如果传声器接收声音信号没有方向性，则在公式(6-28)与(6-29)平面相交的圆柱上的所有点都满足声音传播的几何关系，说明两个传声器不能唯一定位空间中的一个点。如果考虑传声器的方向性，可以在 $y>0$ 的范围内确定声源位置。

因此，如果需要在 3D 空间唯一定位声源的方位，至少需要 3 个传声器，每两个传声器可以获得三元一次方程组，解得唯一声源方位。但是，考虑传声器的方向性，3 个传声器只能覆盖半球空间，所以，一般的基于传声器的声源定位方法，往往采用 5 个传声器阵按照图 6-16 坐标系对称布局，可以获得声源 3D 空间定位。

但是，上述方法对于混响与噪声考虑较少，只适用于信噪比较大的情况，当混响与噪声不可忽略时，声源定位方法就面临了严峻挑战，目前，大量文献都集中于这方面的研究。

如果令噪声信号与声源反射信号之间的互相关函数 $R_{vp_j}(.)=0$，即在不考虑噪声及其与混响相关性的前提下，其互相关函数与声源自相关函数及每个传输路径的衰减成正比，可以通过互相关函数的峰值位置确定两路声道的延迟时间 TDOA(Time Difference of Arrival)。但是，实际环境中噪声和混响都会存在，因此，互相关函数中除了存在直达波峰值之外，还包含了反射波引起的干扰峰值，使得 $R_{x_ix_j}(.)$出现多峰状态，TDOA 的检测不具有唯一性。为此，采用广义互相关方法 GCC，GCC 在频域利用加权函数，使得语音信号直达部分加强，通过相位抑制噪声及混响信号。

$$R_{x_ix_j}(\tau)=E[x_i(n)x_j(n-\tau)]\approx\alpha_i\alpha_jR_{ss}(\tau-\tau_{ij})+R_{vp_j}(\tau) \tag{6-30}$$

式中：$R_{x_ix_j}(.)$——两路传声器所接收信号的互相关函数；

τ ——两路信号之间的延时时间；

$E[.]$——数学期望；

$R_{ss}(.)$——信号源的自相关函数；

$R_{vp_j}(.)$——噪声信号与声源反射信号之间的互相关函数；

τ_{ij}——两个声道之间互反射时间差。

两个传声器的互相关谱为

$$\Phi_{X_iX_j}(\omega)=\alpha_i\alpha_j\Phi_{ss}(\omega)e^{-j\omega\tau_{ij}}+\Phi_{V_iV_j}(\omega) \tag{6-31}$$

式中：$\Phi_{X_iX_j}(\omega)$——互相关函数的功率谱；

$\Phi_{V_iV_j}(\omega)$——噪声互相关函数的功率谱；

$\Phi_{ss}(\omega)$——信号自相关函数的功率谱。

GCC 定义为

$$R_{\mathrm{GCC}}(\tau)=\int_{-\infty}^{+\infty}\Psi_{ij}(\omega)\ \Phi_{X_iX_j}(\omega)\mathrm{e}^{-j\omega\tau}\mathrm{d}\omega \tag{6-32}$$

式中：$R_{\mathrm{GCC}}()$——广义互相关函数；

$\Psi_{ij}(\omega)$——频域加权函数。

由于混响是声源信号的反射，因此，与直达信号的区别主要是相位延迟，所以，采用互功率谱的相位信息进行加权函数设计是常用方法之一，也就是互功率谱相位时延法。此时，加权函数采用如下公式：

$$\Psi_{ij}(\omega)=\frac{1}{|\Phi_{X_iX_j}(\omega)|} \tag{6-33}$$

$$R_{GCC}(\tau)=\int_{-\infty}^{+\infty}\Psi_{ij}(\omega)\,\Phi_{X_iX_j}(\omega)\mathrm{e}^{-j\omega\tau}\mathrm{d}\omega=\int_{-\infty}^{+\infty}\frac{\Phi_{X_iX_j}(\omega)\mathrm{e}^{-j\omega\tau}}{|\Phi_{X_iX_j}(\omega)|}\mathrm{d}\omega \tag{6-34}$$

通过计算 $R_{GCC}(\tau)$ 峰值对应的 τ，得到 TDOA。

(3) 嗅觉环境感知

该部分的主要内容是基于 MCU 的 CO_2 浓度探测。MCU 根据红外衰减特性，直接测出环境中的 CO_2 浓度，并以 PWM 波的形式输出，F2812 直接捕获 MCU 的 PWM 波，并转换为相应的数据。

(4) 智能感知系统软件剖析

1) DM642 程序

DM642 中的软件流程如图 6-17 所示。

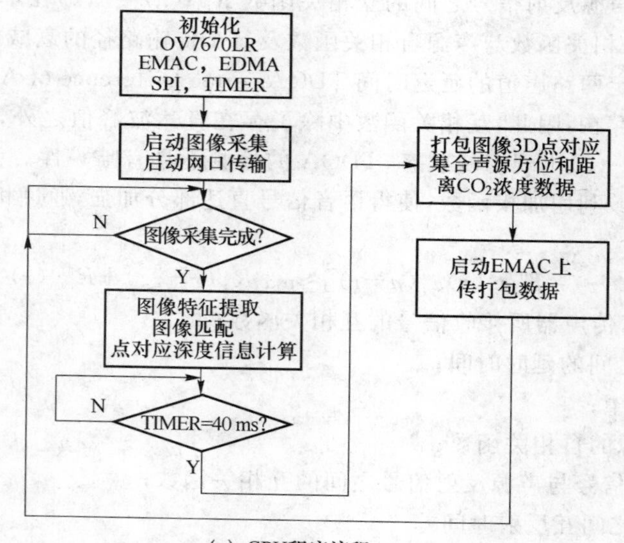

(a) CPU程序流程

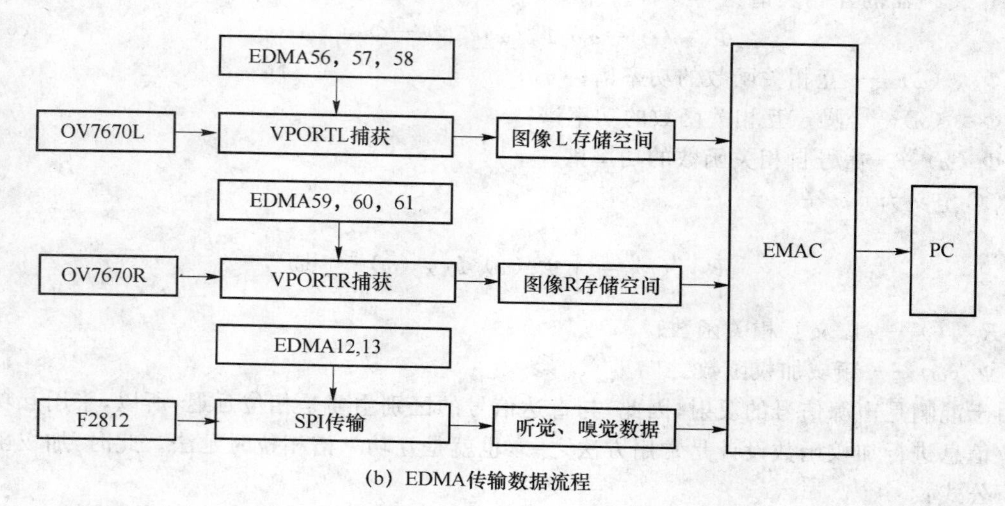

(b) EDMA传输数据流程

图 6-17 DM642 程序流程图

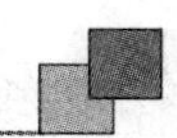

DM642 程序中的双目视觉 3D 重构程序只需要找出左右两幅 2D 图像中的匹配点对应集合，计算出各点的 3D 深度信息，并上传至 PC。这些计算过程与 6.2 节相同，只是增加了点对应数量，计算时间增加。

值得注意的是 CPU 与 EDMA 之间的并行工作机制，提高了 DM642 的工作效率。CPU 主要用于算法调度，包括软机体和混合机体；EDMA 的 8 个独立的通道分别进行独立的数据传输，将采集/发送的数据写入/读出固定的数据存储空间。前者称为处理层，后者称为传输层，两层之间通过存储空间进行数据交互，通过中断模式保持工作节奏的一致。中断工作方式详见 6.2 节。

2）F2812 程序

F2812 中的软件流程如图 6－18 所示。

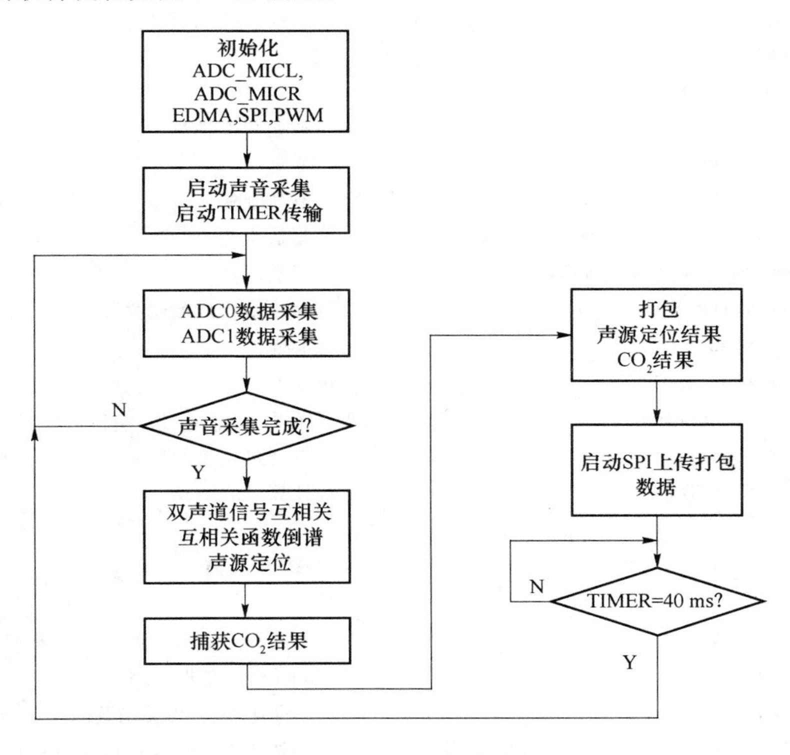

图 6－18　F2812 程序流程

F2812 程序中的 CPU 需要进行双声道声源的方位与距离计算，这是一个复杂的计算过程，同时，还要处理 MCU 传输上来的 CO_2 数据，并进行相应的滤波处理，然后，将声源方位与距离信息与 CO_2 浓度结果数据打包上传至 DM642。

值得注意的是与 DM642 不同，F2812 没有 DMA 机制，因此，数据采集传输需要分时进行，都要占用 CPU 资源。

F2812 中 CPU 的关键算法是声源定位，给出参考程序如下：

```
//////////////////////////////////////////////////////////////////////////
//声源定位程序
#include <stdio.h>
#include <stdlib.h>
```

```
#include <math.h>
#include "wavevalue.h"                         //此文件存储原始的波形 V1 和 V2
#define size_x 2048                            //FFT 和 IFFT 输入序列的大小，仅限 2 的 n 次幂
#define PI 3.1415926536
typedef struct
{
            float real;
            float img;
}complex;                                      //定义复数类型

void correlation(float *x1, float *x2, float *r, int N);   //求相关
void fft(complex *xx);
void ifft(complex *xx);
void initW();                                  //初始化变换核
void change(complex *xx);                      //变址
void add(complex ,complex ,complex *);         //复数加法
void mul(complex ,complex ,complex *);         //复数乘法
void sub(complex ,complex ,complex *);         //复数减法
void output(complex *xx);                      //输出变换后的结果
void conjt(complex *xx);                       //共轭
float complex_abs(complex x);                  //求模
complex makecomplex(float x);          //将 float 型转换为 complex 型，使得可以对其进行 FFT 和 IFFT
int max(float *xx);                            //返回最大值的序列号
void calculate(int t);                         //计算最后结果

complex W[size_x];                             //FFT 变换核

float r[2*BUF_SIZE-1];                         //两路传声器所接收信号的互相关函数 R
complex rx[size_x];                            //R 的 FFT 结果
float rxf[size_x];                             //π 的模，即互相关函数的功率谱
complex T[size_x];                             //广义互相关函数 Generalized cross correlation
                                               //即 Rgcc
float t[size_x];                               //Rgcc 的模
int maxt;                                      //Rgcc 的模的最大值对应的序列号

int main()
{
    int i;
    initW();                                   //初始化变换核
    correlation(v1, v2 , r, BUF_SIZE);         //求两路传声器所接收信号的互相关函数 R
    for(i=0; i<size_x; i++)
    {
        rx[i] = makecomplex(r[i]);             //将 R 转换为 complex 型，以便进行 fourier 变换
```

```
    }
    fft(rx);
    for(i = 0; i<size_x; i++)
    {
        rxf[i] = complex_abs(rx[i]);                    //求 R 的功率谱
    }
    for(i = 0; i<size_x; i++)
    {
        T[i].real = rx[i].real/rxf[i];
        T[i].img = rx[i].img/rxf[i];
    }
    ifft(T);
    for(i = 0; i<size_x; i++)
        {
          t[i] = complex_abs(T[i]);                     //求 Rgcc 的功率谱
            }
        maxt = max(t);
        // printf("maxt = %d\n",maxt);
        calculate(maxt);
    return 0;
}

void correlation(float *x1, float *x2, float *r, int N)
{
  int m, n;
  float sum;
for(m = -N + 1; m<0; m++)
{
  sum = 0.0;
  for(n = 0; n<= N + m - 1; n++)
   sum += x2[n - m] * x1[n];
   r[m + N - 1] = sum;
}
for(m = 0; m<N; m++)
{
  sum = 0.0;
  for(n = 0; n<= N - m - 1; n++)
     sum += x1[n + m] * x2[n];
     r[m + N - 1] = sum;
  }
}

void fft(complex *xx)
```

```
{
  int i = 0,j = 0,k = 0,l = 0;
  complex up,down,product;
  change(xx);
  for(i = 0;i< log(size_x)/log(2) ;i++)
  {   /*一级蝶形运算*/
    l = 1<<i;
  for(j = 0;j<size_x;j+= 2*l)
  {   /*一组蝶形运算*/
    for(k = 0;k<l;k++)
     {  /*一个蝶形运算*/
        mul(xx[j+k+l],W[size_x*k/2/l],&product);
        add(xx[j+k],product,&up);
         sub(xx[j+k],product,&down);
         xx[j+k] = up;
         xx[j+k+l] = down;
        }
    }
}

/*初始化变换核*/
void initW()
{
  int i;
  for(i = 0;i<size_x;i++)
  {
    W[i].real = cos(2*PI/size_x*i);
    W[i].img = -1*sin(2*PI/size_x*i);
  }
}

/*变址计算,将 x(n)码位倒置*/
void change(complex *xx)
{
  complex temp;
  unsigned short i = 0,j = 0,k = 0;
  float t;
  for(i = 0;i<size_x;i++)
  {
    k = i;j = 0;
    t = (log(size_x)/log(2));
    while( (t--)>0 )
     {
```

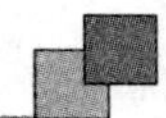

```
        j = j<<1;
        j| = (k & 1);
        k = k>>1;
        }
    if(j>i)
    {
      temp = xx[i];
      xx[i] = xx[j];
      xx[j] = temp;
        }
    }
}

/ * 输出变换的结果 * /
void output(complex * xx)
{
int i;
//printf("The result are as follows\n");
for(i = 0;i<size_x;i ++ )
{
//printf(" % .4f",xx[i].real);
if(xx[i].img> = 0.0001)
//printf(" + % .4fj\n",xx[i].img);
  else if(fabs(xx[i].img)<0.0001)
   //printf("\n");
   else
  //printf(" % .4fj\n",xx[i].img);
  }
}

void add(complex a,complex b,complex * c)
{
  c - >real = a.real + b.real;
  c - >img = a.img + b.img;
}

void mul(complex a,complex b,complex * c)
{
  c - >real = a.real * b.real  -  a.img * b.img;
  c - >img = a.real * b.img  +  a.img * b.real;
}

void sub(complex a,complex b,complex * c)
```

```
{
  c->real = a.real - b.real;
  c->img = a.img - b.img;
}

void conjt(complex *xx)
{
  int i;
  for(i=0;i<size_x;i++)
     xx[i].img = -(xx[i].img);
}

void ifft(complex *xx)
{
  int i;
  conjt(xx);
  fft(xx);
  conjt(xx);
  for(i=0;i<size_x;i++)
  {
     xx[i].real = xx[i].real/size_x;
     xx[i].img = xx[i].img/size_x;
   }
}

float complex_abs(complex xx)
{
  float y;
  y = sqrt(xx.real * xx.real + xx.img * xx.img);
  return y;
}

complex makecomplex(float x)
{
  complex y;
  y.real = x;
  y.img = 0;
  return y;
}

int max(float *xx)
{
  int i,max_n;
```

```
  double max;
  max = xx[0];
  max_n = 1;
  for(i = 0;i<size_x;i++)
  {
   if(xx[i]>max)
   {
     max = xx[i];
     max_n = i + 1;
    }
}
return max_n;
}
void calculate(int t)
{
  float dt = 0.000001;//dt = 1μs
  float alpha = 2.5;
  float ratio = 2;//P1/(P1 - P2) = 2
  float D = 0.5;
  float eps = 340;
  float k = 0.1151;
float tau, x, tx, square_sum;
tau = dt * t;
//printf("tau = %f\n", tau);
tx = (1/(k * alpha * eps)) - ratio * tau;
//printf("the propagation time tx = %f\n", tx);
x = eps * eps * tau * (tau + 2 * tx)/(4 * D);
//printf("x = %f\n", x);
square_sum = pow(eps * tx,2) - pow(x - D,2);
//printf("y2 + z2 = %f\n", square_sum);
}
//////////////////////////////////////////////////////////////////////
```

6.3.3　智能感知结果与分析

智能感知系统运行后将视觉、听觉、嗅觉各个传感器的信号经 DM642、F2812、MCU 采集处理后，通过 DM642 的网口上传到 PC 机上，分别得到系统感知环境的结果如下。

1. 智能感知结果

(1) 视觉 3D 重构

仍然以魔方为视觉重构目标，计算出魔方上所有正确匹配的点对应深度信息集合，并通过网口上传至 PC 机。得到魔方上各点三维坐标如表 6 - 6 所列，其中，(X,Y,Z)分别为点对应的 3D 空间坐标，Z 为所求点的深度信息。

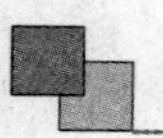

表 6-6　重建魔方的 3D 空间点坐标（单位:cm）

点序号	X	Y	Z	点序号	X	Y	Z
1	−2.937 1	−1.912 7	30.140 1	35	0.893 2	1.545 8	26.186 2
2	−2.944 5	0.088 4	29.965 9	36	0.893 2	2.106 2	26.186 2
3	−2.895 8	1.525 7	29.965 9	37	0.893 2	3.555 4	26.186 2
4	−2.895 8	2.012 2	29.965 9	38	2.029 0	−1.764 4	26.865 8
5	−2.895 8	3.471 6	29.965 9	39	2.072 7	0.118 9	26.865 8
6	−2.093 3	0.085 5	28.962 4	40	2.072 7	1.526 5	26.865 8
7	−2.046 2	1.517 4	28.962 4	41	2.159 9	2.081 6	26.865 9
8	−2.046 2	3.440 8	28.962 4	42	2.257 3	3.471 1	26.727 5
9	−2.011 5	1.997 7	28.801 6	43	2.500 2	−1.793 5	27.006 2
10	−1.917 9	−1.849 0	28.801 7	44	2.500 2	−0.438 4	27.006 2
11	−1.651 5	0.126 8	28.642 9	45	2.544 0	0.139 5	27.006 2
12	−1.651 5	1.564 0	28.642 9	46	2.631 8	1.534 4	27.006 3
13	−1.651 5	2.050 1	28.642 9	47	2.631 8	2.032 6	27.006 3
14	−1.651 5	3.466 2	28.642 9	48	3.128 8	4.296 5	28.968 2
15	−0.824 2	−1.801 5	27.431 3	49	2.675 7	3.467 5	27.006 4
16	−0.779 7	0.121 4	27.431 4	50	3.715 6	−1.862 0	27.729 6
17	−0.761 4	1.546 5	27.577 3	51	3.760 7	−0.470 6	27.729 6
18	−0.761 4	2.014 6	27.577 3	52	3.763 0	0.101 8	27.582 1
19	−0.761 4	3.459 4	27.577 3	53	3.805 7	1.493 7	27.729 7
20	−0.646 0	−1.842 0	27.431 5	54	3.985 9	3.396 7	27.729 9
21	−0.398 9	0.120 8	27.287 4	55	4.211 1	−1.841 6	27.730 1
22	−0.398 9	1.530 3	27.287 4	56	4.256 4	−0.493 7	27.879 2
23	−0.354 5	2.073 9	27.287 5	57	4.256 4	0.041 1	27.879 2
24	−0.330 6	3.445 2	27.144 6	58	4.301 7	1.419 5	27.879 3
25	0.253 1	4.285 7	28.331 9	59	4.301 7	1.954 3	27.879 3
26	0.444 3	−1.788 0	26.054 1	60	4.347 0	3.353 3	27.879 3
27	0.491 6	2.019 7	26.318 7	61	5.152 3	3.655 5	28.970 5
28	0.510 4	1.526 5	26.185 8	62	5.414 5	−1.913 3	28.493 2
29	0.529 0	3.441 3	26.054 2	63	5.460 8	−0.546 7	28.493 3
30	0.655 9	−0.153 8	26.054 4	64	5.460 8	0.000 0	28.493 3
31	0.723 0	1.758 4	26.186 0	65	5.460 8	1.408 7	28.493 3
32	0.740 6	−1.730 3	26.054 4	66	5.507 1	1.892 3	28.493 3
33	0.782 9	−0.326 8	26.054 5	67	5.560 8	3.298 1	28.650 8
34	0.850 6	0.154 6	26.186 1				

将上述各点在 3D 空间坐标系中标出，可得图 6－19。

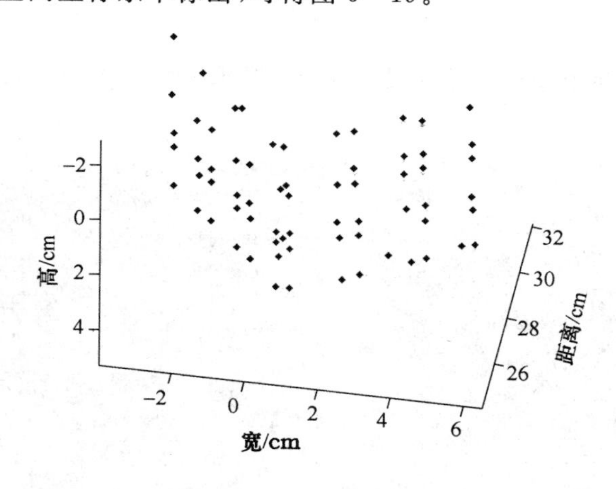

图 6－19　空间点的重建

1）空间直线重建

将图 6－19 中水平和垂直最近的点连线完成魔方的直线重建，如图 6－20 所示。

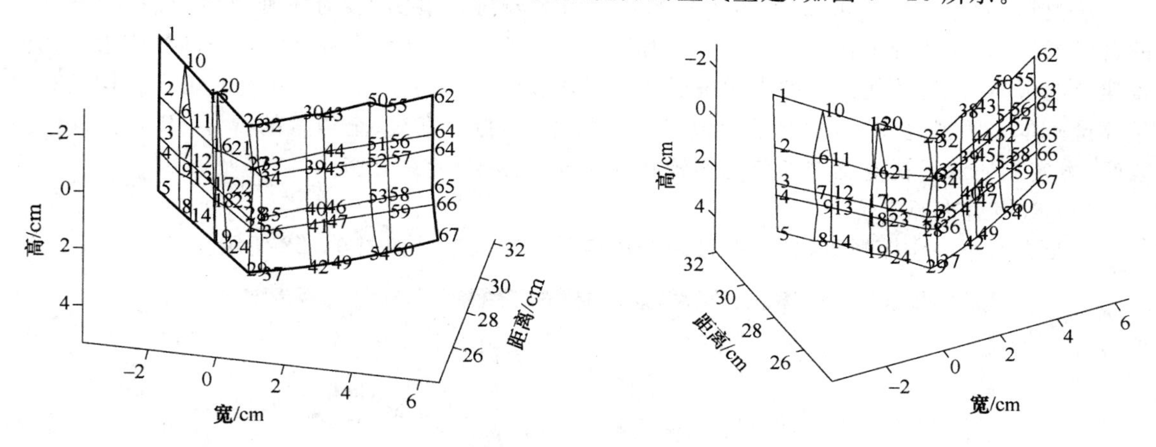

图 6－20　魔方不同视角的空间直线重建

这里，只对能看到的部分重建，因此只重建了两个面。也可根据需要进行多视角重建，可得全方位 3D 信息。图 6－20 中，面的边长实际值为 53 mm，表 6－7 列出了魔方 3D 重构误差。

表 6－7　3D 重建误差

点序号	距离/m	绝对误差/m	相对误差/%
1,26	53.051 9	0.051 9	0.097 9
32,62	52.751 4	0.248 6	0.469
1,5	53.872 0	0.872 0	1.645
26,29	52.299 8	0.700 2	1.321
32,37	52.895 3	0.104 7	0.198
62,67	52.157 8	0.842 2	1.589
5,29	51.992 0	1.008 0	1.901
37,67	52.846 4	0.153 6	0.289

由表 6－7 可知，魔方的 3D 重建相对误差在 2%以内。

2）全像素的重建

根据重建点信息，尝试进行全像素重建。使用 BS_Contact 软件对已获取信息进行重建，重建结果如图 6－21 所示。

图 6－21　不同视角的魔方全像素重建

从视觉 3D 重构结果可以看出，重建的视觉效果较好。事实上，对室外场景，特别是不规则的自然场景，如何评价重建的精度是一个有待研究的课题。3D 重建可能对某一部分或某个物体重建精度很高，但对其他部分的重建精度却可能比较低，因此，文献中报道的重建方法均没有定量评价。本实例视觉 3D 重构部分完成了目标物体空间点、直线、全像素的视觉 3D 重建。结果表明，本实例的双目视觉感知部分能够较好的完成目标 3D 重建任务。

（2）双声道声源定位

在距离系统一定距离处击掌，获得两个传声器的输入信号如图 6－22 所示。

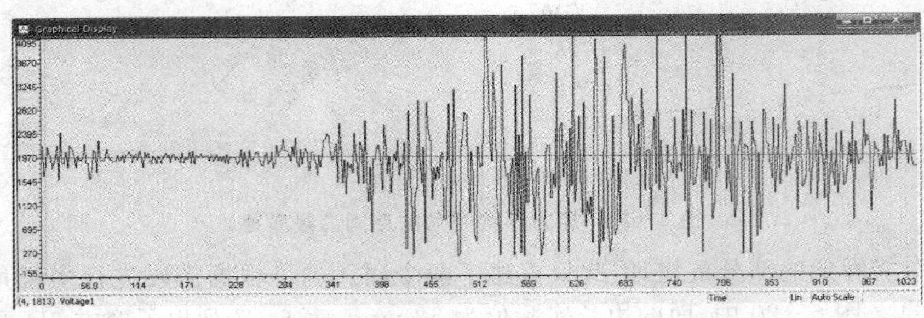

(a) 声道1采集的声音信号

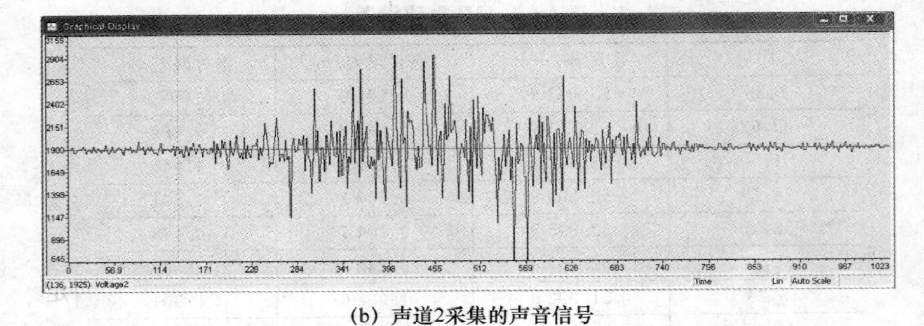

(b) 声道2采集的声音信号

图 6－22　两个声道的输入信号

根据声源定位原理，计算两个声道信号的互相关函数 R12(τ)，结果如图 6－23 所示。

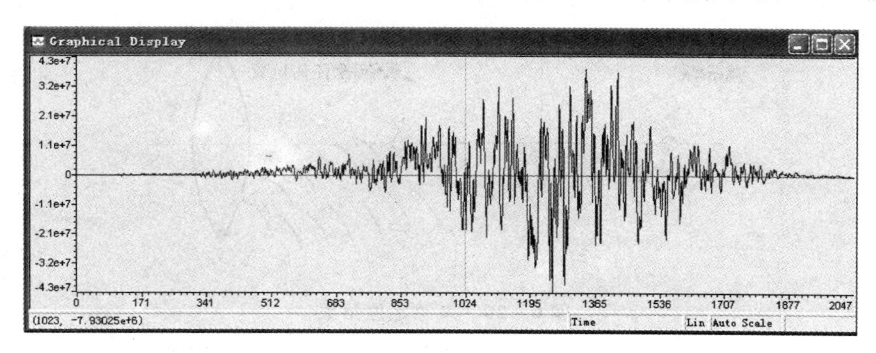

图 6－23　两个声道输入信号的互相关函数波形 R12(τ)

R12(τ)的 FFT 倒谱，如图 6－24 所示。

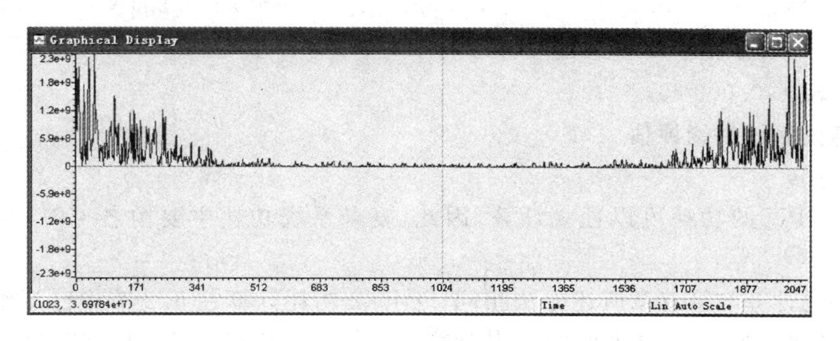

图 6－24　互相关函数 R12(τ)的倒谱

得到 GGC 波形如图 6－25 所示。

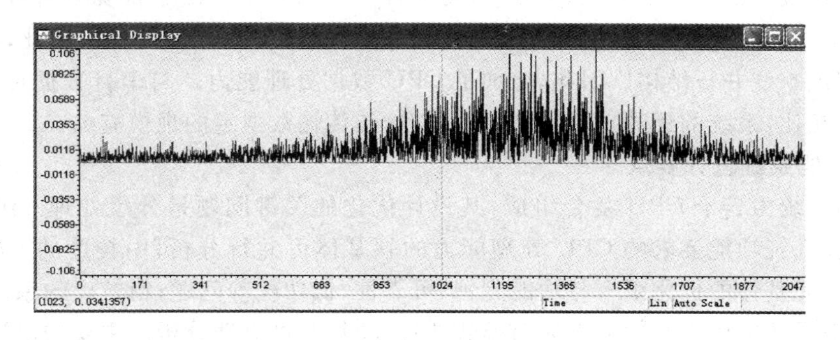

图 6－25　GGC 波形

求出两路声波时间差为：$\tau=1\ \mu\text{s}\times 1\,461=0.001\,461\ \text{s}$，令 $\alpha=2.5\ \text{dB/m}$，$P_1/P_2=2$，D$=0.25$ m，即 $P_1/(P_1-P_2)=2$。根据 $t=\dfrac{P_1-P_2-P_1\text{k}\alpha\varepsilon\tau}{(P_1-P_2)\text{k}\alpha\varepsilon}=\dfrac{1}{\text{k}\alpha\varepsilon}-\dfrac{P_1}{P_1-P_2}\tau$，求得 $t=0.007\,299$ s；再根据 $x=\dfrac{\varepsilon^2\tau(2t+\tau)}{4D}$，求得 $x=2.712\,328$ m，同理 $y^2+z^2=5.426\,112\ \text{m}^2$。

可以看出，计算结果是三维空间的一个圆。声源位于该圆周的任何位置均满足计算结果，如图 6－26 所示。显然，计算结果不唯一，说明两个传声器不能唯一地确定声源方位，但是，距离可

以确定为 $S=\sqrt{x^2+y^2+z^2}=3.57\ \mathrm{m}$。

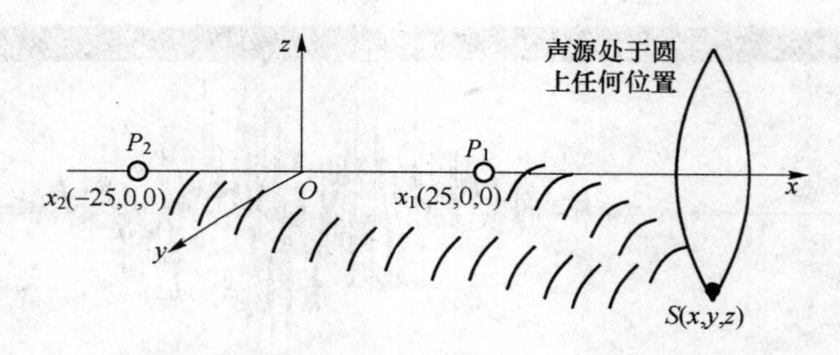

图 6-26　声源定位结果

(3) 嗅觉传感器采集结果

利用 F2812 的 PWM 事件捕获 MCU 的 CO_2 数据存入内存数组中，通过以下公式转换得到二氧化碳的最终浓度为((Voltage3[0] + Voltage3[1] + Voltage3[2]) * 2.0)/(4.096 * 3.0)，然后，存入 CO_2 结果存储单元中。

CO_2 计算结果：0.000 25。

2. 智能感知系统性能评估

(1) 功耗评估

由于不同 CPU 的功耗可以独立计算，因此，复杂系统功耗主要由各 CPU 功耗直接相加得到。

CPU 功耗的计算与第五章所述方法相同；DM642 功耗计算在 6.2 节中已详细给出；F2812 功耗计算增加声源计算引入的动态功耗，其计算方法与 5.3 节相同；MCU 功耗直接测出。

(2) 功能评估

智能感知系统功能主要是视觉、听觉、嗅觉处理能力的评价。由于系统中所有 CPU 的数据输入/输出通道的混合基体可通过 EDMA 通道传输数据，不占用 CPU 资源，因此，各 CPU 的软基体可以采用流水线并行结构。因此，增加了 CPU 数据处理能力。与串行数据传输、数据处理分时串联设计相比，系统的运算功能提高了 5 倍，这与传输数据量的规模有关。

3. 复杂智能系统设计要点

复杂智能系统由若干 CPU 复合组成，其设计优化的关键问题是分层处理。细粒度的单元基体分析，以及系统功能要求的 CPU 处理能力的软基体可并行分析；中粒度的 CPU 子功能分析，主要考虑单元基体的优化组合与功能完善、可靠性、低功耗等问题；粗粒度的系统综合功能体分析，主要考虑子功能体之间的数据通信模式选择，功耗及可靠性分析。主要的设计原则已在各个实例中详细阐述。需要特别注意的是复杂智能系统设计中子功能体之间的参数耦合深度对于系统可靠性影响较大。

6.4 本章小结

本章通过两个实例剖析了基于不同子功能体实现的复杂智能系统的设计要点，给出了系统设计的优化方法。这一类复杂功能体是基于不同软基体、硬基体、混合基体有机结合而成子功能之上的复合功能体实现，主要涉及不同子功能体的组合优化。

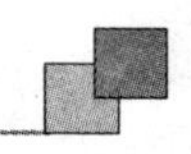

两个实例在考虑视觉/听觉/嗅觉数据采集/处理/传输的可靠性、准确性、实时性，以及算法可用空间、时间约束基础上，提出了基于子功能体的复杂系统功能和功耗评价及优化方法，如分层设计优化方法，流水线功能优化方法，电源有效分隔静态功耗优化方法。这些方法均可用于一般的复杂嵌入式系统，作为系统性能的评价标准，也可以用于系统的软硬件协同设计，以保证系统在实现特定功能下的性能及功耗优化设计。

参考文献

[1] TI公司技术文档,Code Composer Studio User's Guide.
[2] TI公司技术文档,TMS320C6000 Chip Support Library API Reference Guide.
[3] TI公司技术文档,TMS320C64x DSP Library Programmer's Reference.
[4] TI公司技术文档,TMS320C6000 Assembly Language Tools User's Guide.
[5] TI公司技术文档,TMS320C6000 Optimizing C Compiler Tutorial.
[6] TI公司技术文档,TMS320C6000 Optimizing Compiler User's Guide.
[7] TI公司技术文档,TMS320C6000 Programmer's Guide.
[8] TI公司技术文档,TMS320DM642 Video/Imaging Fixed - Point Digital Signal Processor.
[9] TI公司技术文档,TMS320C64x/C64x+ DSP CPU and Instruction Set Reference Guide.
[10] TI公司技术文档,TMS320C6000 DSP Designing for JTAG Emulation Reference Guide.
[11] TI公司技术文档,TMS320C6000 DSP Cache User's Guide.
[12] TI公司技术文档,TMS320C6000 DSP Peripherals Overview Reference Guide .
[13] TI公司技术文档,TMS320C64x DSP Video Port/ VCXO Interpolated Control (VIC) Port Reference Guide.
[14] TI公司技术文档,TMS320C6000 DSP External Memory Interface (EMIF) Reference Guide .
[15] TI公司技术文档,TMS320C6000 DSP Multichannel Buffered Serial Port (McBSP) Reference Guide .
[16] TI公司技术文档,TMS320C6000 DSP Enhanced Direct Memory Access (EDMA) Controller Reference Guide .
[17] TI公司技术文档,TMS320C6000 DSP Host - Post Interface (HPI) Reference Guide.
[18] TI公司技术文档,TMS320C6000 DSP EMAC/MDIO Module Reference Guide.
[19] TI公司技术文档,TMS320C6000 DSP General - Purpose Input/Output (GPIO) Reference Guide.
[20] TI公司技术文档,TMS320C6000 DSP 32 - bit Timer Reference Guide.
[21] Robert Oshana 著,郑红等译. 嵌入式实时系统的DSP软件开发技术[M]. 北京:北京航空航天大学出版社,2011.

(更多参考文献参见TI网站 http://www.ti.com.cn 相关系列产品的技术文档和说明。)